KB052206

100장면으로 읽는 조경의 역사

100장면으로 읽는 조경의 역사
100 Scenes in Garden History

초판 1쇄 펴낸날 2018년 5월 31일

지은이 | 고정희(**Author** | Jeong-Hi Go)
펴낸이 | 박명권
펴낸곳 | 도서출판 한숲
출판신고 | 2013년 11월 5일 제2014-000232호
주소 | 서울시 서초구 서초대로 62(방배동 944-4) 2층
전화 | 02-521-4626 **팩스** | 02-521-4627
전자우편 | klam@chol.com
편집 | 남기준, 신동훈 **디자인** | 윤주열 **출력·인쇄** | 금석인쇄

ISBN 979-11-87511-13-7 03520

::이 도서의 국립중앙도서관 출판예정도서목록(CIP)은 서지정보유통지원시스템 홈페이지(http://seoji.nl.go.kr)와
    국가자료공동목록시스템(http://www.nl.go.kr/kolisnet)에서 이용하실 수 있습니다. (CIP제어번호 : CIP2018015564)

100장면으로 읽는 **조경의 역사**

정원과 공원, 건축과 도시, 미술과 문학, 생태와 미학, 자연과 신화를 넘나드는 종횡무진 역사 탐험

헤라클레스는 황금 사과를 들고 유유히 사라졌다. 기원전 650년경에 전해진 이야기다. 그 헤라클레스가 그로부터 약 2,200년 후, 1546년에 황금 사과를 들고 로마에 다시 나타났다. 그가 뒷짐 진 손에 들고 있던 것은⋯

고정희 지음

한숲

거꾸로 하는 시간 여행

역사를 서술할 때 대개는 과거로 거슬러 올라가 천지창조로부터 이야기를 시작한다. 그러다보면 언제 지금 우리가 살고 있는 시간대에 도착할지 까마득해진다. 산 정상에서 출발하는 등산처럼 모순되어 보이기도 한다. 그래서 조경사 책을 처음부터 끝까지 다 읽는 독자는 그리 많지 않다.

서양 정원의 역사는 대개 이집트 벽화로부터 이야기가 시작된다. 이후 고대와 중세를 거쳐 르네상스, 바로크, 풍경화식 정원 등 비교적 명확히 정의된 정원 양식들이 연속되고 20세기 초의 모더니즘까지는 윤곽이 제법 잡힌다. 그러나 20세기 초의 모더니즘도 벌써 '고전 모더니즘'이 되었고 '포스트모더니즘'의 시대도 지나갔다. 이제는 더 이상 정원 양식을 표현할 말을 못 찾고 있다. 아니 너무 많아서 정립된 것이 없다. 우리는 지금 정원 개념의 인플레이션 시대를 살고 있다. 정원이 많은 것은 행복한 일이지만 이를 정리해야 하는 역사 서술가의 입장에서는 난감한 일이다. 그래서 서양조경사를 다룬 책을 보면 20세기 후반부터는 대체로 흐지부지되고 만다. 우리에게 전달되는 지식과 정보도 단편적이지만 과거와는 달리 전체를 살펴볼 수 있는 시야를 잃었다. 글로벌화로 인해 세상이 일통한 것이 아니라 파편화되고 있다.

그럼에도 불구하고 한 가지 분명한 것은 정원의 연속성이다. '시작'부터 지금까지 꼬리에 꼬리를 물고 이어져 온 것이 정원이다. 정원의 개념이 계속 변천했다고 해도 새로운 개념이란 것이 저 혼자 하늘에서 떨어진 것이 아니라 기존의 개념을 발전시키고 극복하는 과정에서 탄생했다. 변화를 위한 변화가 아니라 시대가 변하고 삶이 변하고 사람의 생각이 변하면서 자연발생적으로 혹은 '혁신적'으로 변화한 것이다. 그러나 혁신 역시 지나간 것의 꼬리를 밟고 있다는 점에선 다를 바가 없다.

지금 우리는 각종 서적이나 잡지, 인터넷 혹은 여행을 통해 여러 나라의 여러 정원을 접할 수 있다. 얼핏 이들이 상호 무관해보여도 족보를 찾아가다 보면 과거 언젠가 같은 조상으로부터 출발했음을 알게 된다.

지난 2014년 1월부터 2016년 12월까지 3년 동안 월간『환경과조경』에 연재한 "100장면으로 재구성해 본 조경사"는 그런 의도에서 시작되었다. 먼 과거로 돌아가 파라오의 무덤부터 파헤치지 않고 지금의 정원들을 둘러보며 이들이 파라오의 정원과 어떤 맥락으로 연결되어 있는지를 살피고자 했다.

모두 34회에 걸쳐 연재되었으며 첫 회와 마지막 회를 제외하고 한 회에 세 장면씩 묶어 소개했다. 마치 끝말잇기처럼 하나의 장면이 다음 장면에 대한 실마리를 제공해 주었다. 각 묶음마다 부제를 달았다. 예를 들어 '조경의 상대성 이론(009~011)', '헤라클레스의 모험(069~071)', '이집트 유전자 찾기(075~077)'
등이다. '헤라클레스의 모험'이나 '이집트 유전자 찾기'에서 "족보를 찾아가
다보면 과거 언젠가 같은 조상으로부터 출발했음"이 분명해진다는 점을 확
인했다. 신화 속의 영웅 헤라클레스가 몽둥이를 휘둘러 괴물만 때려잡은 것
이 아니라 고대 그리스의 도시 건설과 바로크 정원의 이념에 큰 영향을 미쳤
음을 알게 되었다. 그리고 16세기 르네상스 정원, 18~19세기 풍경화식 정원,
20세기 시인의 정원이나 파리 루브르 등 도처에서 이집트의 유전자가 확인
되었다.

르네상스 시대부터 정원은 건축과 일체를 이루어 왔다. 그러므로 건축도
함께 살폈다. 남의 담장 너머로 개인 정원을 기웃거리기도 했지만(018~019. 클로
드 모네에게 정원을 묻다) 그보다는 모든 사람들이 어우러져 사는 공간, 즉 도시의
정원과 풍경에 비중을 두었으므로 자연히 도시 이야기도 섞이게 되었다.

첫 장면은 1959년에 시작한다. '1950년대에 그어진 붉은 획'이라는 부제로
'시인의 정원'과 "뼈만 남은 건축"을 소개했다. 서양조경사에 대한 기록이 대
개 20세기 중반에서 끝나기 때문에 그에 잇대어 1959년부터 살피는 것이 적
격인 듯했다. 위의 두 작품이 탄생한 1950년대 말에서 1960년대 말은 그리
멀지 않은 과거이므로 메소포타미아처럼 까마득히 낯설지 않은 것도 하나의
이유였다. 서로 무관하게 탄생한 듯 보이는 두 작품 사이에 분명 닮은 점이
있었다. 이렇게 1959년에서 출발하여 일단 21세기의 "011. 2차원의 마술사"
까지 왔다가 다시 과거로 거슬러 올라가기 시작했다. 2차원의 마술사가 '식
물 없는 정원'이라는 키워드를 던져 주었기 때문이다. 외면당한 식물의 자취

를 따라가 본 것이다. 그러다보니 정원 속 식물도 만만찮은 변화를 겪었음을 알게 되었다. 이런 식으로 정원의 유전자를 찾아 역사 속을 지그재그로 헤맸고 그 길에서 많은 인물과 정원과 도시와 신화를 만났다. 그중엔 베르사유 정원, 빌라 데스테, 바빌론의 공중 정원처럼 유명한 정원도 있었으나 그보다는 각 시대마다 새로운 정원을 일궈낸 배후 이야기가 더 흥미로워 보였다.

예를 들어 르네상스 시대나 바로크 시대의 정원들은 워낙 널리 알려진 것들이 많고 이들을 소개하는 자료에 접하기도 쉽다. 거기에 소개 자료 하나 더 보태기보다는 이들이 탄생하게 된 경로를 뒤쫓는 것이 오히려 흥미로워 보였다. 그래서 뒤안길을 많이도 뒤지고 다녔다. 나름 탐정이 된 기분으로 살살이 파헤친다고 파헤쳤지만 아직 규명하지 못한 디테일이 많다. 고대 로마 공화정에서 뜻밖에 수다스러운 키케로를 만나 지체되었고 풍경화식 정원의 산실이었던 젠틀맨 클럽에 가보니 작곡가 헨델과 모차르트가 함께 있었다. 풍경화식 정원은 조경사에서 가장 중요한 부분이지만 이야기가 지루해질 소지가 다분하여 걱정스러웠다. 그때부터 스캔들 거리를 찾아 헤맸던 것 같다. 어떻게 해서든 독자들에게 읽는 재미를 주고 싶었다. 풍경화식 정원의 본질을 제대로 전달할 수 있다면 쓰레기통을 뒤지고 다녀도 좋다고 생각했다. 다만 거기서 많이 지체했기 때문에 종국에는 장면이 모자랐다. 예를 들어 공공공간의 조경이 시작된 흥미로운 시대, 19세기 후반과 20세기 초반에 대해 두어 장면 할애할 예정이었으나 건너뛸 수밖에 없었다.

길가메시와 다재다능한 도시

마지막 장면이 가까워지면서 이런 생각이 들었다. 어디서 왔는가라는 물음도 중요하지만 어디로 갈 것인가라는 질문이 더 중요하지 않을까. 본래는 '길가메시 서사시'로 마무리할 작정이었다. 길가메시 서사시에 나오는 삼나무 숲에서 인류 최초의 정원을 보고자 하는 시선이 늘고 있다. 게다가 길가메시의 도시 우르크는 삼분의 일이 정원으로 이루어졌다고 한다. 그러므로 조경사를 거꾸로 되짚어가다 보면 그리로 귀결되는 것이 당연했다. 그러나 20세기 말에 나타난 복병, '환경'으로 인해 진로를 바꾸는 것이 타당해 보였다. 길가메시를 버리고 "100. 21세기의 고민"을 택했다. 20세기 말, 조경사에 환경이 불쑥 뛰어든 것은 필연적이었다. 아니 환경이 조경에 뛰어든 것이 아니라 조경에서 파생되어 나온 것이 맞다. 부모와 자식 간의 관계다. 이제 자식 세대가 주인공이 되어야 한다. 그렇다고 조경의 시대가 가고 환경의 시대가 왔다는 얘기가 아니다. '도시, 건축, 조경, 환경'의 멀티코딩 도시로 가고 있다는 편이 맞을 것이다. 공조와 공존의 시대다. 그러나 엄밀히 따지고 보면 환경이 오히려 정원의 조상 아니었나? 태초에 자연 환경이 있고 그 다음에 정원이 있었으니까. 좌충우돌의 영웅 길가메시 역시 영원한 삶—우리의 경우 정원의 원천—을 찾아 모험을 떠났다가 깨달음을 얻어 자신의 도시 우르크로 되돌아온다. 그리고 성벽을 튼튼히 하고 태평성대를 이끄는 현명한 왕으로 거듭난다.

그렇다면 도시 그 자체를 모두의 낙원으로 만들고자 21세기의 다재다능한 도시에 도착한 『100장면으로 읽는 조경의 역사』는 결국 길가메시의 자취와 크게 다름이 없다.

3년 동안 연재하면서 너무 즐거운 시간을 보냈다. 이제 단행본으로 출간되니 기쁘고 영광스럽다. 도서출판 한숲의 남기준 편집장, 책 디자인을 맡아 준 윤주열 디자이너 그리고 무엇보다 책의 출간을 기다려 준 독자들께 진심으로 감사드린다.

2018년 5월
베를린에서 고정희

- 차례 -

001 정원과 조형 사이의 줄타기

시인의 정원(Garten des Poeten), 에른스트 크라머가 1959년 스위스 정원박람회를 기해 만든 작품. '좋은 형태'를 찾던 중 정원을 이루는 기본 요소만 남기고 나머지는 모두 제거했다.

만 61세에 분연히 일어나 피라미드를 지은 스위스 조경가

그의 이름은 에른스트 크라머Ernst Cramer, 취리히 출신의 조경가로 1898년에 태어나 1980년에 사망했으니 그리 요즘 사람은 아니다. 다만 그가 61세에 분연히 일어나 던져놓은 중요한 물음이 하나 있기에 그 이야기로부터 시작하려 한다.

에른스트 크라머는 전형적인 조경 교육을 받고 조경가의 길을 걸었다. 취리히에 자리 잡고 설계사무실을 운영하며 탄탄한 명성을 쌓아갔다. 60세까지는 그랬다. 그때까지 그는 스위스 기계처럼 정밀하고 견고한 정원을 만들었다. 물론 아름다운 정원들이었지만 커다란 특색이 없었다. 지극히 정원다운 정원, 소위 말하는 '향토풍'의 정원들이었다. 그러다가 1959년, 만 61세가 되던 해 유럽을 당황하게 만든 작품을 하나 내놓았다. 그해 스위스에서 G59라는 타이틀로 정원박람회가 개최되었는데 주최 측으로부터 '시인의 정원Garten des Poeten'을 만들어 달라는 요청을 받았다.[1] 그는 반듯한 장방형의 연못을 설계하고 그 주변에 네 개의 피라미드와 나선형의 지형 조작물을 하나 세웠고, 피라미드와 나선형 지형에 잔디를 입혔다. 그 유명한 '잔디 조형물'이 탄생한 순간이었다.

이 작품에 대한 반향이 의외로 컸다. 1964년 뉴욕의 모던아트 미술관의 엘리자베스 바우어 캐슬러 관장은 그의 저서 『Modern Gardens & Landscape』에서 시인의 정원을 소개했다. 이 무렵 미국에서는 대지미술이라는 것이 시작되었다. 우연이었을까?

시인의 정원은 어느 날 갑자기 탄생하지 않았다. 삼십여 년 동안, 겉으로는 얌전히 향토풍의 정원을 만드는 듯했지만 사실은 크라머가 부단히 찾던 것이 하나 있었다. 바로 '좋은 형태good form'였다.[2] 좋은 형태를 찾기 위해 그는 바다 건너 브라질까지 갔다. 브라질 출신의 니마이어Oscar Niemeyer(1907~2012)라는 건축가의 작품을 보고 큰 충격을 받았다. 해답이 거기 있는 듯했다.

크라머는 이후 이중의 삶을 살았다. 고객의 청탁을 받아 만든 정원은 정통 양식을 따라 만들었고 각종 박람회나 공공장소에는 조형적 정원을 만들었다. 어쩌면 그의 딜레마였을 것이다. 고객들은 시인의 정원이나 무대 정원을 원하지 않았다. 이들은 정원이라기보다는 정원이라는 이름의 조형물에 가까웠다. 아무도 자기 집에 짓고자 하지 않았다. 크라머는 조형물과 정원 사이에서 줄타기를 할 수밖에 없었다. 작품으로서의 정원과 이용할 수 있는 정원이 일치될 수는 없을까?

같은 스위스 출신으로 크라머를 크게 흠모하던 조경가가 있었다. 디터 키나스트Dieter Kienast(1945~1998)였다. 키나스트 교수는 크라머에게 없는 재주가 하나 있었다. 글을 잘 썼다. 그가 발표한 글을 통해 사람들이 비로소 크라머와 잔디 조형물의 존재를 알게 되었다. 1990년대 초의 일이었다. 크라머가 삼십 년만에 재발견된 것이다. 키나스트 교수는 글만 쓴 것이 아니라 크라머의 잔디 조형물을 응용하고 발전시켜 여러 작품을 만들었다. 키나스트의 유명세 덕에 크라머가 재발견되었다고도 할 수 있다. 키나스트가 아니었다면 베를린 포츠다머 플라츠의 명물, 잔디 조형 광장이 과연 탄생했을까?

키나스트 교수에게는 영민한 제자가 한 명 있었다. 그의 이름은 우도 바일락허Udo Weilacher였다. 바일락허는 크라머의 작품에 대해 학위 논문을 썼다. 그걸 정리하여 2001년 『Visonary Gardens』라는 제목의 단행본을 발간했다. 그리고 하노버 대학교의 교수가 되었다. 이후 하노버 대학교의 조경학과 학생들은 일 년 내내 크라머의 작품만 공부해야 했다. 바일락허 교수는 2009년 뮌헨 공대로 옮겼다. 뮌헨 공대의 조경학과 학생들이 크라머를 만나는 순간이었다. 잔디 조형물 하나를 가지고 일 년을 씨름하자는 것이 아니었다. 크라머의 작품 하나에서 실은 20세기 전부를 만날 수 있기 때문이었다.

우선 이런 질문부터 시작할 수 있다. 그는 왜 '좋은 형태'에 대해 고민했을까. 그가 살고 활동했던 20세기 전반에 어떤 정원이 지배했기에 그는 좋은 형태를 찾았던 것일까. 좋은 '형태'라는 것이 과연 뭘까. 이 두 번째 질문은 원칙적인 문제로 귀결된다. 또한 이런 질문도 가능하다. 1990년대의 젊은 조경가들은 왜 크라머의 작품에 주목했을까. 이에 답하기 위해서는 1960년부터 1990년 사이, 즉 20세기 후반에 무슨 일이 있었는지 알아야 한다. 이에 답하기 전에 시인의 정원의 성격을 확실히 이해할 필요가 있다. 시인의 정원은 '리덕션reduction'이다. 정원을 이루는 기본 요소만 남기고 모든 '군더더기'를 버렸다. 나무조차 심지 않았으며 오로지 잔디가 모든 식물을 대표했다. 지형은 피라미드로 압축했다. 피라미드는 인류 최초의 문화 유산이다. 그렇다면 처음부터 다시 시작하자는 뜻이었을까? 아닐 것이다. 그는 돌 대신 콘크리트를 적용함으로써 시인의 정원이 분명한 20세기의 산물임을 역설했다.

---

1. Weilacher, 2001, pp.102~105.
2. 앞의 책, p.57.

002 뼈만 남은 건축

베를린 신국립미술관(Neue Nationalgalerie).
전설적인 건축가 미스 반 데어 로에가 1968년에 완성한 이 작품은 그의 최후작이 되었다.
뼈와 피부만 남기고 살은 모두 제거한 건축이다.

베를린 신국립미술관에서 꿈을 이룬 미스 반 데어 로에

리덕션의 극치, 20세기의 가장 아름다운 건축물이라고 평하는 이들도 있다. 베를린의 신국립미술관은 건축가 루드비히 미스 반 데어 로에Ludwig Mies van der Rohe(1886~1969, 이하 미스)가 1968년에 완성한 작품이다. 이듬해에 그는 세상을 떠났다. 미스 역시 평생 '건축의 본질'과 씨름한 사람이었다. 독일 아헨에서 출생하여 왕성히 활동하며 큰 명성을 떨치던 중 나치 집권이 시작되었고 1938년 미국으로 망명했다. 망명과 동시에 시카고 아머 공과대학(지금의 일리노이 공대) 건축학과 학장으로 부임하였으며 수많은 중요한 작품을 남겼다.[1]

그의 리덕션은 일찍부터 시작되었지만 1950년대부터 극단적으로 변화한다. 새로운 건축 소재, 건축 기술의 발달이 박차를 가했다. 철근과 유리를 이용하여 건축과 건축이 아닌 것의 경계 지점까지 몰고 갔다. 마지막에는 기둥, 벽과 지붕이라는 단 세 가지의 기본적인 요소만 남겼다. 기둥은 지붕을 지탱하기 위해 꼭 필요한 8개로 국한했으며, 내부 면적이 3,000m²가 넘는데도 실내에는 기둥을 하나도 세우지 않았다. 구조적으로 실현이 불가능하다는 목소리들이 높았지만 그의 계산이 한 치의 틀림도 없음을 증명해 보였다.[2]

벽도 없애고 싶어 했던 것 같다. 사방 벽을 남김없이 유리로 만들었기 때문에 사실상 벽이 없는 것과 다름이 없다. 미스는 이 건물을 "유니버설 스페이스"라고 불렀다. "뼈와 피부만 남은 건축"이라고 하기도 했다. 유니버설 스페이스는 용도가 지정되지 않은 공간으로, 어디에나 적용할 수 있는 것을 말한다. 모든 문을 열 수 있는 열쇠인 셈이다. 하나의 원칙으로 미술관, 콘서트홀, 오피스 건물, 심지어는 주택도 지을 수 있는 전천후 공간[3]을 만드는 것이 그의 비전이었으며 베를린 신국립미술관에서 그의 비전이 유감없이 실현되었다. 고대 그리스 신전부터 적용되었던 스페이스의 기본 원칙이 20세기의 언어로 완성되었음을 증명해 보였다.

흥미로운 것은 미스의 정원관이다. 많은 모더니스트들이 그랬듯 그 역시 정원을 직접 설계하곤 했다. 건물과 정원이 하나의 판으로 짜여야 한다는 것이 그의 생각이었다. 초기에는 더러 나무도 심고 잔디도 깔았으나 정원에서도 '불필요'하다고 여겼던 요소들을 하나씩 제거하다 보니 결국 '손대지 않은 자연 경관'만 남게 되었다. 종국에 미스는 뼈와 투명 피부로 이루어진 건축물을 손대지 않은 경관 속에 세워두는 걸 즐겼다. 이는 자연과 인위의 극명한 대비를 뜻하며 이렇게 되면 건축과 자연을 연결하는 중간 단계로서의 정원이 불필요해진다. 미스는 인위성은 기둥과 지붕으로 족하다고 말하고 있다. 건물은 인간들이 필요에 의해 자연경관 속에 집어넣은 일종의 '이물질'이다. 이물감, 즉 재료감을 거의 제로에 가깝게 축소한 건물을 만들어 손대지 않은 경관 속에 세워놓음으로써 건축이 자연 속에 수용될 수 있는지를 실험했다. 그는 자연을 모방한 건축, 즉 '오가닉 건축Organic architecture'을 거부했다. 아무리 자연을 흉내내도 인위성은 감출 수 없기 때문이다. 당당하게 내보이는 편이 정직하다. 미스가 1951년 시카고에 지은 판스워스 별장의 경우 대지와의 접촉을 피해 거의 부유하는 것처럼 보인다. 요즘 언어로 표현한다면 '자연에 대한 침해를 최소화'한 모범 사례로 볼 수도 있겠다.

여기서 우리는 좀 곤란한 질문과 맞서게 된다. 본질을 찾다보니 뼈만 남은 미스의 건축은 정원이 설 자리가 없음을 말하고 있다. 크라머의 경우 정원의 좋은 형태를 찾기 위해 뺄 것을 빼다보니 잔디를 제외하고는 건축적인 요소만 남게 되었다. 정원의 본질은 결국 '필요 없음'인가? 필요는 없지만 그래도 존재할 이유는 있는 것일까?

이런 사실들은 '조경사의 재구성'을 왜 20세기 중반에서 불쑥 시작하는지 그 이유를 설명해 준다. 뼈만 남은 건축은 이미 1950년대 초에 완성되었으며 크라머의 '시인의 정원'은 1959년 작이다. 이는 바로 이 시점, 즉 20세기 중반이 중요한 전환점이 되었음을 말한다. 리덕션을 추구했다는 사실은 다시 말하자면 정원도 건축도 갈 때까지 갔었다는 뜻이다. 수천 년 동안 집을 짓고 정원을 만드는 동안 건축도 정원도 그 원형을 찾을 수 없을 정도로 비대해져 있었다. 그런데 이렇게 뼈만 남겨놓고 보니 '앞으로 어떻게 할 것인가?'라는 질문이 남는다. 이 상태로 그대로 둘 것인가 아니면 다시 살을 붙이기 시작해야 하는가. 두 사람의 작품은 역사적으로 붉은 획을 분명히 그었고 전문가들의 감탄을 자아냈지만 일반인들의 반응은 냉랭하다. 내부가 훤히 들여다보이는 집에서 칸막이를 하고 살면서 피라미드 정원을 내다보고 싶어 하는 사람은 극히 드물다. 이들 작품은 공공공간에서만 부분적으로 수용이 가능한 '비전'들이기 때문이다. 미스와 크라머의 비전은 그들이 후세에게 남긴 숙제이기도 했다.

---

1. Hendel, 2013.
2. Jäger, 2011, pp.57~67.
3. 앞의 책

003 생태파시즘

소규모의 공간에 적용한 비오톱 정원. 조성 후 십년이 지난 뒤 밀림이 되었다.

"철쭉은 뽑아버려라!"

1970년대 초에서 1980년대 말까지는 '환경 생태'라는 새로운 키워드가 세상을 점령해 나간 시대였다. 이와 더불어 '좋은 형태'를 추구하던 조경가들은 점차 궁지에 몰리게 되었다. 정원과는 달리 환경 생태는 '사회 정의'로 무장하였으므로 범사회적 관심을 얻어 빠른 시간 내에 막강한 영향력을 펼칠 수 있었다. 환경은 정치적인 이슈가 되었고 정원과 조경 역시 자연적이고 생태적이어야 한다는 과격파들이 등장했다. 흥미로운 것은 이런 과격파들이 모두 아마추어 출신이었다는 사실이다. 이 움직임은 생물학계, 교육계, 예술계로 확산되었으며 언론을 장악했다. 1986년 라인하르트 비트_{Reinhard Witt}라는 이름을 가진 생물학자가 "철쭉은 모두 뽑아버려라"는 제목의 기사를 발표했다.[1] 외래종을 정원에서 모두 몰아내라는 다분히 선동적인 외침이었다. 이와 더불어 토착 정원, 생태 정원, 비오톱 정원 등의 개념들이 생겨났다.

지금은 환경과 조경의 관계가 사뭇 평화롭지만 처음부터 그랬던 것은 아니다. 조금 과장해서 표현하자면 거의 종교전쟁의 수준으로까지 번졌었다. 물론 생태의 중요성을 부정하는 사람은 아무도 없었다. 다만 생태와 설계는 별개의 문제였다. 아마추어 자연정원론자들이 모여 자연 정원 협회를 만들고 자연 정원 잡지를 발간하고 자연 정원에 대한 서적을 집필한 것까지는 좋은데 자연 정원이 사회적 이슈로 확산되면서 전문가들의 영역을 잠입해 들어갔다. 이제 전문가들 중에서도 생태과격파가 나오기 시작했다. '생태적인 것만이 아름답다'라는 이슈가 형성되었고 '좋은 형태'를 찾는 것은 퇴폐주의로 여겼다. 자연스럽거나 생태적인 것만이 존재 의미가 있었다. 대학에 환경 생태학과가 설치된 후로는 조경학과의 불필요성에 대한 논의가 나오기도 했다. '형태적 조경'을 계속하려면 차라리 건축학과로 가라는 소리도 들어야 했다. 설계공모에서도 생태적인 것이 요구되었고 연구 프로젝트도 환경 생태를 주제로 하지 않으면 연구비를 받기 어려워졌으며 공원 설계는 곧 비오톱 설계라는 등식이 만들어졌다. 인위적으로 만든 비오톱이 과연 얼마나 생태적인가라는 반발도 있었지만 비오톱 공원의 확산은 걷잡을 수 없었다. 1990년 초에 절정을 이루었던 이 시기를 '생태파시즘Ecofascism'의 시대라고 부르기도 한다.[2]

파시즘은 저항 세력을 낳기 마련이다. 정통 조경가들도 앉아서 당하고만 있지는 않았다. 그러나 "그대들이 세상을 잡초밭과 모기 소굴로 만들려는가"라는 논지만으로는 약했다. 길고 긴 정원과 조경의 역사 속에서 정원 '디자인'의 당위성에 대해 의심 받은 것은 처음이었다. 사회 정의를 등에 업은 환경 생태와 자연 정원에 맞설 수 있으려면 디자인과 미학의 당위성을 증명해야 했다. 많은 이론들이 만들어졌다. 아름다움이 무엇인가, 경관이 무엇인가, 설계가 무엇인가, 등등 근본적인 것들에 대한 물음이 시작되었다. 생태파시즘의 결과로 오히려 정원 이론이 깊어진 것이다. 그와 더불어 잡초 무성한 자연 정원에 사람들이 슬슬 싫증을 내기 시작했다. 이런 와중에 에른스트 크라머의 작품이 재발견되었으며 군더더기 없이 정원의 기하학적인 기초만 남긴 '시인의 정원'은 새로운 출발점을 제시해 주는 것처럼 보였다.

이후 정원계는 여러 갈래로 분화되어 나갔다. 그 이전까지는 정원 예술가나 조경가들이 때때로 평론을 발표했었다면 이제는 이론 전개를 본업으로 삼는 전문 평론가 그룹이 형성되었다. 설계자들의 경우 생태파와 미학파로 진영이 갈렸으나 확연한 양극화 현상이기보다는 생태와 미학 사이의 밸런스를 추구했다. 각자 성향에 따라 저울추가 한쪽으로 기울어지긴 하더라도 이제 생태는 정원과 조경에서 배제할 수 없는 기본적인 요소로 깊이 스며들었다. 자연 정원 개념 역시 정원에 산책로를 내는 것조차 금지했던 급진성이 완화되어 최소한의 기능은 인정했다. 정원에서 자연을 '모셔야' 한다는 이념은 모순이며 자연의 아름다움과 인위적인 조형 미학이 서로 '적'이 아니라는 결론에 도달했다.

물론 자연 정원의 개념이 이때 처음으로 등장한 것은 아니다. 1870년 영국의 윌리엄 로빈슨William Robinson이 '와일드 가든'이라는 새로운 정원 개념을 내놓았으며 이에 영향 받은 독일의 빌리 랑에Willy Lange가 1909년 『새 시대의 정원 디자인』이라는 책을 써서 "정원의 미래는 자연 정원에 있다"고 주장한 바있다. 뒤이어 네덜란드의 페터 테이스J. Peter Thijsse가 자연 정원 운동을 활발히 전개시켰는데 이들을 자연 정원의 시조로 보고 있으며 이 시기를 자연 정원 1세대라고도 한다. 이후 1970년대부터 1990년 초반까지의 생태파시즘 시대를 2세대 그리고 화해 무드가 조성된 1990년대 중반부터를 3세대로 분류하기도 한다.[3] 지금 우리는 평화로운 3세대를 살고 있는 셈이다.

1. Witt, 1986, pp.75~77.
2. Wolschke-Bulmahn, 1997, pp.221~248.
3. Löbbke, 2011, pp.50~58.

004 생태가
미학을 만나다

베를린 다임러 시티의 도시 수경 공간. 지하 터널 위에 설치되어 있다.

헤르베르트 드라이자이틀의 도시 수경 공간

헤르베르트 드라이자이틀Herbert Dreiseitl(1955~)은 현재 독일, 미국, 중국, 싱가포르에 각각 지사를 두고 있는 대형 디자인 오피스의 대표로 성장했지만 30년 전만 해도 본인이 제작한 캐스케이드를 직접 설치하고 물가에 식물도 손수 심었던 원맨컴퍼니로 출발했다. 본래 화가, 조각가였다. 슈투트가르트와 프라이부르크를 중심으로 활동하던 인지주의자, 생태 건축가들과 친분을 맺으며 조경가의 길을 걷게 되었다. 처음부터 그의 관심 분야는 물이었다. 물에 대한 그의 개념은 물이 가진 원초적인 상징성으로부터 물소리, 물결, 물의 에너지 등의 물리적 성격, 감성 놀이시설로서의 역할과 도시 기후에 미치는 긍정적인 영향 등 다양한 스펙트럼을 포괄한다. 독일 남부의 보덴제 호숫가에 위치하고 있는 그의 엄청나게 큰 작업실에서는 모든 조형물의 모형을 1:1로 제작하여 미리 작동해 보는 원칙을 고수하고 있다.[1]

2013년 함부르크 국제정원박람회에 아틀리에 드라이자이틀은 '계곡과 델타'라는 작품을 전시했다. 물 한 방울 쓰지 않고 '물의 힘'을 보여주는 작품이다. 258m²의 소형 공간에 목재를 잘라 만든 누에고치형의 판을 층층이 쌓아, 오랜 세월 물이 흐르며 가파르게 깎아 들어간 계곡을 형상화했다.[2] 계곡 사이를 흐르는 계류는 자갈로 대체되었는데 공간이 비좁아서 물 대신 자갈길을 만든 것일 수도 있고 글로벌한 물 부족 현상을 이런 식으로 표현한 것일 수도 있다. 물을 이용해서 물의 성격을 표현하는 것은 그리 어렵지 않만 물의 부재를 통해 물의 존재감을 역으로 강조하는 것은 드라이자이틀 특유의 독창성이다.

베를린의 유명한 소니센터 맞은 편, 다임러 시티Daimler City에 가면 건물과 건물 사이를 흐르는 물을 만날 수 있다. 이 물은 때로 좁은 수로를 따라 흐르기도 하고 낮은 캐스케이드가 되어 작은 물살을 일으키기도 한다. 이 어반 워터스케이프Urban Waterscape는 1994~1998년 사이 드라이자이틀이 설계하고 시공을 진두지휘한 것으로서 그를 유명하게 만든 작품이기도 하다. 다임러-크라이슬러 본사 앞에서 출발하여 도시 구획 하나를 모두 감싸고 돌다가 베를린 영화제가 개최되는 스텔라 극장 앞의 큰 연못으로 흘러드는 대범한 도시 수경 공간이다. 드라이자이틀은 작품의 개념을 설명하기 위해 '어반 워터스케이프'라는 용어를 만들어 냈다. 매일 수많은 사람들이 이 수경 공간 옆을 지나치고 더운 여름날에는 연못가에 앉아 땀을 식히기도 하지만 이 물이 100% 빗물이라는 사실을 아는 사람들은 많지 않다.

이 수경 공간이 특별한 의미를 주는 것은 단지 새로운 용어를 만들어 냈기 때문이 아니라 여기서 처음으로 생태적 기능 공간과 도시 미학이 공존할 수 있다는 사실을 증명해 보였기 때문이다. 전체 1.2ha의 수경 면적에 약 1.7ha의 식물 정화 시스템이 마련되어 있으며 다임러-크라이슬러 빌딩 지하에는 2,600l 용량의 저장 탱크가 설치되어 있다. 주변의 모든 빌딩의 지하층은 관으로 서로 연결되어 있다. 지붕에 떨어지는 빗물은 관을 따라 일단 물탱크에 모이며 여기서 샘을 통해 수경 시설로 내보내는 방식을 취하고 있다. 각 빌딩의 옥상에는 필터층과 녹화층이 설치되어 있어 오염 물질이 미리 걸러지도록 했다.[3] 특히 흥미로운 것은 물이 모여드는 대형 연못을 하필 지하 터널 위에 조성했다는 사실이다. 진입 램프를 의도적으로 연못과 나란히 배치하여 터널로 진입할 때면 마치 물속으로 들어가는 것 같은 느낌을 연출한 것 역시 드라이자이틀의 독창성이다.

그의 작품은 대부분 도시적이며 조형적이다. 그러나 이러한 형태적 조경이 오히려 자연스럽게 보이는 비오톱 정원보다 더 폭넓은 생태적 기능을 가지고 있다. 그의 작품들은 단지 '보기에 자연스러워 보이는' 것만이 자연과 생태가 아님을 상기시킨다. 정원은 겹겹의 레이어로 이루어지는 것이며 생태적 기능은 표면이 아닌 기저에 깔아두는 것이 생태와 미학이 만나는 정석이라고 주장하는 듯하다.

1. 2004년 필자와의 인터뷰에서
2. Küstner, 2013, p.61.
3. Kintat, 2002, pp.2~10.

005 춤추는 창문의 착한 곡선

막대부르크의 '녹색 궁전'. 훈데르트바서 사후인 2005년에 완성되었다.

생태와 미학 사이의 전쟁과 평화

에른스트 크라머가 '시인의 정원'을 조성하기 한 해 전인 1958년, 오스트리아 제카우라는 곳의 한 수도원에서 "건축의 합리성에 대한 곰팡이 성명서"[1]를 발표한 기인이 한 사람 있었다. 프리덴스라이히 훈데르트바서Hundertwasser(1928~2000)라는 인물이었다. 그 역시 화가 출신으로서 1980년대부터 마치 동화 속에나 나올 것 같은 건축물을 지어 세계적 명성을 얻었다. 그의 본명은 프리드리히 스토바서인데 빈의 미술대학 재학 시절 "평화가 흘러넘치는 백 개의 강"이라는 뜻을 가진 이름으로 개명했다. 미술대학 재학 시절이라고는 하나 단 삼 개월 만에 자퇴하고 긴 여행길에 올랐으니 대학물을 제대로 먹은 것은 아니었다. 아마도 대학에서 별로 배울 것이 없다고 느꼈을 것이다. 학교를 떠난 그는 여러 해에 걸쳐 이탈리아, 프랑스, 모로코, 시칠리아 등 전 유럽을 여행했고 일본에서도 몇 해를 지냈으며 여행 중 그린 그림을 전시하여 일찌감치 화가로서 인정을 받았다. 1970년대에는 뉴질랜드까지 흘러가 수만 평에 달하는 계곡의 토지를 매입하여 자연 속에서 일하며 살아가겠다던 꿈을 현실화시켰다. 그가 직접 설계하여 지은 자신의 집은 태양 에너지를 이용하기 위한 집광판부터 물레방아, 식물 정화조까지 완벽한 생태 건축이었으며 평지붕 위에 벼과식물로만 녹화를 하여 밖에서 보면 마치 움집과 같아 보였다.[2] "선사시대 이래로 우리 인간들은 자연을 노예로 삼아 갈아엎으며 땅을 죽였다. 이제는 우리가 자연에 진 빚을 갚아야 할 때다. 그러므로 앞으로는 집을 지을 때 자연이 우리 머리 위에서 군림하도록 해야 한다"는 것이 녹색 지붕에 대한 그의 해석이었다.

훈데르트바서는 방랑하는 네덜란드인과 같아서 뉴질랜드의 녹색 지붕 밑에 지긋이 정착해 살지는 않았으며 전 세계를 누비며 수많은 프로젝트를 실현했다. 그의 독특한 건축 개념이 확립된 것은 1970년경이고 실제로 그의 설계대로 건축물이 지어진 것은 1980년부터지만 이미 1950년대부터 건축에 대한 아이디어를 키우기 시작했다. 그는 각지고 모난 건축물을 혐오하여 이런 건축물은 마치 곰팡이처럼 인간에게 해를 끼친다고 했다. 그는 많은 건축물을 설계했지만 스스로를 건축가로 보지 않았고 건축의 곰팡이 병을 치유하는 건축 의사Architeturedoctor로 보았다.

그의 미술 작품에서도 확연히 드러나고 있는 화려한 색과 다채로운 형태에 대한 감각을 건축에도 적용했으며 합리적인 기능성을 혐오한 만큼 그의 건축에는 직선도 직각도 찾아볼 수 없다. 그 외에도 '임차목賃借木, 창문에 대한 권리, 집은 제3의 피부' 등의 신개념을 만들어냈다. 임차인이 집을 임대한 '사람'이라면 임차목은 집을 임대한 나무를 뜻한다. 훈데르트바서가 지은 아파트에서는 임대인처럼 집 '안'에서 살며 창문 밖으로 자라고 있는 나무들을 볼 수 있는데, 이 나무들이 바로 임대해서 들어가 사는 나무들이다. 나무들이 공급하는 산소로 임대료는 충분하다고 설명한다.[3]

훈데르트바서가 지은 건축의 또 다른 특징은 백이면 백 창문이 모두 다르다는 점이다. 이를 그는 "창문에 대한 권리"라고 정의했다. "집은 벽으로 구성된다고 주장하는 이들도 있지만 내 생각은 다르다. 집은 창문으로 이루어진다. 똑같은 크기와 형태의 창문이 위아래로 나란히 열을 지어 있는 것은 마치 강제수용소와도 같다."[4] 창문을 모두 다르게 디자인하는 것까지는 좋지만 창틀에도 직선과 직각을 없애고 '착한 곡선'을 쓰는 건 실현이 좀 어렵다. 그 많은 곡선 창틀을 모두 별도로 주문 생산해야 하기 때문이다. 이를 해결하기 위해 그가 고안해 낸 기발한 아이디어는 임대인들이 일단 입주한 뒤 창문을 열고 긴 붓을 이용하여 팔이 뻗어지는 만큼 창틀 주변에 곡선을 그리게 한다는 거였다. 이를 그는 "춤추는 창문"이라고 불렀다. 귀가 길에 각자 자신이 그린 춤추는 창문을 보면 강제수용소의 수인이 아니라 살아있는 개성임을 느끼게 될 것이라고 했다.

그의 건축에 대한 세간의 평가는 천재적이라는 극찬과 유치하고 해괴하다는 혹평으로 극과 극을 달린다. 혹평하는 이들은 대부분 동료 건축가들이다. 어쨌거나 열에서 벗어나는 건 사실이며 비주류의 범주를 넘어 유니크하다고 할 수 있겠는데 유니크한 점은 생태 건축의 관점에서 보아도 마찬가지다. 다채로운 색상과 춤추는 곡선, 동화 속 궁전 같은 둥근 탑의 현란한 금빛에 가려 그의 건축이 환경생태 뿐 아니라 휴먼 생태를 구현하고자 한다는 점이 쉽사리 간과된다. 일반적인 생태 건축과 크게 차이나기 때문이다. 그 때문에 "제 멋에 빠져서 겉치장에만 신경 쓴" 건축이라는 비난을 받기도 한다.[5]

훈데르트바서가 건축을 시작한 시기와 일반적으로 생태 건축 운동이 시작된 시기가 맞물린다. 그렇다고 그가 시대의 흐름에 맞추어 생태 건축을 시작했다고 보기는 어렵다. 일반적 생태 건축이 추구하고 있는 건축적 합리성과 생태적 기능성을 모두 거부하고 있는 그의 생태 개념 자체가 색다르기 때문이다. 오히려 그의 건축 개념이 본질적으로 생태 개념을 내포하고 있다고 보는 편이 옳을 것이다. 다른 한편 사회적 흐름에 전혀 무관하지는 않았다. 1980년대 이후 환경 운동에 적극적으로 가담했다는 사실이 이를 증명한다.

그는 스페인 안토니 가우디의 건축과 프랑스의 페르디낭 슈발Ferdinand Cheval이 지은 '꿈의 궁전'의 영향을 크게 받았다고 스스로 말한 적이 있다.[6] 1950년대에 발표한 곰팡이 성명서의 내용은 그가 가우디와 슈발의 1910년 대 건축에서 받은 영향을 바탕으로 자신만의 건축 개념을 정리해가고 있음을 말해준다. 1950년대에 이미 '착한 곡선'에 대해 말하고 있으며 건물 색상의 다채로움과 장식성 및 아름다움에 대한 권리를 요구하고 있다. 훈데르트바서의 건축이 한편 현대적 생태성과 멀리 떨어져 있지 않으면서 다른 한편 1910년대의 건축적 개념에 근거하고 있다는 사실은 상당히 흥미롭다. 1920년대에 시작되어 1950년대까지 지속되었던 모더니즘을 전면 거부하며 시대를 역류하여 그 이전의 건축 양식을 엿보았기 때문이다. 이 사실은 생태파시즘에서 벗어나기 위해 시대를 역류해 에른스트 크라머의 작품을 재발견한 1990년대의 미학파 조경가들을 연상시킨다.

1. 원제: Verschimmelungsmanifest gegen den Rationalismus in der Architektur(www.hundertwasser.at)
2. Schmied, Erika., 2003, pp.9~11.
3. Hundertwasser, 1990.
4. 앞의 글
5. 건축 평론가 디터 슈타이너, 베히터 뵘은 훈데르트바서의 건축을 "페스트", "암세포" 등으로 혹평했다.
6. Hundertwasser, 1958.

르 코르뷔지에,
세상을 디자인하다

베를린에 소재한 르 코르뷔지에의 '유니테 다비타시옹(Unité d'Habitation)'.
1957년에 건설되었다.

혁명의 해, 1968년

業적보다 명성이 앞서는 인물들이 있다. 스위스 출신의 유명한 건축가 르 코르뷔지에Le Corbusier(1887~1965)가 바로 그런 케이스인 듯하다. 물론 그가 20세기 건축에 지대한 영향을 미쳤다는 사실을 의심하는 사람은 아무도 없을 것이다. 비단 건축에만 큰 영향을 미친 것이 아니다. 1965년에 세상을 떠났지만 사실 그는 지금까지도 우리 서민들의 삶을 지배하고 있다. 거의 모든 한국 사람들이 살고 있는 고층 아파트라는 주거 형태를 고안해 낸 장본인이 바로 르 코르뷔지에였다. 건축가, 건축 이론가, 도시계획가, 화가, 조각가, 가구 디자이너 등 많은 호칭으로 불린 팔방미남이었지만 그의 가장 큰 관심사는 이상형의 공동 주택을 완성하여 온 세상의 서민들이 그 주택에서 살게 하는 것이었다. 사실 그는 건축이 아닌 새 세상을 설계한 사람이었다. 스위스계 프랑스 건축가였지만 오히려 유럽보다는 아시아에서 그의 꿈이 구현되었다.

그가 설계했던 새 세상이 낙원이 아니었던 것만은 확실하다. 낙원이라거나 꿈, 행복 같은 것은 그의 용어 사전에 등장하지 않는다. 낙원은 아니지만 편리하고 기능적이며 저렴하고 건강한 공간을 만드는 것이 그의 목표였다. 르 코르뷔지에 혼자만 그런 고민을 하진 않았다. 20세기 초의 거의 모든 건축가들이 건강하고 안락한 서민 주택을 개발하기 위해 진지하게 고민했다. 산업혁명의 결과로 도시 노동자들의 생활 환경이 말도 못하게 조악해졌기 때문이었다. 르 코르뷔지에는 누구보다도 먼저 새로운 기술과 소재, 즉 철근 콘크리트 공법을 이용하면 편리한 조립식 아파트 건설이 가능하다고 믿었다. 철근 콘크리트 공법은 이미 19세기 말부터 개발되어 쓰이고 있었지만 그는 철근 콘크리트가 가진 보다 큰 가능성을 보았던 것 같다. 1914년, 르 코르뷔지에는 조립식 주택의 기본 단위를 고안하여 특허를 받았다.

거기서 출발하여 1927년에는 그의 유명한 주택 설계의 다섯 원칙[1]이 완성되었고, 1952년 드디어 50m 높이에 150m 너비의 대형 고층 아파트 한 동이 시공되었다. 프랑스의 마르세유에 처음으로 고층 아파트가 들어선 것이다. 근 사십 년 가량을 부단히 노력한 결과였다. 그는 자신이 설계한 고층 아파트를 '주거 머신'이라고 불렀다. 공식 명칭은 "유니테 다비타시옹Unité d'Habitation"이라고 하는데, 주택의 기본 단위라고 할 수 있다. 그가 주택을 기계에 비교한 것은 공장에서 똑같은 모델로 생산해낸 자동차를 어느 나라에서든 타고 다닐 수 있는 것처럼 어디에 세워두어도 상관없는 일정한 규격과 평면의 아파트들을 만들어 내고자 했기 때문이다. 무엇보다도 비용을 합리화할 수 있다는 장점이 있었다. 이런 생각을 처음 발표한 것이 1922년이었으니 당시로서는 실로 획기적인 생각이 아닐 수 없었다.

그 후 프랑스에 세 동이 더 들어섰고 1957년엔 베를린에 한 동이 세워졌다. 베를린의 고층 아파트는 국제건축박람회의 일환으로 세워진 것인데 당시 세상이 떠들썩했었다. 르 코르뷔지에를 위시하여 전 세계 13개국에서 53명의 건축가들이 모여들어 도시 구간 하나를 새로 설계했으며 수십 동의 고층 아파트가 들어섰다. 이를 '전후 모더니즘'이라고 불렀고 새로운 도시계획의 지평을 열었다고 환호했다. 이것이 출발 신호가 되어 유럽의 대도시 외곽에 대형의 고층 아파트들이 들어서기 시작했다.

르 코르뷔지에의 천재성과 혁신성에도 불구하고 많은 사람들이 그에 대한 커다란 의구심을 가지고 있다. 이는 그가 발표한 전체주의적 도시설계 청사진 때문이다. 그리고 전쟁 중 그의 행보도 문제였다. 나치에 동조했던 비시 Vichy 정권을 위해 일했기 때문이다. 2009년, 르 코르뷔지에가 어머니에게 쓴 편지 한 통이 언론에 발표되어 물의를 일으켰다. 히틀러가 승승장구하던 1940년 10월 31일에 쓴 편지였는데 "히틀러가 의도한 바가 성공한다면 아마도 유럽 재편성이라는 위대한 업적을 달성할 수 있을 것입니다"[2]라고 썼다. 히틀러의 유럽 재편성 계획은 퍽 사실적인 것이었다. 도시계획, 건축 계획까지 미리 준비해 두었었다. 르 코르뷔지에의 이상 도시는 유감스럽게도 그 전체주의적인 색채로 볼 때 히틀러의 청사진과 많이 닮아 있었다. 그는 1922년에 이미 삼백만 명 인구를 위한 "현대 도시"를 설계했다. 1925년에 다시 수정한 그의 청사진은 파리를 대상으로 하고 있는데 중심부를 모두 밀어버리고 자신이 설계한 고층 빌딩으로 채우는 구상을 했다. 게다가 자동차 중심 도시, 산업 중심 도시를 제시했다. 시대에 앞서간 건 사실이었다. 그는 자신의 도시설계안을 "빛나는 도시"라 고쳐 부르며 어떻게든 실현코자 기회를 찾았지만 다행히 실현되지 않았다. 다만 1951년 인도 펀자브 Punjab 주에서 수도를 새로 정하면서 르 코르뷔지에를 초대하여 중심부의 여러 건물을 짓게 한 적이 있다. 부분적으로나마 어느 정도 소원은 성취된 셈이다.

로잔 공과대학교의 피에르 프레이 교수는 "르 코르뷔지에는 극단적인 우생론자에 반유대 인사였으므로 눈 하나 깜짝하지 않고 히틀러를 위해 일했을 것이다"라고 했으며, 한스 콜호프는 "그의 무지막지한 도시설계안을 보면 전체주의적 성향이 농후한 건 사실이다"고 평했다.

물론 그 때문은 아니지만 유럽에서는 고층 아파트에 대한 열광이 십 년을 넘기지 못했다. 처음엔 신기해 했던 사람들도 고층 아파트에 익숙해지지 못했다. 고층일 뿐 아니라 아무런 장식도 꾸밈도 없이 기능과 형태의 일체를 주장하는 것은 마치 얼굴 없는 사람들 같다며 불만을 느끼기 시작했다. 수학적으로 계산된 미학은 감동을 주지 않았다. '전후 모더니즘'이라던 고상한 호칭이 어느 틈엔지 '브루털리스트 건축Brutalist Architecture', 즉 무지막지한, 폭력적인 건축으로 변했다. 르 코르뷔지에는 브루털리스트 건축가가 되었다. 훈데르트바서의 개념을 빌자면 곰팡이처럼 사람을 병들게 하는 건축이었다.

바로 이럴 즈음, 즉 1968년에 미스 반 데어 로에가 휠체어를 타고서까지 신미술관을 반드시 준공하려고 했던 것은 사람들에게 미니멀리즘의 다른 가능성을 알려주고 싶었기 때문이다.

1. Le Corbusier, 1927, pp.272~274. 르 코르뷔지에의 건축 5대 원칙은 필로티, 구조체가 아닌 입면, 자유로운 평면, 옆으로 긴 창, 옥상정원이다.
2. Roulet, 2009.

007 1968년

'달팽이 방파제(Spiral Jetty)'.
대지 예술의 대표작으로 평가되고 있으나 작품에 대한 텍스트는 물론
영화까지 제작 발표되어 오히려 종합예술에 가깝다.
로버트 스미스슨의 작품으로 1968년부터 준비를 시작하여 1970년에 완성했다.

20세기 조경사를 연구하다 보면 이상한 현상과 만나게 된다. 1970년, 1980년대에 이렇다 할 작품이 없는 것이다. 생태의 물결에 밀렸다고는 하나 그렇다고 조경가들이 모두 놀고 있지는 않았다. 할 일은 많았다. 브루털한 건축과 만나 주거 단지 외부 공간을 열심히 만들던 시기였다. 다만 내세울만한 것이 나와 주지 않았다. 70·80세대의 무기력함일지도 모르겠다. 그 무기력함으로 인해 생태의 독재에도 밀렸던 것 아닐까. 그런 해석도 가능하다. 그런데 이런 현상은 20세기에 국한되지 않는다. 역사적으로 볼 때 이런 일이 늘 반복되었다. 집중된 창의적 에너지를 발휘하는 세대가 있고 아무런 흔적도 남기지 않고 사라져가는 세대도 있다. 르네상스 시대에 레오나르도 다 빈치와 미켈란젤로, 라파엘, 보티첼리가 거의 같은 시기를 살았다는 사실은 신기한 현상이 아닐 수 없다. 만약 그중 한 명만 존재했었더라면 어떤 결과가 나왔을까. 또 인상파 시대나 입체파 시대도 마찬가지다. 정원 예술의 경우에도 16세기 중반에 출중한 인물들이 대거 등장하며 서로 인맥을 형성했었다. 1870년경에, 그리고 1900년을 전후해서도 마찬가지였다.

70·80세대는 왜 무기력했을까. 물론 여기서 말하는 70·80세대는 그 시대에 대학을 다녔던 사람들을 말하는 것이 아니다. 그 시대에 중년이 되어 왕성하게 활동을 했어야 하는 사람들을 말한다. 1970년을 전후해서 왕성히 활동하려면 1930년에서 1940년 사이에 출생했어야 한다. 그런데 이 시기는 미국과 유럽의 출생률이 바닥을 쳤던 때였다. 경제공황, 2차 세계대전 등이 그

원인이었다. 그 반면 2차 세계대전 이후, 즉 1945년 이후에 베이비붐을 타고 태어난 세대는 1970년경에 아직 대학생이거나 직업 초보자였으므로 중견으로 역사에 남을 작품을 남기기에는 미숙했다. 더욱이 교육 기간이 상당히 긴 유럽에서는 30대 중반이 되어야 활동을 제대로 할 수 있었다. 베이비붐 세대들은 1970년대에 아직 기성세대에 저항하는 20대들이었다. 긴 머리에 나팔바지를 휘날리는 히피들이었다. 이들을 '1968년 세대'라고도 한다. 하필 1968년이라고 꼬집어 말하는 데에는 그만한 이유가 있다. 그 해, 세상을 시끄럽게 할 일련의 사건들이 벌어졌다. 우선 1월 5일에 "프라하의 봄"이라 불리는 체코의 민주화 운동이 시작되었다. 공산권 전체의 젊은이들이 이에 영향을 받아 술렁였다. 1월 말에는 베트남 대공세가 시작되어 젊은이들을 또 다시 흥분케 했다. 4월 4일에는 마틴 루터 킹 목사가 암살되었다. 백여 개의 도시에서 소요가 일어나 수십 명이 사망하고 수천 명이 부상을 당했으며 만여 명이 체포되는 등 미국 사회의 동요가 심했다. 지구 곳곳에서 동시다발적으로 발생한 이런 일련의 사건들은 곧 지구촌을 소용돌이로 몰아넣었다. 파리에서 학생들의 시위가 시작되었고 곧 독일, 아일랜드, 멕시코 등으로 번졌다. 유럽 대학생들의 시위는 결국 사회를 뿌리로부터 흔들어 놓았다. 반전·평화운동과 함께 기존의 모든 가치를 거부했고 기성세대의 권위주의와 자본 지상주의에 정면으로 도전했다.[1] 1968년 이후의 유럽은 다른 세상이 되었다. 물론 2차 세계대전을 직접 치르지 않은 미국은 모든 것이 빨랐다.

그 해 가을 뉴욕의 버지니아 드원 갤러리에서 최초의 "대지 예술Earth Works" 전시회가 열렸다. 여기 출품한 작가들은 나중에 모두 명성을 떨치게 된다. 칼

안드레Carl Andre(1935~), 월터 드 마리아Walter De Maria(1935~2013), 마이클 하이저Michael Heizer(1944~), 솔 르윗Sol Lewitt(1928~2007), 로버르 모리스Robert Morris(1931~), 로버트 스미스슨Robert Smithson(1938~1973) 등이다. 그중 로버트 스미스슨의 작품은 누구나 한번쯤은 사진으로라도 접했을 것이다. 유타 해안가에 '달팽이 방파제Spiral Jetty'[2]라는 제목으로 전장 500m의 방파제를 만든 것인데, 신기하게도 지금도 존재하고 있으며 밀물과 썰물에 따라 사라졌다 다시 나타나 명실공히 랜드 아트의 진면목을 간직하고 있다. 크고 작은 돌, 뻘 흙, 소금, 해초 등을 섞어서 만들었으며 장비를 동원해 완성했다. 스미스슨은 35세에 일찍 비행기 사고로 사망하여 많은 작품을 남기지 못했으나 예술계의 제임스 딘이란 별명이 부끄럽지 않게 지금도 많은 영감을 주고 있다. 다행히 그는 작품을 만드는 과정을 직접 촬영하여 기록으로 남겼다. 또한 그 짧은 기간에 많은 글을 써서 발표했으며 새로운 작품을 구상했던 흥미로운 스케치도 여러 장 남겼다. 그의 스케치를 보면 그가 추구했던 것이 무엇인지 어렵지 않게 짐작할 수 있다. 그는 대지 예술이라는 명칭 그대로 대지를 '창조'하려 했던 사내였다. 신이 되고 싶었던 걸까. 레무리아Lemuria라고 인도양 서쪽에 존재했던 전설 속의 대륙이 있었다고 한다. 지금은 사라지고 없다는데 그는 바로 그 사라진 대륙을 복원하려고 계획을 세웠었다. 물론 정말 복원한다는 것이 아니고 축척을 대폭 줄여서 유타 해안에 조개껍질을 모아서 만들 계획을 세웠었다.

초기 랜드 아트 작가들은 이렇듯 지형에 크게 손을 대는 것에 하등 심적 부담을 느끼지 않았던 것 같다. 아니 오히려 더 크게 더 요란하게 땅에 손을 대어 '창조'의 의지를 확실히 보이려 했다. 클린트 이스트우드를 꼭 빼닮은 작가 마이클 하이저는 라스베이거스 인근의 사막에 '더블 네거티브Double Negative'[3]라는 타이틀을 가지고 거대한 계곡을 파 들어갔다. 불도저와 다이너마이트를 이용하여 폭 9m, 깊이 15m에 길이 450m짜리 인공 협곡을 두 개 만든 것이다. 이걸 환경 조형물로 보고자 하는 이상한 시선도 있어 모골이 송연해진다. 차라리 아트로 정의내리고 어느 수집가가 그걸 구입해서 내거라고 팻말을 꽂아 놓는 편이 정직할 것이다. 우리의 클린트 이스트우드는 "아니, 이건 물론 아트지 환경 조형물은 아니다"라고 대답했다고 한다. 랜드 아트 작가들은 환경 조형물이라고 하면 이렇게 감전당한 듯이 펄쩍 뛰는 경우가 많다. 확실히 차별하고 싶어한다. 랜드 아트와 환경 조형물의 가장 근본적인 차이점은 물론 작가의 의도다. 시기적으로 보아도 랜드 아트는 1960년대에 시작되었고 환경 조형물은 환경 운동이 일어나는 그 다음 세대로부터 비롯되었다. 자연에 거스르지 않으며 자연에 대한 사랑을 고백하는 것, 혹은 환경 파괴를 경고함으로써 자연과 환경을 주인공으로 삼는 것이 환경 조형물이라면 랜드 아트는 자연적 요소를 이용하여 작품을 만들되 이를 자연과 확실히 대비시킨다는 목적 의식을 가지고 있다. 작가와 예술이 주체인 것이다. 랜드 아트 예술가들의 설명에 의하면 한편 갑갑한 갤러리의 틀을 벗어나고 싶어서, 다른 한편 작품 거래의 상업성에 저항하기 위해서 시작한 것이라고 한다. 이 역시 1968년형 저항 정신의 산물이었던 것이다. 1968년은 혁명의 해였다.

---

1. Schmidt-Häuer, 2008.
2. Smithson, 1970.
3. The Museum of Contemporary Art, 1985.

46

멕시코시티 인근의 산 크리스토발에 위치한 에거슈트롬 하우스의 승마 학교와 주택의 앙상블.
루이스 바라간 작(1966~1968)

혁명의 해, 1968년

실물은 멕시코에 있으므로 직접 보기 쉽지 않지만 조경을 전공
한 사람이라면 누구나 어디선가 한번쯤은 사진으로라도 접해보는 것이 루이
스 바라간의 정원이다. 벽 위에 높게 매달린 좁은 수로를 통해 연못으로 물
이 떨어지는 장면, 붉은 황토색, 하늘색, 분홍 파스텔 톤의 벽과 넓은 품으로
서 있는 커다란 나무 한 그루.

멕시코 출신의 건축가 루이스 바라간Luis Barragán(1902~1988)은 1980년 건축의
노벨상이라고 일컬어지는 프리츠커상을 수상했기 때문에 어디서나 건축가
로 소개된다. 그러나 그 자신은 수상 소감에서 스스로를 조경가라고 정의했
다.[1] 고인의 뜻을 존중하는 의미에서도 앞으로는 조경가라고 했으면 좋겠지
만 스위스에 자리 잡고 있는 '바라간 재단'[2]에서도 건축가라고 소개하고 있
고 2000년도 그의 첫 회고전이 열렸던 독일의 비트라 디자인 박물관[3]에서도
역시 건축가로 정의하고 있다. 그건 그렇다 치고 어째서 멕시코 조경가의 유
작, 즉 스케치, 도면 및 사진들이 스위스에 흘러들어 갔는지 궁금하지 않을
수 없다. 내막을 알아보니 간단하지가 않다.

루이스 바라간의 공간 작품들은 백퍼센트 멕시코에 있고 앞으로도 거기
머무를 것이지만, 공간 작품 외에도 수많은 스케치와 도면, 편지, 수천 장에
달하는 컬러 사진 등은 그의 작품 연구에 상당히 중요한 자료들이다. 바라간
은 이미 생전에 이들을 잘 정리하여 분류해 두었다. 사후에는 대개 자녀들이
이런 자료들을 보관하고 관리하지만 바라간은 후사 없이 세상을 떠났다. 어

떤 경로를 통해서인지 모르겠으나 그가 죽고 얼마 지나지 않아서 뉴욕의 어느 갤러리에서 이 자료들을 팔려고 내놓았다는 소문이 예술상들 사이에서 돌았던 것 같다.

한편 스위스에는 고급 의자 제조 업체인 '비트라Vitra'라는 회사가 있는데 이 회사의 재산이 어마어마하다. 현 회장은 롤프 펠바움인데 건축을 좋아해서 그림처럼 건축을 '수집'하는 인물이다. 1989년엔 비트라 디자인 박물관을 설립했는데 그 건축은 프랭크 게리가 맡았으며 그 외에도 자하 하디드, 안도 다다오 등에게 의뢰하여 회사 건물, 부속 건물 등을 짓게 하는 것이 취미인 사람이다. 그러던 그가 바라간 소문을 듣고 곧바로 문서와 도면, 스케치 및 사진 일습을 사들였다. 그리고 이를 유지 관리 및 연구하기 위해 바라간 재단을 설립한 것이다. 그것이 1990년대 중반의 일이었다. 그 후 수년에 걸쳐 분석 작업을 마치고 2000년에 첫 회고전을 열었으며 두꺼운 작품집도 출간했다. 전시회를 보고 온 평론가 우테 볼프론Ute Woltrom은 이렇게 말했다. "루이스 바라간의 건축들은 마치 합창과 같다. 나무와 하늘과 말과 사람에 대한 절제되고, 시적이고 정열적인 합창이다."[4]

아마 바라간은 프리츠커상을 수상한 유일한 아마추어가 아닐까 싶다. 그는 건축도 조경도 미술도 전공한 적이 없으며 순전히 혼자 힘으로 마스터의 경지에 도달했다. 그래서 그런지 그의 세계에는 건축과 정원 사이에 아무 경계가 없다. 그는 아마도 정원 속에 건축이 들어있다고 생각하는 유일한 건축가일지도 모르겠다.

1902년 루이스 바라간은 부유한 지주의 가문에서 태어나 큰 어려움 없이 여유 있는 삶을 살다 갔다. 평생 독신으로 지냈으며 부드러운 카리스마의 소유자로 알려져 있다. 승마를 즐겼다는데 그래서인지 그의 정원에는 말 조형물이 자주 등장한다. 그는 대학교에서 공학을 전공했다. 졸업 후 유럽으로 건너가 2년 이상을 체류하며 여행을 통해 공부하는 소위 '그랑 투어'를 다녔다. 프랑스에서는 르 코르뷔지에의 건축 이론을 접하고 진지하게 연구했다고 한다. 지중해를 따라 북아프리카를 여행하고 스페인을 다니며 무어풍의 정원에 매료되었고 남프랑스를 여행하다가 페르디난드 바크Ferdinand Bac(1859~1952)라는 화가 겸 조경가의 정원을 방문했다고 한다. 그 정원에서 많은 영감을 얻어서 멕시코로 돌아갔다. 그리고 독학으로 건축을 시작했는데 유럽에서 흡수했던 생소한 모더니즘의 건축과 스페인의 정원, 그리고 멕시코의 전통을 부드럽게 융화하여 그 자신만의 독특한 스타일을 창조했다. 그의 건축의 기본 틀에서 르 코르뷔지에 등 유럽 모더니즘의 영향이 확실히 느껴지는 건 사실이다. 횡으로 혹은 종으로 길게 난 창, 아무 장식 없이 기하학적 입체로만 이루어진 건물이 그렇다. 그러나 남국의 강한 빛에서만 가능한 화려한 색상과 상황에 따라 다르게 배치하여 다양한 공간을 만들어내는 기발한 배치법은 그만의 독특함이다. 또한 이슬람 정원을 연상시키는 직선의 좁은 수로와 연못 역시 바라간의 트레이드마크처럼 되어 있다. 바라간은 이슬람의 요소를 인용하긴 하지만 그대로 모방하지 않고 독특한 배치를 통해 전혀 새로운 것을 만들어 냈다. 바라간의 공간에서 만난 서구의 모더니즘과 남국의 색채, 이슬람의 수경은 마치 원래부터 그랬던 것처럼 서로 너무나 자연스럽다. 그의 공간은 이 세 가지 요소가 기본이 되어 서로 다른 방식으로 조합되며 늘 새로운 음악을 연주해 낸다. 그를 대표적인 미니멀리스트로 보는 이유가 여기 있다.

그가 1966년에서 1968년 사이에 폴케 에거슈트롬 부부를 위해 완성한 승마 학교와 주택의 앙상블은 그의 대표작 중 하나이며 거의 마지막 작품이다. 멕시코시티 인근의 산 크리스토발San Cristobal에 위치해 있는데 승마 트랙과 마구간, 넓은 목초지며 주택과 정원이 서로 경계 없이 연결된다. 연못은 전혀 그렇게 보이지 않지만 실은 오리가 놀고 말이 물을 마시는 가축의 물놀이터로 고안되었다. 건축과 정원과 승마장과 목초지가 서로 구분 없이 하나의 큰 공간으로 이해되었듯 사람과 동물과 식물이 같은 피조물로서 서로 경계 없이 공생하는 곳이 그의 정원인 듯하다. 이런 피조물간의 조화감은 건축적 요소에도 해당된다. 서구식 미니멀리즘과 멕시코의 전통 마구간이 아무 마찰 없이 서로 어깨를 기대고 있다. 멕시코의 햇빛과 낙천주의적 웃음소리 속에서만 가능한 일일까?

루이스 바라간은 멕시코의 현대 건축가들에게 3세대에 걸쳐 큰 영향을 미쳤다고 평가받는다. 그러나 전 세계의 정원 디자이너들에게 더 많은 영향을 미쳤을 것이다. 그리도 단순 명료한 공간을 통해 그처럼 깊은 감성을 불러일으키는 것을 보면 그는 멕시코의 마술사임에 틀림이 없다. 다이너마이트나 삼백만 명을 위한 도시의 청사진 없이도 그는 1968년의 마구간 혁명을 혼자 조용히 치러냈다.

1. 프리츠커 건축상 홈페이지, http://www.pritzkerprize.com/1980/bio
2. Barragan Foundation, www.barragan-foundation.com/home.html
3. Vetra Design Museum, http://www.design-museum.de/
4. Woltrom, 2000.

009 내 건축에 녹색 레이스를 입혀다오

아인슈타인 타워. 포츠담 아인슈타인 파크에 위치한 태양관측소다.
건축가 에리히 멘델존 작(1919~1922)

미국 유타에 가면 로버트 스미스슨이 만든 달팽이 방파제만 있는 것이 아니다. 사막 한복판에 소위 저먼 빌리지German Village라고 하는 것이 있다. 독일식 다세대주택을 재현해 놓은 일종의 세트장이다. 세트장이지만 영화를 찍으려고 만든 것이 아니다. 2차 세계대전 때 베를린 폭격을 연습하기 위해 만들어 놓았다. 1943년부터 연합군들이 전면전에 돌입하며 카셀, 함부르크와 드레스덴 등의 다른 도시들은 불바다를 만드는 데 성공했지만 베를린의 집들은 어찌 된 일인지 소이탄 공격이 별 효과가 없었다. 특히 19세기 후반부에 노동자들을 위해 튼튼하게 지은 다세대주택들이 폭격에 강했다. 그 시대에 이미 화재 예방을 위해 다양한 건축 기법을 모색해서 지었으나 그 사실을 연합군들이 미처 모르고 있었다. 집과 집 사이의 벽에는 창문 없는 맨 벽에 돌, 벽돌, 콘크리트 등 비연소성 소재만을 사용했고 최소한 24cm 두께로 지었으며 건축 소재뿐 아니라 건물 배치에서도 불이 서로 옮겨붙지 않도록 적정 거리를 유지하는 등 세심한 화재 예방을 위한 조례가 시행되고 있었다.

궁리 끝에 미국 국방성의 화학전戰 담당자가 당시 미국에 망명 와 있던 독일 출신의 유대인 건축가 에리히 멘델존Eric Mendelsohn(1887~1953)에게 비밀리에 자문을 요청했다. 멘델존은 이에 응했고 거의 원본과 똑같이 건물을 만들어 주었다. 독일식의 튼튼한 가구도 만들어 넣고 침대 시트, 커튼까지 그대로 재현했다. 유타는 공기가 건조하여 발화 양상이 베를린과 달랐으므로 오일의 성질을 조정한 후, 비 내리는 베를린마냥 물을 뿌려가며 폭격 연습을 했다고 한다. 결국 폭격에 성공했고 모두 세 번을 재건하여 연습을 반복한 후 마지막에 남은 건물 두 채를 철거하지 않고 그대로 두었다.[1] 어쩌면 다가올 3차 세계대전을 대비하려는 것인지도 모르겠다. 2차 세계대전 때 많이 파괴되긴 했지만 아직도 남아 있는 건물들이 적지 않기 때문이다.

이 저먼 빌리지가 한때 널리 명성을 떨쳤던 스타 건축가 멘델존의 마지막 작품이었다. 당시 그는 56세였으니 원숙한 경지에 들어 왕성히 활동할 나이 였지만 베를린을 떠난 뒤 운도 그를 떠났는지 별로 이렇다 할 작품을 남기지 못했다. 한때 뜻을 같이 했던 미스 반 데어 로에나 발터 그로피우스와는 달리 망명 후에 일이 썩 잘 풀리지 않았던 것이다.

그의 한창 시절은 1920년대였다. 독일 뿐 아니라 유럽에서 가장 잘 나가는 건축가 중 하나였으며 이른바 '유선형 건축Streamline Architecture'의 대표자 였다. 그의 가장 유명한 작품은 포츠담에 있는 태양관측소 '아인슈타인 타워'다. 1919년부터 1922년 사이에 만들었다. 일반 상대성 이론을 개발할 당 시 아인슈타인은 베를린 대학교에서 연구하고 있었는데 베를린의 천문학자 들에게 자신의 상대성 이론을 한번 검증해 달라고 요청했었다. 그때 천문학 과 학과장을 맡고 있던 프로인틀리히 교수는 멘델존과 친한 사이였다. 프로 인틀리히 교수가 멘델존에게 상대성 이론을 검증하기에 적합한 태양관측 소를 한 번 지어볼 수 있겠느냐는 제안을 해왔다. 그 결과 탄생한 것이 아인 슈타인 타워였다.

완성된 관측소를 보고 아인슈타인은 "건물이 상당히 유기적이네"라고 평 했다고 한다. 결국 아인슈타인은 상대성 이론뿐 아니라 '유기적인 건축'이라는 용어까지 만들어 낸 셈이다. 이렇게 상대성 이론이 유기적인 건축의 형태로 모습을 드러내자 베를린과 포츠담이 웅성거리기 시작했다. 천문대가 준공되었던 1922년에 아인슈타인이 노벨상을 탔고 그 공로를 치하하기 위해 바이마르 공화국에서 아인슈타인에게 별장을 하나 선사했는데 그 별장이 바로 포츠담 근처에 있었다. 그러니 베를린과 포츠담의 시민들이 마치 자신들이 노벨상을 탄 것처럼 흥분했던 것이다. 아인슈타인 타워는 구경거리가 되었고 상대성 이론은 화젯거리가 되었다. 후에 포츠담의 칼 푀르스터 설계실에서 근무하던 헤르타 함머바허[2]는 상대성 이론을 정원의 형태로 한번 풀어보겠다고 기염을 토했으며 그 결과물을 1936년 드레스덴의 정원박람회에 출품했다. 물론 아무도 이해하지 못했다.

아인슈타인 타워로 일약 유명해진 멘델존은 곧 스타 건축가가 되었고 한창 때에는 직원 40명을 둔 큰 사무실을 운영했다. 일이 너무 많아 비명을 질렀으며 리하르트 노이트라Richard Neutra, 율리우스 포제너Julius Posener 등의 쟁쟁한 인물들이 그의 사무실에서 견습생으로 일했다. 건축학 외에 경영학도 전공한 덕분인지 멘델존은 경제적으로도 승승가도를 달려 동료들의 시기와 선망의 대상이 되기도 했다. 물론 그의 집과 재산은 나중에 나치에게 남김없이 몰수당하고 만다.

그러나 지금 에리히 멘델존에 대해 얘기하고 있는 까닭은 단지 그가 모더니즘의 대표 건축가 중 하나여서가 아니다. 그가 반복해서 표현했던 그의 정원관 때문이다. 그는 자연과 정원을 사랑한 건축가로 잘 알려져 있다. 건축의 단단함과 뾰족함, 직선과 모남을 식물이 부드럽게 감싸주어야 한다고 거듭 말하기도 했다. 그는 개인 주택도 다수 설계했는데 대부분 정원을 직접 만들었다. 짐작컨대 그의 정신적 스승이었던 미국의 프랑크 로이드 라이트Frank Lloyd Wright의 영향이 컸을 것이다. 유선형이라고는 하나 그의 건축은 다른 모더니즘 건축들과 마찬가지로 기능적이고 합리적인 입면체로 이루어져 있으며 단 하나의 유연한 곡선으로 마무리 하는 것이 특징이었다. 그것이 입면 전체일 수도 있고 담장의 둥근 모서리일 수도 있으며 발코니의 외곽 라인일 수도 있다. 때로는 원형 혹은 반원형의 탑을 부착하기도 했다. 건물 전체가 유기적으로 설계된 아인슈타인 타워는 오히려 예외적이다.

그는 "건물이란 아직 벌거벗은 신생아와 다름없다. 녹색의 레이스를 달아 예쁜 옷을 입혀야 비로소 완성이 된다"[3]라며 식물의 중요성을 누누이 강조했다. 그러나 얼핏 정원을 옹호하는 것 같은 이 말을 곰곰이 뜯어보면 조경가로서 그리 좋아할 일도 아니다. 그는 '정원'이 아니라 '녹색 레이스로서의 식물'을 말하고 있다. 사실 이런 보수적인 견해를 가진 건축가가 멘델존 하나만은 아니다. 거의 모든 건축가들이 갖고 있는 생각일 것이다. 다만 멘델존의 운이 좋지 않아서 제인 브라운의 『The Modern Garden』이란 책에 여러 번 인용된 덕에 지금 혼자 화살받이 역할을 하고 있을 뿐이다. 그가 어떻게 말했든 사실 그의 건축은, 특히 그의 완벽하고 매끄러운 곡선의 표면은 정원이 다가갈 틈을 내주지 않는 아성과 같다.

---

1. Davis, 1999.
2. Go, 2006, p.61. 헤르타 함머바허는 20세기 독일 조경계를 대표하는 인물 중 하나이며 베를린의 여성 교수 1호였다. 대지를 토대로 한 조경이 건축보다 우선해야 하며, 건축가는 조경가의 말을 들어야 한다고 주장한 강한 자존심의 소유자였다.
3. Brown, 2000, p.54.

마사 슈왈츠의
베이글 작전

010

베이글 가든.
1979년 마사 슈왈츠가 보스턴 자택의 앞마당에 베이글을 코팅하여 만들었다.
20세기 후반, 조경의 새로운 지평을 연 작품이다.

조경의 상대성 이론

아성을 공략하기 위해서는 영웅이 필요하다. 1970년대 말에 드디어 잔 다르크가 등장했다. 1979년, 마사 슈왈츠Martha Schwartz가 '베이글 가든'을 들고 보수적인 보스턴에 혜성처럼 나타난 것이다. 베이글 가든은 20세기 후반의 가장 중요한 작품 중 하나로 보아도 좋을 것이다. 다윗이 돌팔매 하나로 거인 골리앗을 이겨냈다면 마사 슈왈츠는 사방 6m×6m의 손수건만한 공간과 베이글 몇 개를 가지고 지루하던 70, 80시대의 조경에 종지부를 찍었다. 랜드 아티스트들이 조경가의 신성한 땅을 침범하여 조형물을 '심기' 시작한 지 십 년이 지난 시점이었다.

그 당시 아직 사회 초년생이었던 슈왈츠는 빌 프레슬리의 조경설계사무소에 다니며 지루한 일상을 보내고 있었다. 남편 피터 워커Peter Walker와 살던 보스턴의 아파트에 손수건만한 앞마당이 있었는데 둘 다 직업이 조경가이니 그 앞마당에 뭔가를 해야 한다는 생각은 굴뚝같았으나 상호 의견 충돌을 피하기 위해 결국 아무것도 하지 못하고 있었다. 슈왈츠는 혼자 아이디어를 키워가고 있었는데 이를 실현하기 위해 남편의 출장을 기다렸다. 물론 이미 준비 작업에 착수하여 베이글을 사다가 옥상 창고에서 방수 처리를 하고 있다는 사실을 남편은 눈치 채지 못했다. 남편이 출장 간 사이 그는 드디어 자신의 아이디어대로 베이글 가든을 '설치'하였고, 남편이 돌아오는 날 친구들 몇 명을 초대하여 잔디밭에서 환영 파티를 열었다. 대학 동창이었던 사진작가 앨런 워드도 초대했다. 다음 해에 마사 슈왈츠와 베이글 가든이 일약 유명해지기까지 다음과 같은 일련의 일이 있었다.

　뉴욕 매거진에 글을 쓰던 매리 브랜너라는 저널리스트가 마침 같은 아파트에 살고 있었는데 앨런이 찍은 사진을 잡지사에 보내보는 것이 어떻겠느냐는 제안을 해왔다. 슈왈츠는 이에 응했고 별 '기대 없이' 『Landscape Architecture』 편집부에 사진을 보냈다. 그때 편집장을 맡고 있던 인물이 그레이디 클레이였는데 뜻밖에도 답장을 보내왔다. 정원에 대한 기사를 싣고 싶으니 원고를 좀 써달라고 했다. 슈왈츠는 원고를 쓰고 도면을 그렸다. 물론 왜 하필 베이글을 정원에 '심었는가'에 대한 설명이 필요했다. "베이글은 저렴하고 일상적이어서 누구나 심을 수 있는 것이므로 '민주적인' 소재다. 그늘에서도 잘 자라고, 관수도 필요 없고"[1] 등등. 편집장 그레이디는 1980년 1월호에 이 원고를 실었을 뿐 아니라 베이글 가든을 표지 기사로도 삼았다. 1980년 당시 전문가층과 독자들이 어떻게 반응했을지는 상상이 가고도 남는다. 수없는 '민원'이 쏟아져 들어왔다. 천신만고 끝에 조경을 어느 정도 수준으로 끌어올렸는데 이런 장난질로 우리 얼굴에 먹칠을 하느냐는 것이 전문가들의 반응이었다. 결국 클레이는 편집장 자리에서 물러나야 했지만 슈왈츠는 커버걸이 되어 하루아침에 유명해졌다. "그때 그 사진을 잡지사에 보낸 것이 내가 한 일 중에서 가장 잘한 일"이라고 마사 슈왈츠는 회고하며 베이글 가든이 자신의 가장 중요한 작품이라고 말한다.

　그의 작품은 우선 기발함과 대담함으로 이목을 끌기에 충분하다. 뛰어난 상상력, 화려한 색상, 베이글, 스티로폼 등의 소재 선정에서 보여주는 자유분방함, 오브제의 초현실적 스케일과 더불어 반복과 정형으로 대표되는 오히려 고전적인 공간 구도 등이 그의 작품에 담겨 있는 주요 특징이다. 이는 처음부터 조경과 미술 사이의 경계를 짓지 않은 데에서 기인한다. 마사 슈왈츠는 조경을 공부하기 전에 먼저 디자인을 전공했다. 그가 미시간 대학교 디자인학과에 다니던 시절이 바로 랜드 아트의 시대였다는 사실이 의미심장하다. 당시 로버트 스미스슨의 영향을 많이 받았다고 본인도 말하고 있다. 달팽이 방파제 같은 작품은 유타 해안이라는 장소와의 맥락 속에서만 존재하며 갤러리에서 사고 팔 수 없는 작품이라는 사실에 강하게 매료되었다는 것이다. 당시에는 환경조형학과가 없었으므로 조경학과에 다시 들어갔다. 그러나 거기서 만난 것은 원하던 공간 예술이 아니라 생태의 독재였다.

이런 시절 마사 슈왈츠를 갈등에서 구제한 것은 피터 워커와의 만남이었다. 히데오 사사키와 피터 워커가 공동으로 운영하고 있던 설계사무실에서 한 학기 실습한 것이 전환점이 되었다. "혼자 힘으로 조경을 고차원의 예술의 경지로 끌어올린"[2] 피터 워커 역시 도널드 저드Donald Judd 같은 미니멀리스트들의 작품을 눈여겨보며 나름대로 조경에 대한 새로운 개념을 풀어가고 있었다. 미니멀리즘과 랜드 아트는 분야는 달라도 많은 부분을 공유하고 있다. 가족 구성원의 대부분이 건축가와 예술가여서 어린 시절을 놀이터 대신 건축가 사무실이나 미술관에서 보낸 마사 슈왈츠는 그 때문에 행복한 어린 시절을 보냈다고 할 수는 없지만 현대 건축과 예술을 광범위하게 체험했다. 랜드 아트 외에, 앤디 워홀로 대표되는 팝아트에도 적잖게 동요되었으며 그들의 작품이 가지고 있는 일상성과 코믹을 높이 평가하고 있다. 베이글에 대한 착상은 팝아트의 영향이었음을 짐작할 수 있다.

사실 마사 슈왈츠의 가장 독창적인 면은 그의 해학이다. 1986년 "Quick, cheap and green=the garden"이라는 등식을 가지고 만든 녹색 스티로폼 정원이나 1988년 350마리의 콘크리트 개구리를 고전적 오점 배열 방식으로 앉혀놓은 리오 쇼핑센터 조경은 웃음이 저절로 나오는 해학적 작품이다. 녹색 스티로폼과 채색된 녹색 모래로 조성된 스플라이스 가든Splice Garden의 인조 그린은 식물의 기피가 아니라 주어진 상황에 대한 독특한 해법이었다. 매사추세츠 주의 캠브리지 화이트헤드 의학연구소로부터 옥상 정원 조성 요청을 받았으나 옥상 구조가 하중을 견딜 수 없는 상황이었고 급수도 가능하지 않았다. 시설을 위한 예산도 없었으며 빨리 완성되어야 한다는 부담감이 추가된 상황이었다. 식물을 전혀 심을 수 없는 곳에 빨리quick, 싸게cheap, 녹색green 정원을 만들어 달라는 몰상식한 요구에 대한 '분노'의 산물이 이 정원이다. 하중을 견딜 수 있는 가벼운 소재로 스티로폼과 모래를 선정하고 이를 모조리 녹색으로 채색했다. "옜다. 여기 녹색이 간다"라며 고소해 하는 작가의 마음에 공감이 가지 않을 수 없다.

단 한 번의 베이글 작전으로 건축가들의 아성뿐 아니라 조경가들 스스로 높이 쌓아 놓은 성벽을 무너뜨린 마사 슈왈츠는 조경 공간이란 한없는 가능성을 내포하고 있는 예술가의 터전이라는 이야기를 들려주고 있다. 그의 정원이 그다지 쓸모 있는 것도 아니고 모두의 공감을 유도해 내는 것도 아니지만 조경의 영역을 넓혔다는 점은 확실한 사실이다.

---

1. Schwartz, M., Richardson, T., 2004, pp.20~27.
2. Andersson, 2003, p.18.

011

2차원의 마술사
TOPOTEK1

코펜하겐의 수퍼킬렌 가로 공원의 레드 구역.
2012년의 화제작이었고 이듬해 미국 AIA상, 유럽 동시대 조경상 등을 수상했다.

인생을 복잡하게 살 필요가 있을까. 아인슈타인의 상대성 원리를 건축으로 형상화한 멘델존이나, 정원의 형태로 풀어 본 함머바허는 그 얼마나 머리가 아팠을까. 2002년 한국과 일본에서 월드컵이 한창일 무렵, $E=mc^2$ 등식을 조형물로 만들어 베를린에 세워놓은 예술가가 있었다.[1] 물론 상대성 이론 자체를 이해하는 사람은 극소수에 불과하지만 이 조형물을 보면 누구나 아 상대성 이론이로구나 정도는 금방 알아본다. 얼마나 명료한가. 함머바허의 상대성 정원은 아무에게도 이해받지 못한 채 스러져갔다. 인생을 복잡하게 산 덕분이다. 그러나 쉽게 보이는 조형물의 크기와 무게를 보면 이 역시 쉽지 않은 작업이었음을 알 수 있다. 무게는 10톤이고 길이 12m, 높이 4m의 거구다. 실은 더 쉬운 방법이 있다. 바닥에 그냥 $E=mc^2$라고 쓰면 된다. 그럴 수도 있다고 생각만 한 것이 아니라 실제로 그런 방법을 도입하여 조경계에 새바람을 불러일으킨 친구가 있다. 마사 슈왈츠의 설계실을 거쳐 간 많은 젊은이들 중 하나인 마틴 라인카노Martin Rein-Cano라는 아르헨티나계 독일 청년이었다.

그는 어쩌면 마사 슈왈츠의 작품을 보면서 왜 복잡하게 베이글을 방수 처리하고 개구리에 금칠을 할까라고 생각했을지도 모른다. 마틴 라인카노는 랜드 아트가 시작될 무렵인 1967년에 태어났다. 조금 더 기다렸다가 1968년에 태어났더라면 더 흥미롭지 않았을까. 그는 부에노스아이레스에서 태어났으나 일찌감치 고향을 떠나 유럽으로 건너갔다. 프랑크푸르트에서 미술사를 전공하고 이어서 하노버와 칼스루에에서 반반씩 조경학을 공부했다.[2] 그리고 미국으로 가서 피터 워커와 마사 슈왈츠 밑에서 경력을 쌓았으며 다시 유럽으로 돌아와 베를린에 자리 잡았다. 초기에는 프리랜서로 당시 베를린의 아방가르드로 불리던 가브리엘 키퍼Gabriele Kiefer와 작업했다. 가브리엘 키퍼는 에른스트 크라머에게 자극받아 새로운 것을 시도했던 바로 그 세대에 속하며 철저한 기능적 미니멀리스트다. 1994년, 그들이 공동으로 작업한 '아파트 주차장 놀이터'가 큰 물의를 일으켰다. 그 파장은 베이글 가든과 견줄 만했다. 베를린 외곽 마르찬에 있는 대형 아파트 주차장이 너무 흉하니 어떻게 좀 해달라는 의뢰를 받았는데, 두 사람은 주차장 바닥의 아스팔트를 진한 파란색으로 채색하고 그 위에 노란색, 흰색, 빨간색으로 선을 그었으며, 숫자를 쓰고, 사방치기 문양을 만들어 '주차장 놀이터'라는 이름으로 발표한 것이다. 베를린 조경계가 진보와 보수 진영으로 확연히 갈라지던 순간이었다. 그렇지 않아도 토론을 좋아하는 베를린의 수다스런 조경계가 찬반으로 갈려 시끄러웠다.

"갈등의 미학"이라고 라인카노는 설명한다. 말이 의미심장하다. 주차장과 아이들 놀이공간과의 갈등을 말하기도 하고 '정원과 정원'의 갈등을 의미하기도 한다. 전통적인 정원의 개념에서 식물이 일체 배제되었을 뿐 아니라 크라머가 마지막으로 남겨두었던 피라미드조차 제거했다. 입체성을 거부한 2차원의 평면 그래픽으로 조경이 다시 축소된 것이다. 그런데 이 평면 그래픽이 마술을 부린다. 그건 그의 다음 작품 '하늘정원'을 보면 잘 알 수 있다.

물의를 일으키면 유명해지고, 유명해지면 일거리가 많아지기 마련이다. 아직 주차장 공사가 진행 중일 때 마틴 라인카노는 자기 사무실을 오픈했다. 그리고 어느 날, 사무실 건물의 옥상에 올라가 흰색 페인트로 단정히 횡단보도를 그렸다. 그리고 사선의 화살표 두 개와 5라는 숫자 하나를 쓴 다음 이를 '하늘정원'이라고 이름 했다. 지금까지 회사 건물의 지저분한 옥상이었던 공간이 마술사 멀린의 부름을 받고 전혀 다른 존재로 태어나는 순간이었다. 횡단보도와 화살표와 5라는 숫자를 마술 냄비에 넣고 끓였더니 전에 없던 것이 갑자기 나타나는, 그런 현상이었다. 횡단보도와 화살표와 5라는 숫자는 서로 아무 관계도 없다. 옥상과는 더더욱 상관이 없다. 이들은 모두 다른 어떤 것을 표현하기 위해 만들어진 상징일 뿐이다. 이 서로 아무 관계없는 세 가지 상징을 가져다가 아무 관계없는 옥상 바닥에 그림으로써 이들 사이에 비로소 관계가 형성되었다. 바닥에 시선이 고정됨과 동시에 하늘이 인지된다. 그래서 하늘정원인 것이며 이것은 랜드스케이프도 정원도 아니고 "토포텍처Topotecture"라고 설명한다. 토포텍1TOPOTEK1이라는 이름은 많은 고민 끝에 탄생한 것으로서 그의 공간 철학(바닥 철학)을 그대로 반영하고 있는 개념이자 프로그램이다. 그는 "랜드스케이프 아키텍트니, 가든 디자이너니, 오픈 스페이스니 하는 용어들은 모두 정확하지 않다. 우리의 작업을 제대로 표현하기 위해 만들어 낸 단어가 토포텍이다"[3]라고 말하고 있다. 정원 조성이란 결국 한 장소에 다른 성격을 부여하여 새롭게 태어나게 하는 작업이며 이에는 여러 가지 방법이 있는데, 심벌을 통해서도 구현될 수 있다는 것이다.

도시 공간을 대상으로 작업하는 오늘의 조경가에게 주어진 것은 사실상 건물과 건물 사이의 바닥면이라고 토포텍은 이해하고 있다. 바닥에 인류의 역사만큼 오래된 심벌을 그려 넣음으로써 장소를 점령하는 것이 바로 토포텍처다. 그 심벌은 반드시 그 장소와 관련이 있을 필요는 없다. 어떤 심벌을 적용하는가에 따라 장소의 성격이 결정되는 흥미진진한 마술인 것이다. 주차장 바닥에 사방놀이의 틀을 그려 넣는 순간 그리고 아이들이 와서 노는 순간 주차장은 어린이 놀이터로 변신한다.

바닥에 납작 깔림으로써 정원의 '공간성'을 포기하는 것처럼 보이지만 실은 그 반대로 주변 환경을 끌어다가 내 것으로 만들 수 있다는 가능성을 가장 극명하게 보여주는 것이 2012년 코펜하겐에 조성된 '수퍼킬렌Superkilen' 가로 공원이다. 이곳은 외국인들이 많이 사는 다문화 거리로 서로 다른 종교와 문화가 겹쳐진 곳이므로 많은 상징들을 조합해야 할 필요성이 있었다. 거리를 세 구간으로 나누고 각각 붉은색, 검은색과 녹색으로 우선 크게 구분했다. 그중 붉은색 구역이 가장 철저한 '토포텍처'다. 바닥뿐 아니라 주변 건물의 벽을 같은 색으로 칠함으로써 주변 건물의 벽들이 가로 공원을 에워싼 담장이 되어 버렸다. 건물과 건물 사이의 버려진 공간이었던 곳이 전혀 새로운 독립된 개체로 태어났을 뿐 아니라 주변의 도시 구역을 하나로 단단히 묶는 주인공이 되었다. 그러나 토포텍처는 도시 공간에서만 기능을 발휘할 수 있다는 분명한 한계가 있다.

토포텍의 평면 그래픽은 그 이후 꾸준히 모방되고 있다. 조경가들뿐 아니라 디자인, 설치 예술, 건축 분야에서 모방하고 있으며 심지어는 마사 슈왈츠도 차용한 적이 있다. 1997년 일본의 아파트 조경을 의뢰받았을 때 주차장을 같은 개념으로 설계한 것이다. 이때는 마사 슈왈츠가 가브리엘 키퍼와 함께 베를린 중앙역광장 설계공모를 위해 공동 작업을 하던 때였다. 서로 아이디어를 주고받았을 것이다. 슈왈츠, 키퍼, 토포텍의 공통점은 식물 소재를 제한적으로 혹은 거의 쓰지 않는다는 점이다. 사실 누구나 이 점을 궁금해 하면서 아무도 감히 물어보지 못하고 있다. 그대들은 조경가임에도 불구하고 왜 식물을 쓰지 않는가. 마틴 라인카노는 이 묻지 않은 질문에 스스로 답을 주고 있다. "정원을 평화에 비교하지 말라. 정원은 오히려 전쟁터와도 같다. 완벽하고 이상적인 정원을 만들기 위해 얼마나 잡초를 뽑고 물을 주며 자연과 싸움질을 해야 하는지 잘 알고들 있지 않은가."

1. 그 당시 월드컵 기념으로 다양한 예술 프로젝트를 진행했는데 그 일환으로 'Walk of Idea'라는 주제 하에 독일의 정신적 유산을 형상화 한 일련의 조형물이 세워졌다. 모두 같은 소재로 비슷한 크기로 만들어졌으며 젊은 예술가들이 디자인했다는 사실 외에 구체적으로 누가 무엇을 디자인했는지는 알려져 있지 않다.
2. 독일의 경우 한번 대학교에 입학하면 반드시 거기서 졸업해야 하는 것이 아니라 중간에 다른 대학교로 옮길 수 있다.
3. Stamm, 2005, pp.4~5.

012 초본식물, 통제 불가능한 디바들

포츠담 보르님에 위치한 칼 푀르스터 정원. 정원의 디바들이 가을 의상쇼를 펼친다.

누가 식물을 두려워하는가

시시포스Sisyphos의 신화가 공연히 만들어진 것이 아닌가 보다. 지난 수천 년 동안 정원과 조경에서 식물을 다루어 온 과정을 곰곰이 살펴보면 시시포스가 받은 형벌을 연상시키는 부분이 적지 않다. 특히 식물 중에서도 가장 작고 연약해 보이는 초본식물은 고대로부터 많은 정원사로 하여금 바위를 언덕 위로 밀어 올리게 했다. 그럼에도 포기하지 않고 오늘도 바위를 밀어 올리는 조경가들이 있는가하면 바위를 내동댕이치고 가버린 신기능주의자들도 있다. "정원은 평화의 상징이 아니라 오히려 전쟁의 상징"[1]이라는 토포텍의 도발적인 발언은 여러 가지 여운을 남긴다. 전쟁을 겪지 않은 세대에겐 잡초와의 전쟁도 전쟁일 수 있다. 그러나 실제로 전쟁을 겪어 본 세대나 식물을 정원과 조경 공간의 기본적인 요소로 여기고 있는 많은 이들은 토포텍의 철학을 곱지 않은 시선으로 바라본다. 겉멋만 든 게으른 포스트-포스트-모더니스트들의 궤변이라고 조경 축에 끼워주지 않으려는 경향도 있다.

그럼에도 토포텍처라는 식물 없는 조경 공간은 두 가지 시사점을 제시한다. 우선 조경 개념이 새로운 국면에 도달했음을 말해준다. 19세기 말 옴스테드가 정원이라는 개념만으로는 커버되지 않는 활동 영역을 설명하기 위해 조경landscape architecture이라는 개념을 만들어 낸 것과 같은 맥락이다. 도시 공원의 역사가 시작되면서 조경의 과업 범위는 사유지에서 공공공간으로 점차 이동해 왔다. 20세기 후반부터는 도시 공간이 주 관심사가 되었고 랜드스케이프 어바니즘의 개념까지 만들어졌다. 이제 옴스테드의 개념으로도 설명되지 않는 새로운 이야기들이 펼쳐지고 있는 것이다. 그럼에도 어바니즘이 랜드스케이프를 아직 불변의 상수로 이해하고 있는 반면, 토포텍처는 랜드스케이프라는 굴레조차 벗어버리고자 한다. 수천 년 동안 정원과 조경의 근간이 되었던 랜드스케이프를 버리자 훨훨 날아갈 것 같은 디자인의 자유가 얻어졌을지도 모르겠다.

랜드스케이프를 버렸다는 사실을 다른 각도에서 바라보면 결국 통제가 불가능한 식물과의 싸움을 포기했다는 것과 다름이 없다. 조경가로서 별로 고백하고 싶지 않은 사실이지만 정원 식물들이란 변덕스러운 디바Diva들 같다. 특히 19세기 이후 정원을 점령한 초본식물들이 더욱 그렇다. 아름답고 매혹적이고 사랑스럽고 향기로운 이 존재들은 아무리 공을 들여도 결국 자기하고 싶은 대로 한다. 모든 변수를 감안해서 완벽한 식재 계획을 세웠어도 날씨에 따라 토질에 따라 출신 성분에 따라 늘 예상을 뒤엎는 일이 발생한다. 충성스러운 매니저처럼 항시 옆에 붙어서 공들여 가꾸지 않으면 이 디바들은 원하는 장면을 연기해주지 않는다.

개인 정원이라면 디바들의 변덕을 받아들여가며 충분히 공을 들일 수 있겠지만 조경가들의 활동 범위가 거의 백 퍼센트 도시 공간으로 이전된 요즘엔 도시 외부 공간을 합리적인 기능 공간으로 파악하지 않을 수 없다. 도시 공간에서 식물을 간수하는 것이 얼마나 어려운 일인지 알고 피해가는 신기능주의자들이 오히려 현명할지도 모르겠다. 식물을 완전히 배제하지 않는다 하더라도 극히 제한적으로 적용하는 것이 이들의 특징이어서 가로수와 회양목, 잔디밭으로 레퍼토리를 한정시킨다. 도시 공간은 시민들의 세금으로 조성되고 관리된다. 예산이 한정되어 있다는 뜻이다. 더욱이 글로벌한 금융 사고 이후 경제적 위기에 처한 많은 국가들이 제일 먼저 조경 분야에서 예산을 삭감했다. 관리비, 운영비가 거의 들지 않으며 모던한 감각을 충족시켜주는 토포텍처적 해법이 발주처의 관심을 점점 끌 수밖에 없다.

한편 1870년에 윌리엄 로빈슨William Robinson이 식물에게 자유를 되찾아 준 이후,[2] 그리고 칼 푀르스터Karl Foerster 등의 육종가들이 무수한 초본식물을 만들어 '심을거리'를 늘여 준 이후,[3] 생태주의자들까지 합세하여 도시 공간의 생태화를 지지하면서 가로수와 회양목과 잔디밭 외에 더 많은 것을 요구하는 시민들도 날로 증가하고 있다. 게다가 도시 생태 네트워크라거나 비오톱 지수 등의 도입으로 도시 속의 식물은 그저 식물이 아니라 도시 생태계를 이루는 근간으로서 생태 지수가 되어 숫자로 둔갑했다. 그러므로 도시 공간을 조성하는 담당자들은 운영관리비 절감과 생태 지수, 시민들의 요구사항 사이에서 아슬아슬하게 균형을 잡아가야 한다.

도시 속에서의 식물을 결코 포기하지 않으려는 조경가의 비율이 더 높은 것은 불변의 진리일 것이다. 이들은 생태 지수나 비오톱을 떠나서 로빈슨이나 푀르스터 식의 비전을 도시 공간 속에서도 실현하고 싶어 한다. 그 결과 1960년대까지만 해도 야생화 화단을 갖춘 도시 정원이 드물지 않게 조성되었지만 이들의 운영과 관리가 거의 불가능하다는 결론에 빨리 도달하였고, 1970년대 후반부터 조심스럽게 '간소화' 기법이 연구되기 시작했다. '자연스럽지만 관리가 쉬운' 도시형 식물 적용법을 개발하고자 했으며 실제로 많은 성과를 거두고 있다. 미국의 볼프강 외메로 대표되는 뉴웨이브 스타일과 독일의 뉴 저먼 스타일이 그 대표적인 예다. 벼과식물을 위시하여 몇 종의 강인한 우점종 야생화를 선발하고 이들을 특정한 기법에 의해 배치하는 것이다. 이렇듯 최상의 장면을 연출함과 동시에 관리 비용을 최소화하는 기법이 속속 개발되고 있다.[4]

그런 의미에서 식물이 어떻게 통제되고 관리되어 왔는가를 바라보는 것도 정원과 조경의 역사를 이해하는 데 큰 도움이 된다. 처음에 약초원, 채소원 등 실용 정원으로 출발했을 때는 수확이 관건이었다. 고대의 정원사들은 밭을 만들어 질서정연하게 심고 길러야만 원하는 수확을 얻을 수 있다는 사실을 일찌감치 터득했다. 수확을 얻기 위해 시작된 통제와 관리의 전통이 장식 정원에서도 그대로 적용되었을 뿐 아니라 오히려 더욱 절실해졌다. 디자인한 대상들이 제멋대로 장면을 만들어 간다면 디자인이 무슨 소용이 있을까. 서양조경사에서는 이탈리아 르네상스 시대부터 정원 디자인이 본격적으로 시작된 것으로 보고 있다. 다시 말하면 이때부터 식물의 통제가 본격화되었다는 뜻이 되겠다. 이탈리아 르네상스 정원사는 식물의 속성을 파악하고 교묘한 방법으로 배치하여 원하는 장면을 연출해내는 마스터였으며 프랑스의 바로크 정원사는 실로 완벽한 식물 통제사였다.

1. 이 책의 "011. 2차원의 마술사 TOPOTEK1" 참조
2. Robinson, 1870.
3. 마리안네 푀르스터, 2013.
4. Reif, 2012, pp.25~29.

사이프러스, 회양목, 자작잎서어나무 013

자작잎서어나무로 만든 샤밀(Charmille)의 다양한 형태. 독일 뮌헨의 호프가르텐

누가 식물을 두려워하는가

식물이 없어서 그랬던 것은 아니었다. 정원의 개념이 문제였다. 18세기 중엽에 들어 영국에서 반란이 일어날 때까지 정원은 처음부터 정형성의 원칙 하에 출발하였다. 세상을 파악하고 정복해 가는 과정이었으므로 사람을 위한 공간은 세상의 공식, 즉 기하학에 의해 디자인되어야 하며 분명한 체계가 있어야 한다는 데 아무도 의문을 제기하지 않았다. 이 원칙은 물론 식물에도 적용되었다. 서기 1세기를 살았던 로마의 귀족 플리니우스 2세[1]가 다음과 같은 생생한 증언을 남겼다. "요즘에는 사이프러스를 촘촘히 심은 뒤 서로 단단히 묶어주고 옆으로 뻗치는 가지들을 다듬어 높다란 수벽을 만든다. 이렇게 수벽을 만들어 놓고 나서 윗부분을 이리저리 깎으면 함선이나 사냥 정경 등 큰 규모의 형상을 만들기에 적합하다."[2]

나무를 다듬어 형상을 만들어 내는 토피어리는 기원전 1세기 말 로마에 살았던 마티우스G. Matius라는 사람이 시작했다고 전해진다.[3] 그러므로 플리니우스가 위의 편지를 썼던 기원 후 1세기 무렵에는 토피어리 기술이 상당히 발달해 있었음을 짐작할 수 있다. 지금도 이탈리아 등 지중해 지역 경관에 독특한 개성을 부여하고 있는 사이프러스는 측백나무과의 상록교목으로서 기둥처럼 쭉 뻗어 자라는 것이 특징이며 잎이 거의 검은 색에 가까운 진한 녹색이어서 풍경화의 모델이 되기 위해 존재하는 나무 같다. 솔방울이 있지만 이용할 수 없고 열매는 독이 있어 먹지 못하며 폭이 좁아 그늘도 드리우지 않지만 그 독특한 외모를 이용하여 과수원 가장자리에 줄지어 세움으로써 영토의 경계를 표시하는 데 쓰였다. 그대로 줄지어 세워두기만 해도 충분히 경계선 역할을 할 수 있음에도 거기서 머물지 않고 자를 대서 반듯하게 깎아줌으로써 이탈리아 정원의 역사가 시작되었다고 해도 과언이 아니다.

고대 로마로부터 르네상스를 거쳐 바로크에 이르기까지 정형적인 정원에서 썼던 식물의 종류는 그리 다양하지 않다. 길들일 수 있는 식물들만 정원에 들였으며 이들은 또 다시 일정한 시스템에 의해 배치되었다. 유실수 역시 격자형 혹은 오점형으로 배치하고 반듯하게 자른 생울타리를 둘러 한 점 흐트러짐이 없게 했다. 영지를 벗어나면 언제나 야생의 자연이 기다리고 있었으므로 굳이 내 울타리 안에서까지 자연스러움을 지킬 이유가 없었다. 더욱이 전시용, 과시용의 화려한 정원을 소유했던 것은 지배층이었으므로 내 소유의 것들을 통제하지 못하는 것은 곧 권력의 취약점으로 여겨졌다.

사이프러스, 주목, 회양목 등 상록식물을 반듯하게 잘라 만든 수벽은 정원의 기본적인 틀을 이루는 녹색의 건축 자재로 파악되었다. 다만 사이프러스를 벽처럼 세우고 묶어주면 공기가 통하지 않아 잎이 죽는 경우가 많았고 회양목과 주목은 성장 속도가 느려 십 년 이상 공을 들여야 효과가 났다. 이런 단점을 보완하기 위해 다양한 도구와 기법을 고안해 냈다. 트렐리스나 틀을 만들어 그 양쪽에 대고 식물을 묶어 기른 후, 자르고 휘고 잡아당겨 녹색의 구조물을 만든 것이다. 관건은 트렐리스가 보이지 않게 하는 것이었다. 바로크 정원의 어마어마한 수벽들이 얼핏 보기에 식물로만 이루어진 것처럼 보이지만 대개는 내부에 틀이 들어있다. 물론 끊임없이 건축 자재로 쓸 만한 다른 식물들을 찾아 실험했고, 16세기에 이미 자작잎서어나무*Carpinus betulus*가

목적에 가장 부합한다는 점을 발견했다. 자작잎서어나무는 지주목 없이도 곧추 자라며 주목 등의 상록수에 비해 성장 속도가 빠르다는 장점이 있었다. 잎의 싱그러운 녹색은 사이프러스의 검은 녹색과 어우러져 화음을 이루었으며 그 밖에도 바닥부터 촘촘하게 잔가지가 돋아 흙이 보이지 않고 겨울에도 쓸 만한 구조를 보여줌으로써 낙엽수의 단점을 보완했다. 수벽을 만들기에 가장 맞춤한 나무로 인정받은 자작잎서어나무는 곧 바로크 정원의 스타로 부상했다. 이렇게 자작잎서어나무로 만든 수벽은 샤밀Charmille이라는 별도의 명칭을 얻어가졌고, 단순한 생울타리의 범주를 넘어서서 공간을 자유자재로 만들 수 있는 건축 요소로 각광을 받았다. 이 점은 지금도 달라지지 않았다.

"정원 한가운데 있는 풀밭이 가장 사랑스러웠다. 진한 녹색으로 반짝이는 잎을 배경으로 열매를 가득 매단 레몬나무와 오렌지나무들이 풀밭을 사방에서 둘러싸고 있었으며 열매와 함께 꽃도 피어 그 향기가 정신을 혼미하게 했다."[4] 보카치오가 14세기 중엽 피렌체 외곽에 있는 빌라 정원을 묘사한 장면이다. 얼핏 사랑스러워 보이는 이 풍경을 곰곰이 뜯어보면 오렌지나무 역시 사이프러스처럼 일렬로 심어 정원 가장자리에 세워놓았음을 알 수 있다. 당시의 삽화를 보면 오렌지나무로 만든 생울타리가 적지 않게 묘사되고 있다. 그중 가장 대표적인 그림이 보티첼리의 '프리마베라'다. 오렌지나무나 레몬나무를 이렇게 정원에 직접 심어 수벽을 만들기도 했지만 대개는 대형의 테라코타 화분에 심어 예쁘게 다듬은 다음 사각형 잔디밭의 가장자리, 연못가 혹은 테라스 옹벽에 배치하여 장식 효과를 높였다. 이렇게 오렌지나무조차 일정한 규율에 묶어두어야 했던 시대였으므로 초본류 역시 통제하려 들었을 것이다. 키 작은 회양목을 사방에 둘러 만든 화단에 꽃을 심고 키가 크거나 줄기가 가늘어 열밖에 나는 것들은 틀을 만들어 곧추세웠으며 부피가 큰 것들은 둥글게 깎아 일정한 형태를 만들어 나름대로 질서를 지켜보려 애썼지만 초본류들의 다양한 형태와 색, 질감, 그리고 무엇보다도 가을이면 시들거나 죽어버리는 이상한 속성으로 인해 정연한 장면을 연출하는 것은 불가능했다. 그러므로 바로크 후기로 접어들면서 초본류는 결국 정원에서 쫓겨난다. 이들을 내몰고 그 자리에 채색한 자갈이나 모래, 모자이크 조각 등을 깔아 느낌을 대신하거나 회양목과 잔디로 직접 문양을 만들었다. 이 시대에는 과일나무의 달콤함이나 꽃향기, 시원한 그늘, 잎의 푸름과 아름다움 등 식물 자체가 주는 즐거움보다는 공간의 질서가 우위에 있었다.

이 바로크적 개념이 세상에서 사라진 것이 결코 아니다. 지금도 기능주의자들의 공간에는 자작잎서어나무, 주목, 회양목만이 허용되고 있다. 초본류를 몰아내고 그 자리를 채색된 모래로 대체했던 바닥 문양 기법은 20세기 중반에 브라질의 로베르토 부를레 막스Roberto Burle Marx가 재발견하여 응용했으며, 그 후 마사 슈왈츠Martha Scwaltz의 베이글 가든에 다시 나타난다. 뒤이어 토포텍처라는 이름으로 새로운 조경 개념을 만들어내는 열쇠가 되었으니 초본식물이 두려운 존재임에 틀림이 없는 것 같다.

---

1. 플리니우스 2세(Pliny the Younger, AD 61~112)는 고대 로마의 문인이자 정치가로서 집정관과 비티니아의 총독을 지냈으며 트라야누스 황제에 대한 송덕 연설과 법정 변론으로 이름을 떨쳤으며 『서한집』 11권이 전해진다.
2. Azzi-Visentini, 2010. p.24.
3. Hobhouse, 1992, p.31.
4. Boccaccio, 2009, p.220.

014 월리엄 로빈슨의 와일드 가든

월리엄 로빈슨은 와일드 가든의 이론을 펼치기 시작한 지 20년 만에
드디어 자신의 저택과 넓은 정원을 소유할 수 있었다. 그의 그레이브타이 저택에는
호텔이 들어서 있지만 로빈슨의 유산임을 자랑스럽게 여기며 예쁘게 가꾸고 있다.

누가 식물을 두려워하는가

윌리엄 로빈슨William Robinson(1838~1935)은 쫓겨난 초본류를 정원으로 다시 불러들였을 뿐 아니라 이들을 주인공으로 만들어 '와일드 가든Wild Garden'을 창시한 인물로, 현대 정원의 발전에 실로 지대한 영향을 미쳤다. 영국의 거트루드 지킬, 독일의 칼 푀르스터, 네덜란드의 미엔 루이스 등에게 큰 영감을 주었지만 정원 조성가로서보다는 저널리스트로 더 왕성히 활동했기 때문인지 그의 명성은 영국 국경을 거의 넘지 못하고 있다. 그의 정원 작품으로 전해지는 것은 자신의 소유였던 그레이브타이Gravetye 장원이 유일하다. 1870년에 『와일드 가든The Wild Garden』, 1883년에 『영국의 플라워 가든The English Flower Garden』이라는 책을 발표하는 등 모두 19권의 저서를 쓰고 『The Garden』이라는 잡지를 발간했던 로빈슨은 정형식 정원을 대놓고 혐오한 사람으로 유명하다. 그는 격렬한 성격의 소유자였던 것 같다. 21세에 아일랜드 귀족의 영지에서 정원사로 일하며 온실 관리를 담당했는데, 상사와 한바탕 싸운 뒤 추운 겨울임에도 불구하고 난방을 하지 않아 진귀한 온실 식물들을 죽게 했다는 풍문이 떠돈다.[1] 그는 당시 성행했던 '카펫 베딩carpet bedding' 방식, 즉 일년생 식물들을 온실에서 대량으로 재배한 다음 여름철에 내다 심되 일정한 패턴에 따라 문양을 만드는 방식을 몹시 못마땅하게 여겼다. 그 때문에 난방을 거부하여 식물을 죽게 했는지는 알 수 없는 일이다.

바로크의 정형적 틀을 처음으로 깬 것은 물론 로빈슨이 아니라 풍경화식 정원이었다. 문자 그대로 그림 같은 풍경을 재현하여 감동적인 장면을 연출

79

했지만 이 아름다운 풍경화 속에 초본식물을 어디에 어떻게 그려 넣어야 할지에 대해서는 속수무책이었다. 풍경화식 정원이 시작되고 백오십 년이 흐르는 동안 초본류를 적용하는 방법이 다양하게 시도되었다. 나무 하부에 심어 보았더니 순식간에 번져 걷잡을 수 없게 되었으므로 조심스러웠다. 비록 평면기하학의 틀을 깨고 자연스럽게 보이는 정원을 만들었다고 해도 풍경화식 정원 역시 자신의 원칙에 어긋나는 것을 허용하지 못하는 통제의 정원이었다. 종국에는 한동안 한국에서도 크게 유행했었던 원형의 꽃시계라거나 바구니 모양 혹은 브로치 모양의 화단을 만들어 그 안에 화려한 색상의 일년초를 채워 넣는 방식으로 해결을 보았다. 진정한 자연스러움을 사랑했던 윌리엄 로빈슨으로선 이런 패턴 화단들을 모두 뒤엎고 싶지 않았을까?

온실 사건이 있은 후 로빈슨은 런던의 리젠트 파크 식물원으로 일자리를 옮겼다. 여기서 그는 다행히 온실 식물이 아닌 월동력이 강한 다년생 야생화를 책임지게 되었으며, 이들을 수집하러 다니면서 시골 농가 정원에 깊은 관심을 기울이게 되었다. 그리고 불과 십 년만에 와일드 가든, 즉 야생의 정원을 다룬 충격적인 책을 펴내게 된다. 요즘이라면 아무도 야생화 정원에 충격받지 않겠지만 로빈슨이 책을 냈을 시점엔 가히 혁명적이었다. 이 무렵에는 풍경화식 정원이 노쇠해져 힘을 잃어가고 정형식 정원이 다시 슬그머니 고개를 들고 있었다. 산업혁명, 시민혁명의 결과로 전에 없던 사회 계층, 즉 자본가와 부유 시민층이라는 신흥 세력이 형성되던 때였다. 이 신흥 부자들은 귀족들을 본떠 근사한 저택을 짓고 정원을 가지고 싶어 했다. 이렇게 새롭게 형성된 시장에 먼저 비집고 들어간 것이 건축가들이었다. 그들은 저택이나 코티지를 설계하면서 내친 김에 정원도 같이 만들었다. 이 시대의 대표적인 건축가 레지널드 블롬필드Reginald Blomfield(1856~1942)는 정원가가 만드는 풍경화식 정원은 이제 아무 감동도 주지 않는 고루한 전통의 답습이라고 비난하며 정원은 건축의 연장이므로 건축가가 만드는 것이 맞는 것이라 했다. 건축의 연장이니 당연히 건축적 원칙에 따라 조성되었고 이로 인해 정원의 기하학이 다시 부활하게 되었다. 사실 정형식 정원이라는 개념 자체가 1892년에 블롬필드가 집필한 『영국의 정형식 정원The Formal Garden in England』이라는 책에서 유래한다. 이로서 블롬필드와 로빈슨의 충돌은 불가피해졌다. 20여 년간 자연스러운 야생화 정원의 전파를 위해 노력했던 로빈슨이 이 책에 어떻게 반응했을지는 짐작이 가고도 남음이 있다. 페넬로페 홉하우스Penelope Hobhouse[2]는 당시의 상황을 이렇게 묘사했다.

"로빈슨은 1870년대 자신의 주장을 관철시키기 위해 책과 간행물들로 독자들을 강타했으며, 당시만 해도 시골집 등 단순한 정원에서만 볼 수 있었던 튼튼한 식물을 기르라고 독려하는 열렬한 운동가가 되었다. 또한 그는 완전한 비정형성을 강력하게 옹호했으며, 정원에 있어 건축가의 역할을 비난해 악명이 높았다."[3]

19세기가 마무리되고 20세기를 여는 시점에서 시작된 로빈슨과 블롬필드의 충돌은 조경사의 중요한 사건으로 기억되고 있다. 이들의 분란이 둘 사이에서 머물지 않고 유럽 전역에 걸친 건축가와 조경가의 패싸움으로 번졌기 때문이다. 이 분란의 불씨를 유럽 대륙으로 실어 나른 인물은 헤르만 무테지우스Hermann Muthesius라는 독일 건축가였다. 이 무렵 영국에 머물고 있던 무테

지우스는 분란의 대상이 되었던 영국의 코티지 건축에 매료되어 집중적으로 연구했다. 귀국 후 연구 결과를 묶어 1904년 『영국의 코티지 하우스』라는 세 권짜리 책을 발표했으며, 코티지 하우스를 본뜬 전원풍의 저택을 독일에 크게 유행시켰다. 물론 블롬필드를 본받아 정원도 직접 설계했다. 건축가들이 만든 코티지 정원은 바로크 정원의 축소판이었다. 아무래도 집을 짓는 사람들의 입김이 세기 마련이므로 1920년대까지 겉으로 보기엔 건축가들이 정원을 장악하고 있는 것처럼 보였다. 그러나 그 저변에서 로빈슨의 영향력은 점점 확산되고 있었다. 그건 로빈슨 자신보다도 그가 던져 준 화두를 현실화하는 데 기여한 여러 정원가들 덕분이었다. 그중 가장 대표적인 인물이 영국의 거트루드 지킬Gertrude Jekyll(1843~1932)과 독일의 칼 푀르스터였다.

로빈슨과 거의 동시대를 살며 그에 동조하고 함께 토론하며 많은 작품과 글을 남긴 거트루드 지킬은 로빈슨처럼 건축가들과 대립각을 세우지 않고 그들이 제시하는 건축적 틀을 수용함으로써 로빈슨이 꿈꾸었으나 실현하지 못했던 새 정원의 비전을 이룩할 수 있었다. 거트루드 지킬의 정원은 전쟁이 아니라 화합이었다.

1. Bisgrove, 2008, p.12.
2. 페넬로페 홉하우스는 현재 활동하고 있는 영국의 정원 저술가 중 가장 영향력 있는 인물 중 하나로 평가되고 있다. 특히 1992년에 집필한 『식물로 본 정원사(Gardening through the Ages)』는 식물 적용의 역사를 상세히 서술한 것으로서 대단히 중요한 저서다.
3. Hobhouse, 1992, p.235.

미스 지킬 015

전형적인 지킬 풍의 '경계 화단(border)'. 조지 사무엘 엘구드(George Samuel Elgood)가
지킬의 개인 정원인 먼스테드 우드(Munsted Wood)의 가을 장면을 포착한 그림이다.

식물을 위한 새로운 키워드

  영국 정원 역사상 가장 중요한 디자이너로 지금도 그 영향력이 시들지 않고 있는 거트루드 지킬Gertrude Jekyll(1843~1932)은 엄격한 쪽머리에 빅토리아풍의 검은 원피스를 입고 지팡이에 의지하여 정원을 돌아보는 노년의 모습으로 기억되고 있다. 지킬이 디자인한 아름다운 색채 정원과 얼핏 매치시키기 어려운 모습이다. 어쩌면 검은 옷과 지팡이는 위장이었을지도 모르겠다. 아무도 보지 않을 때면 지킬 선녀로 변하여 마술봉을 휘둘렀던 것일지도 모르겠다. 거트루드 지킬은 19세기 말 20세기 초의 지루한 정원에 마술처럼 빛과 색을 가져다줌으로써 새로운 장르를 완성시킨 장본인이었다. 건축과 정원의 화합을 이루어낸 것 외에도 식물, 그중에서도 다루기 힘든 야생화들을 자유자재로 구사하였으며 그가 연출했던 장면들은 지금도 귀감이 되고 있다. 비록 야생화를 자유롭게 풀어놓기는 했지만 완강하고 경직된 사고방식으로 인해 작품으로 완성시킬 수 있는 가능성을 스스로 차단했던 윌리엄 로빈슨[1]과 비교해 볼 때, 첫 정원 작품으로 단번에 마에스트로의 평판을 얻은 지킬의 비결은 우선 자유로운 사고 체계에 있었던 것이 아닐까 짐작하게 한다. 물론 타고난 감각과 오랜 세월 화가로 활동하며 얻었던 체험도 적지 않은 역할을 했을 것이다.

  시력이 급속히 나빠져서 화가의 길을 접고 정원 예술가로 전향할 수밖에 없었다는 이야기가 있다.[2] 그러나 그보다는 그의 삶의 여정이 자연스럽게 정원 예술가의 길로 접어들게 했다고 보는 편이 더 설득력 있다. 어느 날 갑자기 정원 공부를 시작한 것이 아니라 모든 영국인들이 가지고 있는 '정원 유전자' 덕으로 지킬에게 정원은 어린 시절부터 일상에 속했었다. 유난히 색에 민감했으므로 꽃의 다양한 색조에 매료되었던 것 역시 자연스러운 일이었을 것이다. 영국 남부의 서리 지방이 고향이었던 지킬은 만 열여덟 살이 되던 1861년에 런던의 사우스켄싱턴 예술학교에서 회화를 공부하기 위해 집을 떠났다가 1876년 아버지가 사망하자 홀로 남은 어머니와 함께 살기 위해 십여 년 만에 귀향했다. 딸이 돌아오자 어머니는 먼스테드히스Munstead Heath에 집을 새로 지었는데 이곳에 '실험적'으로 만들어 본 정원이 지킬의 공식적인 첫 작품이 된다. 그것이 불과 3~4년 만에 소문날 정도로 좋은 반응을 얻음으로써 정원 예술가로서의 운명이 결정되었다고 보아도 될 것이다. 영국인들은 소문난 정원을 방문하는 전통이 있었으므로 지킬 모녀의 먼스테드히스 정원에도 방문객이 찾아들기 시작했고 급기야는 당시에 『정원The Garden』이란 제호의 잡지를 발행하던 윌리엄 로빈슨과 영국장미협회 회장의 방문을 받게 된다.[3] 이렇게 얻은 성취감으로 인해 지킬은 정원이 대안이나 차선책이 아니라 그동안 쌓아왔던 예술적 체험을 집약시킬 수 있는 기회임을 이해했다.

이즈음 로빈슨의 권고로 『정원』 잡지에 기고를 시작했는데 1932년 89세를 일기로 세상을 뜨기까지 천여 편의 에세이를 쓰고 모두 열세 권의 책을 냈으며 크고 작은 정원 400여 개를 디자인했다. 이런 엄청난 작업량은 평생 독신으로 살았던 지킬에게 정원이 전부였음을 시사한다.

지킬이 미술학교에 입학하던 해에 미술공예운동Art & Craft Movement의 창시자 중 한 명이었던 윌리엄 모리스William Morris(1834~1896)가 학교 인근에 디자인

회사를 설립했다. 본업이 화가였던 윌리엄 모리스는 공장에서 생산되는 생활 용품들을 몹시 역겨워했다. 손으로 직접 만든 것만이 가치 있다는 철학 하에 벽지부터 가구까지 직접 만들어 저렴하게 판매하는 것을 목적으로 회사를 설립한 것이다. 손재주가 많았던 지킬이 "마음과 손과 눈"이 삼위일체가 되어야 한다는 모리스의 철학에 영향을 받았음은 물론이다. 지킬은 회화 외에도 자수, 조각, 판화, 직조, 사진 등 다방면에서 꾸준히 활동하며 분야를 넘나드는 포괄적인 작품 세계를 추구했다. 이런 성향에 힘입어 후에 정원 예술가로 완전히 방향을 굳힌 후에도 양식에 구애받지 않은 '편견 없는 정원'을 만들었다.

그러나 정작 지킬에게 가장 큰 영향을 미친 것은 윌리엄 터너Joseph Mallord William Turner(1775~1851)[4]의 그림 세계였다. 미술관에서 터너의 그림을 연구하며 보낸 수많은 시간은 터너의 화폭을 환하게 밝히는 지중해의 빛과 색에 대한 궁금증을 불러일으켰다. 1874년 지킬은 터너의 빛을 찾아 여러 달에 걸쳐 북아프리카, 그리스, 이탈리아를 여행하게 되며 여기서 만난 파스텔 색조의 식물에 매료되어 돌아왔다. 이런 영향들이 축적되어 후에 지킬의 트레이드마크가 되는 '경계 화단'[5]이 탄생했다. 경계 화단은 본래 프랑스 정형식 정원에서 유래한 것으로서 경계를 이루던 회양목 생단이 진화하여 꽃피는 식물로 대체되기 시작한 것을 말한다. 지킬은 이 경계형 화단이 독립적 정원 요소로 성장할 수 있는 가능성을 본 것 같다. 화폭 속에서 더욱 빛나는 터너의 밝은 색조를 응시하던 수많은 나날 중 야생화들도 저렇게 '액자'에 담되 윤곽 없이 서로 스며드는 기법을 적용할 수 있지 않을까라는 아이디어가 떠올랐을 것이다. 소로를 따라 화단을 길게 배치하는 것이 경계 화단의 기본 형태였지만 거기서 그치지 않고 여러 방법으로 응용했다. 특히 옹벽, 계단, 테라스 등 시설물을 화단처럼 이용하여 식물과 어우러지게 함으로써 최대의 상승 효과를 내는 기법 역시 지킬의 아이디어였다. 경계 화단에서 보여준 지킬의 탁월한 감각은 거기서 그치는 것이 아니라 정원 전체의 구성에 여실히 반영되고 있다.

지킬의 정원들은 손수건 크기의 화단으로부터 몇 헥타르에 이르는 숲 정원까지 때로는 정형으로, 때로는 자연형으로 장르를 넘나들었으며, 전원의 정다움, 도시적인 세련됨, 이국적인 매력 등 상황에 따라 적절한 식물들로 '팀'을 짜서 배치함으로써 수많은 변주곡을 연주한다. 각 식물의 성격을 파악하고 그에 맞는 무대를 만들어 줌으로써 최상의 효과를 얻어 낸 지킬의 방법론은 건축과 정원의 화합뿐 아니라 사람과 식물 사이에도 균형 잡힌 관계가 가능함을 말하고 있다. 20세기 초까지 일정한 패턴을 벗어나지 못하고 쳇바퀴를 돌고 있던 정원계에 지킬이 보여준 자유로움과 균형감은 확실한 방향성을 보여주었다.

---

1. 이 책의 "014. 윌리엄 로빈슨의 와일드 가든" 참조

2. Lanfranconi, Frank, 2008, p.54.

3. Massingham, 1985, pp.45~53.

4. 영국의 대표적인 낭만주의 화가. 중년에 이탈리아를 여행하고 화법을 완전히 바꾼 것으로 유명하다. 그 후로 주로 밝은 색을 적용하였고 그림에서 형태와 윤곽을 분리해 내고 화폭에 빛만을 표현한 독창적인 양식을 도입했다.

5. 경계 화단은 영국 정원의 독특한 요소인 보더(border)를 말한다. 본래 보더는 프랑스 정형식 정원에서 유래한 것으로, 화단의 경계 지역에 좁은 식물 띠를 조성하거나 이를 이용하여 문양을 만들었던 것을 가리킨다. 이후 거트루드 지킬이 이 경계형 화단을 독립적 정원 요소로 차용하여 소로를 따라 길게 배치하거나 혹은 옹벽이나 담장을 등지고 배치한 뒤 수채화풍으로 야생화를 심어 새로운 장르로 완성시켰다.

016 개인의 발견과 '미래의 정원'

베를린의 개인 정원. 1930년대 말에 조성되었을 당시의 사진으로,
전형적인 '숲속의 빈터' 개념을 따랐다. 헤르타 함머바허 작

식물을 위한 새로운 키워드

20세기가 밝아오자 많은 사람들이 새로운 세상을 기대했다. 세기의 변화가 가져오는 당연한 현상이었을 것이다. 1909년에 독일 건축가들이 주동이 되어 결성한 '독일 베르크분트Deutscher Werkbund'라는 모임은 건축가뿐 아니라 예술가, 제품 디자이너, 엔지니어에서 사업가들까지 참가하여 '쿠션에서부터 도시계획까지'라는 모토를 내걸고 세상을 새롭게 디자인하고자 했다.[1] 1917년에는 네덜란드를 중심으로 '더 스테일De Stijl'이라는 예술 운동이 시작되었다. 이 역시 건축에서 디자인, 회화까지 넓은 영역을 포괄하였으며, 화가 몬드리안Piet Mondrian이 중심 인물이었다. 빨강, 파랑, 노랑의 삼원색과 흑백의 면이 검은 선에 의해 나누어지는 몬드리안의 그림은 세상을 새롭게 창조하겠다는 선언과도 다름이 없었다. 이런 일련의 움직임은 1919년 독일 바이마르에 바우하우스Bauhaus라는 예술 대학이 설립되며 절정에 달했다. 바우하우스는 공예 학교와 미술 학교를 합병하면서 출발했고 기술과 예술이 하나여야 한다는 뚜렷한 의도 하에 설립되었다. 바우하우스 건축가들이 선보인 아무 장식 없는 박스형의 건축물들은 몬드리안의 그림만큼이나 세상에 큰 충격을 던져주었다.

그러나 이런 강한 변화의 욕구는 1차 세계대전(1914~1918)의 발발과 무관하지 않다. 1차 세계대전이 특이했던 점은 거의 모든 유럽의 국가들이 전쟁을 원했다는 사실이다. 특히 젊은 세대들이 그랬다. 전쟁이 발발하자 마치 기다렸다는 듯이 총대를 메고 자진해서 참전했다. 반전 시를 써서 발표한 헤르만 헤세가 매국노로 몰려 사회에서 매도되었던 것이나 취리히 대학교의 프리드리히 빌헬름 푀르스터 교수가 반전 기사를 발표하고 나서 학생들에게 린치를 당한 사실 등은 당시의 분위기가 어땠는지를 말해준다. 이해하기 힘든 일이지만 실제로 많은 예술가들도 전쟁이 새로운 세상을 가져다줄 것이라고 믿었다. 그러나 막상 전쟁이 끝나자 남은 것은 지옥으로 변한 세상과 깊은 절망감이었다. 이제 스스로 추슬러 진정한 새 세상을 만들 차례였다. 종전을 전후로 해서 시작된 더 스테일과 바우하우스 움직임은 결코 우연이 아니었다.

이들에게는 국토 복원이라는 끝없는 과제가 주어졌을 뿐 아니라 전쟁이 기술의 발달을 부추겨 지난 세기까지 상상도 하지 못했던 다양한 재료와 공법이 주어졌다. 총탄을 생산하던 대량 생산 시스템이 이제 새로운 세상을 만드는 데 요긴하게 쓰여야 했다. '기술은 아름답다, 기술은 모든 것을 가능케 한다'는 믿음이 사람들을 다시 들뜨게 했다. 대량 생산은 비판의 대상이 아니라 상실의 절망감을 채워줄 수 있는 구원으로 여겨졌다. 사람들은 대량 생산으로 원가를 절감할 수 있다면 서민층도 더 많은 것을 소유할 수 있다는 생각에 열광했다. 이 생각은 혁명적이었고 윤리적으로도 타당해 보였다.

여기서 흥미로운 사실은 이런 모든 움직임에 정원 예술이 빠져 있다는 사실이다. 공장에서 찍어낼 수 없는 유일한 분야가 정원이므로 어디에 편입시키기가 난처하기도 했을 것이다. 바우하우스로 대표되는 모더니즘의 철학은 자연과 인공을 엄격히 양분했으며, 정원은 생산이 아닌 회복을 위한 공간이었으므로 고찰 대상이 아니었다. 그렇다고 더 스테일이나 바우하우스의 움직임이 정원 디자이너들을 비껴간 것은 아니다. 부럽기도 했을 것이다. 건축과 예술계에서 퍼져오는 엄청난 혁신의 열기에 동참하고 싶었을 것이다. 정원계에서도 '새 건축, 새 정원', '미래의 정원'이라는 키워드를 놓고 토론이 시작되었으며 1930년대 나치가 집권할 때까지 다양한 양상으로 지속되었다.[2] 이 토론에서 눈에 띄는 점이 두 가지 있다. 첫째는 본격적인 토론을 주도했던 인물의 대부분이 기성세대가 아니라 정원계의 새내기였다는 점이다. 전장에서 살아 돌아온 세대였다. 그들은 마치 데뷔 인사라도 하듯 너도나도 미래의 정원에 대한 복안을 들고 나왔다. 둘째는 토론의 중심에 선 것이 '개인 정원'이었다는 점이다. 1920년대는 개인을 발견해가던 시대였다. 국가나 대의를 위해 치렀던 전쟁의 무의미함이 개인의 발견으로 이어진 것이다. 개인 정원의 미래를 찾는 것은 앞으로 어떻게 살아갈 것인가라는 20세기의 세계관을 찾는 것과 다름이 없었다. 의견이 분분했지만 미래의 개인 정원은 주거형 Wohngarten이어야 한다는 점에 어느 정도 의견이 모아졌다. 거실처럼 머물며 살아가는 공간이 되어야 한다는 뜻이었는데, 이는 정원을 장식이나 과시의 목적으로 조성했던 구세대와의 결별을 의미했다. 문제는 이 새로운 주거형 정원이 구체적으로 어떤 것이어야 하는가였다. 여기에 해답을 제시한 인물 중 하나가 육종가 칼 푀르스터[3]였다. 정확히 말하자면 칼 푀르스터를 통해 간접적으로 해답이 찾아졌다고 보는 편이 옳겠다. 그는 1917년, 전쟁이 한창일 때 『미래의 꽃피는 정원』이라는 책을 발표하여 전장의 용사들에게 배포했다. 그가 제시한 새로운 식물, 새로운 정원은 참호에 앉아 죽음을 기다리는 젊은이들에게 정원으로 상징되는 평화로운 세상에 대한 꿈을 심어주기에 충분했다.[4]

전쟁이 끝나자 그의 보르닝 정원에 젊은이들이 꾸역꾸역 몰려들기 시작했다. 정원가 외에도 건축가, 예술가, 음악가와 작가도 찾아들었으며, 1920년대 말에는 이곳에 일종의 문화 서클이 형성되었다. 이로써 정원적 상상력을 응집시킬 수 있는 구심점이 마련되었으며, 이를 나중에 보르니머파라고 부르게 된다. 여기서 모더니즘 건축가와 정원가가 직접 만나 소통했다는 사실은 상당히 의미 깊다. 토론의 결과로 미래형 주거 정원의 윤곽이 잡혔으며 공동으로 작품을 만들고 생각을 모아 발표했다. 미국으로 이민 가기 전 미스 반 데어 로에 역시 보르닝 정원을 드나들었고, 베를린 필하모니 음악당을 설계한 한스 샤룬Hans Scharoun(1893~1972)[5]은 보르닝의 터줏대감이었다.

보르니머파가 만들어 낸 미래형 주거 정원의 구조는 사뭇 단순했다. 정원을 옥외 거실처럼 쓸 수 있어야 했으므로 중앙을 시원하게 비워두고 풍성한 식물로 사방을 둘러싸 '숲 속의 빈터'와 같은 분위기를 연출했다. 인류가 동굴을 떠나 숲 속에 거주지를 만들기 시작할 때와 같은 태초의 정원이 부활한 것이다. 합리적인 기능 공간으로 대표되는 모더니즘 건축과 시대를 같이하기 위해 제안된 미래형 주거 정원에서 오히려 식물 세계가 풍성해지고 태초의 자연성이 회복되었다는 사실은 상당히 흥미롭다.

이 시대에 보르니머파의 주거형 정원이 주도권을 잡기는 했지만 모든 정원가들이 이에 동조한 것은 아니다. 모더니즘의 기능적 표현법을 정원에 일대 일로 대입해 보려는 시도도 적지 않았으며, 미술의 표현주의 기법을 정원의 형태 언어로 직역해 보려는 시도도 있었다. 쉬운 일이 아니었다. 대개는 한두 개의 실험작으로 끝나고 말았다. 모던한 형태 언어를 적용한 정원 디자인은 사뭇 불가능해 보였다. 그러나 실은 그 가능성을 증명해 보일 인물이 아직 나타나지 않았던 것에 불과했다. 미래의 주거형 정원에 대한 토론이 한창이었던 1928년, 바로 그 미래의 인물이 베를린에 나타났다. 눈병을 고치기 위해 멀리 브라질에서 건너 온 로베르토 부를레 막스라는 19세의 소년이었다.

---

1. Posener, 1981, pp.11~17.
2. Go, 2006, pp.74~76.
3. 독일의 정원사 및 육종가 칼 푀르스터에 대해서는 이미 여러 번 소개한 바 있으므로 구체적인 언급은 피하고 여기서는 미래의 정원에 대한 토론과의 맥락에서만 살피기로 한다.
4. 칼 푀르스터, 2013, pp.120~128.
5. 독일의 건축가. 이른바 유기적 건축의 대표적인 인물로서 베를린 필하모니 음악당 등을 설계했다.

017 모더니즘 정원의
바리톤

브라질 상파울루 사프라 은행 앞의 광장형 정원(1982). 부를레 막스의 트레이드 마크인 독특한 바닥 디자인이 두드러지고 토포텍1의 대부였음을 입증하는 작품 중 하나다.

바리톤으로 크게 성장할 것이라고 모두 믿어 의심치 않았다. 그러나 청소년기에 갑자기 눈이 나빠져 음악가로서의 길을 포기하고 정원가가 되었다. 20세기를 통틀어 가장 중요한 식물 연구가 중 한 명이었을 뿐 아니라 정원 예술가, 화가, 건축가로서 1인 4역의 삶을 살고 모더니즘 정원을 창시한 불가사의한 인물, 브라질의 로베르토 부를레 막스Roberto Burle Marx (1909~1994)[1]의 이야기다.

본인에게는 바리톤의 꿈을 접게 된 아픈 사연이었을지 모르겠으나 조경계의 입장에서 보면 불후의 명작을 얻게 되었으니 미안하지만 감사히 여기지 않을 수 없다. 시력과 바리톤이 무슨 관계가 있을까라고 할지 모르겠는데 라식 수술은 고사하고 콘택트렌즈도 없던 시절에 두꺼운 근시 안경을 쓰고 무대에 설 수는 없었다. 그는 평생 아마추어 바리톤으로 남아 파티 때마다 독일 가곡을 근사하게 뽑는 것으로 만족했다고 한다. 그러나 부를레 막스의 경우에도 반드시 눈 때문에 정원 예술가의 길로 접어들었다고 보기는 어렵다. 그의 다재다능함과 장르를 넘나드는 자유로운 예술성을 집결시킬 수 있는 곳이 정원이었을 것이다. 그는 노래만 잘 했던 것이 아니라 그림 솜씨도 출중했다. 특히 색에 대한 감각이 남달랐다. 여러모로 거트루드 지킬이 환생한 것처럼 들리지만 부를레 막스가 태어날 무렵 지킬은 그의 대표작인 헤스터콤 정원을 완성하고 정원의 컬러와 관련된 책[2]을 발표하는 등 중견으로서 왕성히 활동하고 있었다.

부를레 막스는 양친이 모두 독일계 유대인이었다. 아버지는 독일에 근거를 두고 남미와 무역을 했던 사업가였으며, 어머니의 가문은 이미 여러 대째 브라질에서 자리 잡고 살고 있었다. 문화적 소양이 컸던 아버지는 사업차 브라질에 머무는 동안 세실리아 부를레Cecilia Burle라는 여성에게 피아노 레슨을 받는데 이때 서로 사랑에 빠져 결혼했고 리우데자네이루에 정착하게 된다. 장남 로베르토의 눈병이 점점 심각해지자 독일 안과 전문의의 진료를 받기 위해 온 가족이 베를린으로 이주할 때까지 로베르토와 그의 형제들은 유럽풍으로 꾸며진 정원에서 독일 가곡을 부르며 어린 시절을 보냈다.

당시 유럽 문화의 중심지였던 베를린의 예술적, 실험적인 분위기는 부를레 막스의 감수성을 크게 자극했다. 여기서 표현주의 미술을 접했고 반 고흐의 그림에 심취하여 결국 베를린 미술대학에 입학하게 된다. 어느 날 그림의 소재를 구하기 위해 베를린 식물원을 방문하면서 그의 운명이 바뀐다. 식물원의 열대원에서 생전 처음으로 브라질 자생식물을 보게 된 것이다. 그때 부를레 막스가 받았을 충격은 짐작이 가고도 남는다. 양친의 이력에서도 드러나듯이 당시 중남미 상류사회는 유럽에서 건너온 이주민들로 구성되어 있었다. 이들은 큰 토지를 소유하고 유럽식 저택에 유럽식 정원을 짓고 살았으며 유럽 식물을 가져다 도시 공간을 꾸미는 등 낯익은 유럽의 도시 환경을 그대로 재현해 놓았다. 베를린 식물원에서 아마존 밀림의 식생과 선인장을 마주한 로베르토는 향후 브라질 자생식물을 연구하고 이들이 받아 마땅한 대접을 받게 해주겠다고 결심하게 된다. 본래 독일에 더 오래 머물 예정이었으나

1929년 말, 나치당의 테러가 시작되면서 유대인이었던 부를레 막스 가족은 서둘러 브라질로 돌아갔다.

다시 리우데자네이루에 도착했을 때 마침 이웃집에 루치오 코스타_{Lucio} Costa(1902~1998)[3]라는 건축가가 이사해 와 있었다. 시력 문제, 베를린 식물원 그리고 루치오 코스타와의 만남은 마치 부를레 막스의 길을 인도하기 위해 놓인 징검다리 같았다. 그는 코스타의 권고로 건축과에 적을 두는 한편 미술 공부를 계속했으며, 1932년 이웃의 옥상정원을 조성한 것을 계기로 조경가로 입문한다. 그 뒤 25세의 약관으로 동북부 해안도시 헤시피_{Recife} 공원의 총감독으로 임명되는 등 전례 없는 상승 가도를 달렸다. 여기서 3년을 재직하는 동안 스스로 부여했던 과제를 실천하기 위해 밀림을 탐사하여 브라질 자생식물을 수집했고 이 식물들의 정원 적용성을 연구하기 시작했다. 헤시피에 광장을 조성하면서 아마존 식물을 처음으로 도입하여 큰 화젯거리가 된 것도 이 무렵이었다. 향후 열대식물이나 선인장은 그의 정원을 특징짓는 강한 개성적 요소로 자리 잡게 되며 유럽의 아방가르드와 브라질의 전통 문화가 절묘하게 조화된 정원 스타일을 만들어 낸다. 그만의 독특한 유기적 형태와 색채가 강조된 스타일은 후에 '부를레스크-막시스트 스타일_{Burlesque-Marxist Style}'이라는 명칭을 얻는다. 부를레 막스의 것처럼 단번에 작가를 알아볼 수 있는 정원은 그리 많지 않다.

그의 독창성은 회화를 방불케 하는 설계도로부터 시작된다. 뉴욕의 현대 미술관_{Museum of Modern Art}이 로베르토의 그래픽과 정원 모형 열다섯 점을 소장하고 있다는 사실은 그가 화가이기를 포기한 적이 없었음을 설명해 준다.[4] 그는 85세를 일기로 세상을 떠나는 마지막 순간까지 작업을 쉬지 않았지만, 가장 왕성히 활동했던 시기는 1950년에서 1970년 사이의 20년간이었다. 이 시기에 리오의 현대미술관, 플라멩코 공원 등의 대표작이 탄생했으며, 1957년 루치오 코스타와 오스카 니마이어Oscar Niemeyer(1907~2012)[5] 두 건축가와 함께 3인 체계를 형성하여 계획 도시 '브라질리아'의 건설에 참여하는데, 이것이 계기가 되어 유럽에 그의 명성이 퍼지게 되었다. 당시 브라질리아 프로젝트에 세상의 이목이 집중되었기 때문이다. '좋은 형태'를 찾아 나선 에른스트 크라머가 브라질에서 영감을 얻었던 것이 바로 이 무렵이었다.[6]

1970년대부터 부를레 막스 작품에 변화가 왔다. 회화적 경향이 점점 강해지기 시작한 것이다. 1970년 리오의 코파카바나Copacabana 해변 산책로를 디자인하는 과제가 주어졌다. 무려 4km에 달하는 긴 산책로였다. 그는 마침내 세상에서 가장 큰 추상화를 그릴 수 있는 기회가 왔다고 여겼던 것 같다. 통행이 빈번한 점을 감안하여 식물은 야자수만으로 제한한 대신 흰 석회석과 검은색, 적갈색의 현무암을 이용하여 4km짜리 바닥 그림을 그려냈다. 1981~85년 사이에 조성한 리오의 라르고 다 카리오카Largo da Carioca 광장에서도 그는 바닥을 대형 화폭처럼 다루고 있다. 바로 이 유산을 후에 토포텍1이 이어받는다.[7]

이렇게 모더니즘 정원을 창시했을 뿐 아니라 포스트모더니즘도 유도한 로베르토 부를레 막스가 20세기의 가장 큰 인물 중 하나로 인정받는 것도 무리는 아니다.

1. 로베르토(Roberto)는 이름이고 부를레 막스(Burle Marx)는 성이다. 남미의 전통에 의해 부모의 성을 각각 딴 것인데 어머니의 성 부를레(Burle)는 드물기는 하지만 독일계 유대인의 성으로 '부얼레' 혹은 '부를레'라고 읽힌다.

2. 거트루드 지킬은 1908년 『Colour in the Flower Garden』을 집필한 데 이어 1919년에는 『Colour Schemes for the Flower Garden』이라는 저서를 냈다.

3. 브라질의 건축가, 도시계획가. 스물여덟의 약관으로 리우데자네이루 예술대학 건축과 학장이 되었을 정도의 천재였으나 작품성보다는 비전을 제시하는 코디네이터로서의 소양이 더 컸다. 르 코르뷔지에의 영향을 받아 유럽 모더니즘과 브라질 전통을 접목시키려 노력했으며 1957년 계획도시 브라질리아의 마스터플랜을 작성했다.

4. http://www.moma.org/collection/artist.php?artist_id=6934 참조

5. 브라질의 대표적인 건축가로서 브라질 국경을 넘어 20세기의 가장 중요한 건축가 중 한 명으로 꼽힌다. 그의 건축은 강한 조형성으로 유명하다. 향년 104세로 사망하던 마지막 순간까지 작업을 쉬지 않았던 전설적인 인물이기도 하다.

6. 이 책의 "001. 정원과 조형 사이의 줄타기" 참조

7. 이 책의 "011. 2차원의 마술사 TOPOTEK1" 참조

018 모네와 초원의 꿈

생트 아드레스의 정원.
그림 속, 흰 드레스의 여인은 모네의 고모 잔느 르카드레 여사다(1866년 작).
모네는 깔끔하게 관리된 전형적인 19세기 상류사회의 정원을 화폭에 담아
조경사에도 귀중한 자료를 남겼다.

"르네상스 미술의 진정한 혁신은 그때부터 삼라만상이 신의 은총이 아닌 빛의 은총에 의해 존재하기 시작했다는 것이다." - 오토 페히트[1]

미술의 역사와 정원의 역사는 관계가 깊다. 17세기에 그린 니콜라 푸생 Nicolas Poussin과 클로드 로랭Claude Lorrain의 풍경화가 18세기 풍경화식 정원이 탄생하는 데에 결정적인 단서를 제공해 주었다면, 19세기 말의 인상주의 미술은 20세기와 21세기 정원의 방향을 부추겼던 것으로 보인다. 특히 미술계의 정원사 클로드 모네Claude Oscar Monet(1840~1926)의 경우가 그렇다.

1867년, 스물여섯의 젊은 화가 클로드 모네는 '정원의 여인'이란 대형 작품을 파리의 살롱전에 냈다가 거절당했다. 당시 모네가 살았던 파리 근교의 빌 다브레Ville d'Avray의 정원에서 그린 그림이었다. 그림 속 정원에서 한가한 시간을 보내고 있는 세 여인 중 한 명은 곧 모네의 첫 아들을 낳게 될 카미유였다.[2] 신화적, 역사적 이야기가 없는 '비서사적' 그림이어서 전시할 수 없다는 게 심사위원들의 설명이었다. 붓질이 성의 없다는 평도 곁들였다. 만약에 실존하는 여인들 대신 비너스, 주노, 아테네 등의 세 여신을 그려 넣었다면 통했을지도 모르겠다. 당시는 역사적 모티브를 선호하던 시대였다. 과거 지향적이던 정원의 흐름과도 일치한다. 그림에 이야기가 있어야 했다. 그러므로 6년 후 '인상, 해돋이'라는 제목으로 또 다시 순간의 장면을 포착했던 모네의 그림이 이해되지 못한 것도 무리는 아니었다. 인상파라는 조롱 섞인 명칭만 남왔다.

모네 스스로 자신을 일컬어 "그림과 정원을 빼면 아무짝에도 쓸모없는 인간"이라고 말했다는데,[3] 아무짝에도 쓸모없는 인간이란 말은 물론 무시해야겠지만 중요한 건 그가 그림과 정원으로만 가득 채워진 일관성 있는 삶을 살았다는 점이다. 이것저것 다른 장르를 시도해 보려 하지 않고 오로지 풍경화가의 외길을 걸었으며, 사는 동안 여러 번 이사를 다녔지만 항상 정원을 가꾼 열정적인 정원사이기도 했다.

그의 그림에 등장하는 첫 정원은 노르망디의 생타드레스라는 곳에 있는 고모네 정원과 '정원의 여인'의 무대가 되었던 모네 자신의 빌 다브레 정원이었다. 모네의 가족은 고모의 집에서 많은 시간을 보냈다. 정원에서 책을 읽고 있는 아버지, 흰 드레스를 입고 꽃을 바라보고 있는 고모, 테라스 난간에 기대있는 연인 카미유 등을 그린 작품들이 이 시기에 전해진다. 그리 널리 알려지지 않은 초기작들이지만 위의 두 정원은 흥미로운 정보를 제공하고 있다. 당시 상류 사회의 정원이 거의 흰 장미와 붉은 제라늄으로만 이루어졌음을 알려주는 것이다. 장미는 대에 묶어 곧추 자라게 했으며 둥근 원형 화단에 빨간 제라늄을 질서 있게 심어놓았다. 윌리엄 로빈슨이 경멸해 마지않았던 그런 정원이었다. 정원에서 노니는 인물들이 음악회 수준으로 의상을 갖추어 입었다는 것은 당시 사회 규범이 그렇기도 했지만 정원이 과시의 장소였음도 넌지시 귀띔해 주고 있다.

1873년, 그 사이 혼인식을 치른 모네 부부는 센 강변의 아르장퇴유Argenteuil라는 곳으로 이사를 갔다. 물론 정원이 딸려 있었으며 여기서 젊은 모네 가족은 1878년까지 행복한 시절을 보낸다. 이 시기에 유난히 많은 정원 그림이 탄생했고 아내 카미유와 어린 아들 장을 즐겨 모델로 삼았다. 정원의 모습은 근본적으로 생트 아드레스와 크게 다르지 않았다. 단정하게 다듬어진 정원이 당시 시민사회에서 알고 있던 유일한 방식이었다. 정원 울타리 안팎으로 두 개의 세계가 마주하고 있었다. 울타리 안쪽의 정원은 안전하고 정돈된 문명의 세상이며 울타리를 벗어나면 야생의 자연 경관이 있었다. '야생'은 위험 요소를 내포하고 있는 것으로 인지되었고, 그러므로 더욱 울타리 안에선 질서를 고수했다. 안보와 질서. 여기서 우리는 그 사이 사고 체계가 얼마나 달라졌는지, 사회 구조가 어떻게 변했는지를 유추할 수 있다. 될 수 있으면 정원에 자연을 끌어들이자는 것이 요즘을 사는 우리의 생각이다. 울타리를 벗어나면 자연의 위험이 아니라 번잡한 도시 문명이 덮쳐온다. 불과 백오십 년 정도 흐르는 사이에 정반대의 질서 관념이 형성된 것이다.

그런데 언제부터인가 모네는 마치 요즘의 우리처럼 바깥의 야생 경관을 울타리 안으로 들여오고 싶어 했던 것 같다. 적어도 주의 깊게 관찰하기 시작했던 건 확실하다. 짐작컨대 1870년, 프로이센과의 전쟁을 피해 런던에서 1년을 보내고 온 다음부터였던 것 같다. 미술사적으로 말하자면 거기서 접한 윌리엄 터너 식 빛과 색의 비밀이 모네의 회화법에 결정적인 변화를 주었다고 할 수 있다. 인상파가 탄생하던 순간이다. 조경사적 관점에서 본다면 바로 그 해에 윌리엄 로빈슨William Robinson이 『야생 정원The Wild Garden』이란 책을 발간했다고 말할 것이다. 모네가 비록 정원 서적의 충실한 독자로 소문이 나긴 했지만 그렇다고 로빈슨의 책을 읽었다는 증거는 없다. 다른 한편, 모네

같은 정원 인간이 터너와 로빈슨의 나라에 가서 터너만 가지고 돌아오진 않았을 것 같다. 어쨌거나 한 가지 분명한 것은 프랑스로 다시 돌아온 후 그가 이젤을 챙겨들고 정원 밖으로 나가기 시작했다는 사실이다. 이 시점부터 센 강변의 야생화 초원이 중요한 소재로 등장했다. 아르장퇴유는 파리에서 그리 멀리 떨어지지 않은 곳이지만 집 밖을 벗어나면 야생이었다. 지난 날, 제라늄의 빨간 꽃 위에 내리는 화사한 빛을 보았다면 이제는 야생화초원에 내린 빛이 어떻게 색의 마술을 펼쳐내는지에 깊은 관심을 두었다. 이제 그의 가족은 정원이 아니라 풀밭에 나가 포즈를 취해야 했다. 풀밭에서 책을 읽는 카미유, 양산을 들고 풀밭 사이를 거니는 카미유와 장. 그 후 십 년 가까이 모네는 무수한 초원 풍경을 그렸다. 아마도 초원에 서서 캔버스에 붓질을 하며, 어떻게 해야 저 아름다운 빛과 색을 내 정원 안으로 끌어들일 수 있을까 고민했을 것이다.

이 무렵에 사랑하는 아내 카미유가 서른 두 살의 젊은 나이로 세상을 떠났다. 모네는 한동안 정원을 그리지 않았다. 풀밭을 더 부지런히 그렸다. 나중에 다시 정원을 그리기 시작할 때, 정원 속에 늘 등장했던 인물들이 사라지고 없었다.

1. 오토 페히트(Otto Pächt, 1902~1988), 오스트리아의 미술평론가
2. Kutschbach, 2006, p.9.
3. Schacht, 2011, p.31.

마르셀 프루스트의 예언 019

모네의 '장미길'(1902년 작).
이 무렵에 그린 정원 그림은 대개 이렇게 어둡다.
다만 어둠 속에서도 핑크색, 파란색이 빛나고 있음을 알 수 있다.
프루스트가 아마도 이 그림을 얘기한 것 같다.

클로드 모네에게 정원을 묻다

1883년, 만 43세가 된 모네는 다시 이삿짐을 꾸려야 했다. 살던 집의 임대료가 밀려 집을 비워주어야 했던 것이다. 아직 수입이 많지 않았지만 둘째 부인이 여섯 명의 아이를 데리고 들어오는 통에 식구가 폭증했으므로 더 넓은 집이 필요했다. 센 강변을 따라 내려가며 맞춤한 곳을 찾던 모네는 파리에서 60km 정도 떨어진 곳에서 지베르니Giverny라는 작은 마을을 발견했다. 마을 주변의 경관도 아름다웠지만 그 마을에서 넓고 저렴한 집을 찾아냈기에 더욱 마음에 들었다. 그 집은 사과주를 만들던 양조장이었으므로 넓은 사과밭이 딸려있어 정원의 꿈을 이루기에도 좋았다. 지베르니로 이사한 뒤 모네의 형편이 피기 시작했다. 명성이 높아지고 작품도 잘 팔렸다. 7년 후 임대 계약이 끝났을 때는 집과 땅을 당당히 구입했다.

정원에 대해서 그는 미리 콘셉트를 정리해 두었던 것 같다. 처음부터 수련원에 대한 계획이 있었는지는 모르겠다. 주 정원에 충분한 공간이 있음에도 연못을 조성하지 않은 것으로 미루어 토지 추가 매입 계획이 있었던 것 같다. 주 정원은 꽃으로 채웠다. 양쪽 가장자리에 배치된 잔디밭과 장미원, 유실수원을 제외하고 나머지 공간은 "풍성하게 꽃이 피는 파라다이스"[1]로 만들고자 했다. 이를 위해 모네 자신은 물론이고 정원사와 조수들을 비롯하여, 온 가족이 달려들어 여러 해를 고생했다. 봄부터 가을까지 늘 꽃이 피어있는 정원을 만들고자 70여 종의 숙근초도 심었다. 제라늄, 달리아, 글라디올러스 등의 일년생 식물로만 이루어졌던 초기 정원에 비하면 장족의 발전을 한 셈이다. 그동안 야생초원을 꾸준히 바라보며 나름대로 연구한 보람이 있어 보였다. 전문가들의 자문을 받고 수많은 정원 서적을 읽어 지식을 보충했다. 그에게는 식물 하나하나보다는 이들이 어우러져서 만들어내는 장면이 중요했다. 당시의 양식에 맞추어 수십 개의 화단을 나란히 배치했으며 다양한 기준에 따라 식물을 배치했다. 같은 색을 띤 여러 식물 함께 모으기, 한 가지 식물만 가득 심기, 한 색의 여러 뉘앙스를 조화시키기, 유사한 색끼리 모으기, 서로 대비되는 색 나란히 심기 등이었다. 어떤 방식으로 조합했을 때 어떤 효과를 내는지 보고자 했다. 궁극적으로는 "숲 속 빈터의 야생화들처럼 청결한 색, 핑크나 푸르스름한 색이 아니라 청홍의 원색으로"[2] 빛나는 정원이 되기를 기대했다. 다만 색에 치중한 나머지, 식물의 형태, 크기, 분위기, 개화 시기 등 정작 중요한 요소에 대해선 신경을 쓰지 않은 것이 실책이었다.

모네는 지베르니로 이사하고 나서 십여 년 동안 정원 그림을 그리지 않았다. 정원의 성숙을 기다렸던 것일 수도 있지만 그보다는 십중팔구 주 정원이 기대했던 결과를 보지 못했기 때문이었을 것이다. 정원을 버려두고 센 강변을 돌아다니며 건초더미와 풀밭을 수없이 그렸다. 그리고 때가 오자 수련원을 만들었다. 모네가 수련원을 만든 과정이나 수련 연작에 집착했던 사실로 미루어보아 주 정원이 그림의 대상으로 부적절했다는 결론을 얻을 수 있다. 그는 부족한 것을 상상으로 때우는 것을 그리 바람직하게 여기지 않았다. 대상이 완벽해야 진실한 그림이 나온다고 생각했다.

그의 집 앞으로 기찻길이 지나고 있었는데 1893년, 즉 지베르니로 이사 온 지 꼭 십 년만에 기찻길 너머에 땅을 조금 사서 수련원을 만들었다. 여러 해에 걸쳐 경관을 다듬어 수련원을 완성시켰는데, 진기한 수련을 사서 둥근 형태로 배치하고 일본풍의 다리를 놓고 다리 주변에 등나무를 심었으며 물가에는 아이리스를 가득 심었다. 수련원에 대한 모네의 집착은 대단했다. 숙근초원이 실망스러워 더욱 그랬을 것이다. 수련원이 완성된 후부터 매일 수련을 그렸는데 연못의 물이 수정처럼 맑기를 원했다. 물에 비치는 하늘과 구름, 그림자와 경관의 영상이 완벽해야 했다. 담당 정원사를 따로 두어 매일 아침 모네가 그림을 그리러 나오면 완벽한 수면과 만날 수 있도록 관리시켰다. 정원사의 다음 역할은 수련이 너무 번지지 않고 초기의 둥근 형태를 유지하도록 다듬는 일이었다. 수문을 열고 닫아 수량과 유속을 살피는 것도 중요했다.

이후 모네의 작품 세계는 수련에 집중되었다. 물론 주 정원도 몇 번 그렸지만 하나같이 한밤중에 그린 것처럼 깊은 그늘이 드리워져 있다. 모네의 그림이라고 여기기 어려울 정도로 침침하며 같은 시기에 그린 수련 연작의 화사함과는 거리가 멀었다. 숲 속의 분위기를 연출하고자 했는지 모르겠다. 모네의 주 정원은 그가 원했던 것처럼 수많은 작은 불꽃들이 일제히 타오르는 것 같은 장면을 만들어 주지 않았다. 수많은 꽃이 동시에 피어나긴 했으나 아무 시스템도 없었고, 솔로와 중창과 합창을 구분하지 않았기 때문에 70명의 솔로가 시종일관 크레셴도로 연주하는 오페라 같아서 오히려 부담스럽다. 오감이 쉴 자리가 없는 것이다. 자연의 초원에는 내재한 시스템이 있다. 이를 재현하기 위해서는 먼저 그 시스템부터 이해해야 한다. 수많은 꽃이 동시다발적으로 핀다고 해서 자동적으로 야생초원이 되지는 않는다. 비록 방법론에서는 실패했지만 모네의 의도는 시대를 성큼 앞서가고 있었다.

1907년 6월 5일자 『르 피가로』지에 프랑스의 소설가 마르셀 프루스트 Marcel Proust가 이런 글을 썼다. "내가 어느 날 클로드 모네의 정원에 간다면(간적이 없었던 듯), 거기서 틀림없이 꽃으로 된 것이 아닌 색의 뉘앙스로만 이루어진 정원을 만나게 될 것이다. 그 정원은 전통적인 화원이 아닐 것이며 그보다는 색의 정원일 것이다. 그런 정원의 꽃들은 자연에서처럼 조합되어 있지 않을 것이다. 서로 톤이 같은 꽃들이 같은 시간에 피어 핑크색, 파란색으로 끝없는 조화를 이루어내도록 처음부터 그렇게 심었을 것이다. 그리고 색이 아닌 것은 화가의 의지에 의해 탈물질화dematerialize 되었을 것이다."[3]

마르셀 프루스트가 결국 모네의 정원을 방문했는지는 모르겠다. 그가 위의 글을 썼을 때는 모네의 수련 연작이 발표되어 좋은 반응을 얻은 뒤였다. 프루스트는 아마도 전시회에서 그림을 보았을 것이다. 어떤 그림을 보았는지가 궁금하다. 글의 맥락으로 보아서 수련원이 아니고 숙근초원을 말하는 것으로 보인다. 1908년 이전에 그린 것은 아이리스원과 장미길이 전부였다. 흥미로운 것은 프루스트가 말한 '식재 기법'이다. "서로 톤이 같은 꽃들이 같은 시간에 피어 끝없는 조화를 이루어 내도록 처음부터 그렇게 심었을 것"이라 유추해 내는 프루스트의 분석력에 감탄사를 보내지 않을 수 없다. 프루스트가 제안한 이 식재 기법을 넓은 면적에 성공적으로 적용하기 시작한 것은 1990년대 중반에 들어서였다.

1. Sagner, 1994, p.24.
2. Holmes, 2001, p.76.
3. Kutschbach, 2006, p.84.

020 내가 만약 피에트 아우돌프의 정원에 간다면

독일 받드리부르크
(Bad Driburg)의
백작정원(2008).
피에트 아우돌프의
가장 아름다운 작품 중
하나다.

1994년 런던에서 독특한 국제 행사가 열린 적이 있다. '숙근초 디자인-디자인의 새로운 트렌드'라는 제목으로 영국, 독일, 미국, 네덜란드의 식물 디자이너들이 모였다. 이 모임은 그 후 여러 나라를 전전하며 반복되었고 '뉴 저먼 스타일New German Style, 뉴 아메리칸 가든New American Garden, 더치 웨이브Dutch Wave'라는 세 개의 신개념을 낳았다.[1] 계보를 따져 올라가면 이 거창한 움직임이 모두 윌리엄 로빈슨으로부터 비롯되었음을 알 수 있다. 로빈슨이 140년 전에 던진 작은 돌 하나가 파장을 일으켜 지금껏 퍼져가고 있는 것이다. 그간 국가별로 각자 처한 상황에 따라서 조금씩 다르게 발전하기는 했다. 그럼에도 공통분모는 있다. "자연스럽지만 관리가 쉬운 도시형 식물 적용법을 찾아내는 것"이었다.[2] 지금까지 이 움직임에 적극적으로 참여해 온 국가들은 독일, 미국, 그리고 네덜란드였다. 독일의 경우 우선 식물사회학과 식물적용학을 개발하며 학문적인 정립에 힘을 기울이는 한편 기능적인 측면을 살펴 비교적 수월하게 적용할 수 있는 패턴들을 만들어 냈다. 이것이 '뉴 저먼 스타일'이다.

미국은 1975년경 볼프강 외메Wolfgang Oehme(1930~2011)라는 인물이 홀연히 등장하여 지금껏 보지 못했던 새로운 장면을 연출함으로써 갑작스런 출발을 선언했다. 독일 출신의 이민자였던 볼프강 외메는 벼과식물을 정원의 주제로 삼았다. 벼과의 큰 풀과 강하고 아름다운 숙근초를 섞어 환상적인 정원을 만들었다. 그의 '큰 풀 조경'은 미국의 현대식 건물과 특이하게 잘 어울렸고 정원에서 갑자기 억새가 살랑거리는 것을 본 미국인들은 잊고 있던 프레리를 떠올렸다. 사람들은 이를 '뉴 아메리칸 가든'이라고 불렀다.[3] 볼프강 외메와 함께 설계사무실을 운영하던 판 스웨덴James Van Sweden은 이름과는 달리 네덜란드 사람이었는데 그를 통해 네덜란드와의 소통이 이루어졌다.

네덜란드의 경우는 일찌감치 원예 산업에 치중한 탓에 그렇지 않아도 협소한 국토가 많이 훼손되고 소모되었으며 정원 풍경을 가난하게 했다. 그러던 차에 자연 정원 운동이 일어났고 이에 자극받은 정원 종사자들이 1987년 한데 모였다. 이들은 산업화된 '원예'를 거부하고 식물과 정원에 야생성을 되찾아주고 싶어했다. 그러기 위해선 야생화 재배를 시작해야 했다. 야생화 없는 야생화 정원은 가능하지 않기 때문이다. 그날 모였던 회원들은 향후 설계사무소 뿐 아니라 재배원을 운영하기로 결정했으며 이것이 '더치 웨이브'의 시작이 되었다. 그중에 피에트 아우돌프Piet Oudolf(1944~)라는 키 큰 인물이 있는데, 이 이가 바로 이번 장면의 주인공이다. 배경 설명이 좀 길어진 감이 있지만 바다 거품에서 태어난 비너스마냥 '웨이브'를 타고 나타났기 때문에 그의 탄생 신화를 밝히는 것이 옳아 보였다.

피에트 아우돌프는 위의 세 흐름을 대표하는 여러 조경가 중에서 요즘 가장 두각을 나타내는 디자이너다. 뛰어난 감각의 소유자로서 뉴욕의 하이라인을 위해 식재 콘셉트를 개발한 장본인이다. 그는 뉴 저먼 스타일의 대표자들이 여러 세대에 걸쳐 고생스럽게 연구해 낸 방법론을 모두 흡수하여 응용하였으며 이를 토대로 감동적인 풍경을 만들어냈다. 반 고흐의 피가 흐르는 게 아닐까 싶게 색채 감각이 남다른 아우돌프는 전에 없던 색상을 정원에 도입해서 독보적인 위치를 차지했다. 그의 정원엔 따뜻하지만 강한 색상이 지배적이어서 구릿빛, 황토색, 적갈색, 루비색의 다양한 뉘앙스를 보인다. 가을이 되어 사방이 갈색으로 변하면 정원 시즌이 끝난 것으로 여기는 사람들에게 갈색도 색이라고 일갈했으며 브라운 색조로 된 정원의 매력을 피력했다.

색상뿐 아니라 그는 스러져가는 것들의 아름다움을 극도로 강조한다. 그가 기둥으로 삼고 있는 벼과식물, 산형과傘形科(Umbelliferae) 식물, 키 큰 오이속Sanguisorba 식물은 모두 늦여름에서 깊은 가을까지, 스러지기 직전에 가장 돋보이는 식물들이다. 겨울을 중요한 계절로 인식하는 것 역시 칼 푀르스터로부터 시작되었다. 그러므로 아우돌프가 칼 푀르스터 전통을 잇고 있다고 평가한 존 브룩스의 말이 그리 어긋난 것은 아니다.[4]

그의 스타일을 신자연주의풍New Naturalism이라고도 하는데 억새들이 물결치는 것만 가지고는 자연주의라고 보기 어렵다. 생태와 미학의 접목[5]은 더더욱 아니다. 그가 펼쳐내는 경관은 철저히 심미적이다. 그러므로 오히려 신풍경주의로 보는 편이 적절하다. 이상형의 경관을 의도적으로 '만들어'내는 것이 풍경화식의 원리와 같기 때문이다. 아니면 그의 색감을 근거로 신인상파라고 해야 할까. 아닌 게 아니라 아우돌프의 적갈색과 진보라색으로 이루어진 장면은 모네의 '어두운' 그림을 연상시킨다.

아우돌프가 정원 디자인을 시작하고 거의 20년의 경력을 쌓아가고 있을 때 스웨덴의 엔쾨핑이란 도시에서 작은 공원을 하나 설계해 달라는 의뢰가 들어왔다. 공원 이름은 드림 파크였다. 처음으로 네덜란드보다 추운 나라에서 식재하는 것이라 신경이 쓰였다. 우선 북위 59도에 6월이면 백야가 시작되는 별난 기후에서 살아남을 식물을 찾아야 했다. 현지인들의 의견을 물으니 구절초 계열이나 루드베키아가 가능했고 의외로 샐비어~~Salvia~~가 유리하다는 사실이 드러났다. 아우돌프는 샐비어 품종 세 가지를 섞어 큰 물결처럼 굽이치게 한 뒤 '샐비어 강江'[6]이라고 이름을 붙였다. 이 세 품종은 모두 초여름, 같은 시기에 피고 키도 거의 비슷하다. 궁여지책으로 실험해 본 것이었으나 대성공이었다. 1996년에 완성된 이 드림 파크가 전환점이 되어 세상이 그에게 관심을 보이기 시작했다. 이렇게 개화기, 색, 형태가 흡사한 식물을 여러 종 섞어서 대량으로 심는 기법은 이후 아우돌프의 트레이드 마크가 되었고 사방에서 모방했다.

이쯤에서 마르셀 프루스트를 다시 한 번 등장시켜야 할 것 같다. "내가 어느 날 피에트 아우돌프의 정원에 간다면, 거기서 꽃으로 된 것이 아닌 색의 뉘앙스로만 이루어진 정원을 만나게 될 것이 틀림없다. … 그런 정원의 꽃들은 자연에서처럼 조합되어 있지 않을 것이다. 서로 톤이 같은 꽃들이 같은 시간에 피어 보라색, 자주색으로 끝없는 조화를 이루어 내도록 처음부터 그렇게 심었을 것이다." 프루스트는 아우돌프의 웨이브 식재 기법을 백 년 전에 정확하게 예언했다. 그리고 더 나아가서 왜 아우돌프가 자연주의자로 불릴 수 없는지 그 이유까지 말해 주었다.

1. Reif, 2013, p.27.
2. 이 책의 "012. 초본식물, 통제 불가능한 디바들" 참조
3. Leppert, 2009.
4. Brookes, 2002, p.261.
5. 앞의 글
6. Oudolf, Kingsbury, 2010, p.84.

프랭크 로이드 라이트와 021
프레리의 꿈

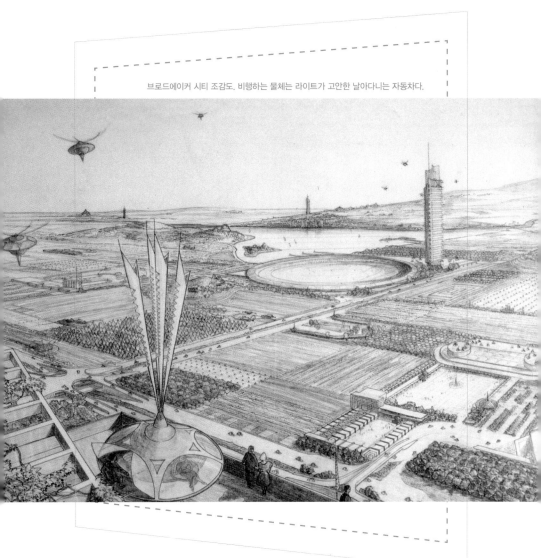

브로드에이커 시티 조감도. 비행하는 물체는 라이트가 고안한 날아다니는 자동차다.

풍경의 발견

구겐하임 미술관을 위시하여 불후의 명작을 무수히 남긴 프랭크 로이드 라이트Frank Lloyd Wright에게 "당신은 당대 최고의 건축가입니다"라고 누군가 칭송하자 "당대뿐 아니라 동서고금을 통틀어 최고지"라고 응수했다는 이야기가 전해진다.[1] 자신이 천재라는 사실을 알고 있던 천재였던 모양이다. 그의 명작 중 하나로 꼽히는 것이 '폭포 위에 지은 집'(낙수장(落水莊) 혹은 Fallingwater)인데 건축주 에드거 카우프만이 애초에 원했던 것은 폭포 맞은편에 집을 지어 창밖으로 폭포를 바라보며 즐기는 것이었다. 라이트는 이를 무시하고 폭포 위에다 집을 지어버렸다. 그리고 폭포 소리, 즉 자연의 소리를 들으며 잠드는 것이 더 바람직하다고 카우프만을 설득했다. 그때 집을 폭포 위에 짓지 않고 맞은편에 지었다면 과연 역사에 남을 작품이 되었을까.

그는 차갑고 비인간적인 인구 밀집형 도시를 못마땅하게 여겨 평생 그에 대한 대안을 고민했다. 그 결과 1932년, '리빙 시티Living City'의 비전을 펼쳐보였다. 한 가족당 1에이커, 즉 4,000m² 정도의 땅을 고루 분배받기 때문에 브로드에이커 시티Broadeacre City라고도 불렀다.[2] 미국 영토를 4,000m² 단위로 나누어 모든 사람들에게 나누어줌으로써 대륙에 고루 퍼져 살게 하는 것이다. 그렇게 되면 일정한 장소에 집중적으로 모여 도시를 형성하지 않게 되므로 도시로부터 자유로운 대륙이 될 것이라는 계산이었다. 미 대륙 전체가 하나의 도시이자 국가가 될 것이므로 도시는 결국 '어디에나 있고 아무데도 없게' 된다. 4,000m²의 땅에서 농사도 짓고 살고 싶은 대로 산다면 새로운 사회가 형성될 것이라 했다. 결국 그는 새로운 이상향을 꿈꾸었던 것이며 건축가적 시선에서 도시설계를 통해 이를 이룩해 보려 했다. 만약 그의 비전대로 새로운 세상이 만들어졌다면 미국인들은 현재 프랭크 로이드 라이트가 설계한 '프레리 스타일'의 집에서 살고 있을 것이며 모기지론이니 금융사고니 하는 것도 모른 채 평화로울지도 모를 일이다.

프랭크 로이드 라이트를 위시한 소위 '시카고 학파'의 건축가가 중심이 되어 19세기 말에 짓기 시작한 프레리 스타일 혹은 프레리 하우스의 건축적 특징은 땅에 납작하게 엎드려 있는 듯한 강한 수평성이며, 황토색, 적토색 등 자연적인 색과 소재를 이용했다는 점이다. 자연순응적인 건축 양식이라고도 한다. 프레리 스타일의 건축가들은 그들이 지은 집이 주변 경관에 스며들기를 원했다. 그런데 왜 하필이면 프레리였을까.

프레리는 대초원이라고도 하여 북미 중서부 평원 지대를 이루는 독특한 경관을 말하기도 하고 그 경관을 이루는 식물 군락을 일컫기도 한다. 서부 활극에서 인디언이나 카우보이들이 프레리에서 시원하게 말을 달리는 장면은 누구에게나 익숙하다. '프레리 위의 작은 집Little House on the Prairie'이라는 미국의 텔레비전 드라마가 있었는데, 1976년부터 1981년까지 한국에서도 '초원의 집'이라는 제목으로 방영되어 많은 사랑을 받은 적이 있다. 서부 개척 시대에 대초원을 '개간'하여 마을을 만들고 살아가는 사람들의 이야기였다. 후세의 우리들에게는 낭만을 불러일으키는 장면이지만 당시의 개척민은 그렇게 여기지 않았던 것 같다. 바다처럼 끝없이 펼쳐진 풀밭을 갈아엎어야 했으므로 힘겨운 싸움의 대상일 뿐이었다. 풀이 너무 커서 말 탄 사람들이 완전히 그 속으로 사라질 정도라고 했다. 건조기에도 지하수를 빨아들일 수 있도록 뿌리를 깊이 내리는 프레리의 '큰 풀' 중에는 1.5m에서 7m 깊이까지 뻗는 것도 있었다. 농사 지을 땅을 마련하기 위해 억센 풀과 싸움을 하는 동안에는 프레리가 가진 생태적 가치라거나 경관의 아름다움 등에 연연할 겨를이 없었을 것이다. 1840년경 강철 쟁기가 도입된 후 1900년경까지 프레리는 무서운 속도로 사라져 갔다. 애초에 70만km², 즉 한국 국토 면적의 일곱 배가 넘던 프레리 면적 중 현재 0.01퍼센트 정도만 남아 있다.[3]

19세기 말, 사람들은 다른 어느 곳에서도 유사한 것을 찾아볼 수 없는 프레리 경관의 유일성을 '발견'한다. 지금의 일리노이 주가 바로 한 때 프레리가 지배했던 곳이다. 시카고를 중심으로 프레리 보존 및 복원 운동이 일어났다. 1901년 헨리 챈들러 카울즈Henry C. Cowles라는 생태학자가 시카고 주변의 프레리의 형성 과정, 변천사에 대한 논문을 발표했다.[4] 물론 아메리카를 발견한 이래 수많은 식물학자가 대륙을 종횡으로 다니며 식물을 수집하고 기록하긴 했지만 하나하나의 개체에 대한 관심에 그쳤다. 이제 처음으로 생물지리학적 관점 하에 기후, 토양, 식물, 인위적 영향 등의 상호작용으로 인해 형성된 독특한 '경관'을 하나의 커다란 덩어리로 인지할 수 있게 된 것이다.

프레리는 백 퍼센트 자연발생적인 것이 아니라 서부 건조지대의 '짧은 풀 초원Shortgrass Prairie'을 제외한다면 이미 인디언들의 손때가 묻은 경관이었다. 초지를 그대로 내버려두면 언젠가는 숲으로 천이하게 되어 있다. 들소를 사냥해서 먹고살았던 북미 중서부의 인디언은 정기적으로 불을 질러 초원 상태를 유지하는 '들불 관리' 기법을 일찌감치 적용했다. 초기 생태학자들은 그 사실을 미처 몰랐으므로 프레리를 복원하기 위해 진땀을 흘렸다. 수시로 비집고 올라오는 그악스런 목본식물을 근절하기 위해 농약을 엄청 뿌리기도 했다. 프레리를 복원하고자 하는 의도가 그만큼 절실했다. 사람들은 곧 프레리를 '미국적 경관의 이상형'으로 여기기 시작했다. 경관에 인간적 이념을 이입시킨 것이다. 이에 가장 앞장 선 인물이 빌헬름 밀러Wilhelm Miller였는데, 그는 1915년, 조경에 프레리의 '영혼'을 담아야 한다는 내용으로 32쪽짜리 책자를 발간했다.[5] 프레리를 거의 종교적으로 찬양했던 밀러는 다음과 같은 '프레리 헌장'으로 글을 맺는다. 빌헬름 밀러는 독일계 학자이며 조경가이며 지식인이었다. 아래의 첫 문장과 독일이라는 국가를 합쳐보면 좀 듣기 거북한 대답이 나온다. 조경계의 나치 사냥꾼들 귀에 경종이 울렸다.

"나는 프레리에서 가장 우수한 인종들이 탄생할 것을 믿는다. 프레리에 세워진 국가와 지역사회의 아름다움을 옹호하기 위해 최선을 다할 것이며, 이 아름다움을 훼손하고자 하는 탐욕에 대항하여 끝까지 투쟁할 것이다."[6]

---

1. Maack, 2009.
2. Wright, 1932. pp.17~19.
3. Kühn, 2005. p.26.
4. 헨리 챈들러 카울스는 시카고 대학교 교수였으며 미국 식물 생태학의 창시자 중 한 명이었다. 그는 지역의 여러 환경 요소가 작용하여 형성된 식물 군락 개념을 개발했다. 프레리 지대를 세 구역으로 나누었으며 서쪽의 건조지대에는 짧은 풀이 자라는 Shortgrass Prairie, 중앙 평원은 혼합대, 즉 Mixedgrass Prairie, 지금의 일리노이 주를 이루는 지대를 큰 풀 초원, 즉 Tallgrass Prairie로 분류했다.
5. Miller, 2002.
6. 앞의 책, p.34.

022 젠스 젠슨의 민족 경관에 장미는 없다

시카고 훔볼트 공원을 흐르는 프레리 강.
젠슨이 1895년부터 1900년까지 훔볼트 공원의 책임자로 일하는 동안
프레리를 흐르는 하천을 자연 그대로 재현했다고 알려져 있다.
젠슨은 1905년 베스트 파크 공원 시스템의 책임자로 임명되었다.

독일 조경학계에 유명한 나치 사냥꾼 두 명이 있다. 이들은 사제지 간이며 현직 교수다. 1970년대 말부터 조경계의 나치 행적을 쫓기 시작하여 그 공적으로 이름을 널리 떨쳤다. 그들의 행동이 때로 중세의 종교재판을 연상시키기 때문에 비판을 받기도 하지만 중요한 일을 한 것은 틀림없으며 무엇보다도 객관성을 유지했다는 점은 높이 살 만하다. 유럽 내에서 진상을 낱낱이 밝히고 난 뒤, 그들은 1990년대 중반부터 관심을 미국으로 돌렸다. 아마도 그즈음 독일 땅에 불어 온 프레리 열풍 때문이었을 것이다. 앞에서 소개한 볼프강 외메의 '뉴 아메리칸 가든'이 프레리를 연상시켰다는 이야기를 기억할 것이다. 그로 인해 독일 조경계에서도 프레리에 주목하게 되었다. 프레리 특유의 식물 군락을 공공공간에 적용하면 성공할 수도 있을 것이라는 아이디어가 싹텄다. 프레리는 풀로만 이루어진 것이 아니라 아름다운 야생화들이 함께 자라는 야생화 초원이다. 특히 큰 풀 프레리는 꽃이 궁한 여름철에 오히려 가장 화려한 야생화들을 피워낸다는 장점이 있다. 에키나체아 Echinacea, 루드베키아Rudbeckia, 모나르다Monarda, 헬레니움Helenium, 금계국 Coreopsis 등 널리 알려진 숙근초들, 피에트 아우돌프가 즐겨 적용하는 식물들이 대부분 프레리 출신이다. 이들은 미 대륙 발견 이후 하나씩 유럽에 도입되어 오래전부터 정원 식물로 확실히 자리 잡고 있었지만 프레리 열풍과 함께 출신 성분이 뒤늦게 밝혀졌고 이제 프레리라는 맥락 속에서 새롭게 조명되기 시작했다.

위의 두 나치 사냥꾼들은 식물 군락보다는 경관에 이입된 이념에 관심을 두고 프레리 쪽을 살펴보았다. 빌헬름 밀러는 물론이고 그와 뜻을 같이했던 자연주의 조경가 젠스 젠슨Jens Jensen(1860~1951)이 그들의 그물에 걸려들었다.[1] 그들의 추적 방법은 요즘 미국의 정보부가 테러리스트를 걸러내는 방법과 비슷하다. 몇 가지 '검색어'를 이용하는 것이다. '민족', '인종'이라거나 '토종 식물' 등의 단어가 검색되면 일단 그들의 컴퓨터에 빨간 불이 켜진다. 그도 그럴 것이 나치에 대한 쓰라린 경험 이후 독일에서는 민족이란 단어를 감히 입에 담지 못한다. 나치가 집권기 내내 독일 민족과 독일 경관의 우수성을 선동 문구로 외쳤기 때문이다. 죄 없는 경관이 이념의 도구로 이용된 최악의 사례였다. 독일 조경가들이 아직도 '독일' 정원이란 용어를 거부하고 있는 것도 그 때문이다. 그러므로 우수한 경관에서 우수한 인종이 나온다는 빌헬름 밀러 식의 사고방식은 수용이 불가능하다.

젠스 젠슨 역시 실제로 빨간 경고등을 울리게 할 만한 발언을 적지 않게 했다. 미국 조경계의 큰 인물 중 하나인 젠스 젠슨은 덴마크 출신으로 1884년, 24세의 나이로 미국에 이민을 갔다. 플로리다에서 미국 생활을 시작했으나 후에 시카고에 자리 잡았고 1905년 웨스트 파크 시스템[2]의 책임자가 되었다. 덴마크의 단조로운 경관에 익숙했던 그는 미국 경관의 아름다움과 다양성에 완전히 매료되었고 프레리 보호 운동에 누구보다 앞장서 건축가 라이트와 나란히 프레리 스타일의 창시자로 역사에 남게 된다. 스스로 자연주의 기법을 개발하고 이를 섬세하게 다듬어나갔으며 "자연을 스승으로 삼아라!"라는 유명한 말을 남겼다. 시기적으로 보아 유럽의 자연주의 운동과 나란히 시작되었으나 유럽의 자연주의자들이 학문적으로 접근했던 반면 젠슨은 자신이 살고 활동하던 지역의 경관에서 직접적으로 영감을 얻었다는 점이 달랐다. 그는 프레리의 식물 군락을 그대로 재현하려 애썼다. 물론 쉬운 작업이 아니었다. 초원에서 식물을 직접 채취하여 길러가며 실험했는데 이때 도움을 준 것이 위의 카울스의 논문이었다. 카울스는 프레리 조경의 기본 원칙을 다음과 같이 요약했다. "(프레리 조경은) 지리, 기후, 장면의 삼위일체를 근거로 한다. 이에 세 가지 원칙이 있는데, 자연적인 장면을 보존하는 것과 지역 식생을 복원하는 것과 테마를 반복하는 것이다."[3]

젠슨은 미국의 자생식물에 대한 포괄적인 지식을 습득했고 그로 인해 다른 조경가들과 확연히 구분되었다. 그의 대표작으로 꼽히는 것은 일리노이주 스프링필드에 있는 링컨 기념 정원Lincoln Memorial Garden이다. 홉하우스 Penelope Hobhouse의 표현을 빌면 자연과 똑같아서 도저히 사람의 손길이 가미되었다는 티가 나지 않는다고 했다.[4] 다만 젠슨의 자연주의 역시 영국의 윌리엄 로빈슨처럼 타협을 모르는 것이 흠이었다. 그는 자생종 식물만 고집했을 뿐 아니라 자연 경관을 이념화하는 데 크게 일조했다. 이런 에피소드가 있다. 젠슨은 헨리 포드 가문을 위해 여러 번 정원을 만들며 오래 친분을 쌓게 되었다. 1929년, 포드 부인이 집을 새로 짓고 정원에 장미원을 넣어 달라고 요구하자 거절했다. 장미가 시카고 자생식물이 아니라는 것이 이유였다. 옥신각신하다가 결국 합의를 보아 뒤편의 은밀한 곳에 숨겼다. 그 뒤로 사이가 소원해졌다고 한다. 장미가 시카고 자생식물이 아니라서 그런 것인데 자연 경관을 똑같이 복사할 것이라면 굳이 정원을 왜 만들었을까 하는 의문이 들 수밖에 없다.

1888년, 초창기에 이미 젠스 젠슨은 시카고에서 자생하는 나무와 덤불로만 이루어진 정원을 만들고 이를 '미국 정원'이라 이름했다. 사실 좀 특이하긴 하다. 24세에 이민했으면 아무리 오랜 세월이 흘러도 그 나라에 완전히 동화되기는 힘들다. 덴마크에서 건너온 지 불과 4년 만에 자신이 설계한 정원을 미국 정원이라고 부를 수 있던 것은 대단한 자부심의 증거일 수도 있다. 게다가 자신의 방법론을 게르만적이라고 일컬었으며 게르만적 접근법, 즉 자연의 원칙에 따라 조성한 정원을 미국 정원이라고 정의함으로써 미국 정원은 곧 게르만적이라는 이상한 등식을 만들어 냈다.[5] 그는 나치 집권 이후 독일의 골수 나치 조경가였던 알빈 자이퍼르트Alwin Seifert(1890~1972)와 서신을 주고받으며 자생식물과 민족 경관에 대한 의견을 나눴고 '남쪽으로부터 라틴계나 오리엔트의 열등한 문화가 점점 북상하여 우리 미국 도시와 민족의 게르만적 성격을 오염시키고 있다'는 내용의 글을 써서 1937년 독일 전문 잡지에 발표했다.[6] 나치 세력이 최고조에 달했을 때 쓴 젠슨의 글과 편지는 경종을 울리기에 충분했다.

1. 밀러는 그의 저서에 젠스 젠슨의 작품을 사례로 싣는 등 젠슨풍 조경의 옹호자였다.
2. 1869년에서 1900년 사이에 웨스트 시카고 파크 커미션에서 완성한 일련의 공원 연계 체계다. 지금의 훔볼트 공원, 가필트 공원, 더글라스 공원 등이 이에 속했다.
3. Kühn, 2005. pp.26~27.
4. Hobhouse, 1992, p.299.
5. 덴마크는 게르만족의 한 계열인 노르만족이 세운 나라다.
6. Gröning, Woschke-Buhlmann, 2003, p.27.

어느 철인이
발견한 문화 경관
023

스페인 암푸르단에 조성한 작물 정원(1995~1997).
정원에서 사람과 자연이 진정한 만남을 갖기 위해서는
낮이든 삽이든 쥐어들어야 함을 역설하는 것 같다.
21세기 정원이 가야 할 방향을 제시한 작품으로 평가될 수 있다.

풍경의 발견

2000년도 리들리 스콧 감독이 만든 영화 '글래디에이터'를 본 사람들은 누구나 그 독특했던 첫 장면을 기억할 것이다. 황금빛으로 익은 밀밭을 어루만지는 장군의 손. 잔잔한 음악을 배경으로 여문 밀 이삭을 하나하나 쓰다듬는 막시무스 장군의 갑옷 입은 손을 25초 동안이나 길게 보여준다. 수많은 전투를 치렀던 장군의 투박한 손은 의외로 전쟁이 아닌 고향에 대한 이야기를 들려주는 듯했다. 그 손의 주인공 막시무스는 스페인 태생으로 묘사되고 있다. 전쟁이 끝나면 고향으로 돌아가 농사짓는 것이 소원이라고 했다. 아마도 밀과 포도와 올리브를 재배하려 했을 것이다. 밀을 갈아 흰 빵을 굽고, 여문 포도송이로 붉은 와인을 빚을 것이며 녹색 올리브로 기름을 내어 가족들과 평화롭고 단란한 식탁을 차리고 싶었을 것이다. 집으로 가는 길 양변에는 사이프러스가 높이 서서 맞아줄 것이다. 스페인 출신이 아니어도 누구에게나 고향에 대한 향수를 불러일으키는 장면이다. 생전 밭 구경한 번 못해본 사람도 가슴 속 어딘가 농경지에 대한 그리움을 간직하고 있다. 이는 모든 인류가 공유하고 있는 아주 오래된 기억일 것이다.

스페인이 배출한 현시대의 가장 대표적인 조경가 페르난도 카룬초Fernando Caruncho(1957~)는 스무 살의 약관에 문득 자신의 가슴 속에 이 원기억이 있음을 깨닫고 정원의 길을 택했다. 그는 본래 철학도였다. 학창 시절 고대 그리스 철학에 심취했었는데 "에우리피데스의 글을 읽는 도중, 고대 그리스인에겐 자연과 인간 사이에 구분이 없었음을 깨달았다"고 했다.[1] 고대 그리스 철학자들은 정원이나 숲 속에서 수업을 했다. 카룬초에게 이 사실은 정원과 경관이 사람과 자연 사이를 이어주는 장소라는 인식으로 다가왔고 더더욱 정원을 만들어야겠다는 생각을 굳혔다고 한다. 정원에 대해 이러쿵저러쿵 길게 설명할 필요가 있는가라고 하면서도 그는 사뭇 철학적으로 그의 정원관을 피력한다. "어릴 적 할아버지 정원에서 많은 시간을 보냈다. 정원을 나서면 사방이 자연 경관이었고 길을 벗어나면 타호Tajo 강변의 절벽이 있었다. 그 끝에 서면 발아래 깊은 계곡이 내려다보였고 그 너머로는 산들이 첩첩이 겹쳐진 절경이었다. 그건 내게 거대한 비전처럼 보였다. 그리스 성현들이 말했던 '진리의 골짜기'가 바로 저걸 말하는 거구나 싶었다."[2] 그들 성현들은 진리의 여신 알레테이아Aletheia가 어두워지면 텅 빈 계곡 속으로 사라졌다가 새벽빛을 받으면 다시 찬란하게 살아남을 것을 알고 있었다고 그는 말한다. 이 진리의 계곡에서 향후 카룬초의 작품을 규정하는 결정적인 요소, 즉 빛과 물이 탄생했다. 스페인이라는 특수한 환경 덕에 오리엔트 정원과 유럽 정원의 두 영향권 속에서 성장한 카룬초는 번화한 야생화 정원이나 불분명한 풍경화식 정원을 거부하고 고전 양식의 명백한 선을 주장했다. 기하학은 그에게 불변의 디자인 원칙이 되었다. 기하학적 그리드로 이루어진 그의 정원엔 빛과 물이 질서정연하게 배치되어 있으며 정리와 정돈을 통해 '참 진리'를 찾으려는 작가의 의도가 마치 거울을 보는 것처럼 명백하게 다가온다. 그래서인지 그의 정원은 낙원의 거울이라고 불리기도 한다. 카룬초의 정원 신은 분명 진리의 여신 알레테이아일 것이다. 이솝이 이런 이야기를 전한 적이 있다. 프로메테우스 신이 알레테이아를 점토로 빚어 만들었는데 숨을 불어넣기 전에 잠깐 자리를 비웠다. 그 사이 '거짓'이 나타나 알레테이아와 똑같은 형상을 만들었는데 점토가 모자라 발을 미처 만들지 못했다. 프로메테우스가 다시 등장해서 보니 똑같은 형상이 두 개여서 의아해 하면서도 둘의 형상에 모두 숨을 불어넣었다. 진짜 알레테이아는 발이 있으므로 길을 떠났고 발이 없어 가지 못하는 가짜, 즉 거짓이 그 자리에 남게 되었다는 것이다.[3]

　카룬초는 일찍부터 작품 생활을 시작해서 20년 가까이 그라나다의 알람브라 궁원, 프랑스의 보르비콩트Vaux-le-Vicomte를 연구하고 안도 다다오, 루이스 바라간 등 동시대 예술가들을 영감의 원천으로 삼았으며 사실상 그들의 영향권을 거의 벗어나지 못했다. 정원은 자연과 사람이 만나는 곳이라고 정의했지만 사실은 그와 달랐다. 녹색으로만 이루어진 단정한 그의 정원은 들어가서 거니는 곳이었다. 거닐되, 철학자 풍으로 명상의 뒷짐을 지고 다니기에 적합한 곳이며 조용히 앉아 사념하는 곳이었다. 자연과 사람이 만나는 곳이 아니라 사람과 생각이 만나는 곳이었다. 붉은 꽃이라도 한 송이 피어있으면 사념에 방해가 될 것만 같은 그런 곳이었다. 그렇다면 애초에 정원에 대한 정의가 잘못되었을지도 모른다. 그러던 중 문득 떠오른 생각이 있었다. 정작 사람과 자연의 부대낌은 정원이 아니라 경작지에서 출발했음을 기억한 것이다. 여기까지 생각한 카룬초는 1995년에서 1997년 사이에 파격적 변신에 성공하여 아주 독특한 작품 하나를 완성시킨다. 밀밭 정원이라고 해도 좋겠고 막시무스 장군의 꿈이라 불러도 좋을 것이다. 스페인 서부의 암푸르단Ampurdan 지방의 비옥한 땅에 조성된 그 정원은 밀과 포도나무, 올리브나무만으로 이루어졌다. 모두 그 지역에서 고대로부터 재배되었던 작물이었다. 재배 식물은 아니지만 작물을 보호하고 호위해 왔던 사이프러스 역시 제자리를 찾았다. 스페인의 전형적인 문화 경관을 재현한 것이다. 문화 경관이란 문화재가 있는 경관이라는 뜻이 아니라 경관 그 자체가 문화라는 뜻으로 정의되고 있다. 카룬초는 "요즘엔 농경 생활이 아주 뒷전으로 밀려났다. 이로 인해 사람은 농업과의 관계를 상실했고 결국 사람과 자연의 관계도 해체되었으며 계절감조차 사라지고 있다"는 말로 정원 콘셉트를 설명했다. 결국 정원이 사람과 자연을 연결해 주는 곳이 아니라는 뜻을 간접적으로 표현한 것이다. 그는 밀밭 정원을 조성하면서 페르시아 문명의 농업 기술과 관수 기법을 그대로 재현했다. 뿐만 아니라 페르시아 파라다이스 정원의 구성 원칙이었던 그리드를 적용하여 작물을 배치했으므로 얼핏 어수선해질 수 있는 밀밭, 포도밭, 올리브밭 사이에 균형감을 주었다. 다행히도 모든 경관이 이념의 도구로 이용되기만 하는 것은 아니다. 카룬초의 밀밭 정원은 문화 경관의 발견이 더도 덜도 아닌 영감의 원천이 될 수 있음을 증명해 보였다. 식물 자신들은 하등 개의치 않을 자생종, 외래종 논란은 접어두고 정원의 본질에 대해 명상할 수 있는 기회를 제공하기도 한다. 카룬초는 이 단 하나의 작품으로 작물 정원이라는 21세기의 새로운 전통을 만들어 낸 선구자가 되었다. 정원이 허상이었다면 경작지가 참이었다고 역설한다. 자연과 진정으로 만나려면 뒷짐 지고 산책하는 것이 아니라 호미든 삽이든 손에 들어야 하는가 보다.

1. Cooper, Taylor, 2000, p.17.
2. 앞의 글
3. Aesop's Fables 530, translates by Laura Gibbs, 2002.

024 베르길리우스가 노래한
아르카디아는 어디에

그리스 펠로폰네소스 반도에 위치한 아르카디아 현의 레오니디 지방의 풍경.
험한 산세에 둘러싸여 목동들이 한가롭고 평화로운 삶을 산다고 노래 불리던 곳이다.

풍경의 발명

북미 중서부의 프레리가 최초로 '발견된 경관 혹은 풍경'이라고 보는 시각이 있다. 풍경은 물론 늘 거기 있었지만 20세기에 들어와서야 사람들이 풍경이 거기 있음을 새삼 알아차렸다는 뜻이다. 이 사실은 인간이 그만큼 자연 경관으로부터 멀어졌다는 것을 뜻한다. 미술관에 가서 그림을 제대로 감상하려면 몇 걸음 떨어져서 바라보아야 하는 것과 같은 이치다. 그림이 클수록 더 멀리 떨어져서 봐야 한다. 인간은 '풍경'이라는 큰 그림을 알아보기 위해 우선 풍경에 등을 지고 그 많은 세월을 걸어와야 했다.

물론 이런 질문이 떠오를 수 있다. 20세기에 들어와서야 풍경이 발견되었다니 무슨 소리? 영국의 풍경화식 정원이 시기적으로 더 먼저가 아닐까? 그렇지 않다. 풍경화식 정원의 경우 '발견'된 풍경이라고 볼 수 없고 오히려 '발명'된 풍경이라고 하는 편이 옳다. 너무 자연스러워 보이기 때문에 많은 이들이 자연발생적으로 형성된 경관이라고 생각하지만 사실 풍경화식 정원은 마치 무대 장치를 만들 듯, 혹은 영화의 세트장을 세우듯 한 장면 한 장면 계산하여 조심스럽게 '설정'한 풍경들로 이루어진다. 풍경화식 정원의 시조로 알려진 영국의 알렉산더 포프의 정원은 연극 무대 장치에서 영감을 받아 만들어진 것이다. 실제로 초기의 풍경화식 정원을 조성할 때 연극 무대 장치를 참고로 하여 장면을 연출했다.[1]

비록 모두 설정된 장면이라고 할지라도 어딘가 모델은 있지 않았을까? 물론 그랬다. 풍경화식 정원의 모델이 되었던 것은 상상 속의 이상향이었으며

131

아르카디아Arcadia라는 이름으로 불렀다. 아르카디아라는 단어에는 여러 가지 의미가 있어서 지금은 쇼핑몰이나 농원 등의 이름으로도 쓰이지만, 까마득한 고대로부터 인류가 그려왔던 이상향의 여러 이름 중 하나이기도 하다. 실제로는 그리스 펠로폰네소스 반도에 존재하는 지명이며 고대 로마의 시성 베르길리우스Publius Vergilius Maro(B.C. 70~19)의 노래를 통해 목가적 이상향으로 승화된 곳이다. 도연명이 노래한 '도화원'이라는 선경仙境이 동양 문화에서 가지는 의미와 흡사하다. 다른 점이 두 가지 있다면, 동양에선 아무도 도화원을 현실화하려고 애쓰지 않으며 상상 속에 그대로 두고 있지만, 서양에서는 아르카디아를 재현하려는 노력이 사뭇 진지하고 절실하게 이어져 왔다는 점이다. 또 다른 점은, 선경은 죽음을 극복한 세상이지만 아르카디아엔 죽음이 있고 이것이 커다란 테마가 되어 왔다는 것이다.

처음에는 고대의 철학자들이 이상향을 이야기하고 시인들이 노래를 지어 부르던 것을 17세기 후반부터 화가들이 화폭에 담았으며, 18세기 중엽 영국의 예술가들이 풍경화식 정원을 만들어내면서 마침내 이상향이 구현된 듯 보였다. 처음으로 언급되기 시작한 이후 이천 년이 지난 후였다.

이상향의 주인공이 된 아르카디아인은 예로부터 목축업에 종사했다. 사방이 험한 산과 암벽으로 둘러싸인 지리적 특성 덕에 외부의 영향을 적게 받아 고유의 문화를 오랫동안 보존할 수 있었다. 양을 치는 것이 유일한 경제적 수단이었던 척박한 땅이었으나 아르카디아인은 바로 여기서 그리스의 역사가 태동했노라고 주장하기도 했다. 이 아르카디아 출신으로서 로마에서 출세한 폴리비오스란 역사가가 있었다. 그는 자신의 고향 아르카디아에 대해 이렇게 자랑한 바 있다. "산수가 아름답고 평화로우며 목동들은 노래 솜씨가 빼어나 늘 경연이 벌어지고 노랫소리가 그치지 않는다."[2]

베르길리우스는 폴리비오스의 이 짧은 서술에 착안하여 향후 서양 문화에 엄청난 영향을 미치게 될 열 편의 서사시를 지었다. 고대로부터 전해져 내려오는 이상향을 아르카디아라고 설정한 것이 바로 베르길리우스다. 그는 아르카디아야말로 목자들의 수호신, 판Pan의 고향이라고 했으며 목동들의 노랫소리가 그치지 않는 풍요로운 축복의 땅이라 했다. 물론 그리스와 로마의 신화에서 많은 모티브를 땄지만 아르카디아를 배경으로 하여 새로운 이야기로 엮어냈다. 인류의 황금기에 성스러운 땅 아르카디아가 탄생하는 장면으로부터 주민들의 평화로운 삶과 사랑, 죽음을 묘사했고, 여러 신과 님프를 등장시켜 단순한 노래의 범주를 넘어 신화를 창조했다. 그러나 아르카디아 신화는 베르길리우스에서 완성된 것이 아니라 비로소 시작되었다고 볼 수 있다. 중세에는 기독교의 '천국'이 있었으므로 아르카디아에 대한 수요가 없었지만 르네상스에 다른 고대 문화와 함께 다시 발굴되었다. 그 후 아르카디아는 수많은 시인과 예술가들의 상상력을 자극해 무수한 작품을 탄생시켰다. 특히 바로크의 구속적인 절대왕정 시대를 거치면서 아르카디아의 목자들처럼 속박 없이 자유롭게 한가로이 노래하며 사는 삶에 대한 동경이 커졌다. 그때부터 현대에 이르기까지 내로라하는 작가나 예술가라면 한 번쯤은 아르카디아를 재해석해봐야 하는 것 아니냐는 강박관념이 생겼다고 해도 과언이 아니다.

1. Buttlar, 1989, p.28.
2. Schreiber, 2008, p.99.

025 아르카디아에도 죽음은 있다

니콜라 푸생의 화제작 '나는 아르카디아에도 있다(Et in Arcadia Ego)'

어째서 서양 사람들은 17세기에 들어와서야 풍경화를 그리기 시작했을까? 서양의 풍경화는 역사가 짧다. 17세기 이전에는 풍경화라는 장르가 아예 없었다. 이건 꽤 재미있는 사실이다. 동양 문화는 풍경을 일찌감치 발견했다. 중국 산수화의 역사는 4세기까지 거슬러 올라간다. 그 반면에 서양에서 순수하게 풍경을 묘사하기 시작한 것은 18세기 후반, 낭만주의 시대부터였으며 이것이 발전하여 인상주의를 낳게 된다. 서양의 풍경화가 이렇게 늦게 시작된 데에는 물론 여러 가지 원인이 있겠지만 일단 기독교의 영향이 가장 컸다고 볼 수 있다. 16세기까지 르네상스 이전의 서양 미술은 거의 모두 종교화였다. 풍경을 그려도 풍경이 대상이 아니라 종교화의 배경으로 그려졌던 것에 불과했다. 17세기 프랑스의 클로드 로랭이나 니콜라 푸생 등이 종교화나 인물화의 그늘에서 벗어나 풍경화를 그리기 시작했지만 이역시 순수한 풍경화라 볼 수 없다. 종교적, 철학적 상징체계를 반영하거나 신화와 성서의 이야기를 전한다는 점에서는 중세와 크게 달라진 바 없다. 다만 풍경 묘사가 사실적으로 변했고 회화 기법이 크게 발달했으며 풍경이 앞서고 이야기가 뒤로 물러났다는 점이 다르다. 그래서 얼핏 보기엔 순수한 풍경화인 것처럼 보이지만 자세히 살펴보면 모두 이야기가 있는 장면들이다. 풍경 속에 그려진 인물들과 건축물들은 이야기를 전달하기 위한 '장치'다. 그림 속의 인물이 누군지, 건축물이 어떤 것인지를 알아야 비로소 그림이 해독된다. 보는 이의 심금을 울리기 위한 그림이 아니라 특정한 메시지를 전달하기 위한 서술적 그림이므로 감성으로 보는 것이 아니라 머리로 보아야 하는 그림들이다. 실존하는 풍경을 참고한 건 사실이지만 아틀리에에서 구성되고 마무리된 상상의 산물이다. 푸생이나 로랭의 그림을 볼 때 감정적으로 동요되기보다는 머릿속에 여러 물음이 떠오르는 이유가 바로 이 때문이다.[1]

이 시대의 대표 화가 니콜라 푸생Nicolas Poussin(1594~1665)의 그림 중에서 두고 두고 논란의 대상이 되고 있는 것이 한 점 있다. 1639년에 완성한 작품으로 '나는 아르카디아에도 있다Et in Arcadia Ego'라는 제목이 붙어 있다. 여기서 '나'는 의인화된 '죽음'을 말한다. 이는 곧 이상향에서도 죽음을 피할 수 없다는 뜻으로 해석되었다.

이 그림이 관심을 끌게 된 이유는 여러 가지가 있겠으나 우선 푸생 특유의 수수께끼 그림이 지식인들의 호기심을 자극했기 때문일 것이다. 지금까지 이 그림에 대해 쓰인 논문만 수천 편이 된다. 우선 그림을 한 번 자세히 살펴보는 게 좋을 것 같다.

그림 속의 남자 세 명은 모두 월계수 잎으로 엮은 관을 머리에 쓰고 지팡이를 들고 있는 것으로 보아 노래하는 목동들이다. 이들이 아르카디아의 주인공들이라는 점에는 의심할 바가 없다. 묵직한 석관이 그림의 중심을 이루고 있으며 인물들은 석관을 중심으로 배치되어 있다. 화면의 가장 왼쪽에 서 있는 한 명은 깊은 생각에 빠져 있는 듯하고, 다른 한 명은 무덤 앞에 앉아 석관에 새겨진 글을 손가락을 짚어 가며 찬찬히 읽고 있는 듯하다. 나머지 한 명은 이 글을 손가락으로 가리키며 옆에 서 있는 여인에게 '이게 무슨 뜻?'하고 물어보는 듯하다. 그러나 막상 여인은 장면에서 비켜서서 담담한 표정으로 이들이 하는 양을 바라보고 있다. 여인의 시선을 보면 석관에 크게 관심이 있는 것 같지는 않다. 이 여인의 정체에 대해선 미술평론가들이 아직 의견의 일치를 보지 못하고 있다. 이 석관에 바로 작품의 제목, 즉 '아르카디아에도 나는 있다'라는 문구가 새겨져 있다.

1719년 프랑스의 문인이며 수도사제였던 장 바티스트 뒤보스Jean-Baptiste Dubos(1670~1742)[2]가 이를 전혀 다르게 해석함으로써 푸생의 그림에 대한 토론이 시작되었다. 뒤보스는 석관 속에 실은 어여쁜 어린 소녀가 일찍 죽어 묻혀있는 것이 아닐까, 새겨진 문구를 '나도 아르카디아에 가 봤다'라고 해석할 수도 있지 않겠냐는 의견을 내놓았다.[3] 물론 문법적으로 적합한 해석은 아니었다고 하는데 이상하게도 이 해석이 설득력을 갖게 되었다. 그 이후 많은 시인과 예술가들이 "나 역시 아르카디아에 가 봤는데", "나도, 나도" 하면서 작품들을 무수히 쏟아내기 시작했다. 예를 들어 괴테는 이탈리아를 여행하고 『이탈리아 기행』을 발표하면서 '나 역시 아르카디아에 가 봤노라Auch ich in Arcadien'로 부제목을 만들어 붙임으로써 '이탈리아처럼 좋은 곳이 결국 아르카디아 아니야?'라는 의견을 간접적으로 피력하고자 했다.[4] 이렇게 하여 낭만주의 시대에 들어와서 아르카디아의 의미가 그리스의 지명이나 이상향의 범주를 벗어나 '살기 좋은 곳, 아름다운 곳'이라는 보편성을 띠기 시작했다. 이런 보편성은 사람들에게 그대로 수용되었으며 이 문구는 결국 18세기 중엽 영국에서 시작된 풍경화식 정원의 현판을 장식하게 되었다.

그렇다고 하더라도 이런 의문은 남는다. 17세기 중엽에 탄생한 푸생의 그림이 대체 어떻게 저런 커다란 영향력을 미칠 수 있었을까. 화집이 출판되었던 것도 아니고 지금처럼 작품 사진을 구글에서 검색할 수 있던 시절도 아니었는데 영국의 지식인들은 대체 어떻게 해서 프랑스 화가들이 그린 그림을 접하게 되었을까. 당시에 그림을 접할 방법은 원작이 걸려 있는 미술관에 직접 가서 보는 방법과 동판화를 떠서 인쇄한 것을 보는 것뿐이었다. 어느 모로 보나 가능성이 한정되어 있음에도 로랭이나 푸생의 그림이 영국의 지식인들에게 영감을 주었다는 것은 그들이 그림을 직접 보았다는 뜻이 된다. 로랭이나 푸생 둘 다 프랑스 화가였고 이탈리아에서 활동했다는 사실에서 어느 정도 해답을 얻을 수 있다. 당시에 '있는 집 자제'들 사이에서는 그랑 투어 Grand Tour라고 해서 주로 이탈리아, 베니스, 파리 등 문화와 예술의 중심지를 목적지로 삼아 긴 문화 여행을 다녀오는 풍습이 있었다. 마치 현대의 한국 젊은이들이 미국이나 유럽으로 연수를 떠나는 것과 흡사했다. 그랑 투어는 보통 일 년 이상 걸리는 긴 여행이었고 건축, 미술, 정원 예술 등을 둘러보고 세련된 생활 방식을 접했다. 장차 군주나 영주, 신분 높은 귀족으로서 나라를 다스릴 왕자, 가문을 물려받을 공자들에게는 공부와 더불어 정치적 판도를 익히는 필수 코스였다. 더불어 유명한 화가의 그림을 사들여 자국의 미술관을 빛나게 하는 것도 그들의 '임무'에 속했다. 그러므로 학식이 높은 개인 교수들과 예술가, 건축가들이 동반하는 경우도 많았다.

푸생의 그림 '나는 아르카디아에도 있다'의 경우, 17세기 말에 루이 14세가 직접 사들여 루브르에 전시한 이후 지금껏 그곳을 떠난 적이 없다. 당시에도 루브르는 필수 코스였으므로 많은 연수생이 그 그림을 직접 보았다. 그들은 지금의 여행 블로그처럼 여행기를 발표하여 정보를 교환했고 당시의 유럽 문화인들의 세계, 즉 상류 사회가 상당히 좁아 서로 친·인척 관계 내지는 친분 관계로 얽혀있었으므로 "너 루브르에서 그 그림 봤어?" 혹은 "뒤보스가 재미난 논문을 썼는데 읽어봤어?"라고 운을 떼며 토론이 활발하게 진행되었을 것이다. 그러면서 새로운 정원에 대한 염원을 함께 나눌 수 있었다.

---

1. 심금을 울리는 감성적 풍경화는 그 후세대인 낭만주의에서 비로소 등장하게 된다.
2. 프랑스 바로크 시대의 신학자, 미학자, 사학자였으며 수도원장이기도 했다. 또한 계몽주의 학자이기도 했으며, 저서로는 『시와 회화에 대한 비판적 고찰』(1719)이 있다.
3. Brandt, 2000, pp.265~282.
4. 출판사에서 삭제함으로써 무산되었다.

026 카스파르 다비드 프리드리히의 정원 풍경화

카스파르 다비드 프리드리히의 소위 정원 풍경들 중
대표작인 '대산맥과 엘데나 수도원의 폐허'(1830년경 작).
히르시펠트의 풍경 정원 이론에서 영감을 받아 인위적으로 구성하여 그린 풍경이다.

풍경의 발명

독일의 풍경화가 카스파르 다비드 프리드리히_{Caspar David} Friedrich(1774~1840)를 표현하는 수식어가 많지만 그중 '비장한 풍경, 풍경의 비극'을 그려냈다는 평이 단연 압권이다. 이는 다비드 당제르라는 동시대의 프랑스 조각가가 프리드리히의 그림을 보고 내뱉은 말이라고 전해진다.[1] 풍경 자체가 비장하거나 비극적일 수 없으므로 비장한 풍경이란 결국 화가 자신의 감정을 그림에 크게 이입했다는 뜻이 된다. 이는 프리드리히라는 화가의 철학이기도 했고 그가 활동했던 시대, 낭만주의의 특징이기도 했다. 상징성을 담은 스토리텔링형 바로크도 뒤로하고 합리적 이성주의로 똘똘 뭉친 계몽주의도 벗어나 오랫동안 눌렸던 감성이 마구 쏟아져 나오던 시절이었다. 1774년 괴테의 소설 『젊은 베르테르의 슬픔』이 발표되자마자 베스트셀러가 되고 이를 읽은 젊은이들이 줄줄이 자살했던 그런 시절이었다.

프리드리히는 독일의 발트 해 연안의 그라이프스발트에서 태어났다. 그 고장의 침울한 자연의 정기만을 골라 받았는지 우울하고 심각하며 내성적인 성격의 소유자였다고 전해진다. 그가 우수에 찬 눈으로 바라보고 묘사한 풍경 속에는 죽음과 사라짐, 허무함이 담겨 있다. 푸생의 지적 수수께끼의 그림과는 전혀 다른 분위기의 그림을 그렸다. 이백 년 이상이 훌쩍 지난 오늘에도 그의 그림을 보노라면 그 속에 담긴 스산함과 무상함이 고스란히 전달된다. "왜 죽음, 허무함, 무상함을 연상시키는 그림만 그리느냐고? 영원히 살기 위해선 일단 죽음에 몸을 던져야 하니까"라는 그의 발언에서 얼핏 조물주의 섭리, 자연의 원칙이 엿보인다. 아닌 게 아니라 프리드리히의 작품 세계는 창조주의 두 가지 걸작, 즉 자연과 인간을 하나로 엮으려는 강한 의도로 점철되어 있다. 얼핏 근엄하고 웅장한 자연 풍경만을 묘사한 듯 보이는 그의 작품 속에는 방랑자들이 종종 등장한다. 아니면 그 풍경을 바라보는 방랑자들의 시선이 느껴지기도 한다. 그의 풍경 속 인물들은 하나같이 보는 사람에게 등을 돌리고 있는 것이 특징인데 이는 풍경을 바라보는 시선을 간접적으로 표현하기 위한 그의 방식이었다. 방랑자의 등에는 상징도 새겨져 있지 않으며 그들은 아무 메시지도 전하지 않는다. 그저 '나와 함께 저 풍경을 바라보지 않겠는가?'라고 묻는 것 같다. 로랭이나 푸생의 풍경화로부터 이백 년의 세월이 흐르는 동안 이렇게 달라진 것이다.

그런데 그런 그의 후기 작품 중에서 좀 특이한 그림들이 몇 점 있다. 결론부터 말하자면 실존하는 풍경의 여러 요소를 짜 맞춰서 새로운 풍경을 만들어 낸 작위적인 작품들이다. 그중 가장 대표적인 것이 첩첩 산맥을 배경으로 수도원의 폐허를 그린 것이 있다. 얼핏 보면 자연 그대로를 묘사한 것 같지만 실은 설정된 '퍼즐' 풍경이다. 구도상 그림을 세 부분으로 나누어 볼 수 있는데 가장 뒤에 굽이굽이 펼쳐진 산허리들은 멀리 체코의 대산맥에서 베어 온 것이고, 중앙의 낮은 언덕 위에 서 있는 폐허는 프리드리히의 고향에 있는 수도원 유적지이다. 그리고 앞쪽에 보이는 저지대는 북독일의 전형적인 시골 풍경이다. 프리드리히는 이렇게 각각 존재하는 세 개의 풍경 요소를 조합하여 하나의 경관을 만들어 냈다.

1931년, 그림이 탄생한 지 백 년 만에 오토 슈미트라는 미술평론가가 이 그림 속의 풍경이 퍼즐 조각처럼 짜 맞춰졌다는 사실을 처음으로 발견했다.[2] 그 오랜 세월 동안 수없이 스쳐간 눈길 중 어느 하나도 그 사실을 눈치채지 못할 만큼 감쪽같았던 것이다.

프리드리히는 말년에 이와 흡사한 작품을 여러 점 그렸는데 후에 평론가가 이들을 모아 '정원 풍경화Gartenlandschaften'라는 이름을 붙여주었다.[3] 딱히 정원을 그린 것이 아닌데도 정원 풍경화라고 부른 이유는 이러하다. 당시, 즉 1830년경은 영국은 물론이고 유럽 대륙에서도 풍경화식 정원이 자리 잡아가던 시기였다. 유럽에 풍경화식 정원이 전파되는 데 큰 공을 세운 인물이 크리스티안 카이 로렌츠 히르시펠트Christian Cay Lorenz Hirschfeld(1742~1792)라는 미학 교수였다. 그는 1779년에서 1785년 사이에 총 다섯 권, 천 페이지가 넘는 방대한 분량의 『정원예술론』이라는 책을 발표했다. 최초의 본격 정원 이론서였고 처음부터 독일어와 프랑스어로 출간되었으므로 독일뿐만 아니라 유럽 전역에서 읽혔다. 히르시펠트는 유럽 대륙에 풍경화식 정원을 전달한 장본인이었을 뿐만 아니라 정원 예술을 어느 예술 분야보다 뛰어난 것으로 정의 내려 그 시대에 정원의 위상이 최고조에 달하는 데 크게 기여했다. 물론 늘 자연을 접했고 정원에 지대한 관심이 있었지만 그 자신은 조원가가 아니었다. 평생 정원 책임자로서 일해보고자 애썼으나 순수한 이론가였던 히르시펠트를 고용하겠다는 군주는 아무도 없었다. 아무리 유명한 이론서를 썼어도 실무 경력이 없으면 도리질을 당하는 독일의 분위기는 예나 지금이나 다를 바 없었다.

흥미로운 사실은 히르시펠트가 평생 영국에 가 본 적이 없다는 사실이다. 고로 영국의 풍경화식 정원도 한 번 보지 못했다. 그는 윌리엄 켄트 등의 작가들이 쓴 글을 읽고 거기에서 깊은 영감을 받았다고 한다. 이를 바탕으로 하여 풍부한 상상력을 동원해서 풍경화식 정원의 여러 조원 유형과 기법들을 고안했으며 매우 독창적인 이론을 집대성했으니 대단한 인물이었음엔 틀림이 없다. 우리의 풍경화가 프리드리히는 히르시펠트 정원 이론서의 열혈 독자였다. 그는 책에 묘사된 풍경화식 정원에 이끌려 이를 화폭에 옮기는 작업을 상당히 오랫동안 준비했다고 한다. 역방향 푸생이라고 해도 될 듯싶다. 풍경화식 정원의 창시자들이 푸생의 그림에서 크게 영향을 받았다면, 백 년이 지난 후 프리드리히는 거꾸로 풍경화식 정원을 모델로 하여 그림을 그렸다. 정확히 말하자면 풍경화식 정원에 대한 묘사가 그림을 낳은 것이다. 화가 프리드리히 역시 영국의 풍경화식 정원을 직접 보지 못했다. 독일에도 풍경화식 정원이 조성되기는 했지만 모두 프리드리히가 살던 곳에서 먼 곳에 있었다. 여행이 쉽지 않았던 가난한 화가로서는 히르시펠트가 책에서 묘사한 것을 그림으로 해독해 내는 방법밖엔 없었을 것이다. 그러므로 풍경화식 정원을 모델로 하여 탄생한 그림들이라는 뜻에서 정원 풍경화라 불리게 되었다.

히르시펠트는 그의 『정원예술론』 1권에 '풍경의 조합'이라는 챕터를 만들어 아래와 같이 설명했다. 그리고 이 설명에 따라 프리드리히가 체코의 산맥과 발트 해의 경관을 감쪽같이 조합시켰을 것으로 추정되고 있다.

"우리는 자연이 서로 성격이 다른 여러 요소를 조합하여 하나의 풍경을 일궈냄을 본다. 이렇게 형성된 풍경들 자체도 다채롭기는 하지만 사람의 손이 미치면 그 효과를 배가할 수 있다. 예를 들어 명랑한 느낌의 풍경에 목동들의 초당이나 농가를 지어 넣는다거나 쓸쓸한 경관에 수도원이나 묘비명 등을 세워 본래의 느낌을 강조할 수 있다. … 그렇게 하면 풍경과 조형물이 서로 힘을 나눠 가지게 되는데 이렇게 만들어진 장면들은 사람들의 영혼에 깊은 울림을 준다."[4]

1. Vaughan & Friedrich, 2004, p.245.

2. Schmidt, 1944, pp.22~23.

3. Stapf, 2014, pp.238~278.

4. Hirschfeld, 1797, pp.227~278.

027 산업 자연의 낭만

산업 자연. 철길을 뒤덮고 있는 *Senecio vernalis*

'반지의 제왕' 삼부작을 만든 피터 잭슨 감독이 후속편으로 연작 '호빗'을 만들었다. 영화의 주인공인 호빗족의 빌보 배긴스는 키 작은 종족 드베르그들과 함께 모험을 떠난다. 무시무시한 용 스마우그에게 빼앗긴 보물을 찾기 위해 지하 왕국에 잠입한다는 이야기다. 드베르그족이 건설한 지하 왕국의 엄청난 부는 그들이 캐내는 지하자원에서 유래한다.

바그너의 오페라 연작 '니벨룽겐의 반지'에서 반지와 라인 강의 보물을 만든 장인 알베리히 역시 몸집은 작지만 힘세며 재주가 뛰어난 종족, '니벨룽겐'에 속한다. 백설공주 동화에 등장하는 난쟁이들 역시 광산에서 일했다. 이렇듯 유럽 신화에서 키 작은 종족 혹은 난쟁이들이 중요한 역할을 차지하는 데에는 사연이 있다. 이들은 인류의 광산자원 이용의 역사를 미화한 것에서 유래한다. 땅을 파고 들어가 어두운 곳에서 살며 금과 은, 구리, 철, 석탄을 캐내어 인류 문명을 번성케 한 무리들. 힘들게 캐낸 시커먼 흙더미와 돌덩어리에서 빛나는 금관을 만들어 왕의 머리를 장식하고, 철을 연마해 무기를 만들어 무사의 손에 쥐여준 장본인들. 이들은 국가 체제를 확립하는 데 없어서는 안 될 존재였다. 다만 오랜 지하의 삶으로 어느새 모습이 바뀌고 허리가 굽어 난쟁이가 되었고, 그로 인해 경외의 대상이 되었다.

그들은 라인 강과도 관련이 깊다. 전설 속에서는 라인 강바닥에 깊이 묻혀 있다고 전해지는 전설의 보물을 만들었고, 20세기에 들어와서는 소위 '라인 강의 기적'을 일으킨 주역으로서 루르 지방의 도시들을 부유하게 만들었다.

라인 강이 모든 공적을 혼자 차지하긴 했지만 사실 라인 강과 라인 강의 지류인 엠셔Emscher 강 사이에 있는 철광과 탄광지대가 독일 경제 부흥의 기반이 되어 주었다. 이 지역이 바로 루르Ruhr 지방이다. 엠셔 강가에서 고기를 잡고 농사를 지어 연명하던 작은 마을들이 산업혁명 이후 시작된 철강 산업과 철도 사업의 붐을 타고 수십 년 사이에 산업 도시로 급성장했다. 뒤스부르크, 에센, 보쿰, 도르트문트 등 널리 알려진 산업 도시들이 이에 속한다.

그러나 성장이 빨랐던 만큼 하강세도 빨랐다. 1950년대 말에 시작된 석탄 위기로 탄광들이 하나 둘 폐쇄되기 시작했다. 철강 산업은 1980년대까지 유지되었으나 그 역시 산업 구조의 변화로 사양길을 걷기 시작했다. 철광과 탄광은 1980년대에 거의 폐쇄되었고 철강 산업 역시 해외로 옮겨가면서 수십 개의 산업체가 문을 닫고 환경 잔해로 남게 되었다.

약 백 년간에 걸친 집중적인 산업 이용으로 루르 지방의 자연 경관은 문자 그대로 안팎이 완전히 뒤집어졌다. 대지진이 지나간 자리처럼 모든 것이 달라져 버린 것이다. 한때 농경문화 경관이 지배하던 곳에 하늘을 찌르는 높은 굴뚝의 스카이라인이 들어섰고, 수십 미터 높이의 산업 건축물과 함께 수백 개의 구덩이와 산이 새로 생겼다. 하천은 더 이상 경관을 적시는 생명줄이 아니었다. 오히려 썩은 물을 흘려보내 자연을 병들게 했다. 루르 지방은 이제 총 800km²의 면적, 즉 서울, 수원, 안양을 합친 것보다 조금 더 큰 면적에 해당하는 엄청난 규모의 죽어가는 경관을 재생해야 하는 과제에 직면했다. 루르 지방에 존재하는 수십 개의 크고 작은 도시들이 모이고 노르트라인-베스트팔렌 주정부의 후원을 받아 1989년 4월 1일 엠셔 지방 재생 사업이 발족되었다. 엠셔 지방 재생 사업은 다른 이름으로 '세계 건설 박람회 엠셔 파크IBA Emscher Park'라고 불린다. 엠셔 지방 전체가 곧 박람회장이다. 17개의 크고 작은 도시가 참여해 총 120개의 프로젝트를 성사시켰다. 이와 병행하여 기형이 되어 버린 엠셔의 풍경을 서로 연결해 거대한 엠셔 랜드스케이프 파크Emscher Landschaftspark를 조성했다. 엠셔 랜드스케이프 파크는 하나의 공원이 아니라 이십여 개의 지역 공원과 정원을 서로 연결한 공원 네트워크다. 엠셔 재생 사업은 1999년까지 십 년에 걸쳐 재생 사업의 과정과 절차를 세상에 공개하고 많은 토론을 유도해 내는 방식으로 진행되었다.

그중 가장 먼저 완성되었고 널리 알려진 공원이 '뒤스부르크-노르트Duisburg-Nord'다. 뒤스부르크-노르트는 피터 라츠Peter Latz라는 조경가와 밀접히 연결되어 있다. 시대가 영웅을 낳는다는 말이 있듯 루르 지방의 시급한 과제는 피터 라츠라는 훌륭한 조경가를 낳았다. 그는 지나간 흔적을 감추지 않고 오히려 드러내는 것을 원칙으로 삼았다. 시간을 두고 상처가 아물어가는 과정을 지켜보는 것이 인간의 할 일이라고 생각했다. 그런 의미에서 라츠는 마스터플랜을 만들지 않겠다고 선언해 화제가 되었다. 그는 "마스터플랜은 자연이 만드는 것"이라고 했다.[1] 라츠가 한 일은 우선 폐허의 구석구석을 다니며 이 듣도 보도 못한 괴물의 경관적 잠재력을 파악하는 것이었다. 마치 고고학자가 켜켜이 쌓인 유적을 하나씩 들어내듯 그는 산업 폐허의 성격을 분류해냈고 이름을 붙였다.[2] 썩은 물이 흐르는 배수로와 하수 처리 시설을 합하니 미래의 수 경관이 보였다. 사내 철도 시설이 레일 공원이 되었으며 각종 산업 도로망과 교량을 연결하니 하염없이 긴 산책로와 자전거길이 되었다. 건물을 그대로 두고 이를 전시장, 공연장으로 명명했다. 이 과정에서 '산업 자연'[3]이란 신조어가 만들어졌다.

산업 자연은 단순히 산업 시설의 잔재나 지형 변화로 만들어진 환경만을 말하는 것이 아니다. 산업 이용으로 인해 더 심각한 프로세스가 진행되고 있었음이 드러났다. 지표면의 화학적 성질이 달라지고 있었다. 그 결과 지금껏 존재하지 않았던 새로운 '자연'이 형성되었음이 확인되었다. 조사 결과 실제로 다른 곳에서는 볼 수 없는 동식물이 서식한다는 사실이 밝혀졌다. 앞으로도 인류는 자연을 화학적으로 변형시켜 더 많은 산업 자연을 만들어 놓을 것이다. 2009년 뮌헨 공과대학 조경학과에 '산업 경관과 조경'이라는 학과가 신설되었다.[4] 엠셔의 풍경처럼 되돌아올 산업 자연을 맞을 준비가 되었다는 것일까.

1. Weilacher, 2008, p.168.
2. Udo Weilacher, 1999, p.3.
3. Dettmar, Ganser 등이 1999년 엠셔 파크에 대한 단행본을 출간하며 책의 제목을 「산업 자연」이라 했다.
4. 고정희, 2015, pp.265~266.

덫과 축복이 되어 돌아온 황야 028

독일 북부의 뤼네부르거 하이데는 전형적인 히스 중 하나로 꼽히고 있으며, 두송, 구주소나무, 칼루나가 경관을 지배하며 토양이 하얗게 표백된 것이 특징이다.

되돌아온 풍경

북부 유럽의 플랑드르, 네덜란드, 덴마크 그리고 북독의 연해지沿海地
에는 빙하기에 얼음덩어리들이 이동하며 여기저기 모래를 쌓아 낮은 구릉지
를 만들어 놓은 지역이 있다. 오랜 시간이 흐르는 동안 울창한 수림이 모래
언덕을 뒤덮었다. '언덕' 혹은 '구릉지'라고 해봐야 가장 높은 곳이 해발
200m를 넘지 않지만 주로 저지대와 습지로 이루어진 북유럽의 지형적 특성
상 이런 구릉지가 그나마 정착하기에 좋은 곳이었다. 모래땅이어서 척박하긴
해도 오히려 양을 치는 데는 나쁘지 않았다. 신석기 시대에 이미 숲을 벌목
해 양을 치기 시작했다. 숲이 점차 사라지고 그 자리에 양들이 좋아하는 풀
밭이 늘어났다. 앞서 살펴보았던 북미의 프레리는 땅이 척박하지 않아 풀이
사람 키보다 높게 자라고 온갖 야생화가 피고 졌다. 하지만 북유럽의 척박한
구릉지에서는 자랄 수 있는 식물의 종류가 극히 한정되어 있다. 사실상 황무
지인 것이다. 여기서 자라는 대표적인 식물로 칼루나*Calluna vulgaris*라는 것이
있는데 늦여름에 흰색, 자주색, 보라색 꽃을 피우는 키가 아주 작은 관목이
다. 여러모로 숫자 40과 관련이 많다. 수명은 사십 년 정도며, 키가 아무리 커
도 40cm를 넘지 못하며, 뿌리 역시 40cm 이상 뻗지 못한다. 그 외에 풀 서
너 가지와 두송*Juniperus communis*, 구주소나무*Pinus sylvestris*, 모래자작*Betula pendula*
이 이 황야[1]에서 자란다.

독일 북부의 함부르크, 브레멘, 하노버 세 도시는 서로 삼각형을 이루고
있는데 이 사이에 약 10만 7천 헥타르의 황야가 남아 있다. 전 국토의 35%가

숲으로 이루어진 독일에서 극히 보기 힘든 풍경이다. 뤼네부르거 하이데 Lüneburger Heide라고 불리는 곳으로 여러 개의 지자체를 감싸는 규모다. 신석기 시대 이후로 이 황야의 면적이 늘고 줄기를 반복하다가 지금의 규모로 정착하게 되었다. 처음에 이곳에 정착한 거주민들이 숲을 걷어내고 목축업을 시작했을 때는 이 땅이 지닌 함정을 미처 몰랐다. 대개는 땅을 갈아엎으면 지표를 덮고 있던 식물들이 거름이 되어 농사를 지을만한 토양을 만들지만 이 땅에서 자라는 칼루나는 달랐다. 다른 식물처럼 죽어서 거름이 되는 것이 아니라 오히려 토양을 극히 산화시켜 포드졸Podzol이라는 영양가 없는 회색 토양층을 형성했다. 칼루나의 뿌리 층인 약 40cm 이하의 토양은 돌처럼 단단히 굳어 수분과 양분이 전혀 침투되지 않는다. 그러므로 비가 올 때마다 표층에 존재하던 소량의 양분마저 쓸려나가 가뜩이나 척박한 토양이 점차 표백되었다. 이 지역에서 볼 수 있는 흰색에 가까운 토양층은 이렇게 형성된 것이다(사진 참조).

뤼네부르거 하이데의 거주민은 양고기만 먹고살 수 없는 까닭에 밭을 일구어 곡식을 심고 채소를 가꾸려 했지만 불가능했다. 사람이 먹을 수 없는 칼루나만 자랄 뿐이었다. 그들은 황야의 표토를 퍼서 양들의 축사에 넣었다. 양들의 배설물과 흙이 적당히 섞이면 이를 다시 퍼내어 밭을 만들었다. 표토를 떼낸 곳은 더욱 황량해졌으므로 황무지 면적이 오히려 증가하게 되었다. 황야와의 긴 싸움이었다. 표토를 퍼서 거름과 섞은 밭의 면적은 제자리걸음이었지만 황야 면적은 빠른 속도로 증가했다. 이런 현상은 19세기까지 지속되었다. 19세기 중반에 이 지역을 다스리던 하노버 왕가는 봉건제도를 폐지하고 농민에게 땅을 나누어 주었다. 척박한 황무지 땅을 받은 농부들의 대다수가 마치 기다렸다는 듯 땅을 나라에 되팔고 다른 생업을 찾았다. 나라에서는 조림 사업을 해 이 땅을 숲으로 만들었다. 이때부터 황무지 면적이 현저하게 감소해서 지금의 규모로 축소되었다. 1900년경까지 진행된 조림 사업으로 인해 황야의 경관이 조금씩 사라지자 불모의 땅이자 투쟁의 대상으로만 여겨졌던 이 지역의 경관에 대해 애틋한 마음이 싹트기 시작했다. 황야 보호 운동이 시작된 것이 바로 이 무렵이었다. 북미의 프레리 보호 운동과 유사한 길을 걷게 된 것이다.

알고 보니 은근히 쓰임새가 많았다. 황야의 풀을 즐겨 뜯어먹는 하이드슈눅케Heidschnucke라는 품종의 양이 있는데 이들은 현재 유럽연합에 상표 등록이 되어 있는 명품 고기를 생산한다. 또한 칼루나 꽃에서 채취한 꿀은 당도가 높고 향이 좋아 일반 꿀보다 두 배 이상의 가격으로 거래된다. 그러나 경제적으로 가장 의미가 큰 것은 황야 자체다. 관광 상품이 된 것이다. 이 역시 칼루나 덕분이다. 늦여름이 되어 수백, 수천 헥타르의 땅을 뒤덮은 칼루나가 일제히 꽃을 피우면 세상이 자주보라색으로 변하며 어느 곳에서도 찾아보기 힘든 장관을 연출한다.

1900년대 초에 국립공원협회가 결성되어 뤼네부르거 하이데의 일부가 국립공원이 되었다가 1920년에는 자연보호구역이 되었다. 이때부터 본격적으로 관광객이 몰려들기 시작했다. 지금은 공원의 영역을 넓히고 위상을 높여 뤼네부르거 하이데 전역의 10만 7천 헥타르가 전부 자연공원으로 지정되었다. 현재 이곳은 연간 4백만 명 이상의 관광객이 찾는 북부 독일의 가장 중요한 관광지 중 하나가 되었다.[2] 칼루나의 축복이다. 그런데 황무지는 또 다른 쓰임새가 있다. 군부대가 주둔하기에 꼭 알맞은 곳이다. 이미 19세기 말부터 뤼네부르거 하이데의 외곽 지대는 군사훈련장으로 쓰이기 시작했으며 제2차 세계대전 중에는 유럽에서 가장 큰 공군기지가 들어섰다. 그 과정에서 100헥타르에 달하는 풍경이 크게 훼손되었다. 제2차 세계대전이 끝나던 해에 승리에 찬 연합군이 뤼네부르거 하이데 깊숙이 탱크를 밀고 들어왔다. 나치의 공군기지가 연합군의 탱크 훈련장이 된 것이다. 황무지의 돌처럼 단단한 땅은 탱크가 지나가도 끄떡없었다. 1994년, 마침내 연합군이 물러가면서 40년 동안 탱크 훈련장으로 쓰던 100헥타르의 황무지를 국립공원협회에 반환했다.[3]

이제 모든 사슬에서 풀려난 백 헥타르의 땅을 어떻게 쓰느냐에 대해 논란이 분분했다. 흔한 공원보다는 칼루나 황무지로 복원하여 자연공원에 다시 편입시켜야 한다는 의견이 압도적으로 우세했다. 연합군이 쓰던 막사에 '자연보호아카데미'가 들어서서 탱크 훈련 대신 생태 복원을 진두지휘했다. 오염된 땅을 걷어내고 전 면적에 칼루나를 새로 파종했다. 칼루나의 덫과 축복의 풍경이 되돌아온 것이다.

---

1. 히스(Heath), 독일에서는 하이데(Heide)라고 한다.
2. 뤼네부르거 하이데 자연공원 공식 홈페이지 http://www.naturpark-lueneburger-heide.de/der-naturpark/lage-abgrenzung.html
3. Schäfer, 1998.

029 시민의 천국이 되어 돌아온 공항

템펠호프 공원에서 텃밭을 일구어 놓고 쉬고 있는 젊은 청년들

되돌아온 풍경

가느다란 나뭇가지에 앉았다가 가볍고 우아하게 비상하는 새들
을 보노라면 우리 인간은 공중을 날아다니기 위해 왜 그리 많은 땅이 필요
한지 의아해진다. 19세기 말 최초의 기구氣球를 띄워 항공 사업과 연을 맺기
시작했을 때 베를린 시내에 위치한 템펠호프 공항은 1,000m²의 소박한 크
기였다. 하지만 1923년 최초의 여객 노선을 창설하면서 150헥타르의 농경지
를 파헤쳤고 전성기에는 350헥타르의 면적으로 확장되었다. 도심에 위치한
관계로 시간이 흐르면서 공항으로서의 적지성을 점점 상실했지만 끈기 있게
버티다가 2008년도에 아주 문을 닫게 되었다.[1] 350헥타르의 텅 빈 공간이 도
시 한복판에 덩그러니 남게 된 것이다. 뉴욕의 센트럴 파크와 거의 같은 면
적이다. 개발 사업자들이 눈독을 들이기에 딱 좋은 상황이었다. 그러나 도심
에 위치한 350헥타르의 땅은 개발 사업자 외에도 많은 사람의 관심과 주목
을 받기에 충분했다. 게다가 온전히 시유지이므로 마치 베를린 시민들이 공
동으로 복권에 당첨된 것 같았다. '복권 당첨'으로 얻은 이 커다란 땅으로 무
엇을 할 것인가.

　엠셔 지방처럼 독한 산업 이용이 만들어 놓은 어마어마한 신생 자연이라
면 그 자체로 수많은 예술가와 디자이너의 심장박동수를 높이기에 충분했
을 것이다. 뤼네부르거 하이데처럼 유일무이한 황야 풍경이 있었다면 오래
고민할 필요 없이 복원이 결정되었을 것이다. 그러나 템펠호프 공항의 전신
은 평범한 농경지였다. 그리고 공항으로 이용된 후에 남겨진 풍경은 넓은 아

스팔트 활주로와 잔디밭이 전부였다. 계획 우선권이 있는 베를린 시에서는 넓은 시유지를 쪼개서 일부 지역에는 공원을 조성하고 나머지 지역에는 주택과 오피스를 짓겠다는 계획을 발표했다. 재정난에 시달리는 베를린의 살림에 보탬이 될 것이었다. 더욱이 토지이용계획에 엄연히 혼합 이용지로 지정되어 있었으므로 법적으로도 아무 문제없었다. 공원을 만들기 위해 2017년에 국제정원박람회를 개최하겠다고 선언하고 설계공모를 통해 설계안까지 받아두었다.

그런데 문제는 공항이 문을 닫자마자 시민들이 먼저 들어가 자리를 잡았다는 점이었다. 공항이 폐쇄되는 데 결정적인 역할을 했던 '비행을 반대하는 사람들의 모임'의 멤버들이 밀려들었고, '템펠호프 공항 부지 사후 이용을 위한 시민 연대'가 결성되어 시민들이 직접 공항 부지의 사후 이용에 대한 결정권을 행사하겠다는 의지를 보였다. 개발 계획을 정부에서 수립하기 전에 시민이 먼저 주도권을 쥐어야 한다는 행동파들이었다. 인근 주민은 주말이면 공항 부지의 넓은 잔디밭에 문자 그대로 드러누웠다. 넓은 잔디밭만 보면 일단 드러눕고 싶어 하는 휴식주의자들이었다. 한편 여러 스포츠 협회에서는 여기저기에 텐트와 펜스를 치고 현수막을 세워 각자 취향에 따라 운동장으로 썼다. 축구, 배구, 농구, 필드하키 등 많은 종류의 운동을 동시에 해도 서로 부대낄 것이 없는 넓은 공간이었다. 땅따먹기가 시작된 것이다. 활주로는 보드, 행글라이더를 연습하는 젊은이들이 바로 접수했다. 원 없이 자전거를 탈 수 있는 곳이기도 했다. 한편 도시농업협회가 결성되어 잔디밭 한쪽에 커뮤니티 가든을 만들었다. 예술가들은 환경 조형물을 만들어 세웠다. 시민의 천국이 따로 없었다.

"디자인은 식상하다. 우리가 하고 싶은 대로 공간을 이용하겠다. 여기서는 이것을 하고, 저기서는 저것을 하라는 등 용도를 지정할 생각 말아라. 숨 막힌다. 우린 편안한 공간이 좋다."[2] 시민들은 조경가들이 제시한 멋진 공원 설계를 전면 거부했다. 특히 부지 일부 지역에 주택과 오피스를 짓는 방안에 대한 반대가 심했다. 베를린 시민들은 시 정부가 발표한 주택 건설 복안을 신뢰하지 않았다. 주택 건설 자체에 이의를 제기했다기보다는 큰 공원 주위에 아파트와 오피스를 짓겠다는 저의를 수상쩍게 여겼다. 시 정부에서는 "서민들을 위해 1,000세대 정도의 저렴한 아파트를 짓겠다"고 강조했지만 그 말을 믿지 않았다. '템펠호프 공원Tempelhofer Feld은 천 명의 입주자만을 위한 공원이 되어서는 안 된다'는 의견에 시민들이 뜻을 모았다. 공원 주변에 아파트가 들어서게 되면 공원 이용에 많은 제약이 생기기 마련이다. 베를린 시민은 아무런 제약도 없는 온전한 공원을 원했다. 공원의 일부라도 양보하게 되는 경우에는 이미 실패라는 것을 그들은 알고 있었다.[3]

결국 '템펠호프 100% 공원화를 위한 모임100% Tempelhofer Feld'이 만들어졌고 서명 운동을 벌여 시 정부에 압력을 넣었다. 2014년 1월, 서명이 이만 개 이상 모여 탄원을 넣었고 그해 5월 25일, 시민 투표에 붙여졌다. 그날은 원래 유럽연합 의원을 뽑는 날이었다. 선거장에는 전례 없이 많은 유권자가 나타났다. 많은 사람들이 템펠호프 공항의 운명을 결정하기 위해 왔다고 말했다. 결과는 시민들의 완벽한 승리였다. 투표 후에 시장은 바로 기자회견을 열어 향후 "템펠호프 구 공항 부지는 '100%' 공원으로 운영될 것"임을 선포했다.

'템펠호프의 100% 공원화'가 승리했다는 결과는 많은 것을 시사한다. 이것은 단지 '공원인가 주택인가'의 선택 문제가 아니었다. 템펠호프 공원이 유독 아름답기 때문에 시민들이 꼭 지키려고 한 것도 아니었다. 상실했던 것을 되찾겠다는 의도도 없었을 것이다. 사실 템펠호프 공원은 베를린의 많은 공원 중에서 가장 못생긴 공원이다. 다만 자유로울 뿐이다.

무엇보다도 '템펠호프의 100% 공원화'는 '시민 공동 소유의 땅을 팔아서 일부 개발업자와 금융기관을 배부르게 하는 일은 이제 정말 진절머리 난다'는 명백한 선언이다. 사회를 서서히 잠식하는 금융 자본주의에 정지 신호를 보낸 것이다. '템펠호프 100% 사건'은 시민들이 과연 이에 저항할 힘이 있는지 스스로 판가름해보는 시험이었으며 베를린 시민들은 그럴 수 있음을 증명해 보였다. 템펠호프 공원은 역사의 한자리를 차지하게 될 중요한 풍경으로 되돌아왔다.

1. Jürgens, 2014.
2. Tessin, 2010, pp.24~28.
3. 고정희, 2014.

사라와지를
찾아야 하는 이유 030

이탈리아 신부 마테오 리파는 동판화가이기도 했다.
1711~1723년 사이에 청나라에 선교사로 파견되었는데
청 황제의 명으로 황궁 정원의 정경을 동판화로 떴다.
나중에 귀국하는 길에 런던에 들리게 되었으며 그 때 전시회를 열어 큰 호응을 얻었다.
영국이 드디어 사라와지를 만나게 된 것이다. 타이완 국립박물관 소장

사라와지 찾기

 영국에서 풍경화식 정원이 태동하던 시절에 떠올랐던 개념이
하나 있었다. '사라와지sharawadgi'라는 단어인데 대략 '무질서한 아름다움' 정
도로 해석될 수 있겠다. 이 개념을 1685년에 처음으로 제시한 인물은 윌리엄
템플 경Sir William Temple(1628~1699)[1]이었다. 영국의 정치가이자 에세이스트였던
템플 경은 아일랜드 의원의 자격으로 유럽 대륙에서 외교관으로 활동하며
많은 정치적 업적을 남겼다. 그러다 명예혁명 후 은퇴하여 서리 지방 모어파
크에서 여생을 보냈다. 고대 그리스 철학자 에피쿠로스의 영향을 받아 전원
에서 은둔 생활을 만끽하며 많은 에세이를 썼다.

 1685년, '에피쿠로스의 정원'이라는 에세이에서 그는 물 흐르듯 자연스러
운 필치로 동시대의 정원들을 묘사했다. 그중 언뜻 중국의 진기한 정원을 언
급하기도 했는데, 그것이 그의 사후에 어떤 파문을 일으켰는지 알지 못한 채
세상을 떠났다. 그가 말하기를 "지금까지 내가 묘사한 정원들은 모두 규칙적
이고 질서정연한 것들이다. 그러나 질서가 없는 정원이 오히려 더 아름다울
수도 있다. 중국에서 살다가 온 사람들에게 들은 바로는 중국인은 지리적으
로만 멀리 떨어져 있는 것이 아니라 그들의 사고 체계 역시 우리와는 사뭇
다른 것 같다. 우리의 경우 비율이나 좌우대칭, 통일성 등에 큰 비중을 두고
산책로를 만들 때나 나무를 심을 때 일정한 원칙을 따른다. 중국 사람들은
이런 우리를 비웃는다고 한다. 몇 걸음 간격으로 나무를 심었는지 아이들이
라도 금방 알아챌 만한 뻔한 방식을 쓰다니. 그들의 목표는 아무 규칙이 없

어 보이면서도 시선을 사로잡는 아름다운 장면을 연출하는 것이다. 이 때 그들은 '사라와지가 좋다'라는 감탄사를 연발한다고 한다. 중국에서 온 비단 옷이나 병풍, 도자기에 그려져 있는 그림들을 보아도 마찬가지다. 규칙이 없음에도 아름답다."[2] 템플 경은 중국에 가본 적이 없고 중국 정원을 본 적도 없었다. 중국 정원을 표현한 그림도 아직 없던 시절이라 전해 들은 이야기를 이해하려고 애쓴 흔적이 역력하다. 오죽했으면 병풍 그림을 관찰하며 중국의 미학이 어떤 것인지를 해독하려 했을까. 템플 경은 사라와지, 즉 무질서 속의 아름다움을 동경했지만 동료들에게 경고하는 것을 잊지 않았다. 공연히 그대로 흉내내려고 하다가는 큰 실수를 할 확률이 높다며 늘 하던 대로 정형적 양식의 범위 내에 머물면 크게 실수할 일이 없을 것이라 예언했다.

이 이야기는 여러 측면에서 흥미롭다. 우선 당시 유럽의 정원은 '정형식'이라는 하나의 원칙밖에 몰랐다는 점을 확인할 수 있다. 사실 고대 이래로 정원은 정형적이라는 것이 불변의 원칙이었다. 그렇다고 템플 경이 거기서 벗어나자고 주장한 것도 아니었다. 다만 조심스럽게 '세상에는 다른 것도 있다'고 말했을 뿐이었다. 그러므로 템플 경은 풍경화식 정원의 창시자 반열에 끼지 못한다. 다만 그가 던진 한 마디, '사라와지'가 저 혼자 날개를 달고 멀리 날아갔을 뿐이다. 사라와지가 중국어라고는 하는데 한자로 어떻게 쓰는지는 아무도 모르는 것 같다. 2008년도에 미국 사우스캐롤라이나 대학에서 사라와지에 대한 책을 출간한 유 리우Yu Liu도 사라와지는 아무 뜻이 없다고 밝히고 있다. 페르시아 어원이라는 주장도 있으며 일본어가 아닐까 짐작하는 사람도 있다.[3] 아마도 발음이 와전되어 이제는 원어를 찾기 힘든 듯하다. 사라와지는 결국 영국 사람들이 창조한 중국 단어인 셈이다.

그 후 사라와지는 샤프츠베리 백작Earl of Shaftesbury(1671~1713)[4]에게, 그에게서 다시 조지프 애디슨Joseph Addison(1672~1719)[5]과 알렉산더 포프Alexander Pope (1688~1744)[6]에게 전해졌다. 이 세 사람은 저술가, 철학자, 시인이었으며 정형식 정원을 혐오했다는 공통점이 있다. 또한 영국의 풍경화식 정원이 형성되는 데 큰 역할을 했다는 점도 같다. 풍경화식 정원의 긴 역사를 놓고 볼 때 1700년대 초반, 풍경화식 정원의 태동을 책임진 초기의 영웅들인 셈이다. 당시 영국의 지식인들은 마치 정형식 정원을 빈정거리기 위해 살았던 것처럼 보인다. 특이한 것은 그들이 정형식 정원을 비판하고 '새로운 것'에 대해 고민을 할 무렵 프랑스에서는 베르사유 정원이 완성되면서 오히려 정형식 정원이 절정에 달했다는 사실이다. 그 후로도 반세기가 넘도록 프랑스, 네덜란드, 독일 등 대륙 쪽에서는 바로크 정원 만들기에 여념이 없었다. 말하자면 정형식 정원이 최고조에 달했을 때 영국에서는 이미 새로운 것을 찾고 있었다는 뜻이다.

그 이유를 조지프 애디슨이 설명해 준다. "우리 영국의 '바로크' 정원들은 프랑스나 이탈리아의 정원만큼 재미가 없다. 그들의 바로크 정원은 정형적인 양식의 정원과 이어지는 넓은 숲이 펼쳐지므로 변화가 많고 예술과 자연이 공존한다. 그에 반해 우리 영국 것은 우아하긴 하지만 아담한 것이 특징이다. 사실 농경지나 목초지로 쓸 수 있는 면적에 숲을 만들자면 그만큼 소득이 줄어드니 난감한 것은 사실이다."[7] 이는 프랑스와 영국의 사회정치적 차이에 기인했다. 프랑스 귀족들은 루이 14세의 강력한 중앙집권체제에 굴복하여 모두 왕실에서 살았다. 볼모로 잡혀있었던 것이다.[8] 당시 베르사유는 곧 국가였다. 그 반면 명예혁명에 성공해 왕권에 족쇄를 채울 수 있었던 영국 귀족들은 시골에 넓은 영토를 소유하고 그곳에서 살면서 자신들의 영토와 소득을 직접 관리했다는 차이가 있다.

"군주가 기분 내키는 대로 만든 바로크 정원을 왕실의 노예들(귀족들)이 죽자고 지키고 있다"[9]라는 샤프츠베리의 발언이 아마도 가장 비중 있고 '지속 가능한' 비판이었던 것 같다. 그러나 비아냥거리는 것만으로는 새것이 만들어지지 않는다. 지독한 인위성에 대해 '자연스러움'으로, 억압에 대해 '자유'로 대응해야 한다는 점에는 누구도 이견이 없었다. 다만 그 자유를 어떻게 삼차원의 공간으로 표현하는가는 또 다른 문제였다. 자유가 어떻게 생겼을까. 이에 힌트를 준 것이 템플 경의 사라와지였다. 사라와지를 찾아야 새로운 것이 나올 수 있을 터였다.

1. 영국의 외교관이자 에세이스트
2. Temple, 1750, p.186.
3. Liu, 2008, p.18
4. 영국의 정치가이자 철학자이며 에세이스트
5. 영국의 에세이스트이자 출판인
6. 영국의 시인
7. Addison, 1714; Wimmer, 1989, p.149.
8. 고정희, 2008, pp.102~104.
9. Buttlar, 1989, p.14.

031

미와 덕의 풍경

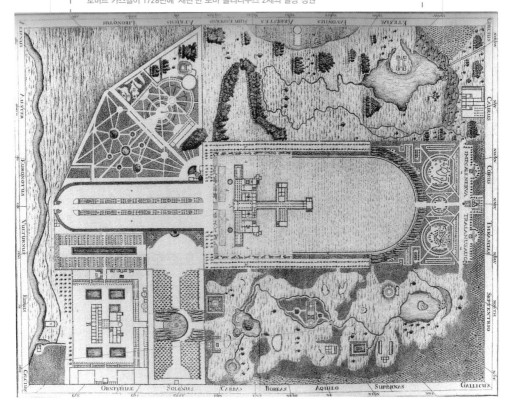

로버트 카스텔이 1728년에 '재현'한 로마 플리니우스 2세의 별장 정원

그는 어느 날 숲 속을 거닐고 있었다. 깊이 들어가니 눈앞이 갑자기 환해지며 넓고 평평한 빈터가 나타났다. 많은 사람이 모여 있었다. 이 빈터에서 넓은 가로수 길이 세 갈래로 갈라져 나갔다. 빈터에 모여 있던 사람들은 나이에 따라 세 그룹으로 나뉘어 각각 길을 찾아 들어갔다. 그는 비록 자신이 노년 그룹에 속함을 알았지만 궁금증에 이끌려 청년, 중년의 길도 따라가 보았다.

우선 청년들의 뒤를 따라 서늘하게 그늘진 길로 접어드니 꽃향기가 만발하고 새소리가 어지러웠으며 폭포가 시원하게 흐르고 있었다. 그러나 길은 곧 미로로 변해 가시 돋친 장미 덤불 사이를 헤치고 가야 했다. 젊은이들은 아랑곳하지 않고 황홀한 표정으로 묘령의 여인 뒤를 쫓는 데 여념이 없었다. 여기가 바로 묘령의 미로였다. 자기 짝을 찾아야 비로소 나올 수 있는 곳이라 했다. 짝을 찾은 젊은 연인들이 손에 손을 잡고 미로를 벗어나니 넓은 길이 펼쳐지고 그 끝에 두 개의 신전이 있었다. 노년의 그가 짝을 찾지도 못했는데 어떻게 미로를 벗어났는지는 모르겠으나 아무튼 그는 어느 틈엔가 젊은 연인들 뒤를 따라가고 있었다. 두 개의 신전 중 오른쪽에 있는 것은 순수한 사랑의 신전이었는데, 소박한 이오니아식 기둥에 향기로운 인동덩굴, 재스민과 아마란스가 감아 올라가고 있었다. 여긴 결혼반지를 낀 연인만 들어갈 수 있었다. 왼쪽의 신전은 물론 부덕의 신전이며 코린트식 기둥으로 화려하게 장식되어 있었지만 그곳으로 들어간 연인은 다시 나오지 못했다.

두 번째, 중년의 길을 따라 끝까지 가보니 좌우로 월계수 나무가 서 있는 미덕의 신전이 나타났다. 그 앞엔 영웅, 정치가, 철학자의 대리석 조각상이 줄지어 있었다. 신전으로 향하는 중년은 모두 인류를 구원하고 사회 정의와 복지를 구현하겠다는 일념에 사로잡힌 듯 했다. 길 한쪽에는 트렐리스로 덮인 오솔길이 있었는데, 나서지 않고 숨어서 겸손하게 덕을 행하는 사람들만 다니는 곳이었다. 멀리 몹시 구불거리는 길 끝에 기초도 튼튼하지 않고 벽돌도 시원치 않게 쌓아 매우 불안해 보이는 건물이 한 채 있었다. 바로 허영의 신전이었는데, 출세와 권세에 눈 먼 중년들이 그쪽으로 부지런히 발길을 재촉하고 있었다.

그는 마침내 노년의 길로 접어들었다. 처음 한동안은 아무 감동 없이 지루한 길이 계속되었다. 그러다 금과 은으로 된 언덕 사이에 골짜기가 나타났고 개울이 있었는데, 자세히 보니 개울에 흐르는 것이 물이 아니라 황금색 모래였다. 그것을 보니 목이 더 말라 길을 재촉했고 마침내 길 끝에 도달하니 탐욕의 신전이 버티고 있었다. 그 안에는 탐욕스럽고 인색한 노인들이 긴 식탁에 앉아 식사하고 있었는데, 일정한 시간을 두고 귀신이 나타나 그들을 놀라게 할 뿐 정적만 흐르고 있었다. 그 귀신은 알고 보니 가난이었다. 그는 귀신에게 가난한 이들을 외면하지 않겠다고 맹세했다.[1]

조지프 애디슨이 1710년에 꾼 꿈의 내용이다. 애디슨은 풍경화식 정원을 '문학적'으로 창조한 인물이다. 그는 정원을 소유한 적도, 실제로 조성한 적도 없지만, 『스펙테이터Spectator』라는 잡지의 발행인으로서 자연스러운 정원에 대해 많은 글을 남겼다. 1712년, '상상력이 주는 즐거움에 대하여'라는 에

세이를 통해 템플 경의 글을 인용하며 중국 정원의 우수함을 칭송한 이도 그였다. 잡지 발행인이자 에세이스트로서 애디슨의 영향력은 적지 않았으므로 사라와지를 유명하게 만든 것은 원작자 템플 경이 아니라 애디슨이었다.

애디슨의 꿈 이야기는 그들이 찾고 있던 것이 단지 새로운 풍경만은 아니라는 점을 말하고 있다. "자연은 신이 손수 짓고 거하는 신전이다"[2]라는 그의 말에서도 알 수 있는 것처럼 그들은 교회를 통하지 않고 '신과 직접 소통하는' 장소로 자연을 선택했다. 지금 21세기를 사는 우리의 감성에는 별로 울림을 주지 않을 수도 있겠으나 천 년이 넘도록 신의 대변인으로 자처한 교회의 강력한 '통치' 아래 살았던 유럽인에게는 애디슨의 발상 자체가 화형감일 수도 있었다. 교회가 곧 신이었던 시대였다. 그러므로 영국의 풍경화식 정원은 절대군주에 대한 혁명이 아니라 종교적 혁신 개념, 새로운 자연 개념에서 출발한 것으로 보아야 한다. 사실 바다 건너 프랑스에서 구축된 절대왕정에 영국인이 머리를 싸매고 반대할 이유도 없었다.

미와 덕을 교회에서 찾지 않고 풍경에서 찾았다는 애디슨의 꿈은 향후 풍경화식 정원의 성격을 결정짓는 역할을 했다. 그 후로도 그는 자주 꿈 이야기를 했다. 밭 한 뙈기 소유하고 있지 않았던 그가 한 번은 자신이 발행하는 잡지에 마치 독자가 투고한 것처럼 꾸며서 글을 실은 적이 있었다. "실은 내가 땅을 몇 에이커 소유하고 있는데, 나는 그것을 정원이라고 부르지만 정원사가 보면 정체를 파악하기 어려워한다. 허브 정원, 텃밭, 나무 정원, 화단 등이 두서없이 두루 섞인 것이다. 특별한 규칙도 없고 질서도 없으며 단지 산과 들에서 자라고 있는 모든 나무와 꽃이 내 정원에서도 자라고 있다는 것뿐이다."[3] 이렇게 글을 시작한 그는 자연스러운 정원의 모습을 장황하게 묘사한 다음 다른 시골 영주들이 광활한 농경지를 왜 좀 더 아름답게 가꿔 정원처럼 만들지 의아해 한다. 농경지나 목초지로 쓸 수 있는 면적에 정원을 만들면 그만큼 소득이 줄 테니 작물을 요령 있게 심어 정원처럼 만들 수도 있지 않겠느냐는 아이디어를 제시했다. 이렇게 하면 기쁨과 이익을 모두 취할 수 있을 것이라 했다. "여러분, 나는 정원에서 진정 순수한 기쁨을 얻고 있습니다. 우리 조상들이 쫓겨나기 전에 살았던 곳도 정원 아니었나요. 정원은 자연스러운 방법으로 우리의 영혼을 어루만지고 예술적인 만족감을 주며 불혹에 도달하게 합니다."

그러나 애디슨의 끈질긴 노력에도 불구하고 풍경화식 정원의 실체는 찾기 어려웠다. 지식인의 상상 속에서 탄생한 정원을 실제로 구현하려다 보니 초기에는 박장대소할 작품이 여럿 나왔다. 수백 년 동안 직선만 그려왔던 사람들이 갑자기 자연스러움을 표현하려고 하면 그 결과가 어떻게 되는지 로버트 카스텔Robert Castell의 도면이 대변해준다. 이 도면은 1728년 로버트 카스텔이라는 건축가가 고대 로마의 정원을 연구하기 위해 그린 것이다. 중앙의 넓은 축 양쪽으로 마치 지렁이가 지나간 자리처럼 꼬불거리는 정원이 각각 배치되어 있음을 알 수 있다. '자연스러운' 주변 경치를 나름대로 상상하여 그려본 것일 텐데 그 솜씨가 너무도 조악하여 당시 서양 설계자들이 곡선을 그리는 데 얼마나 서툴렀는지 짐작이 가게 한다. 불규칙한 우아함과는 거리가 멀었다. 진정한 사라와지를 찾아야 했다.

조지프 애디슨과 친했던 알렉산더 포프는 '자연스러운' 정원에 대해 글로 표현하는 것이 성에 차지 않았다. 마침내 1718년 템스 강변의 트위큰햄 Twickenham에 빌라를 구입하고 정원을 만들었다. 친구 애디슨이 꿈에 본 장면들을 재현하려 했다. 포프의 정원 계명은 단순했다. "나무를 전정하지 않고, 좌우대칭을 두지 않으며, 버드나무를 심는다."

---

1. Addison, 1710; Wimmer, 1989, pp.142~144.

2. Addison, 1714.

3. Addison, 1712; Wimmer, 1989, pp.151~153.

032 얼마 후
프랑스에서는

베를린 티어가르텐에 조성된 루소 섬. 사진 왼쪽의 작은 석상이 서 있는 곳이 루소 섬이다.

사람을 분류하는 방법이 여러 가지 있겠지만 규범을 지키는지 혹은 지키지 않는지에 따라서도 구분할 수 있을 것이다. 사회적 굴레를 받아들여 묵묵히 살아가는 사람들만 존재한다면 세상은 아무 변화 없이 늘 똑같이 굴러갈 것이다. 완벽한 엔진처럼. 그러나 굴레를 벗어나야 숨을 쉴 수 있는 사람들이 있다. 이들 덕에 세상이 조금씩 달라질 수 있는지도 모르겠다. 극히 소수에 불과하지만 이들의 삶은 순탄치 못한 게 당연하다. 장 자크 루소 Jean-Jacques Rousseau(1712~1778)야말로 그 전형적인 케이스 중 하나다. 그가 살아온 이야기를 듣노라면 한숨이 절로 나온다.

애디슨이 미덕의 풍경을 꿈꾸던 1712년, 스위스의 제네바에서 장 자크 루소가 태어났다. 루소는 고아는 아니었지만 고아나 다름없는 어린 시절을 보냈다. 열일곱 살 나이에 동판화가의 도제로 일하고 있었는데, 자신의 능력을 스스로 잘 알고 있던 그는 수공업에 종사해야 하는 현실이 한심했다. 그러던 어느 일요일, 야외로 놀러 나갔다가 늦게 돌아오니 성문이 닫혀있었다. 벌써 세 번째로 일어난 일이었다. 들어가면 마스터에게 혼쭐이 날 것이 뻔했다. 이때 소년 루소가 혼날 것을 무릅쓰고 성문을 두들겼다면 세상이, 그리고 그의 삶이 어떻게 달라졌을까. 루소는 발길을 돌려 그 길로 방랑의 길을 떠났다. 물론 그 때 발길을 돌리지 않았더라도 언젠가는 도망쳤을 것이다. 그 후 그는 방랑으로 점철된 삶을 살았다. 이탈리아, 프랑스의 여러 도시를 다니며 하인으로, 음악 교사로, 작곡가로, 필사가로, 혹은 가정교사로 다양한 직업을 전전했다. 그가 작곡한 오페라는 궁중에서도 공연될 정도의 수준이었다.

50대에 세기의 저작 세 편을 발표했으며 말년에는 식물학자로 변신해 산과 들을 다니며 식물을 채집하고 새로운 분류표기법을 개발했다. 그의 식물 채집본은 현재 파리의 자연사박물관에 보관되어 있다. 일찍이 숫자로 악보를 표기하는 방법을 개발했다는 사실과 음악 사전을 집필한 것 등으로 미루어볼 때 루소는 세상의 질서를 바로잡고 싶어 했던 것 같다. 힘의 원칙에 의해 형성된 질서, 즉 '인간은 자유롭게 태어났으나 평생 사슬에 묶여 살아야 한다'는 질서가 아니라 가장 순수한 자연의 원칙, 즉 숫자와 기호와 음표로 이루어진 질서를 대입하고 싶었을 것이다. 여기서 루소의 자연관이 출발한다.

루소의 유명한 '자연으로 돌아가라'는 발언을 어떻게 해석할 것인가에 대해 많은 철학자가 골머리를 앓는다. 무엇이든 형이상학적으로 풀이하곤 하는 사상가들은 루소가 말하는 자연이 액면 그대로 산천초목과 그들의 순수한 질서라고는 믿기 어려워한다. 그러나 루소가 알프스 자락에서 태어나 자란 스위스 사람으로 생의 반 이상을 자연에서 보냈다는 점과 예나 지금이나 스위스 사람의 자연과 땅에 대한 애착이 유난스럽다는 점을 생각한다면, 그리고 유럽의 철학자들이 다루는 세계가 결코 구름 위의 영역에 한정되어 있지 않다는 점을 고려한다면, 그가 말하는 자연을 액면 그대로 받아들여도 그리 어긋나는 것은 아닐 것이다.

루소가 50세에 발표한 그의 대표작 『신 엘로이즈』는 서간체 소설이다. 무려 1,930페이지에 달하는 장편소설인데 내용은 다분히 신파적이다. 귀족 집안의 가정교사로 일하는 생 프뢰가 그 집안의 딸 쥘리와 이루어질 수 없는 사랑에 빠지지만, 쥘리는 신분에 맞게 결혼해 자녀를 낳고 모범적인 가정을 꾸미고 산다. 실의에 빠진 생 프뢰는 도시로 가서 우울한 삶을 살아간다. 그러다가 쥘리는 관대한 남편의 동의를 얻어 옛 애인 생 프뢰를 자기 자녀들의 가정교사로 불러들인다. 다시 옛사랑이 살아나지만 사랑의 여러 단계를 거치며 격정적인 사랑에서 점차 순수한 사랑으로 승화시켜 간다. 마지막에 쥘리는 물에 빠진 아들을 살리고 목숨을 잃는다.

『신 엘로이즈』는 18세기에 유럽에서 가장 많이 읽힌 소설이며 1800년까지 100쇄 이상 출간된, 말하자면 세기의 베스트셀러였다. 책이 팔리는 속도만큼 인쇄 속도가 따라가지 못해 출판사가 책을 대여해 주기도 했으며, 독자들은 이 책을 한 번 잡으면 다 읽을 때까지 손에서 놓지 못했고 여성 독자들은 쥘리가 죽는 장면에서 모두 통곡했다고 한다.[1] 책에서 아름답게 묘사된 알프스를 보러 가는 관광 프로그램이 유행했고, 신분제에 대한 비판이 프랑스 혁명에도 큰 영향을 미쳤다. 책은 모두 여섯 권으로 묶였는데 그중 네 번째 권의 열한 번째 편지에 쥘리 부부가 만든 정원이 상세히 묘사되고 있다.[2]

쥘리 부부의 정원은 평평한 언덕에 있던 과수원을 확장하여 조성한 것으로, 당시 시골 영주들이 관리하던 장원의 일부라고 보면 되겠다. 과실수 언덕은 '온갖 새들의 보금자리'인 골짜기로 자연스럽게 이어지고 계곡에는 맑은 물이 굽이치며 흐른다. 계류는 버드나무 사이를 지나 연못으로 흘러들어 간다. 멀리 언덕 뒤로는 구릉이 보이는데 여기에는 수목을 층층이 심어 하늘을 배경으로 거의 수평을 이루고 있다. 어디에도 직선이 없으며 규율도 없고 좌우대칭도 없다. 마치 자연 그 자체인 것처럼 보인다. 장원의 안주인으로서 정원 조성을 지휘한 쥘리의 표현에 의하면, 이 정원에선 새들이 객이 아니라 주인이다. 쥘리는 이 자연스러운 정원을 담으로 둘러싸고 깊은 수목 울타리로 담장을 조심스럽게 감췄으며 출입문을 만들어 가족만을 위한 은밀한 비밀의 정원을 만들었다. 외부인으로서 처음으로 이 정원에 초대받은 생 퓌레는 정원에 들어서는 순간 "나의 연인이 만든 이 순수한 자연의 달콤함에 비로소 나는 숨 막히는 사회적 규범을 잊을 수 있었다. 아, 나는 얼마나 불행했던가"라고 탄식한다.

프랑스 에름농빌Ermenonville의 지라르댕 자작René Louis de Girardin(1735~1808)은 루소의 열렬한 추종자였다. 『신 엘로이즈』가 출간된 이듬해인 1762년부터 1778년까지 10여 년에 걸쳐 그의 800헥타르에 달하는 광활한 영지에 자연스러운 영국풍 정원을 만들었다. 자작은 정원 공사를 위해 영국에서 200명의 일꾼을 불러왔으며 스코틀랜드 출신의 정원사를 고용하여 정원을 관리하게 했다. 그중 남쪽 구간에는 쥘리의 정원을 재현했고 정원이 완성되자 루소를 초대했다. 그의 초대에 응한 루소는 1778년 에름농빌 성에 갔지만 거기서 오래지 않아 심장 발작으로 사망했다. 에름농빌 파크 중 쥘리 정원 구역은 현재 장 자크 루소 파크라고 불린다.

한편 영국에선 '사라와지'를 발견하는 데 성공하여 스타우어헤드Stourhead 정원 등 풍경화식 정원의 걸작이 속속 등장하고 있었다. 에름농빌 파크는 프랑스에 첫 발을 디딘 영국의 풍경화식 정원이라고 여겨지고 있다.

---

1. Arte Documentary, Jean-Jacques Rousseau, 2012. 6. 28.
2. Wimmer, 1989, pp.165~168.

알렉산더 포프, 고대 시에서 영감을 얻다 033

고대 로마의 시인 호라티우스의 전설적 별장이 있었다는 사비니 산.
에른스트 프라이스(Ernst Fries)의 그림이다(1828~1830).

이탈리안 잡

영국에서 마침내 '사라와지'를 찾았다고 해서 그 말이 곧 중국의 조원 양식을 본뜨는 데 성공했다는 뜻은 아니다. 사라와지는 본래 중국풍의 정원을 표현하기 위해 도입된 개념이지만 중국의 양식을 본뜨겠다는 의도는 처음부터 없었다. 그들은 '무질서한 아름다움'이라는 개념에 흥미를 느끼고 일종의 암호처럼 사라와지라는 개념을 차용했을 뿐이다.

실제로는 이미 살펴본 베르길리우스의 목가 등 고대 문학에서 해법을 구할 수 있으리라 여겼다.[1] 시인 알렉산더 포프Alexander Pope(1688~1744)의 행적을 살펴보면 그 사실이 입증된다. 포프의 행적을 따라가 봐야 하는 이유는 그가 1718년경부터 자신의 트위큰햄Twickenham 저택에 조성한 정원이 영국 풍경화식 정원의 출발로 여겨지고 있기 때문이다.[2] 그렇다면 포프야말로 사라와지를 발견한 사람이 아닐까. 그러니 그의 행적을 추적해야 우리도 사라와지를 찾을 수 있을 것이다.

알렉산더 포프는 18세기 영국 최고의 고전주의 시인이었다고 평가된다. 그는 호메로스, 베르길리우스, 호라티우스 등의 작품에서 큰 영향을 받아 고대 문화에 깊이 심취해서 살았다. 비단 포프뿐 아니라 그 시대의 엘리트들은 모두 고대 문화에 심취해 있었다. 문학도 고전주의, 건축도 고전주의 양식, 음악의 주제 역시 고대 신화나 역사에서 빌려 왔다. 당시는 헨델이 런던의 음악을 지배하던 시기였다. 그의 작품 중 가장 잘 알려진 '메시아'는 후기 작품이다. 초기에 그는 오페라만 작곡했는데 모두 고대 이야기였다. 당시의 분위기가 그랬다.

포프는 수많은 창작시를 남겼지만 그 외에도 호메로스의 『일리아드』와 『오디세이아』를 영어로 번역하여 큰 성공을 거뒀다. 여러 정황으로 미뤄 보면 포프는 고전 작품들을 분석하며 그 안에서 정원에 대한 묘사를 찾고 있었던 것 같다. 베르길리우스의 '아르카디아'에 대한 묘사를 바탕으로 정원을 만들려고 보니 너무 막연했다. 좀 더 구체적인 정보가 필요했다. 베르길리우스는 그 외에도 올림포스에 사는 한 노인의 정원을 노래한 적이 있다.[3] 호메로스 역시 오디세이아에서 알키노오스Alchinoos 왕의 정원을 묘사했다. 포프는 1713년 『가디언』에 정원 칼럼을 쓰면서 정원이란 모름지기 호메로스와 베르길리우스가 노래한 것과 같아야 한다고 주장했다.[4] 올림포스 어느 노인의 정원이나 알키노오스 왕의 정원은 분위기가 비슷하다. 온갖 과실수가 자라고 허브원에는 화초가 흐드러지며 나무는 자유롭게 자라고 그 사이로 계류가 자유롭게 흐른다. 분명 사람이 만든 정원이지만 자연과 같은 곳. 그런 정원이 알렉산더 포프를 매료시켰다. 그러나 이 정원들도 역시 막연했다. 과실나무, 계류, 꽃, 이들을 어떻게 배치해야 할지 베르길리우스도 호메로스도 말해주지 않았다. 방황 끝에 찾은 것이 호라티우스Quintus Horatius Flaccus(BC 65~8)의 별장 정원이었다.

베르길리우스와 쌍벽을 이루었던 고대 로마의 시인 호라티우스는 글 속에서 자신의 정원을 여러 번 상세히 묘사한 것으로 유명했다. 그의 별장은 사비나의 산 속에 있다고 했다. 그래서 사람들은 이 별장에 사비눔Sabinum이라는 별명을 붙였다. 기원전 30년 경에 지어진 별장이었다. 16세기에 호라티우스의 작품이 재발견되어 선풍적인 인기를 끌었을 때 많은 독자들이 사비눔을 직접 보고 싶어 했다. 그러나 천오백 년 전에 지은 빌라가 남아있을 리 없었다. 마치 오늘날 연개소문의 저택을 찾겠다는 것과 크게 다를 바 없을 것이다. 하지만 많은 사람들이 포기하지 않고 꾸준히 노력한 결과, 1761년, 사비눔이 있던 정확한 위치를 파악하는 데 성공했고 건물의 기초도 발견했다. 그런데 문제는 그 기초 위에 중세의 수도원이 떡하니 지어져 있었던 것이다. 결국 20세기에 들어와서야 발굴 작업이 시작될 수 있었다. 수차례에 걸친 작업 끝에 현재는 집터 관람이 가능하다.[5]

알렉산더 포프의 시대에는 아직 사비눔의 위치조차 파악하지 못했기 때문에 그는 오로지 호라티우스의 글에 의지하는 수밖에 없었다. 글에 따르면 사비눔은 산으로 둘러싸인 골짜기에 지어졌으며 소작인과 노예의 숫자 등으로 미루어 보아 순수한 주거형의 별장이 아니라 농장을 겸하고 있던 곳이었다. 대략 81헥타르 정도의 규모였을 것으로 추정되는데 당시 로마의 농장 중에서는 중상급에 해당했다.[6] 집 뒤에는 숲이 있어 그늘지고 집 앞으로는 샘이 솟아 여름이면 서늘하고 겨울에는 온화했다. 집 근처에는 바쿠나 여신의 신전이 있었다. 베르길리우스나 호메로스의 묘사보다는 조금 더 구체적이었다.

포프의 시대에 또 하나 중요한 역할을 했던 것은 연극과 오페라였다. TV도 영화도 없던 세상이었으니 사람들은 친구들과 정기적으로 오페라 극장을 찾았다. 1705년 런던 헤이마켓 거리에 '여왕 폐하의 극장Her Majesty's Theatre'이 세워졌고,[7] 1732년에는 로열 오페라 하우스가 개장했다. 모두 포프 시대의 일이었다. 더욱이 헨델이 런던에 나타난 이후로 오페라 계에 활기가 넘쳤고 헨델은 포프가 속했던 엘리트 계층이었으므로 그들은 극장에 거의 출근하다시피 했다. 오페라에서는 물론 음악이 중요하지만 포프의 경우 무대 장치를 유심히 관찰하며 자신의 풀리지 않는 숙제를 생각했을 것이다. 그러다가 문득 '정원 전체를 저렇게 연극 무대처럼 꾸밀 수 있지 않을까'라는 아이디어를 얻었던 것 같다.

포프의 저택은 템스 강가에 근사하게 자리 잡고 있었지만 햄프턴 궁전으로 가는 길이 집 바로 뒤로 지나갔다. 그 길을 건너 포프의 땅이 계속되었다. 그곳에 그는 베르길리우스가 노래한 것처럼 포도밭을 가꾸고 정원을 조성하고자 했다. 그러자면 정원과 집 사이를 연결해야 했으므로 터널을 뚫었다. 집 앞마당 정원에서 지하로 내려가 한참을 걷다보면 지상으로 다시 나오게 된다. 이때 터널에서 지상으로 나오는 순간 문틀에 의해 템스 강변의 정경이 마치 액자 속의 그림처럼 담겨져 보였다. 그가 만든 첫 번째 무대 장치였다.

도로 우측에 있는 긴 형상의 정원은 제대로 된 풍경화식 정원이라고 보기는 어렵지만 일단은 무질서해 보인다. 우선 기존 정원의 가장 핵심적인 요소인 중앙축이 사라졌다. 여기저기 언덕을 쌓았다거나 길의 흐름이 제멋대로라는 점 등에서 나름 고심한 흔적이 보인다. 그럼에도 이후 풍경화식 정원에서 중요하게 여겨지는 수목 배치를 통한 장면 연출과 공간 조성 기법은 아직 모습을 드러내지 않고 있다. 이 정원에서 가장 중요한 요소는 아마도 원형의 '조개껍질 신전Shell Temple'일 것이다.

현재 포프의 정원은 그로토의 일부를 제외하곤 남아있는 것이 없어 확인할 수 없지만 아마도 조개껍질을 붙여 만든 신전 모양의 소건축이었을 것이다. 비록 신전이라고 불리기는 하나 특별한 용도가 없는 건축물로서 종교적인 용도로 만든 것은 아니었다. 연극 무대 위의 장치처럼 배경을 연출하기 위해 세워졌을 뿐이다. 기존 바로크식 정원에도 물론 건축물과 조형물이 있지만 그들은 막중한 의미를 부여받았다. 뜻과 상징성이 강했다. 반면 포프의 정원에 세워진 신전은 뜻이 아니라 느낌을 담았다. 이런 건축물이나 조형물을 '스타파주staffage'라고 한다. 본래 스타파주는 미술에서 쓰는 용어였다. 클로드 로랭이나 카날레토 등의 풍경화가들이 쓰던 기법으로서 그림에 인물이나 동물, 건축물 등을 자그맣게 그려 넣어 장면에 생기를 불어넣고 그림에 깊이를 더했다. 그야말로 첨가물일 뿐 그 자체로 의미는 없다. 이로서 포프는 풍경화 기법과 무대 장치의 원칙을 정원에 적용한 최초의 인물이 되었다. 별 것 아닌 듯 보여도 차이가 컸다. 정원에 무대를 만든 것이 아니라 정원 그 자체가 무대가 된 것이다.

---

1. 이 책의 "024. 베르길리우스가 노래한 아르카디아는 어디에" 참조
2. 이 책의 "031. 미와 덕의 풍경" 참조
3. Vergilius, The Georgics, gutenberg-spiegel online text, Book IV verse 127~146.
4. Pope, 1713, pp.422~428.
5. http://en.tesorintornoroma.it/Itinerari/La-Via-Tiburtina/Licenza-Villa-di-Orazio
6. Schmidt, 1997, pp.21~22.
7. 이 극장은 여왕이 집권하느냐 왕이 집권하느냐에 따라서 퀸스 극장 혹은 킹스 극장으로 이름이 여러 번 바뀐다.

헨델은 왜
런던을 택했나 034

'Her Majesty Theatre London',
토마스 로랜드슨(Thomas Rowlandson)의 그림(1809년 작).
헨델의 시대는 갔지만 극장의 모습은 크게 달라지지 않았을 것이다.
극장의 객석 배치부터 무대 장치까지 하나의 '르푸소아르(Repoussoir)' 효과로 묶었다.
그리고 바로 저런 무대 장치에서 영감을 얻어 정원의 장면들을 만들었다.

이탈리안 잡

풍경화식 정원이 영국에서, 그것도 시골 영주가 아니라 런던의 엘리트 계층에 의해 만들어졌다는 것은 잘 알려진 사실이지만 그 이유가 자못 궁금하다. 어쩌면 작곡가 헨델이 그에 대한 답을 줄 수 있을지도 모르겠다. 헨델은 독일 작센 출신이었지만, 26세 되던 해부터 76세로 세상을 뜰 때까지 오십 년을 런던에서 살았다. 함부르크, 로마, 피렌체, 베네치아, 하노버, 런던 등 여러 도시와 왕국을 두루 다니다가 최종적으로 선택한 곳이 런던이었다. 그때가 1712년, 런던에서 풍경화식 정원이 태동하던 무렵이었다.

그 이전, 메디치가의 초대를 받아 이탈리아에서 보냈던 4년 동안 헨델은 당시 유럽에서 크게 유행했던 벨칸토bel canto 창법에 심취했고 이탈리아 풍의 오페라를 확실히 공부할 수 있었다. 이탈리아에서 머무는 동안 오페라와 칸타타도 여러 편 썼다. 하지만 매일 밤 열리는 화려한 가면무도회는 곧 식상해졌다. 그는 근검한 독일인이었다. 게다가 로마의 추기경이 보내오는 노골적인 구애도 난감한 문제였다.[1] 사십대 중반에 그려진 헨델의 초상화가 널리 알려져서 의아할 수도 있겠지만 청년 시절의 헨델은 헌칠하고 늘씬한 미남이었다고 한다. 많은 예술가들이 그렇듯 헨델 역시 워커홀릭이었다. 오로지 작업에 집중할 수 있는 환경을 원했다. 그는 이탈리아를 떠나 하노버로 향했다. 하노버 왕실의 전속 작곡가 겸 오케스트라 상임 지휘자로 계약을 맺었다. 지금으로 말하자면 억대의 연봉이 평생 보장된 셈이었다. 그러나 하노버에서도 일 년밖에 머물지 않았다. 바흐처럼 평생 한 곳에 묶여 '음악 공무원'으로 살기에 그는 너무 활달했다. 1710년 가을, 영국 왕실의 초대를 받아 런던에 도착했을 때 그의 목적은 오페라 리날도를 무대에 올리는 것이었다. 그런데 일 년을 머물렀다. 리날도가 대성공한 것도 한 몫을 했겠지만 "우리에게 이탈리아 오페라를 더 많이 들려달라"며 열광하는 관객들의 분위기가 어느 도시와도 달랐다. 겉은 화려하지만 서서히 늙고 병들어가는 이탈리아와도 달랐고 종신 공무원으로 묶어두려고 하는 독일계 왕국들과도 달랐다. 휘그당, 토리당 등 정당이 있는 것도 신기했지만 왕자, 젊은 공작, 시인, 의사, 음악가 등이 한 클럽에 모여 친구처럼 보내는 분위기도 인상 깊었다. 헨델 또래의 젊은 청년들이 사회의 분위기를 이끌어가는 듯 보였다. 당시의 런던은 젊고 자유로운 도시였다. 헨델은 런던이 좋았다.

벌링턴 경, 정확히 말하자면 '제3대 벌링턴 백작 리처드 보일Lord Richard Boyle Burlington, 3rd Earl of Burlington and 4th Earl of Cork'과 헨델은 1711년 리날도 초연 때 퀸스 극장에서 처음 만났다. 당시 지휘석의 헨델은 만 26세였고 객석의 벌링턴 경은 만 17세였다. 벌링턴 경은 젊은 나이에도 불구하고 이미 사회적으로 중요한 위치를 차지하고 있었다. 그는 단박에 헨델의 열렬한 팬이 되었고 후원자가 되길 자처했다. 헨델은 결국 그 이듬해 런던으로 완전히 이주했으며 처음 삼 년간 벌링턴 경의 런던 저택에서 지냈다. 벌링턴 경을 통해 상류 사회에 입문하고 젠틀맨 클럽에 드나들며 알렉산더 포프와 윌리엄 켄트와도 친분을 쌓았다. 헨델은 카리스마가 대단했고 활달한 성격이라 가는 곳마다 인기가 많았다. 런던에 자리 잡자마자 일 년에 평균 오페라 두 편을 쓰면서 작곡가뿐만 아니라 '오페라 기획가'로 활동하기 시작했다. 퀸스 혹은 킹스 극장이라는 명칭이 말해주듯 오페라는 왕실 기업이었다. 그러므로 헨델은 명목상 로얄 오페라단의 단장이었지만 사실상 '사업'을 직접 이끌어야 했다. 이 점이 독일과 결정적으로 달랐다. 음악뿐만 아니라 프로그램을 운영하는 것도 헨델의 몫이었다. 좋은 오페라 가수를 물색하기 위해 전 유럽을 돌아다녀야 했다. 스타성이 있는 가수를 섭외해야 흥행을 보장할 수 있었기 때문이다. 그러던 1733년 경, 경쟁 업체가 생겨버렸다. 높은 귀족들이 모여 새로운 오페라 기획사를 만든 것이다. 프레더릭 왕자가 수장인 '귀족 오페라Opera of the Nobility'단으로, 헨델의 독주를 견제하기 위해 설립했다고 한다. 당시 사회는 여당과 야당으로 확실히 갈렸는데, 야당의 중심 세력인 포프와 벌링턴 경의 비호를 받는 헨델이 못마땅했을 것이다. 프레더릭 왕자는 물밑 작전을 펼쳐 '헨델 기획사' 소속 가수들을 모조리 데려갔다. 하지만 문제는 두 개의 오페라단이 공존할 만큼 런던의 음악 시장이 크지 않았다는 점이다. 귀족 오페라단은 그 유명한 카스트라토, 파리넬리Farinelli(Carlo Maria Michelangelo Nicola Broschi)까지 섭외하는 등 애를 썼지만 결국 둘 다 망하고 말았다. 그와 더불어 런던의 이탈리아 오페라 시대도 막을 내렸다. 1994년 이탈리아와 프랑스에서 만든 영화 '파리넬리'에서 바로 이때의 상황이 상세히 묘사되고 있다. 영화 파리넬리는 당시 알렉산더 포프가 유심히 관찰했던 바로 그 무대 장치를 근사하게 재현해서 보여주기 때문에 추천하고 싶다.

이로써 왕실과 관계가 껄끄러워진 헨델은 다시 벌링턴 경의 후원에 의지해야 했다. 이 무렵에는 벌링턴 경이 새로 지은 치즈윅 하우스Chiswick House가 집합소 역할을 했다. 이때 탄생한 오페라가 알치나Alcina인데, 이 오페라가 풍경화식 정원의 탄생 과정과 무관하지 않다.

아름다운 마녀 알치나가 외딴 섬에 마법의 성과 정원을 꾸며놓고 지나가는 영웅들을 유혹하여 모두 짐승으로 둔갑시킨다는 얘기다. 마지막 장면에서 용감한 주인공들이 마녀를 무찌르자 마법의 성과 정원은 폐허로 변하고 짐승이 되었던 사람들도 모두 다시 제 모습을 찾는다. 남은 것은 커다란 떡갈나무 한 그루. 모두 그 나무 아래서 기쁨의 합창을 부르면서 막이 내린다. 요즘은 무대 장치를 만들 때 마지막 장면의 떡갈나무를 대충 생략하고 넘어가는 경향이 있지만 이 떡갈나무야말로 당시 풍경화식 정원이 형성되던 과정과 맞아떨어지는 상징물이라는 해석이 있다.[2] 즉 기존 체계인 '마법의 나라'를 무너뜨리고 떡갈나무로 상징되는 자연의 본질이 선 것이다. 본래 오페라 알치나의 대본에는 떡갈나무에 대한 언급이 없으나 연출가 또는 무대디자이너가 임의로 세운 듯하다. 하필 떡갈나무를 세운 것을 보면 당시 풍경화식 정원에 대한 열풍이 크게 작용했을 것이다. 열정이 어느 정도였는지 가늠케 하는 장면이다.[3]

1. MdR Dokumentary, Händel-Von Halle nach London, 2007. 10. 4.
2. Buttlar, 1980, p.32.
3. 앞의 글

035 팔라디오의 건축과 윌리엄 켄트의 등장

팔라디오의 빌라 카프라. 1567~1591년 사이에 세워졌고,
영국 신고전주의의 모델이 된 작품이다.

헨델이 여러 번 신세졌던 벌링턴 경은 열 살에 아버지를 여의
고 백작의 작위와 드넓은 영지 및 막중한 책임을 물려받았으니 열 살의 소년
에게 결코 쉬운 삶은 아니었을 것이다. 그럼에도 자신에게 주어진 역할을 훌
륭히 해냈던 것 같다. 그는 성인이 된 후 휘그당원으로서 여러 가지 직책을
맡아 활동했다. 절친했던 포프와 마찬가지로 프리메이슨이었고 야당, 즉 농
민당Country Party에 속했다. 1680년에서 1740년 사이에 존속했던 농민당은 로
버트 월폴Robert Walpole 총리의 부패한 정권을 견제하기 위해 토리당과 일부 휘
그당원이 함께 결성했다. 포프나 벌링턴 경 외에도 『걸리버 여행기』의 저자
조나단 스위프트도 당원이었다. 조나단 스위프트는 걸리버 여행기를 쓰기 전
에 '사라와지'를 제시한 윌리엄 템플 경의 비서로 일하기도 했다.

벌링턴 경은 건축에 관심이 많아 독학으로 건축가의 경지에 올랐을 뿐 아
니라 영국에 '팔라디오 양식'이 자리 잡는 데 큰 역할을 한 인물로 평가받고
있다. 팔라디오 양식은 르네상스의 건축가 안드레아 팔라디오Andrea
Palladio(1508~1580)의 영향을 받은 신고전주의 건축 양식을 말한다. 고대 그리스
와 로마의 건축 양식을 르네상스 건축가 팔라디오가 재구성했는데, 그것을
영국 건축가들이 보고 마음에 들어서 영국으로 가지고 들어온 것이다. 처음
으로 팔라디오 양식을 영국에 가지고 들어 온 인물은 이니고 존스Inigo
Jones(1573~1652)라는 건축가였는데, 벌링턴 경보다 약 한 세기 전의 사람이었다.
그가 들여온 고전주의 건축이 처음에는 낯설었지만 이후 '그랑 투어'가 본격

화되면서 많은 사람들이 이탈리아 도시의 아름다움을 직접 보았고 생각이 바뀌기 시작했다. 벌링턴 시대, 즉 18세기 초에 들어와 영국 건축계는 지나치게 화려하고 변형이 많은 바로크 건축 대신 순수한 고전 양식을 부활시켜 영국적인 것으로 만들고자 했다.

특히 팔라디오가 비첸차에 세운 빌라 로톤다는 건축의 모범 사례로 알려져 많은 사람들이 그 건물을 보러 비첸차에 갔다. 영국의 엘리트들은 이 건축을 '도덕적으로 책임감 있는 형태'라고 정의했다.[1] 지금의 관점으로 본다면 건축에 도덕성이 왜 거론되어야 하는지 이해되지 않을지도 모르겠다. 바로크 건축을 사치와 향락과 권력의 결과물로 본다면 이해가 쉽다. 그에 대응한 합리적이고 순수 미학적인 건축물, 즉 건축의 가장 본질적인 것을 후세에 남기는 것이야말로 건축가들이 짊어져야 하는 사회적 책임이라는 것이다. 지금도 다를 바 없다. 요즘의 화려한 고급 아파트를 엄청난 이익 남기기, 사회적 불평등 조성하기 등 지극히 비윤리적으로 돌아가는 사회 현상의 산물로 보아야 하는 것과 마찬가지다. 이와 같이 정원에서도 자연과 풍경의 본래적인 것을 되찾아야 하며 그 본질이 외부로 드러나야 한다고 여겼다. 그것이 바로 앞에서 살펴 본 조지프 애디슨의 '도덕적인 풍경'이다. 여기서 우리는 당시 알렉산더 포프와 그의 동료들이 품었던 개혁 의도가 건축이나 정원 양식에 국한된 것이 아니라 지극히 복합적인, 사회와 삶의 전반을 아우르는 원대한 '프로그램'이었음을 알 수 있다.

벌링턴 경은 세 차례나 이탈리아로 그랑 투어를 다녀왔다. 물론 팔라디오의 건축을 연구하는 것이 주 목적이었을 것이다. 그는 팔라디오의 건축 설계도를 구입하려고 했다. 그런데 알고 보니 이미 한 세기 전, 이니고 존스가 사 갔다고 듣는다. 영국에 돌아 온 그는 이니고 존스의 상속자를 찾아가 팔라디 오의 설계도를 구매했고 내친 김에 이니고 존스의 설계도까지 사들였다. 이 니고 존스는 건축뿐 아니라 무대 장치도 다수 만들었는데 그것들을 모두 구 입한 것이다.

런던의 치즈윅에 벌링턴 경은 자그마한 코티지를 하나 소유하고 있었다. 그곳에 1720~30년 사이 빌라 로툰다를 본뜬 건물을 하나 지은 것이 치즈윅 하우스다. 신고전주의 양식의 대표적 건물로 늘 언급되며 정원 역시 포프의 트위큰햄 정원과 함께 초기 풍경화식 정원의 대표작으로 일컬어진다. 치즈윅 하우스는 집이라기보다는 건축에 대한 살아있는 교과서 개념으로 지었으며 친구들과의 모임 장소로 이용했다. 당시 제임스 랄프라는 건축 평론가는 치 즈윅 하우스에 대해 이렇게 말했다. "건축을 이렇게 책처럼 읽을 수 있다면 벌링턴 경이 설계한 건축물들이야말로 그 어떤 철학적 체계보다 인류에게 보 탬이 될 것이다."[2]

그런데 치즈윅 하우스를 짓기 이전에 정원부터 만들기 시작했다. 일종의 실험이라 해도 좋을 것이다. 이때 친구 알렉산더 포프가 조언을 해주고 당시 명성이 높던 조원가 찰스 브리지맨Charles Bridgeman(1680~1783)이 작업을 도왔다. 우선 그들은 수많은 스타파주를 만들어 세웠다. 재정 능력의 차원이 달라서 인지 포프의 조개껍질 신전과는 비교가 되지 않았다. 설계는 벌링턴 경이 직 접 했다고 하지만 이니고 존스의 무대 장치 설계도를 많이 참고했을 것이다. 계류를 만들고 그 위에 예쁜 다리를 걸어놓았으며 수목은 자르지 않고 내버려 두었다. 이것이 가장 어려운 부분이었을 것이다. 그 당시의 정원사들은 나무만 보면 조건반사적으로 가위를 들고 달려들었을 텐데 어떻게 그들을 통제했을까?

그러나 여러 해에 걸쳐 노력했음에도 뭔가 미흡한 점이 채워지지 않았다. 아직 '사라와지'가 확실하게 와 닿지 않았다. 그러던 어느 날 벌링턴 경은 친구 윌리엄 켄트William Kent(1685~1748)를 불렀다. 나중에 풍경화식 정원가로 역사에 길이 남게 될 켄트가 무대에 등장하는 순간이다. 두 사람은 그랑 투어 때 이탈리아에서 만나 친해졌으며 잠시 여행을 같이 다니다가 나란히 귀국했고 치즈윅 프로젝트를 함께 한 이후 평생 함께 일했다. 이제 치즈윅 하우스에는 포프, 켄트, 헨델, 스위프트 등 많은 사람이 드나들게 되었다. 그들은 헨델의 음악을 위해 리브레토libretto를 함께 쓰기도 했다. 바로 이렇게 '무대 위에 남자들만 남았기' 때문인지 헨델의 전기 작가 엘렌 해리스는 헨델이 게이였고 켄트는 벌링턴 경의 애인이었다고 주장하기도 한다.[3]

인명사전을 보면 윌리엄 켄트를 대개 건축가, 풍경화가, 가구 디자이너로 소개하고 있다. 그러나 벌링턴 경이 켄트를 만났을 때 그는 이탈리아에서 풍경화 교육을 받고 화가로만 활동하고 있었다. 아마도 풍경화가의 안목으로 정원을 봐달라고 부탁했을 것이다. 그런데 치즈윅 하우스에 와서 작업을 시작하고 보니 건축에 대한 켄트의 출중한 안목과 재능이 드러났다. 그는 나중에 실제로 건축가가 된다. 켄트는 화가로서 스타파주의 개념을 누구보다 잘 이해했을 것이다. 그는 정원의 장면, 장면을 마치 한 폭의 풍경화를 그리듯 만들어 나갔다. 식물이나 구조물이 가진 부피감, 각 스타파주 사이의 적절한 빈 공간의 안배, 색감 및 빛과 그림자에 주목했고, 이들을 종합하여 '르푸소 아르repoussoir'를 완성했다. 르푸소아르는 장면 속에 인물이나 사물을 배치하는 것은 스타파주와 같지만 원근감을 강조하고 그림에 틀을 만들기 위해 전경에 크게 표현하는 기법을 말한다. 예전에는 풍경화와 무대 장치에 주로 사용했지만 요즘은 사진을 찍을 때 누구나 본능적으로 적용하는 방법이다.

그러나 그림이 아닌 실제 정원에서 르푸소아르 효과를 주는 것은 결코 쉬운 일이 아니다. 수목, 조형물 및 소규모 건축물을 하나씩 주도면밀하게 배치해야 한다. 포프가 스타파주를, 켄트가 르푸소아르를 적용하는 데 성공함으로써 이제 풍경화식 정원이 앞으로 나아가는 데 더 이상 장애물이 없게 되었다. 사라와지가 완성된 것이다.

1. Buttlar, 1980, p.32.
2. 앞의 글
3. Ellen Harris, Interview, in *MdR Dokumentary, Händel – Von Halle nach London*, 2007. 10. 4.

036 후원자
샤프츠베리 백작

클로드 로랭, '님프와 파우누스와 사티로스가 있는 풍경'(1641년 작)

윌리엄 켄트와 스토우 정원

때 1712년 11월

장소 나폴리에 있는 샤프츠베리 백작의 저택

등장인물 샤프츠베리 백작, 비서, 윌리엄 켄트

영국의 정치가이자 저술가, 초기 계몽철학자, 박애주의자였던 샤프츠베리 백작Shaftesbury, 3rd Earl of(본명은 Anthony Ashley Cooper, 1671~1713)은 그의 독특한 윤리적·자연주의적 종교관으로 후세에 많은 영향을 미쳤다. 특히 알렉산더 포프가 그를 흠모했다. 1712년, 백작은 지병인 천식을 치유하기 위해 1년 가까이 나폴리에서 거주하고 있었다. 이 무렵 영국은 헨리 8세 이후 근 200년 가까이 지속되었던 구교와 신교 사이의 분쟁을 뒤로 하고 앤 여왕의 통치하에 어느 정도 안정된 삶을 누리고 있었다. 겉으로는 평화가 왔으며 구교도와 신교도도 큰 갈등 없이 화합하며 지내는 듯했다. 문제는 앤 여왕이 후사가 없다는 점이었다. 만약에 앤 여왕이 갑자기 승하하는 경우, 후사 문제로 다시 분쟁이 발생할 여지가 있었다. 비록 1701년에 다시는 가톨릭 왕이 영국의 왕좌를 차지할 수 없다는 법이 제정되었지만[1] 당시 프랑스에 망명하고 있던 가톨릭 왕 제임스 3세는 자신의 왕위 계승권을 포기하지 않으려 했고 소위 자코바이트Jacobites라 불리는 그의 추종자들 역시 호시탐탐 반정의 기회를 노리고 있었다.

샤프츠베리 백작이 책상 앞에 앉아 있다. 이 무렵 백작은 건강이 악화되어 죽음을 앞두고 있었음에도 『인간의 유형』이라는 저서의 개정판을 내기 위해 한창 작업 중이었다. 서재의 벽에는 풍경화들이 여러 점 걸려 있다. 노크 소리가 들리고 비서가 들어온다. 비서는 또 한 점의 풍경화를 가지고 들어온다.

샤프츠베리 아, 드디어 왔구나. 이번엔 로랭이군. 님프와 파우누스와 사티로스가 있는 풍경이라… 아주 좋군. 이번에도 윌리엄 켄트William Kent 군이 심부름을 했다지? 켄트 군은 아직 있나?

비서 예, 마이 로드. 제가 식사나 하고 가라고 해서 지금 기다리고 있는 중입니다.

샤프츠베리 켄트 군은 로마에서 그림 공부를 하고 있다고 했지? 미술품 구매를 중재하는 건 체류비를 벌기 위해서라고 했고. 그 친구 스승이 누구인가?

비서 주세페 키아리Giuseppe Bartolomeo Chiari(1654~1727)라는 마스터 밑에서 공부하고 있습니다. 3년 전에 런던에서 존 탈만John Talmann(1677~1726)과 같이 왔답니다. 존 탈만이 젊은 화가 지망생을 몇몇 모아 팀을 짜서 왔다고 합니다. 모두 키아리 밑에서 공부하고 있고요.

샤프츠베리 존 탈만? 윌리엄 탈만William Talmann(1650 ~1719)의 자제? 수집가 윌리엄 탈만의 자제란 말이지. 흐음. 골수 가톨릭 가문이 아닌가. 그림을 수집하러 유럽에 다닌다는 평계를 대고 사실은 제임스 3세를 옹립하기 위한 거사를 준비하고 있다는 말이 있어. 로마에 아마 연락책이 있는 모양이야.

비서 (사색이 되어) 마이 로드!

샤프츠베리 걱정 말게. 늘 그래왔지 않나. 이번에 거사를 한다 해도 실패할 걸세. 영국에서 가톨릭은 이제 더 이상 세력을 구축할 수 없어. 그나저나 켄트 군도 가톨릭인가? 그 친구 어딘가 호감이 가던데.

비서 그런 것 같지는 않습니다. 아무 것도 모른 채 그냥 따라 왔을 겁니다. 그 친구 좀 백치 같은 데가 있어서 정치 쪽으로는 통 무관심한 것 같습니다.

샤프츠베리 그렇다면 다행이네. 이번에도 수고비 넉넉히 챙겨주게. 참, 자네도 잘 알다시피 우리 영국이 지난 몇십 년 동안 스페인, 프랑스와의 전쟁에서 연거푸 승리하면서 지금 유럽의 강국으로 부상하고 있지 않은가. 다만 문화적으로는 크게 내세울 게 없네. 미술이나 건축은 이탈리아, 프랑스에 비해 백 년 이상이 뒤져 있어. 음악은 독일이 앞서가고 있고. 그러니 우리 귀족들이 능력 있는 젊은이들, 특히 서민 출신의 젊은 인재들을 적극 후원해야 한다네. 그게 우리의 의무야. 앞으로도 켄트 군에게 계속 주문을 넣게.

비서 분부대로 하겠습니다. 아 참. 음악 말씀을 하시니 생각나는데 미스터 헨델이 런던으로 아주 이주했다는데요. 하노버 왕실에서 많이 노하지 않을까요?

샤프츠베리 그거 일이 재미있게 되었군. 하노버 왕실에서 미스터 헨델을 곧 따라올 걸세. 하하하.

비서 네?

샤프츠베리 이 친구 이렇게 말귀를 못 알아들어서야. 생각해보게. 여왕 폐하께서 옥체가 미령하시니 조만간 후사 없이 승하하실 가능성이 크지. 그렇다면 다음 왕좌에는 누가 앉겠나. 계약대로라면 하노버 왕실에서 영국 왕위를 계승하게 되어 있지 않은가. 두고 보게 독일인이 영국 왕좌에 올라앉을 날이 머지않았네. 어허, 그렇게 이상한 표정 지을 것 없네. 유럽 왕족들이 따지고 보면 모두 친인척 관계 아닌가. 조지 왕은 재목이 썩 시원치 않다지만 그 아들과 며느리는 똘똘해. 특히 왕자비 캐롤라인이 대단히 명민하고 씩씩해요. 라이프니츠가 애지중지하며 기른 제자라네. 그런 여인이 나중에 왕비가 된다면 영국에 해 될 일 없을 걸세. 그건 그렇고 저 그림이 볼수록 마음에 드는군.

샤프츠베리 백작은 새로 구입한 그림을 바라보며 한동안 생각에 잠긴다. 비서가 헛기침을 한다.

비서 저, 마이 로드. 오늘 크라플리 경Sir John Cropley(1633~1713)에게 편지 쓰신다고 하셨는데 그건 어떻게 할까요?

샤프츠베리 참, 그랬지. 잊을 뻔했네. 구술할 테니 받아 적게나. 인사말은 늘 하던 대로 하고. (잠시 생각에 잠긴다) 이렇게 쓰게.

"경께서 지난 번 편지에서 말씀하시길 새로 지은 저택에 어울리는 정원을 만들고 싶다고 하셨지요. 지상 낙원을 만들어 여생을 쾌락하게 지내고 싶다는 데에 저도 깊이 공감하고 있습니다. 송구하나 저는 신께서 부르실 날이 머지않은 듯합니다. 먼저 가서, 신의 정원에서 경과 함께 거닐 날을 고대하며 기다리고 있겠습니다. 신의 정원은 어떤 곳일까요? 곧 그곳에 갈 생각을 하니 가슴이 두근거립니다. 오늘 새로 그림 한 점을 주문해서 받았습니다. 그걸 보고 있노라니 바로 저런 곳이 아닐까 생각이 듭니다. 강이 바다로 흘러들어 가는 곳의 풍경을 그린 것 같습니다. 저 멀리 푸른 산이 아득히 보이는 것을 보니 아마도 만灣인가 봅니다. 강은 완만한 곡선을 그리며 평화롭게 흐르고 있습니다. 주변의 능선에는 아름다운 빌라나 성이 서 있는데 암울한 고딕 양식도 아니고 폐허도 아닙니다. (가만, 그런데 저 원형 신전은 폐허가 아닌가. 쯧쯧, 옥의 티로구먼) 그래요. 모든 사물이 미소를 짓고 있는 듯합니다. 물은 잔잔하고 훈풍이 수면을 가볍게 스치고 지나갑니다. 장면 앞에는 큰 나무가 서서 그늘을 드리워 줍니다. 해가 이미 반쯤 넘어가 노을이 물들기 시작하고 님프들이 동굴을 떠나 춤을 추러 나타났습니다. 파우누스와 사티로스도 이에 합류했고요. 파우누스는 플루트를 연주하고 사티로스는 젊은 님프에게 춤을 청합니다. 이 어찌 즐거운 낙원의 정경이 아니겠습니까.[2]

샤프츠베리 백작은 이듬해 2월, 42세의 나이로 나폴리에서 숨을 거두었다. 그 이듬해엔 앤 여왕이 후사 없이 승하했고 그가 예견한 대로 하노버 왕실의 게오르그 왕이 동시에 영국의 왕이 되어 조지 1세로 불렸다. 조지 1세는 영어를 잘 구사하지 못했고 런던을 자주 떠나 하노버에서 많은 시간을 보냈다. 이로 인해 왕권은 자연스럽게 약해졌고 귀족들과 젠트리gentry들이 세력을 군히게 되었다. 의회가 힘을 받고 첫 번째 총리[3]가 등장했다. 한편 로마의 윌리엄 켄트는 화가로서의 경력을 쌓으면서 로마에 오는 귀족 유학생들을 위해 통역과 가이드부터 미술품 구입까지 모든 일을 처리해 주는 '그랑 투어 매니저'로 입지를 굳혔다. 벌링턴 경[4]도 그렇게 만났다. 둘은 바로 의기투합했다. 벌링턴 경의 권고로 켄트는 십 년 가까운 이탈리아 체류를 마치고 1719년 런던으로 돌아갔다. 이때 그는 34세였으며, 자신이 나중에 조경가 1호가 되어 역사에 길이 이름을 남기게 되리라는 것을 짐작도 하지 못했다.

1. Act of Settlement, 1701.
2. Mowl, Timothy, William Kent, 2006, p.40.
3. 로버트 월폴(Robert Walpole, 1676~1745), 영국 초대 총리로 장기 집권하다가 실각한다. 그의 아들 호레이스 월폴은 아버지의 뒤를 잇지 않고 유명한 소설가, 정원 저술가가 된다.
4. 이 책의 "035. 팔라디오의 건축과 윌리엄 켄트의 등장" 참조

스토우 정원 로톤다.
콥햄 자작과 '그의 아이들', 시뇨르 피도와 윌리엄 켄트가 만난 장소.
자크 리고(Jacques Rigaud)가 1739년경 제작

윌리엄 켄트와 스토우 정원

때 1733년

장소 콥햄 자작의 스토우 정원 로톤다[1]

등장인물 콥햄 자작, '콥햄의 아이들'과 애견 '시뇨르 피도Signor Fido', 윌리엄 켄트

스토우 정원Stowe Gardens[2]의 주인 콥햄 경1st Viscount Cobham(본명은 Richard Temple, 1675~1749)은 당시 상당히 영향력 있는 정치가이며 장군이었다. 영국에 평화가 찾아오자 1719년경부터 저택과 정원 조성에 열정을 쏟았다. 1749년 사망할 때까지 찰스 브리지맨, 윌리엄 켄트, 랜슬롯 브라운 등 최고의 조경가들을 고용하여 3세대에 걸쳐 조성한 결과 그의 스토우 정원은 영국을 떠나 유럽의 대표적인 풍경화식 정원으로 손꼽히는 걸작이 되었다. 콥햄 경은 정치적 야심을 가진 젊은이들의 후원자로도 널리 알려져 있다. 자신의 조카들과 그의 친구들을 모아 콥해마이츠Cobhamites라는 조직을 결성했으며 스토우의 저택과 정원에서 정기적인 모임을 가졌다. 일명 콥햄의 아이들 Cobham's Cubs로 불렸던 구성원 중에서 후에 총리가 두 명이나 배출된다. 유명한 윌리엄 피트 총리 역시 콥햄의 아이들 중 한 명이었다.

콥햄 자작이 로톤다에서 뒷짐을 지고 서서 자신의 영토를 내려다보고 있다. 콥해마이츠 청년들이 애견 시뇨르 피도와 장난치고 있다. 이때 옆구리에 포트

폴리오를 낀 윌리엄 켄트가 땀을 흘리며 언덕을 올라온다.

콥햄 아, 미스터 켄트. 어서 오게. 그런데 미스터 포프는 같이 오지 않았나?

켄트 네, 마이 로드. 송구하나 미스터 포프는 어제 과음을 해서 아직 자고 있을 겁니다. 아시다시피 포프님이 체구는 작은데 먹성이 대단하지 않습니까. 먹고 마시고 나면 명주실처럼 입에서 시가 줄줄 나옵니다. 어제 저녁에 양고기 스테이크를 구워주었더니 곁들여 와인을 너무 많이 마신 것 같습니다. 하하. 그리고 밤새 호메로스 얘기만 하더군요.

콥햄 쯧쯧. 건강도 좋지 않은 사람이 큰일이네. 그나저나 얼마 전에 드디어 미스터 포프가 번역한 『호메로스』를 읽었네. 호메로스는 역시 위대해. 그런 의미에서 이번 정원 디자인은 고대 그리스로 방향을 잡아보면 어떨까.

켄트 분부대로 하겠습니다. 그렇지 않아도 어제 미스터 포프가 그 이야기를 하더군요. 경께서 고대 그리스를 벤치마킹하고 싶어 하신다며 여러 가지 조언을 해줬습니다. 그래서 스케치를 좀 해보았는데, 보시겠습니까?

콥햄 그런가? 어디 보세나. 아 그런데 자네가 리치먼드 파크에 만든 스타파주staffage 때문에 요즘 장안이 떠들썩하다네. 나도 며칠 전에 왕비 마마를 알현하러 간 김에 보고 왔네. 캐롤라인 왕비께서 직접 챙기셨다지?

켄트 예, 마이 로드. 리치먼드 일을 하면서 왕비 폐하께 아주 중요한 걸 배웠습니다.

콥햄 그래? 그게 뭔가?

켄트 처음에 분부를 받을 때 동틀 무렵에 나오라고 하시더군요. 왕비께서 매일 새벽 말을 타고 나가시잖아요. 함께 템스 강이 내려다보이는 언덕으로 올라가자고 하셔서 땀 좀 뺐습니다. 그래도 보람이 있었던 것이, 동틀 무렵 내려다보는 템스 강은 아름답다 못해 신비스럽더군요. 새벽 안개가 자욱한 것이 마치 태초의 강을 바라보는 것 같았습니다. 넋을 놓고 바라보고 있는데 왕비께서 문득 이렇게 물으셨습니다.

"자네 미스터 포프의 '템스 강'이라는 시를 아는가?"

"아다마다요. 런던에서 그 시를 모르는 사람이 어디 있겠습니까."

"미스터 포프가 아마도 지금처럼 새벽의 템스 강을 보고 시심을 얻은 것 같지 않나. 그리고 저길 좀 보게. 농부들이 바쁘게 움직이고 있는 거 보이지? 풀 뜯는 소들도 있고. 이게 바로 런던이고 템스 강이 아니겠나. 이 모든 걸 정원에 좀 담아주게."

그리고 이렇게 명하셨습니다. 찰스 브리지맨Charles Bridgeman(1690~1738)이 만들어 놓은 엄격함을 흩트리고 여기 저기 숲을 만들라. 숲 속에 길을 내되 천천히 다닐 수 있게 구불구불한 길을 내라. 숲 속에 쉼터를 만들되 아폴로나 비너스는 당치 않으니 은둔자의 초막을 지으라. 영국의 오랜 전통을 살려 멀린의 오두막[3]을 재현해 보라. 아 그리고 더 멋있었던 것은 주변에 있는 농경지와 목초지들을 그대로 살려서 디자인에 포함시키라던 명이셨습니다.

콥햄 흐음. 포프와 캐롤라인 왕비의 교감이라…. 아, 그 멀린의 오두막이란 거 말이야, 내 취향은 아니야. 촌스럽기도 하고. 왕비 폐하껜 송구하지만 왜 케케묵은 멀린인가? 난 좀 더 원대한 걸 원하네. 그리스 성현이나 영웅들처럼 말이지. 저길 좀 보시게. 저기 건너편에 시골 교회가 하나 있지? 거기가 예

204

전에 스토우 빌리지가 있던 곳이네. 지난 세기의 내전[4] 때 많이 파괴되고 불 탔지. 그 후 마을 사람들이 이사를 가버려서 동네가 텅 비었어. 교회만 덩그 맣게 남았지. 어떤가, 미스터 켄트! 저 땅을 근사하게 엘리시움으로 바꿔주지 않겠는가? 엘리시움 필드라는 이름을 생각해 두었네.

켄트 네, 마이 로드. 아주 좋을 것 같습니다. 저쪽 초원을 향해 지형을 서 서히 낮추면 경계를 따라 계류를 흐르게 할 수 있을 듯합니다. 계류는 스틱 스[5]라고 불러야겠네요.

콥해마이츠 청년들이 어느새 다가와 두 사람의 대화를 경청하고 있다.

그렌빌 1 숙부님, 미스터 켄트. 제가 얼마 전에 조지프 애디슨[6]이 쓴 정원 에세이를 인상 깊게 읽었는데 그대로 구현하면 엘리시움의 콘셉트와 잘 맞 지 않을까요?

콥햄 그거 좋은 아이디어로구나. 고대의 성현들을 기리는 사당[7] 같은 것도 필요하겠지? 미스터 켄트, 원형 사원이 좋을까? 어떤 성현을 모실까?

모두 동시에 여러 이름을 외친다. 오랜 토론 끝에 호메로스, 소크라테스, 리쿠 르고스Lykurgos(B.C.800(?)~730),[8] 에파메이논다스Epaminondas(B.C.410(?)~362)[9] 네 사람 의 인물로 좁혀졌다.

윌리엄 피트 고대 그리스의 성현을 모시는 것도 물론 중요하지만 영국의 훌륭한 인물도 기려야 하지 않을까요? 영국의 인간문화재를 위한 기념물[10]도 필요합니다.

켄트 좋은 생각이십니다. 출중한 인물이 워낙 많으니 원형 신전에는 다 모시기 어렵겠고 반원형의 엑세드라exedra[11]로 디자인해보겠습니다.

콥햄 좋네. 그럼 이제 우리가 기려야 할 인물을 선발해야겠구먼. 제안들 하게나.

오랜 토론 끝에 16명으로 추려졌다. 아이작 뉴턴, 엘리자베스 1세 여왕, 셰익스피어 그리고 알렉산더 포프도 포함되어 있다.

켄트 (약간 의아해 하며) 미스터 포프는 비록 숙취에 시달리기는 해도 아직 멀쩡히 살아있는데 모십니까?

윌리엄 피트 당대 최고의 시인 아닙니까. 게다가 우리와 뜻을 같이하는 동지니 모시는 게 좋을 것 같습니다.

콥햄 자네들 말이 맞네. 미스터 포프야 말로 가치 있는 영국인 중에 당연히 포함시켜야지. 아무렴. 조각을 만들어 세워주어야지. (마침 애견이 다가와 꼬리친다. 애견의 머리를 쓰다듬으며) 아, 시뇨르 피도. 그대도 죽으면 여기 묻힐 것이야. 훌륭한 영국 사냥개의 대표로 기념비도 세워주어야지. 하하하.[12]

그렌빌 2 에헴. 제안할 것이 있습니다. 우리를 위한 기념물도 하나 있어야 할 것 같아요. 우리의 정치적 신념을 담은 건축물 말이죠.

그렌빌 1 그래 그래. 우정의 사원[13]이라고 하면 좋겠다. 신의와 정의와 자유를 위하여!

켄트 (누구를 위한 자유?)

모두 흡족한 표정으로 언덕을 내려온다.

윌리엄 피트 우정과 정의와 자유라… 흠. 미스터 켄트, 그런데 뭔가 빠진 거 같지 않나?

켄트 (그걸 몰라서 물어? 평등이 빠졌지) 아닙니다. 우정과 정의와 자유. 완벽한데요.

---

1. 원형의 신전 건축. 벽 없이 기둥만을 원형으로 배치하고 둥근 지붕을 얹는 건축물을 말한다. 스토우 정원의 로톤다는 켄트 전 세대에 이미 서 있었다. 켄트는 스토우 정원을 새로 조성한 것이 아니라 찰스 브리지맨(1690~1738)이 만든 것을 크게 확장하고 수정했다.
2. 스토우 정원은 여러 구역으로 나뉘는데 각 구역이 독립된 정원을 이루고 있으므로 복수를 써서 gardens라고 부른다.
3. 1733년 멀린의 오두막과 은둔자의 초막을 조성했으나 후에 랜슬롯 브라운이 모두 철거했다.
4. 영국 내전(English Civil War, 1642~1647)
5. 스틱스(Styx)는 그리스 신화에 나오는 강으로 이승과 저승의 경계를 이룬다.
6. 이 책의 "031. 미와 덕의 풍경" 참조
7. Temple of Ancient Value라는 이름으로 세워졌다.
8. 스파르타의 전설적인 입법자이자 개혁자로 알려져 있다.
9. 고대 테바이의 장군이자 정치가이며, 테바이를 이끌어 스파르타의 지배에서 벗어나 그리스 정치의 정상에 세웠다.
10. Temple of British Worthies라는 이름으로 세워졌다.
11. 반원형으로 세우는 일종의 장식벽을 말한다. 원형과는 달리 비교적 공간을 많이 차지하지 않고도 반경을 확장할 수 있는 것이 장점이다.
12. Temple of British Worthies 배면 중앙에 시뇨르 피도를 위한 기념문이 실제로 존재한다.
13. Temple of Friendship이라는 이름으로 세워졌다.

038 픽처레스크한 스토우 정원의 오후

제인 오스틴이 팔각 연못가의 테라스에 앉아서 스토우 하우스를 바라보는 뷰.
별반 픽처레스크하지 않다.

윌리엄 켄트와 스토우 정원

때 1813년 여름의 어느 화창한 오후

장소 스토우 정원 팔각 연못가의 테라스

등장인물 제인 오스틴(1775~1817, 영국의 소설가), 윌리엄 소우레이 길핀(1762~1843, 화

가, 나중에 조경가로 전향)

그로부터 약 80년이 지난 후, 윌리엄 켄트, 콥햄 자작, '그의 아이들', 애견 피도가 모두 세상을 떠난 뒤 스토우 정원은 콥햄 자작의 후손인 버킹엄 후작이 물려받았다. 1813년, 『맨스필드 파크』를 탈고한 여류 소설가 제인 오스틴은 후작 부인의 초청으로 스토우 정원을 방문하며 휴가를 즐기고 있었다.

제인 오스틴, 연못가 벤치에 앉아 책자를 뒤적이다가 시선을 들어 멀리 바라보기를 반복한다. 이때 왼쪽 산책로에서 윌리엄 길핀이 나타난다.

길핀 미스 오스틴? 여기 계셨네요. 아까 안에서 소개받았는데 기억하시는지요? 윌리엄 소우레이 길핀(소우레이 길핀의 아들)이라고 합니다. 같이 산책이나 할까 해서 부지런히 따라왔습니다.

오스틴 아, 길핀 선생님. 물론 기억하지요. 윌리엄 길핀William Gilpin(1724~1804)[1] 선생님의 조카 되신다고요.

길핀 예, 맞습니다. 유명한 숙부님 덕을 보는 셈이네요. 굳이 길게 소개할 필요가 없으니까요, 하하하. 책을 읽고 계신 것 같은데 방해되지는 않는지요.

오스틴 아닙니다. 정원을 둘러보다가 잠시 쉬는 중이었어요. 정원이 정말 크네요. 잠시 앉으시겠어요?

길핀 감사합니다. 그럼 저도 잠시 쉬었다 가지요. 그런데 여기 후작 부인과는 어떻게?

오스틴 후작 부인과 따님께서 제 책을 읽고 만나고 싶다며 초대하셨어요. 여기서 여름을 보내고 가라고 하시는데 어떻게 할지 생각중이에요. 미스터 길핀께서는 이 댁 가문과 오랜 지인 사이라고 들었습니다.

길핀 그 역시 숙부님 덕분이지요. 지금 읽고 계시는 『스토우 정원에 대한 대화』를 숙부님께서 1748년, 대학 시절에 쓰신 건데 그때는 1대 콥햄 경이 아직 살아계셨습니다. 콥햄 경이 좋게 보시고 자주 부르셨다고 합니다. 나중엔 저도 숙부님을 따라 자주 왔었지요.

오스틴 이 책자에서 처음으로 '픽처레스크'라는 말을 쓰셨지요? 어릴 때 숙부님께서 쓰신 『남 웨일스 와이 강변에 대한 관찰 기록, 특히 픽처레스크한 아름다움에 중점을 둠』이라는 책을 아버지께서 선물해 주셨어요. 그 책을 무척 좋아했지요. 픽처레스크가 뭔지 나름대로 고민을 많이 했는데 아직도 감이 잘 오지 않아요. 예를 들면 저기 호수 너머로 바라다 보이는 장면이 아주 근사하긴 한데 과연 '픽처레스크'한지는 모르겠네요.

길핀 하하. 맞는 말씀입니다. 지금 우리가 앉아서 바라보는 장면은 '구식'으로 만들어진 중앙축이죠. 윌리엄 켄트가 오기 전, 찰스 브리지맨이 디자인한 겁니다. 브리지맨은 아직 직선만 그렸던 세대에 속했지요. 픽처레스크할 수가 없지요. 그나저나 지난번에 발표하신 『오만과 편견』 아주 재미있게 읽었습니다. 거기서 픽처레스크에 대해 빈정대시기에 숙부님의 책을 좋아하리라고는 짐작을 못했는데요.

오스틴 픽처레스크 자체를 빈정대는 것이 아니라 픽처레스크가 유행어가 된 것을 풍자한 것이죠. '픽처레스크 투어'라는 것이 한 때 크게 유행했잖아요? 모두들 스케치북 하나씩 들고 다니면서 저거 픽처레스크하지 않아? 한번 그려볼까? 뭐 이런 식으로요. 숙부께서 바로 이 정원에서 처음으로 픽처레스크한 걸 보셨을 텐데 그게 어디였을까요?

길핀 아주 가까이에 있습니다. 우리 정면의 팔각형 호수 서쪽을 보면 캐스케이드가 보이죠? 그 위에 폐허가 하나 있고요. 저 장면이 책자에 어딘가 나올 텐데… 폐허가 있는 강렬한 장면을 주로 픽처레스크하다고 평하셨죠.

오스틴 여기 있네요. 바로 저 캐스케이드와 폐허를 보고 "대단히 픽처레스크하다"고 하셨네요. 저것도 역시 윌리엄 켄트의 작품인가요?

길핀 그렇습니다. 켄트가 스토우 정원에서 가장 먼저 한 작업이 연못을 확장하는 일이었다고 합니다. 처음에는 브리지맨이 조성한 팔각형 연못만 있었는데 서쪽으로 자연형의 대형 연못을 하나 더 만들고 그 사이에 낙차를 두어서 캐스케이드를 조성한 겁니다. 그 다음에 동쪽으로 가서 엘리시움 필드를 완성했고요. 폐허는 나중에 일부러 만들어 세운 겁니다. 진짜 폐허가 아니고요. 이탈리아에 가면 즐비한 진짜 폐허를 모방한 것이지요. 폐허의 낭만이랄까요. 그 뿐 아니라 크고 작은 동굴, 오두막 등, 스타파주가 수도 없었답니다. 백여 개가 넘었다는데 지금은 많이 없어졌을 겁니다. 결국 켄트가 픽처레스크를 창시한 셈이고 숙부님께서 개념을 만들어 주셨다고 해야겠지요.

제인 오스틴, 자리에서 일어난다. 길핀도 따라서 일어난다.

오스틴 이제 충분히 쉰 것 같은데 좀 더 돌아볼까요? 차 마실 시간까지 아직 여유가 좀 있으니.

길핀 그러시지요. 동쪽으로 조금 걷다보면 새로운 장면이 나타날 겁니다.

오스틴 잠시 만요. 저 앞에 있는 지붕 덮인 다리요. 저거 어디서 본 것 같은데. 어디서 봤더라. 그래. 바스Bath에 있을 때 프라이어 파크Prior Park를 방문한 적이 있었거든요. 거기서 본 것 같아요. 근데 그게 왜 여기 있지? 아니면 내가 뭔가 착각하고 있는 건가요?

길핀 하하하. 아닙니다. 제대로 기억하고 계신 겁니다. 팔라디오 브리지라고 하는데 똑같이 생긴 다리가 세 군데 있지요. 원본은 팸부룩 경의 저택인 월튼 하우스에 있습니다. 팸부룩 경이 직접 디자인했고요. 그 역시 벌링턴 경처럼 '건축가 백작'이었고 팔라디오를 흠모했었죠. 팔라디오 풍으로 교량을 설계해 보았는데 오히려 능가했다고 칭찬받은 작품입니다. 콥햄 경이 보고는 바로 스토우 정원에도 지어달라고 했답니다. 그 후에 프라이어 파크에도 똑같이 만들어 넣었고요. 그걸 보신 것 같은데요.

오스틴 아, 그렇구나. 그런데 저 언덕 위에 있는 고딕 하우스가 아주 매력적인데요. 저것도 켄트의 작품인가요?

길핀 아닙니다. 제임스 깁스라는 건축가의 작품입니다. 1741년에 지어진 것이고요. 그 무렵부터 고딕 리바이벌이 시작된 건 아시지요? 당시에 건축은 제임스 깁스가 주로 담당하고 켄트는 정원과 그에 딸린 스타파주들을 디자인했었지요.

오스틴 늘 궁금한 사실이 하나 있었는데, 윌리엄 켄트가 어떻게 그렇게 승승장구할 수 있었던 걸까요? 이탈리아에서 그림 공부를 오래 한 걸 제외한다면 교육도 변변히 받지 못했다고 하던데. 배경도 없고요. 호레이스 월폴[2] 경이 집필한 『정원에 대한 에세이』를 읽어보면 윌리엄 켄트를 거의 천재로 묘사했던데요. 저 고딕 건축을 보니 호레이스 월폴 경이 생각나요.

길핀 그렇지요. 월폴 경은 고딕에 완전히 심취했었지요. 고딕 소설이라는 장르를 창시한 것도 그렇고. 스트로베리 힐에 고딕 성을 하나 지어놓고 평생 정원 꾸미기에 여념이 없었다고 하지요. 총리의 아들로서 부족한 것 없었고 뛰어난 작가였지만 정원 디자인에 대해서만은 켄트를 질투했답니다. 켄트의 경우 화가로서도 뛰어나지 못했고 건축가로서 역시 높은 수준은 절대 아니었죠. 정원 디자이너로서의 자질을 뒤늦게 발견했는데 그게 바로 천직이 된 거죠. 켄트가 등장하기 이전, 수많은 시인, 지식인, 언론인들이 다투다시피 새로운 정원에 대한 이론을 발표한 것이 모두 수천 페이지에 달할 겁니다. 그런데 편지 한 장 조리 있게 쓸 줄 모르는 켄트가 홀연히 나타나 단번에 그들이 찾던 정원을 만들어 낸 거지요. 교육을 받지 못했기에 오히려 각종 이념과 이론으로부터 자유로웠던 것 같습니다. 마치 해면처럼 모든 걸 본능적으로 흡수하고 그걸 재현하는 데 거침이 없었답니다. 그러니 천재적이라고 할 수 있겠지요. 게다가 인성이 몹시 맑고 상냥했다고 합니다. 사람들이 모두 좋아하고 신뢰했다지요. 벌링턴 경이 평생의 지기로 삼았을 뿐 아니라 왕실의 신임까지 받았으니 그 비결이 뭔지 우리 같은 사람은 짐작도 할 수 없는 것 같아요. 여기서 멀지 않은 곳에 켄트가 만든 다른 정원들이 여러 개 있는데 어차피 여기서 여름을 보내실 거라면 같이 다니시면 어떨까요?

오스틴 좋지요. 이제 차 마실 시간이 다 된 것 같은데 들어가 볼까요?

---

1. 영국의 화가이자 목사다. 픽처레스크라는 개념을 처음으로 도입했으며 그에 대해 많은 이론을 발표했다. 1748년 「스토우 대정원에서의 대화」라는 책자를 발표함으로써 스토우 정원과 인연을 맺게 된다. 산책을 즐기던 제인 오스틴에게 적지 않은 영향을 준 것으로 알려져 있다.
2. 앞서도 잠깐 등장했던 호레이스 월폴은 고딕 양식의 애호가로서 자신의 저택을 고딕 풍으로 지었을 뿐 아니라 '고딕 호러소설'(고딕 성에서 벌어지는 으스스한 이야기)을 창시한 사람이기도 하다.

베를린에 위치한 독일 대통령 관저.
담장을 하하 속에 감추어 두어 멀리서는 인지되지 않고 안팎의 잔디밭이 마치
하나로 연결된 듯 보인다. 가까이 다가가면 비로소 '대통령과의 경계'가 느껴진다.

젠틀맨의 놀이터

스토우Stowe 정원이 어느 정도 자리 잡혀 가자 윌리엄 켄트 William Kent는 라우샴Rousham 정원과 스타우어헤드Stourhead 정원 작업에 착수했다. 이들은 모두 켄트의 대표작으로 꼽히는 정원일 뿐만 아니라 지금도 영국에서 가장 아름다운 풍경화식 정원을 말할 때 빼놓을 수 없는 작품이다. 조경사를 공부하다 보면 누구나 켄트의 세 대표작, 스토우 정원, 라우샴 정원, 스타우어헤드 정원을 접하게 된다. 당시에 이들 정원은 '아방가르드' 정신의 산물로 이해되었다. 완전히 새롭고 모던한 것이었다. 이제 자신의 영지를 풍경화식으로 개조하는 젠틀맨[1]들이 속출하기 시작했다. 1730년대 젠틀맨 클럽의 가장 큰 화제는 '정원 만들기'였다. 1739년에 발행된 『커먼 센스Common Sense』[2]라는 저널에 이런 기사가 실린 적이 있다. "요즘은 젠틀맨이 모이면 인사를 나눈 뒤 바로 '나는 요즘 시멘트와 흙을 가지고 노느라 여념이 없네'라고 자랑하기 일쑤다." 이 무렵 풍경화식 정원은 한국에서 한창 유행하던 골프보다 더 빠른 속도로 확산되었던 것 같다. 이렇게 유행이 되다 보니 본래 스토우 정원에서 추구했던 정치적, 사회적 이상을 담은 이념성이 점점 희미해져 갔다. 누가 정원 건축물을 더 근사하게, 더 많이 세우는가 경쟁이 벌어졌고, 그림처럼 픽처레스크하게 만드는 데 모두들 주력하는 듯싶었다. 각자의 취향에 따라, 예를 들어 페트레 남작Lord Petre(1713~1743)처럼 식물 수집, 재배와 배치에 전념하는 경우도 있었고, 캐롤라인 왕비가 켄트에게 넌지시 언질을 주었던 '풀 뜯는 소와 밭 가는 농부의 평화로운 장면'을 그림에 포함시키고자 애쓰는 젠틀맨도 적지 않았다. 후자의 경우를 두고 '장식 농장ornamental farm'이라는 명칭이 생겨났다.

영국의 풍경화식 정원이 어마어마한 규모를 자랑한다는 것은 잘 알려져 있다. 작게는 몇십만 평에서 크게는 몇백만 평까지 이른다. 그렇다면 직업을 갖지 않고 물려받은 재산만으로도 먹고 살만큼 당시의 젠틀맨이 돈과 시간이 많았다고 하더라도 대체 어떻게 그 넓은 땅에 그렇게 빠른 속도로 정원을 만들 수 있었던 것일까? 대답은 간단하다. 이미 기초적인 풍경이 있었기 때문이다. 새로운 정원의 이상적 모델로 부상했던 '목가적 풍경'이 사실은 영국의 전원을 이미 지배하고 있었다. 영국은 중세부터 주요한 양모 수출국이었으므로 드넓은 목초지가 있었고 사냥과 목재 생산을 위한 깊은 숲을 보유하고 있었다. 이러한 환경은 중세의 장원에 필수적인 요소들이었다.

게다가 이 풍경의 소유주였던 지주 계급의 젠틀맨은 이미 근사한 저택과 비록 '구식'이나마 넓은 정원을 보유하고 있었다. 문제는 기존의 정형식 정원을 철거하고 새로 지을 것인가 아니면 그에 잇대어 풍경화식으로 지을 것인가였다. 보통은 토지를 더 할애하여 풍경화식으로 꾸미는 경우가 많았다. 본래의 경관이 훌륭하다보니 스타파주staffage를 배치하고 자연스러운 형태로 연못을 파고 수목을 적절히 심어주면 원하던 풍경이 어느 정도 연출됐다.

본래는 정원과 그 외곽에 펼쳐지는 전원 풍경을 구분하기 위하여 정원 주변에 담장을 두르곤 했으나 자연스러운 풍경을 추구하다 보니 담장이 눈에 거슬렸다. 정원과 외곽의 전원 풍경이 서로 단절되지 않도록 '하하ha-ha'라는 '선큰 담장 시스템'을 도입했다. 하하는 풍경화식 정원의 발명품으로 널리 알려져 있다. 엄밀히 말하자면 프랑스의 데자이에 다르장빌Antoine-Joseph Dezallier d'Argenville(1680~1765)[3]이라는 바로크 정원가가 처음으로 선보였고, 더 엄밀히 말하자면 이미 1695년에 영국에서 일하던 어느 프랑스 정원가가 선큰 담장을 만들었다고 한다. 이런 사실로 미뤄 보아 프랑스에서는 이미 선큰 담장이 꽤 실용화되었던 것으로 보인다. 엄격한 바로크 정원과 주변의 과수원, 농장을 구분하기 위해 적용했다. 데자이에 다르장빌은 1709년, 『정원 조성의 이론과 실제La Théorie et la Pratique du Jardinage』라는 책을 발표하고 선큰 담장의 원리를 설명했다.[4] 이 책은 1712년 영어로 번역되었다. 스티븐 스위처Stephen Switzer(1682~1745)라는 런던의 정원가가 그 책을 읽고 선큰 월의 아이디어가 쓸모 있다고 여겼다. 당시엔 아직 '하하'라는 용어가 없었고 다만 '움푹 들어간 담장'으로 설명했다. 스위처는 1718년에 발표한 자신의 정원 서적에서 다르장빌을 인용하고 스케치까지 정성스럽게 그려서 삽입했다.

스위처는 젠틀맨 클럽에 끼지 못하는 정원가였다. 젠틀맨이 모두 두 팔 걷어붙이고 정원을 만들던 시대였으므로 스위처 같은 정원가들은 그늘에 묻힐 수밖에 없었다. 스위처 또한 위탁을 받아 조성한 여러 정원이 있지만 딱히 내세울 만한 것은 없다. 랜슬롯 브라운Lancelot Brown(1716~1783)이라는 젊은 조경가가 홀연히 나타나 스위처가 만든 작품들을 쓸어버리고 자기 방식으로 재구성했기 때문이다. 그럼에도 불구하고 스위처가 역사에 남을 수 있었던 것은 부지런히 글을 썼기 때문이다. 오랜 실무 경험을 바탕으로 평생에 걸쳐 쓰고 발표한 정원 이론을 묶으니 천 페이지가 넘는 방대한 서적(『Ichnographia Rustica』)이 되었다.

어쨌든 윌리엄 켄트의 전임자 찰스 브리지맨Charles Bridgeman(1690~1738)[5]이 스토우 정원에 처음으로 하하를 도입했고 초기에 그와 함께 일했던 윌리엄 켄트가 이를 정원 전체 경계로 확장했다. 이들의 작업을 옆에서 꾸준히 지켜보았던 호레이스 월폴 경Horace Walpole(1717~1797)은 당시의 상황을 이렇게 묘사했다. "정원의 경계를 허물고 그 자리에 도랑을 판 뒤 그 안에 담장을 세운다는 아이디어는 실로 기발했다. 별 생각 없이 산책하던 사람들이 갑자기 움푹 들어간 담장을 만나면 '하! 하!'라고 감탄사를 외치지 않을 수 없다."[6]

감췄다고 해서 담장이 아예 없어진 것은 아니다. 담장이나 울타리는 본래 방목지에서 풀을 뜯는 양떼들을 보호하기 위해 세웠다. 정원 문화가 발달하면서 정원과 전원이 구분되기 시작했다. 이제는 가축이 정원으로 들어오는 것을 막기 위해 울타리로 정원을 둘렀다. 풍경화식 정원에서는 이를 도랑 속에 감추어 마치 정원과 전원이 하나의 풍경인 것처럼 눈가림했고 이렇게 탄생한 하하의 기막힌 눈속임은 지금도 요긴하게 쓰이고 있다. 분노한 환경주의자들이 산업 재벌의 영지에 막무가내로 들어오는 것을 막기도 하고 서민과 권력자 사이의 경계를 '민주적'으로 위장하는 데 쓰이기도 한다.

---

1. 본래의 젠틀맨은 귀족, 지주계급, 젠트리 등 상류 계급에만 붙이던 명칭이었다.
2. 1737년 런던의 야당 세력이었던 체스터필드 경(Lord Chesterfield)과 리틀턴 경(Lord Littleton), 그리고 아일랜드의 극작가 겸 저널리스트 찰스 몰로이(Charles Molloy) 등이 창간한 주간 저널이다(Henke, 2014 참조).
3. 프랑스의 정원사로 정원 실무에 대한 방대한 서적을 남겼다. 그의 서적은 당시에 이미 정원계의 바이블로 여겨져 널리 읽혔고 각국의 언어로 번역되었다.
4. Wimmer, 1989, pp.157~158.
5. 영국의 정원사로 왕실 전속 정원사를 지냈으며 정형식 정원에서 자연스러운 정원으로 전환되는 과도기의 인물이었다. 그 역시 자연스러운 정원을 만들고자 했으나 정형식의 틀을 벗어나는 방법론을 얻어내지 못했다. 윌리엄 켄트보다 먼저 스토우 정원을 설계했으며 나중에 켄트에게 바통을 물려주었다. 스토우 정원 중앙의 그랜드 애비뉴에 아직 그의 흔적이 남아 있다.
6. Walpole, 2004, p.42.

040 인클로저,
풍경의 사유화 과정

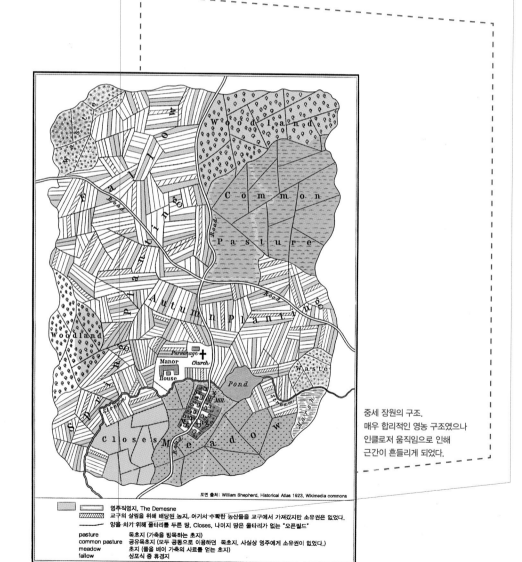

중세 장원의 구조.
매우 합리적인 영농 구조였으나
인클로저 움직임으로 인해
근간이 흔들리게 되었다.

도면 출처: William Shepherd, Historical Atlas 1923, Wikimedia commons

		영주직영지, The Demesne
		교구의 살림을 위해 배당된 농지, 여기서 수확한 농산물을 교구에서 가져갔지만 소유권은 없었다.
		양을 치기 위해 울타리를 두른 땅, Closes, 나머지 땅은 울타리가 없는 "오픈필드"

pasture   목초지 (가축을 방목하는 초지)
common pasture   공유목초지 (모두 공동으로 이용하던 목초지, 사실상 영주에게 소유권이 없었다.)
meadow   초지 (풀을 베어 가축의 사료를 얻는 초지)
fallow   삼포식 중 휴경지

젠틀맨의 놀이터

『동물농장』과 『1984』의 작가 조지 오웰이 쓴 에세이 중에 이런 내용이 있다. "지주들이 땅을 어떻게 차지했는가. 힘으로 빼앗은 것이다. 그리고 법률가를 불러 토지 문서를 만들었다. 이렇게 1600년부터 1850년까지 지속된 인클로저enclosure, 즉 '공유지에 울타리 두르기'의 경우 적국을 침략해서 영토를 얻었다는 핑계조차 댈 수 없다. 같은 민족의 땅을 훔쳤기 때문이다. 단지 그들의 권력이 컸다는 점을 제외한다면 어떤 변명도 성립될 수 없다. 현재 내셔널 트러스트에 속한 공원이나 도로, 험한 해안선 등을 제외하고 단 수천 명이 영국의 국토를 남김없이 나눠가지고 있다. 누구나 보금자리를 가지는 게 옳고, 모든 농부들은 실제로 경작할 수 있는 만큼의 땅을 소유하는 것이 옳다."[1]

울타리를 두른 게 뭐가 어때서 조지 오웰이 저리 핏대를 세우는 건가. 문제는 '공유지'에 울타리를 두른 후 문서를 조작하여 '사유지'로 만들었다는 데 있다. '인클로저'는 오웰이 말한 대로 1600년에서 1850년까지 점진적으로 지속되었다. 그 결과, 봉건 농경 제도가 자본주의 체제로 서서히 변모했을 뿐 아니라 영국과 스코틀랜드의 풍경이 근본적으로 달라졌다. 유럽을 다니다 보면 자주 만나게 되는 풍경, 끝없이 펼쳐지는 풀밭, 평화롭게 풀을 뜯는 양 떼의 아름다운 전원 경관은 인클로저의 결과물이다. 그렇다면 공유지란 대체 무엇이고 그곳에 울타리를 쳤더니 사유지가 되었다는 것은 무슨 뜻인가. 이를 이해하기 위해서는 가장 먼저 공유지common lands의 의미를 새겨 볼 필요가 있다. 당시의 공유지는 지금 우리가 생각하는 공유지公有地와는 성격이 조금 달랐다. 원래는 중세 봉건 농경 제도의 발명품이었다. 중세 유럽에서는 원칙적으로 한 국가의 땅은 모두 왕에게 속했고 왕은 기사에게 땅을 하사하여 그들의 충성심과 군사력을 샀다. 이 기사들은 공작, 백작 등의 작위를 가진 귀족으로 자신의 영지를 통치하는 영주였다. 작위는 땅과 연결되어 있었다. '벌링턴 공작', '샤프츠베리 백작'과 같은 작위들은 모두 그들이 다스리도록 배당받은 고장의 이름이다. 이들은 땅을 통치·운영·관리하고 법을 행사할 수 있는 권한을 세습했다. 하지만 그렇다고 땅이 그들에게 완전히 속했던 것은 아니다. 물론 시간이 흐르면서 자신들에게 속한 것인 듯 착각했지만 후사가 끊기면 다시 왕실로 넘어갔고 기사가 말을 잘 듣지 않아도 왕이 다시 땅을 회수하여 다른 기사에게 하사했다. 왕이 곧 국가였으니 어찌 보면 모든 땅은 원칙적으로 국유지였던 셈이다.

중세 경제의 기반은 농업이었다. 영주는 농부에게 땅을 고루 나눠주어 경작하게 했다. '중세 장원의 구조' 도면을 보면 모든 농지가 일정한 규모로 나뉜 것을 알 수 있다. 이것이 바로 앞서 오웰이 말한 '한 농가가 경작할 수 있는 규모'다. 그중에서 흰색으로 표시된 것은 농부에게 할당된 땅이었다. 베이지색은 영주의 직영지였으며 빗금 친 땅은 각 교구에 배당된 땅이었다. 이 농지들이 색깔 별로 한데 모여 있지 않고 이렇게 분산된 이유는 농부들이 영주의 직영지와 교구 농지를 함께 갈아주어야 했기 때문이다. 이 노동이 바로 지대였고 종교세였다. 각 농가에 직영지와 교구 농지가 배당되었으며, 이들이 자기 농지 바로 옆에 있으면 일하기가 훨씬 수월했기 때문에 이런 구조가 형성된 것이다. 조각보처럼 잘게 쪼개진 경작지 외에 녹색으로 표시된 제법 넓은 구역이 있는데 이것이 바로 '공유지'였다. 대개는 경작에 적합지 않은 숲, 풀밭, 하천, 연못 등이 이에 속했다. 이 땅은 누구나 이용할 수 있었다. 각 농가마다 가축을 먹일 풀과 땔감이 필요했으며 오리나 거위를 기를 물이 필요했다. 바로 이 공유지에서 가축을 먹이고 연못의 물고기를 잡을 수 있었으며 숲에서 땔감을 구할 수 있었다. 가을이 되면 풀을 베어 가축의 겨울 사료를 준비했다. 이 때 가축을 풀어 풀을 뜯게 하던 초지를 '패스처pasture'라고 했고 사료용 풀을 베던 초지를 '메도우meadow'라고 불러 구분했다. 당시 중세의 영농법은 울타리가 필요 없었다.

그런데 언제부터인가 영국과 스코틀랜드의 풀밭에 양떼가 나타나 풀을 뜯기 시작했다. 그리고 이 양들을 보호한다는 명목으로 울타리를 두르기 시작했다. 12세기 말에서 13세기 초에 처음 이런 일이 벌어졌다고 전해진다. 국제 무역이 성장하면서 영국이나 스코틀랜드의 양모가 질이 좋다는 소문이 돌았기 때문이다. 영국 양모로 벌어들이는 수입은 밀 농사를 짓는 것과 비교되지 않을 만큼 좋았다. 처음에는 영주들이 공유지의 일부 풀밭에 울타리를 둘러 적은 수의 양떼를 길렀을 것이다. 도면 아래 부분에 보면 베이지색으로 표시된 땅에 클로즈closes라고 쓰여 있다. 클로즈는 누구에게나 개방되던 초지가 이제는 개방되지 않는다는 뜻으로 쓰기 시작했을 것이다. 평소와 같이 풀 베러 온 농부들에게 이제 이곳은 아무나 쓸 수 없으니 집에 가보라고 했을 것이다. 농부들이 항의하자 토지 문서를 내보였다. 수익의 반을 세금으로 내겠다고 제안해 왕실의 허가를 받고 법률가를 불러 문서를 만들어 두었던 것이다. 이렇게 풀밭을 모두 점령하더니 이제는 경작지에 손을 대기 시작했다. 땅이 조각보처럼 잘게 나뉘어 있으면 양떼를 치기 어렵다. 목축업은 일손이 많이 필요하지 않았다. 그전에는 수입원이었던 농부들이 귀찮아지기 시작했을 것이다. 농지를 그냥 몰수할 수는 없으므로 싼값에 농지를 사들이거나 마을을 아예 다른 곳에 이전시키기도 했다. 그러나 경작을 할 수도, 가축을 기를 수도, 땔감을 얻을 수도 없게 된 농부들은 마을을 버리고 떠났다. 마을이 비기 시작했다. 대대로 농사를 짓던 토지를 잃은 농민들은 도회지에서 일자리를 찾거나 여의치 않으면 부랑자, 도적이 되는 수밖에 없었다. 사회 문제가 생겼다. 양고기만 먹고살 수 없으니 식량 문제도 생겼다. 왕실에서는 이를 막기 위해 인클로저 법을 만들어 통제하려 했으나 의회를 차지한 의원들이 모두 지주였으므로 될 일이 아니었다. 헨리 8세가 즉위한 후부터 상황이 더욱 나빠졌다. 헨리 8세는 즉위하자마자 생활비를 배로 늘리고 '값비싼' 대불전쟁을 일으켜 재산을 탕진했다. 금고를 다시 채우기 위해 은화의 은 함량을 반으로 줄이기를 여러 번 반복한데다 신대륙에서 금이 쏟아져 들어오기 시작했다. 엄청난 인플레이션이 발생했다. 인플레이션은 지주들의 부를 위협했고 지주들은 생산성을 높이지 않을 수 없었다. 인클로저를 통해 수입원을 목축업으로 전환함으로써 생산 목표를 달성할 수 있을 것으로 보였다.

헨리 8세의 스승이었다가 나중에 단두대의 이슬로 사라진 토머스 모어는 그의 저서 『유토피아』에서 이렇게 걱정한 바 있다. "도적들이 나타나는 원인이 하나 더 있는데 그것은 바로 목양지의 증가다. 양은 순하고 기르기 편한 동물이지만 사람을 잡아먹는다. 토양의 좋고 나쁨에 상관없이 부드럽고 좋은 털을 만든다는 사실이 알려지면서 귀족이나 젠트리 그리고 성직자까지도 더 이상 소작을 주지 않고 울타리를 둘러 양을 기르기 때문이다. 별 생각 없이 자신의 이익만 생각하다보니 이렇게 백성을 해치는 결과를 초래했다. 영농을 포기하고 목양업으로 돌아선 것이 문제다."

1650년경 양모 값이 더 이상 오르지 않자 목양업이 일시 주춤했다. 지주들은 다시 소작을 주고 높은 지대를 챙기는 시스템으로 전환했다. 자본이 축적되기 시작했던 것이다. 그나마 남아있던 소농들은 높은 인클로저의 비용을 감당하지 못해 대농들에게 땅을 팔고 도시로 이주했다. 아예 마을 전체를 뉴질랜드나 오스트레일리아로 이주시키기도 했다. 목양업이 주춤하기 시작하면서 오히려 인클로저가 주가를 올리는 아이러니한 현상이 벌어졌다. 저택 가까이에 있는 마을이 눈에 거슬린다고 멀찍이 이주시키고 호수를 파서 마을을 물에 잠기게 한 귀족도 나타났다.[2] '막장' 자본주의의 막이 열린 것이다. 18세기 중엽, 젠틀맨이 클럽에 앉아 풍경화식 정원에 대한 토론에 열을 올릴 때 농민들은 이런 노래를 불렀다. "공유지의 거위를 훔친 농민은 옥에 갇히고, 거위에게서 공유지를 훔친 귀족들은 희희낙락한다."

---

1. Orwell, 1944.
2. 이 이야기의 주인공은 밀턴 에비(Milton Abbey)의 소유주였던 조셉 데이머 경이었다. 그는 1780년 풍경화식 정원을 만들기 위해 마을 하나를 모두 강제 이주시켰다. 밀턴 에비는 기숙학교가 되어 아직도 남아 있다.

041 장식 농장,
정원과 전원의 경계 없이

레저스 농장. H. F. James와 Stadler의 1800년경 부식동판화.
고딕 성당 폐허 뒤로 방문객들이 반대 방향으로 걸어가고 있다.

윌리엄 셴스턴William Shenstone(1714~1763)은 시인이었으나 시보다는 정원 덕에 유명세를 탄 인물이다. 어쩌면 윌리엄 켄트처럼 천직이 따로 있는데 그것을 뒤늦게 발견했는지도 모르겠다. 그가 소유했던 장원 '더 레저스The Leasowes'는 장식 농장의 대표작으로 알려져 있다. 그의 아버지는 인클로저에 편승하여 성공한 농부로서 남작의 딸과 혼인한 덕에 약 60헥타르에 달하는 장원을 운영할 수 있었다. 윌리엄 셴스턴은 이 장원에서 태어났으나 교육을 받기 위해 어려서부터 집을 떠나 있었다. 옥스퍼드에서 공부했지만 당시 젠트리들의 전통에 따라 학위는 받지 않았다. 그 후의 행적에 대해서는 많이 알려진 바가 없다. 다만 목가 시인으로 등단했다는 사실만 알려져 있다. 그의 삶은 1741년, 만 28세의 나이로 장원을 물려받은 후부터 흥미로워지기 시작한다. 그의 장원은 전형적인 인클로저로서 60퍼센트 이상이 목초지로 이루어져 있었다. 구릉진 지형에 드문드문 숲이 우거지고 계류가 흐르는 아름다운 풍경을 갖고 있어 풍경화식 정원이 될 자질이 충분했다.

지주가 되자 그 역시 여느 젠틀맨처럼 정원을 꾸미고자 했다. 목양업을 계속 하는 것은 일단 생계를 위해서도 중요했지만 정원을 조성하는 데 필요한 비용을 마련하기 위해 필수적이었다. 이런 경우, 전체 토지의 60퍼센트는 목양업을 하고 나머지 땅에 정원을 조성하는 것이 일반적이었다. 우선 그는 아이디어를 얻기 위해 여러 정원 서적을 읽었다. 특히 스티븐 스위처의 저서를 숙독했다. 스위처는 '하하'에 대해서만 얘기한 것이 아니라 장식 농장에 대해서도 의견을 피력했다.[1] 그는 실용적인 것과 아름다운 것을 한데 묶는 방법을 찾아보는 것도 나쁘지 않을 것이라 했다. 목가적 풍경에 큰 애착을 가지고 있던 윌리엄 셴스턴에게 목초지로 이루어진 자신의 농장이야말로 경제성과 가드닝을 포갤 수 있는 안성맞춤의 장소로 보였다. 굳이 토지를 분할하여 정원을 별도로 조성할 필요가 있을까. 스토우 정원처럼 정원 주변에 하하를 두르고 외곽의 농장은 시각적으로만 끌어들이는 것이 아니라 아예 농장 전체를 하나의 커다란 정원이 되게 할 수는 없을까. 셴스턴의 아이디어는 상당히 새로웠다. 당시에는 아직 이런 개념을 표현할 만한 용어도 없었다. 내친 김에 그는 '랜드스킵 가드닝landskip gardening'이라는 개념을 만들었다. 말하자면 풍경화식 정원이라는 용어의 저작권이 그에게 있는 셈이다.[2] 그리고 '내 농장은 장식 농장입니다'라고 발표했다. 물론 이미 장식 농장을 실천한 선배가 없는 것은 아니었다. 셴스턴보다 25년 먼저 볼링브로크 경Lord Bolingbroke (1678~1751)이 돌리 농장Dawley Farm을 만든 전례가 있었다. 볼링브로크 경은 가톨릭으로서 모반에 참가했다는 혐의를 받아 돌리 농장을 제외한 모든 재산과 영지를 몰수당하고 '가택 구금'된 케이스였다.[3] 낙향하여 정원을 꾸몄던 우리의 선비들처럼 농사를 짓고 정원을 가꾸며 여생을 보냈다. 그러나 돌리 농장이라는 명칭 외에는 아무 자료도 전해지지 않으므로 그저 농장이었는지 아니면 장식 농장 개념이 실제로 실현되었는지 확인할 길이 없다.

그 후 필립 사우스코트Philip Southcote(1698~1758)라는 젊은 장교가 워번Woburn에 땅을 사서 농장Woburn Farm을 꾸미기 시작했다. 1735년에 시작했으니 셴스턴 시인보다 몇 년 앞섰다. 필립 사우스코트 역시 가톨릭이었으므로 재산을 가질 수 없었고 런던에서 10마일 이상 떨어져 살아야 했다. 프랑스에서 망명 생활을 하다가 가톨릭에 대한 탄압이 조금 수그러들자 귀국했으며 역시 가톨릭이었던 알렉산더 포프Alexander Pope의 도움을 받아 젠틀맨 서클에 들어갔다. 이런 상황 속에서 사우스코트는 자신보다 삼십 년 이상 연상인 클리브랜드 공작부인Duchess of Cleveland을 만나 혼인했고 그 덕에 워번 농장을 구입할 수 있었다.

사우스코트의 워번 농장과 셴스턴의 레저스 농장은 둘 다 장식 농장의 원조로 평가되고 있다. 둘 다 약 60헥타르의 비슷한 규모이지만 성격은 서로 사뭇 다르다. 식물 적용이 화제가 되었던 워번 농장은 다음에 소개하기로 하고 이번에는 윌리엄 셴스턴의 레저스 농장을 자세히 살피고자 한다.

셴스턴은 농장 전체를 정원으로 엮기 위해 단순하면서도 기발한 방법을 고안해 냈다. 우선 그는 자신의 저택을 농장 한 가운데에 배치했다. 이례적인 배치법이었다. 대개 장원의 구조를 보면 저택이 있고 그 앞에 정원이 있으며 그 다음에 전원 풍경이 펼쳐지는 식으로 전개된다. 이런 틀을 깨고 농장 한 가운데에 저택을 배치한 것은 농장이 곧 정원이라는 개념과 일맥상통한다. 저택 옆에 농장 관리동을 함께 세웠고 집 바로 앞에서부터 목초지가 시작된다. 그 다음 순환 동선circuit walk을 만들었다. 요즘에야 공원마다 순환 산책로가 있으므로 전혀 신기할 것이 없지만 당시로서는 완전히 새로웠다. 산책로라면 대개 한 방향으로 곧장 갔다가 되돌아오는 형태이거나 정원의 일부만 도는 것이 상식이었다. 그러나 레저스 농장에서는 일단 진입로에 들어서면 농장 전체를 구석구석 돌고 저택 앞까지 갔다가 거기서 진입로로 되돌아올 수 있도록 동선이 짜였다. 산책로를 따라 도는 방향과 순서가 미리 정해져 있었고 동선 주변에는 40여 개의 볼거리와 쉼터 30개소를 배치했으며 각 쉼터마다 패널을 세워 경관에 어울리는 시를 적어 놓았다. 그래서 그의 농장을 '시인의 정원'으로 구분하려는 평론가도 있다.[4]

레저스 농장은 그 자체가 부드러운 능선의 구릉지여서 셴스턴은 지형에 크게 손대지 않고 목초지의 단순함을 보완하기 위해 수목을 적절히 배치하는 데 그쳤다. 그가 크게 신경 쓴 곳은 계류가 흐르는 골짜기였다. 본래 흐르던 계류를 끌어와 부지 북쪽에서 남쪽으로 크게 S자를 그리며 흐르게 했다. 물은 중간에 캐스케이드를 타고 흘러내려와 넓은 호수가 되었다가 다시 좁게 흐르기를 반복했다. 이 계류를 따라 숲이 이어지도록 했다. 산책로와 계류, 숲이 지형을 따라 오르내리며 때론 교차하고 때론 나란히 가면서 연속성을 가지는 조성법은 정원 역사상 처음 있는 일이었다. 주어진 동선을 따라가다 보면 수시로 변하는 경관을 접하게 되는데, 이를 얼마나 중요하게 여겼던지 산책로를 거꾸로 돌던 방문객들이 셴스턴에게 들키기라도 하면 잔소리를 들었다고 한다.

레저스 장식 농장은 그 독특함으로 인해 만들자마자 유명해졌다. 많은 방문객이 찾아왔고 그 명성이 미국까지 전해졌다. 벤자민 프랭클린과 토머스 제퍼슨이 영국을 방문했을 때 농장을 보고 갔고 저널리스트들이 취재를 하러 왔다. 농장 안내서가 포함된 셴스턴 시집도 출간되었다. 대부분 칭송을 아끼지 않았지만 호레이스 월폴만은 냉정했다. 시인으로서 자질도 별로 없으면서 정원 덕에 시까지 알려졌다는 사실을 빈정거렸고 그의 정원 평론서에서 언급조차 하지 않았다.[5] 레저스 농장에 대한 제대로 된 평론은 1770년 토마스 훼이틀리Thomas Whately(1726~1772)[6]가 썼다. 그는 농장을 방문하여 찬찬히 살피고 나서 이는 장식 농장이라기보다는 아르카디아 풍경에 성공한 독보적 작품이라고 극찬했다.[7] 그럼에도 레저스 농장이 장식 농장의 계열에 포함되는 이유는 센스턴 자신이 그렇게 정의했기 때문이다. 장식 농장에 대한 개념이 모호한 것은 사실이다. 위에서 살펴 본 바와 같이 장식 농장을 조성한 주인공이 모두 사회 지도층이 아니었기 때문인지 조명을 오래 받지 못했다. 실존하는 농장을 정원처럼 아름답게 꾸민다는 본래적 의미는 희미해지고 장식성과 '놀이' 개념이 강조되어 마리 앙투아네트의 '왕비의 농장Hameau de la Reine'처럼 무대 장치와 같은 놀이 농장으로 변질되게 된다.

---

1. Schulz, 2005, p.123.
2. 앞의 책, p.136.
3. Buttlar, 1989, p.52.
4. 시몬네 슐츠는 센스턴을 호레이스, 베르길리우스, 포프의 전통을 잇는 시인 정원가로 보고 있다.
5. Schulz, 2005, p.135.
6. 영국의 정원 평론가. 『현대 정원에 대한 논평(Observations on Modern Gardening)』이라는 중요한 저서를 남겼다. 당시 정원들을 꼼꼼하게 둘러보고 상세한 논평을 썼으며 정원의 역사 및 정원 조성의 이론에 대해서도 체계적으로 다루었다.
7. Whately, 1770, pp.161~171.

042 그린 핑거스

카날레토(Canaletto)가 1750년경에 그린 템스 강변의 정경.
멀리 보이는 돔이 바로 세인트 폴 대성당이며 그 뒤쪽으로 워번 농장이 위치하고 있다
(그림은 'Royal Collection'의 일부).

드높은 정치적 이상과 각종 세련된 건축물에도 불구하고 나무가 없으면 풍경화식 정원은 성립되지 않는다. 하하ha-ha를 조성하여 전원 풍경을 시각적으로 끌어들인 결정적인 동기는 바로 그곳에 나무가 자연스럽게 자라고 있었기 때문이다. 새로 심은 나무가 제대로 효과를 내려면 많은 시간을 기다려야 하는 것은 예나 지금이나 다를 바 없다. "이백 년이 지난 오늘에 와서야 랜슬롯 브라운이 심었던 나무들이 진가를 발휘한다"[1]라는 말이 물론 과장되긴 했어도 전혀 사실무근이 아님은 누구나 알고 있다. 풍경화식 정원이 만들어지면서 식물 수집과 재배 사업에도 가속이 붙었다. 식물 수집가들이 식민지에서 새로운 식물을 부지런히 실어 날랐으며 식물학과 식물 재배 기술이 성큼 도약한 시기이기도 하다. 새로운 식재 기법에 대한 연구도 활발히 진행되었다. 이에 가장 앞장 선 인물 중 하나가 제8대 페트르 남작Robert James Petre, 8th Baron Petre(1713~1742)이었다.

1712년, 런던 사교계를 발칵 뒤집은 스캔들이 하나 있었다. 당시 썩 괜찮은 신랑감으로 제7대 페트르 남작이 꼽혔는데, 어느 날 그가 사교계의 여왕, 방년 16세의 아리따운 아라벨라 페르모어Arabella Permor(1696~1737)[2] 양의 머리카락을 한 줌 자른 사건이었다. 그것도 사교계 사람들이 다 모여 있는 가면무도회에서 많은 증인이 지켜보는 가운데 벌어진 일이었다. 아라벨라 양은 그때 연회장 한쪽에서 카드놀이를 하고 있었다. 당시 스물한 살이었던 페트르 남작이 다가가서는 그녀의 어깨에 우아하게 드리운 머리카락을 한 줌 쥐고 가위를 꺼내 싹둑 잘랐다. 그 전에 두 선남선녀 사이에 무슨 사연이 틀림없이 있었을 것이라는 설과 청년들이 짓궂은 내기를 한 것이라는 설이 있었다. 둘 사이의 염문이 있었더라도 그 사건을 계기로 끝장이 난 건 물론이다. 아라벨라는 대노했고 두 가문 사이에 싸움이 벌어졌다. 그때 무도회에 참석했던 알렉산더 포프Alexander Pope가 이 사건을 목격했다는데 ─정말이지 그는 끼지 않는 곳이 없었다─ '두 가문 사이를 중재'하기 위해 그 일화를 장편 풍자 서사시로 써서 발표했다. '머리카락 강탈 사건'[3]이라는 제목의 이 장시는 하루아침에 베스트셀러가 되었다. 두 가문을 화해시키겠다는 목적은 달성하지 못했지만 포프의 걸작이 한 편 탄생했다.

페트르 남작은 같은 해에 부유한 웜슬레이 가문의 상속녀와 혼인했으며 이듬해에 천연두에 걸려 유복자를 남기고 죽었다. 이 아들이 커서 8대 페트르 남작이 되었는데 그 역시 아버지처럼 서른 살 생일을 맞기도 전에 천연두에 걸려 유복자를 남기고 죽었다. 아버지와는 달리 아들은 여인의 머리카락 대신 식물을 수집했고 정원 조성에 대한 남다른 열정과 소질을 보여 나중에 식물학의 대부라고 칭송받는 인물이 된다. 그의 업적을 들여다 보면 그 짧은 생애 동안 어떻게 그렇게 많은 일을 했을까 궁금해진다.

어린 시절부터 장난감보다 식물을 더 좋아했다는 말이 사실이었던 것 같다. 그는 1742년, 29세로 사망할 때까지 자신의 손던 홀Thorndon Hall 장원을 수목원으로 재편성해 약 700종의 식물을 길렀으며, 4만 주가 넘는 미국 수목을 도입하여 심고, 여러 채의 대형 온실을 만들어 까다로운 남부 수목을 재배했고, 지인들의 장원 여덟 개를 풍경화식으로 바꾸어주었다. 그 역시 남들처럼 유럽 대륙으로 그랑 투어를 다녀왔지만 돌아올 때 식물 관련 서적만 배에 가득 싣고 왔다. 이런 방식으로 페트르 주니어는 풍경화식 정원에 다양한 식물을 제공하는 데 결정적인 공헌을 했을 뿐 아니라 식물학자들에게 후원을 아끼지 않아 미성년자로서 이미 왕립학회Royal Society의 회원으로 추대된 특이한 경우였다.

그러나 그의 최고 주특기는 '마치 살아 있는 연필로 그림을 그리는 듯한'[4] 식물 배치법이었다고 전해진다. 수목을 S자 띠형으로 심고 상록성 참나무와 낙우송, 은빛 전나무와 키 작은 주목을 서로 조화시켰으며 호랑가시나무와 회양목을 대비시켰다. 이런 식재법은 "켄트의 조잡한 식재법에 비해 백배나 근사한 효과를 주었다"[5]는 평을 받게 했다. 그의 나이가 어렸음에도 그를 스승으로 본 젠틀맨들이 꽤 많았는데, 그중에 필립 사우스코트Philip Southcote (1698~1758)라는 인물도 있었다. 필립 사우스코트는 워번 농장Woburn Farm의 주인이었다. 워번 농장은 레저스 농장과 함께 영국의 장식 농장 중 쌍벽을 이루었던 곳이다.

템스 강 남부 평야의 가장자리에 있는 워번 농장은 그 자체로는 크게 매력 있는 풍경이 아니지만 멀리 아름다운 월튼 브리지가 바라다보이고 동쪽으로 세인트 폴 대성당이 우뚝 서 있으며 북쪽 경계를 따라 번이라는 작은 하천이 흐르는 곳이다. 번 하천은 농장 전체를 적시고 저택 가까이에 와서 호수로 흘러들어 간다. 필립 사우스코트는 이런 주변 환경을 시각적으로 이용함과 동시에 "예술의 힘을 이용하여 평범한 농경지를 장식 농장으로 승화시켰다"는 평을 받고 있다.[6] 물론 이렇게 역사에 남을 작품을 만들기 위해 그가

들인 공이 적지 않았다. 예를 들어 산책로 루트를 정하기 위해 수백 가지의 서로 다른 경로를 걸어보았을 정도로 심혈을 기울였다.[7] 경로에 따라 보이는 장면이 시시각각 달라지기 때문에 풍경화식 정원의 관건 중 하나는 최적의 산책 경로를 정하는 것이다. 그 전통이 워번 농장에서 탄생했다.

사우스코트 자신은 글을 남기지 않았다. 다만 동시대의 증인들이 쓴 방문기가 여러 편 전해진다. 그중에 가장 큰 영향을 미친 것이 아마도 토머스 훼이틀리Thomas Whately의 평론서 『고찰Observation』[8]이었을 것이다. 여기서 그는 워번 농장을 소개하며 "정원의 경계 속에 농촌의 요소를 포함한다는 아이디어가 여러 번 실천에 옮겨졌지만 워번 농장처럼 완벽하게 구현된 적은 없었다"고 말한다.[9]

워번 농장의 3분의 2는 목초지로 소와 양을 쳤고 나머지는 경작지였다. 사실 정원을 별도로 조성할 수 있는 마땅한 면적이 없었으므로 사우스코트는 순환 산책로circuit walk를 고안했고 이를 정원으로 응용했다. 즉, 산책로 변에 넓은 폭으로 식물 벨트를 조성한 뒤 이것을 정원이라 하였다. 순환로를 설정한 것은 레저스 농장도 마찬가지였지만 레저스의 경우 농장 그 자체를 목가 정원으로 해석했으므로 정원에 대한 개념이 근본적으로 달랐다. 워번의 식물 벨트에는 당시 보기 힘들었던 각종 진귀한 꽃과 관목이 자랐다. 당시 심었던 식물의 목록이 전해지는데 그 중에는 패모[10] 등 생소하고 진기한 식물도 포함되어 있었다. 현대적 개념으로 본다면 지역 생태계에 어긋나는 식재법이라고 비판받을 수 있겠으나 당대 사람들은 무척 강한 인상을 받았던 것 같다.

1764년 멀리 독일의 안할트-데사우Anhalt-Dessau라는 작은 나라에서 레오폴드 3세 왕이, 1786년 4월에는 당시 파리 공사로 주재하고 있던 토마스 제퍼슨이 워번 농장을 다녀갔다. 각각 자기 나라로 풍경화식 정원을 '퍼간' 인물들이다.

1. Hobhouse, 1992, p.204.
2. 18세기 초, 런던 사교계의 여왕이라 불리기는 했으나 별다른 업적은 없었다. 다만 머리카락 강탈 사건의 주인공이 되면서 역사에 남게 된 인물이다.
3. Pope, Alexander, The Rape of Lock 1712, Lintot's Miscellany에 처음 실렸고 지금은 온라인으로 읽을 수 있다.
4. Chambers, 2004; online edn, May 2008.
5. Mowl, 2010, p.127.
6. 잉글리시 헤리티지(English Heritage) 공식 홈페이지의 워번 농장에 대한 소개 사이트. 워번 농장은 영국 2급 문화재로 등록되어 있으며 문화재청에서 상당히 상세하고 수준 높은 정보를 제공하고 있다. http://list.english-heritage.org.uk/resultsingle.aspx?uid=1000342
7. Mowl, 앞의 책, pp.128~129.
8. Whateley, 1770.
9. 앞의 책, p.177.
10. 학명은 Fritillaria imperialis. 크라운 임페리얼(Crown Imperial)이라고 불리는 화려한 숙근초로 이란, 아프가니스탄, 인도 등이 원산지다.

043 몬티첼로의 불편한 진실

몬티첼로의 심장부. 팔라디오 풍의 저택과 넓은 잔디밭,
근사한 수목들에서 전형적인 풍경화식 정취가 느껴진다.

1779년 독일의 예술사학자 히르시펠트는 "영국의 식민지 북
아메리카는 주어진 자연 환경이 너무 아름다운 곳이다. 특히 버지니아 주의
기름진 땅에 사는 주민들은 모두 건강한 신체에 질병도 모르며 완전한 자유
를 누리며 살아가고 있다"고 말한 적이 있다. 미국독립선언문이 발표된 지 3
년 뒤의 일이었다. 히르시펠트가 보기에 버지니아는 천국이었다. 다만 이 천
국에 아직 정원이 없었다. 이 정원 없는 천국에 풍경화식 정원을 도입한 인
물은 다름이 아닌 독립선언문의 기초위원이었으며 후에 미국의 3대 대통령
이 되는 토머스 제퍼슨Thomas Jefferson(1743~1826)[1]이었다. 풍경화식 정원을 미국
에 도입한 인물이 토머스 제퍼슨이라는 사실은 좀 믿기 어려울지도 모른다.
그런데 사실이 그렇다. 물론 제퍼슨이 1786년 영국 정원을 방문했을 때 그는
아직 대통령이 아니었고 조지 워싱턴이 대통령이었다. 유럽에서 귀국한 뒤
제퍼슨은 우선 국무장관이 되었다가 부통령을 거쳐 1800년 대통령이 된다.
변호사로 출발하여 버지니아 주지사, 미연방의원, 프랑스 공사, 국무장관, 부
통령, 대통령으로 화려하게 쌓아간 그의 정치 경력과 그의 몬티첼로 농장이
풍경화식 정원으로 변모해가는 과정이 동시에 진행되었다. 다른 사람을 시
켜서 만든 것이 아니라 직접 세세히 관여했다는 사실은 그가 남긴 정원 기
록을 보면 알 수 있다.

"1766년 3월 30일. 보라색 히아신스가 피기 시작했다." 이렇게 시작된 토
머스 제퍼슨의 정원 기록[2]은 이후 58년 동안 계속된다. 23세에 쓰기 시작해

서 81세까지 기록을 남겼다. 공무가 만만치 않았을 텐데 어떻게 꾸준히 기록을 남길 수 있었을까. 제퍼슨은 잠이 별로 필요 없는 전천후 인간이었다. 그의 이력을 보면 독일의 괴테Johann Wolfgang von Goethe(1749~1832)[3]와 흡사한 점이 많다. 괴테가 제퍼슨보다 여섯 해 늦게 태어났으니 동시대를 살았던 셈이다. 당시 시대 상황이 '만능 인재'를 필요로 해서였을까? 두 사람 모두 정치가, 철학자, 자연과학자, 엔지니어, 건축가, 식물 연구가, 조경가로서 여러 사람의 생을 살았다. 제퍼슨의 경우 무게중심이 정치에 있었다면 괴테의 본연은 시인이었다. 그럼에도 그들은 세상의 모든 일을 알고 이해하고자 했으며 세상의 질서를 바로 세우고자 했다.

제퍼슨은 법학도 시절부터 영국의 팔라디아 풍 건축과 새로운 정원에 큰 관심을 보였다. 그의 장서 목록을 보면 그 사실을 알 수 있다. 그중 제퍼슨이 가장 흥미를 가지고 읽은 책이 바로 레저스 농장의 주인 셴스턴이 쓴 『정원에 대한 두서없는 생각』(1764)이라는 에세이집과 토머스 훼이틀리가 1770년에 펴낸 『고찰』이었다. 제퍼슨이 1786년 영국을 방문했을 때 그는 이 두 권의 책을 손에 들고 다니면서 여행 기록을 남겼다.[4] 그러나 아무리 열심히 견학을 다녀도 땅이 없으면 정원을 만들 수 없다. 제퍼슨의 경우 기본 여건이 이미 마련되어 있어 모든 것이 일사천리로 진행됐다. 그는 아버지로부터 약 400헥타르의 몬티첼로 농장을 물려받아 대학 시절에 이미 대농이 되었으며 나중에 장인으로부터 또 그만큼의 땅을 물려받았다.

1770년 버지니아 주 의원으로 당선된 후부터 제퍼슨은 몬티첼로 농장을 본격적으로 다듬기 시작했다. 몬티첼로는 그 이름이 말해주듯 산이다. 말하자면 제퍼슨은 산 하나를 통째로 소유했던 셈이다. 이런 지형적 조건으로 인해 농장의 구조가 자연스럽게 결정될 수 있었다. 그는 우선 산의 정상을 평평하게 다듬고 팔라디오 풍의 저택을 지었다. 저택과 그에 딸린 정원이 몬티첼로의 심장부를 이룬다. 이어 등고선을 따라 내려가면서 네 개의 우회 도로 roundabout를 내어 위계를 세웠다. 저택과 정원을 감싸고 도는 것이 첫 번째 우회 도로이며 그 남쪽 사면에 차례대로 뽕나무 가로수길, 채소밭, 포도밭과 과수원이 정연하게 자리 잡았다. 북서쪽에는 수림grove을 조성했다. 이곳이 장식 농장인 셈이며 두 번째 우회 도로가 둘러싸고 있다. 세 번째 우회 도로 사이의 북동쪽 사면은 제퍼슨이 사료와 곡식을 실험 재배하던 곳이었다. 그외의 사면은 본래 숲으로 둘러싸여 있었으나 동남쪽 숲은 개간하여 목초지, 경작지로 만들었고 나머지는 목재를 취하기 위해 숲으로 보존했다. 다만 숲속 곳곳에 울타리로 구역을 나누어 닭, 소, 돼지, 말, 망아지의 사육장을 만들었다. 남서쪽 경사면의 넓은 숲은 높은 울타리가 쳐진 수렵원이며 그 일부가 현재 방문객 주차장으로 이용되고 있다.[5] 이렇게 몬티첼로는 정원과 농장, 수렵원과 삼림, 가축 사육 등 사람과 자연이 만나 행해지는 거의 모든 일들이 가능한 곳이었다.

몬티첼로의 제1정원이라고 할 수 있는 심장부의 정원이 우리의 관심을 끈다. 저택 바로 앞에 누에고치 형태의 잔디밭이 있는데 이곳을 워번 농장을 닮은 꽃길Winding Flower Walk이 한 바퀴 돌고 있다. '좀 더 다양한 꽃을 보고자' 제퍼슨이 직접 디자인했으며 스케치도 남아있다.[6] 이곳은 주변을 에워싸고 있는 성근 숲과 더불어 풍경화식 정원의 정취가 물씬 느껴진다. 그러나 제퍼슨의 정원관은 원칙적으로 실용적이고 학구적이었다. 그는 채소밭, 포도밭, 과수원, 밀밭에서 수확을 얻기도 했지만 미국에서 경작이 가능한 작물을 찾는 데 관심을 집중했다. 그의 장식 농장은 곧 실용적인 작물과 적절한 수목을 찾아내는 실험실이기도 했다.

털어서 먼지 안 나는 사람은 없다. 몬티첼로의 성인(聖人)이라 불리는 토머스 제퍼슨의 경우도 예외는 아니다. 그를 털면 심각한 수준의 먼지가 쏟아진다. 명성이 높았던 만큼 드리워진 그림자도 길고 깊다. 그는 몬티첼로의 땅만 물려받은 것이 아니라 수백 명의 노예도 함께 물려받았다. 평생 약 600명의 노예를 거느렸고 그의 농장에서는 늘 200명 정도의 노예가 일하고 있었다. 그들을 사고팔기도 했다. 제퍼슨은 농장 외에 철공소도 운영했는데, 그곳에서 일하던 노예들은 10세 미만의 어린아이들이었다. "새로 태어나는 흑인 아이 한 명이 연간 4%의 이익에 해당한다", "철공소에서 일하는 흑인 소년들이 내 가족들의 생활비를 넉넉히 벌어준다" 등의 메모도 남겼다.[7]

제퍼슨은 노예 제도를 바탕으로 형성된 버지니아 주에서 태어났다. 흑인 노예가 먹이고 입히고 학교에 데려다 주었으며 그가 사망했을 때 눈을 감기고 베갯머리를 지킨 것도 노예였다. 평생 그의 시중을 들어주었던 노예가 그의 어릴 적 가장 친한 친구였다. 친구가 시종이 되는 것을 당연한 세상의 이치로 여기며 성장했을 것이다. 그의 부모가 누렸던 생활 수준, 그의 비싼 학비, 정치 자금뿐 아니라 버지니아 주의 존재 자체가 노예 없이는 가능하지 않았다. 청년기의 제퍼슨은 노예 '수입' 금지에 대한 법안을 만들고 "모든 인간은 똑같은 권리를 가지고 태어났다"라는 문장을 쓴 계몽주의자였다. 그는 직접 농장을 운영하면서 노예들이 농장에 예속되어 있는 만큼 농장의 경제가 노예들에게 예속되어 있다는 빼도 박도 못하는 모순을 깨달았다. 그는 농장을 포기하지 못했다. 수많은 식솔의 생계와 존재가 농장에 매달려 있었다. 그 대신 '모든 인간'의 범주에서 노예들이 슬그머니 제외되었다. 그리고 더 이상 '노예 제도 폐지'라는 말을 입에 담지 않았다. 그렇다고 우리가 제퍼슨에게 분노할 자격이 있을지 모르겠다. 21세기를 사는 우리 역시 '본의 아니게' 초현대판 노예 제도를 운영하고 있다. 글로벌 경제가 글로벌한 노예들을 만들었기 때문이다. 차이점은 주인과 노예라는 직접적인 관계 대신 주인 국가와 노예 국가의 관계가 형성되었다는 점이다. 아프리카의 광산 어두운 곳에서 우리 손가락을 장식하는 다이아몬드나 핸드폰에 들어가는 특수 금속을 캐는 고달픈 이들, 우리의 청바지 혹은 명품 가방을 꿰매는 여인들, 손이 부르트도록 커피 열매를 씻고 껍질을 벗기는 어린아이들이 저 멀리 어딘가에 존재한다. 누가 먼저 돌을 들어 제퍼슨에게 던질 것인가.

1. 미국의 정치가, 교육자, 철학자. 자유와 평등으로 건국의 이상이 되었던 1776년 7월 4일 독립선언문의 기초위원이었다. 1800년 제3대 대통령에 당선되었고 1804년 재선되었다. 철학·자연과학·건축학·농학·언어학 등으로 많은 사람들에게 영향을 주어 '몬티첼로의 성인'으로 불렸다.
2. 토머스 제퍼슨의 정원 기록은 「Thomas Jefferson's Garden Book」이라는 제목으로 1999년 출판되었으며, 매사추세츠 역사학회에서 온라인으로도 제공하고 있다. http://www.masshist.org/thomasjeffersonpapers/garden
3. 독일 바이마르 공국의 정치가, 시인, 철학자, 과학자, 화가로 독일 문화사에 가장 큰 영향을 미친 인물이다.
4. Jefferson, 2~14. April 1786.
5. Favretti, 1993, pp.26~27.
6. Thomas Jefferson Foundation, Winding Flower Border. http://www.monticello.org/site/house-and-gardens/winding-flower-border
7. Gerste, 2014.

044 청년 군주 프란츠 공이 이룩한 계몽 국가

뵈를리츠 파크의 겨울.
프란츠 공은 신에게는 교회를, 가난한 이에게는 오두막을 지어주었으며
대지의 두 번째 창조자가 되어 정원 왕국을 지었다.

본래 한 시대를 통치하는 왕은 한 명만 있기 마련인데, 독일의 경우 수십 명의 군주가 동시에 존재하기도 했다. 독일의 정치·지리적 특성 때문이다. 독일은 19세기 말이 되도록 수많은 제후국으로 나뉘어 있었다. 1871년, 프로이센이 이들을 통일하여 '독일제국'이 탄생할 때까지 사실 '독일'이라고 불리던 나라는 없었다. 제후국이 가장 많던 시절에는 그 숫자가 300이 넘었고 통일될 무렵에는 30여 개로 추려졌다. 제후들은 다시 왕, 공작, 영주(퓌르스트, 독일에만 있는 명칭)의 세 계급으로 나뉘었으며 이들은 전적인 통치권을 가지고 있었다. 그들을 서로 묶었던 것은 공통의 언어와 '신성로마제국'이라는 허울뿐인 연합 제도였다. 이 점이 영국이나 프랑스와 달랐다. 왕뿐만 아니라 공작과 영주도 자신의 영토 내에서 절대적인 권력을 행사했다. 그렇게 할 수 있었던 것은 중세 후기에 들어서면서 귀족들이 하사받은 봉토를 황제로부터 사들여 자기 소유로 만들었기 때문이다. 그러니 런던이나 파리처럼 정치와 문화가 집약된 대표적인 도시도 없었다. 각자 자신의 영토에서 자기들만의 문화권을 형성해 나갔다. 지금도 독일 연방 제도에 그 전통이 이어져 내려오고 있다. 현재 독일의 16개 연방 주는 각각 독립된 국가처럼 운영되고 있으며 —행정 제도, 선거 제도, 정치 용어도 서로 많이 다르다— 연방 정부는 큰 발언권이 없다. 그 덕에 독일은 문화 수준이 전국적으로 고르게 발달할 수 있었으며 유럽 국가들 중 성과 궁전, 교회와 성당, 대학과 정원을 가장 많이 보유하고 있는 나라가 되었다. 제후들 사이에 문화 경쟁이 벌어져 서로 다투다시피 대학을 설립하고 도서관, 박물관, 음악당을 짓고 정원을 만들었기 때문이다.

이런 조각 이불 같은 상황은 프랑스나 영국 왕실의 조롱거리가 되기도 했다. 다만 영국의 작가 호레이스 월폴Horace Walpole은 이 현상을 호의적으로 해석했고 "조만간 독일의 군주들 사이에 풍경화식 정원 만들기 경쟁이 벌어질 것"이라고 예언했다.[1] 이 예언은 들어맞았다. 1764년, 독일에서 풍경화식 정원을 받아들인 이후 지금까지 풍경화식 정원은 독일 조경의 근간을 이루고 있다. 그런데 이 시대의 막을 연 것은 하필 안할트-데사우라는 초미니 공국이었다. 그런 나라 이름을 누가 들어본 적이 있을까. 안할트-데사우는 현재 작센-안할트 주에 편입되었지만 당시에는 독립적인 제후국이었다. 총면적 700km²—서울특별시보다 조금 크다—, 인구 53,000명의 앙증맞은 나라로 거대한 프로이센과 작센 틈새에 새우처럼 끼어 있었다. 지금은 존재하지도 않는 이 작은 공국이 유럽에서 가장 진보한 계몽 국가라는 명성을 누렸던 적이 있다. 1758년부터 60년 동안 레오폴드 3세, 프란츠 공[2]이 통치하던 시대였다.

이 프란츠 공이 열여섯 살 소년 왕이었을 때, 프로이센과 오스트리아 사이에 고래 싸움이 벌어졌다. 후에 '칠년전쟁'이라 불리게 되는 독일의 패권 전쟁이었다. 프란츠 공은 가문의 전통에 따라 프로이센 편에 서서 전쟁에 참가해야 했다. 군대를 이끌고 프라하까지 진격해 들어갔던 공은 성문 앞에서 홀연 말머리를 돌려 전장을 떠났다. 그동안 전쟁이 휩쓸고 지나간 자리의 잔인함을 보며 남다른 생각에 잠겨 있었던 것이다. 남의 전쟁에 참가해 무고한 백성을 죽이고 대지를 황폐하게 하며 문화 시설을 불태우기보다는 내 작은 나라를 평화로운 번영의 길로 이끌고 싶다는 욕망이 소년 왕의 가슴속에 차올랐다. 계몽 군주가 탄생하는 순간이었다.

집으로 돌아온 프란츠 공의 머릿속에는 이상적인 국가관이 가득했지만 아직 모르는 것이 너무 많아 실천이 어려웠다. 일단 절친한 친구이자 건축가였던 에르트만스도르프Friedrich Wilhelm Erdmannsdorf(1736~1800)[3]와 함께 해외 연수를 떠났다. 1764년, 프랑스와 이탈리아를 거쳐 영국에 도착한 프란츠 공은 오십여 년 전에 헨델이 그랬던 것처럼 영국에 매료되었다. 팔라디오 풍의 건축, 목가적 풍경, 새로운 정원, 런던의 시민 사회와 의회주의, 발달된 농업 기술, 공업 기술 등은 깊은 인상을 남겼다. 많은 전문가를 만나 배움을 청했다. 그러는 동안 새로운 왕국에 대한 청사진이 뚜렷해져 갔다. 영국 여행 당시 "여기야말로 사람이 살 수 있는 곳"[4]이라 했다는 그의 말은 당시 영국의 선진 문화에 대한 증언이기도 하지만 한편 프란츠 공 자신의 인간관과 국가관을 말해주기도 한다. 그가 말하는 '사람'은 귀족층에 국한되지 않았다.

귀국한 그는 우선 칠년전쟁의 여파로 집과 땅을 잃고 떠돌아다니는 거지와 부랑자를 거두어 주거지, 일자리, 평생 연금을 주는 것으로부터 개혁 정치의 문을 열었다. 누구나 배워야 하고 일자리를 가져야 하며 건강해야 한다는 것이 그의 신념이었다. 최초로 의무 교육 제도와 의료 제도를 도입했다. 누구나 학교에 다니게 했고 의료 혜택을 받게 했다. 지금의 대안 학교를 방불케 하는 해방 교육 개념을 적용했다. 그 외에도 군사 제도 개편에서 출판 제도 개혁까지 프란츠 공의 60년에 걸친 긴 통치 기간은 계몽 국가를 구현하려는 노력으로 점철된 역사였다. 이웃 나라의 공자들이 줄줄이 견학을 왔다. 당시 바이마르 공국의 재상이었던 괴테는 한 번 다녀간 후 자신의 주군을 모시고 수시로 들락거렸다. 후에 칼 마르크스는 이렇게 말했다고 한다. "프란츠 공의 이상 국가에 대한 꿈이 완전히 실현되었더라면 나 같은 사람은 필요 없었을 것이다."[5] 공의 후손들이 그의 개념을 미처 이해하지 못해 결국 계몽 국가의 꿈은 지속되지 못했다. 시대를 너무 앞섰기 때문일 것이다.

프란츠 공이 꾸었던 계몽 국가의 꿈에는 당연히 정원도 포함되어 있었다. 그는 이를 '국토 미화 사업'이라 부르고 왕국 전체를 하나의 큰 정원 풍경으로 바꾸어 놓았다. 우선 포장도로를 만들어 선조들의 기존 궁전과 정원을 서로 연결하여 이를 정원 왕국의 주축이라 일컬었으며, 각 도로변에 유실수를 심어 남다른 풍경을 만들어내는 것으로 미화 작업을 착수했다. 그의 미화 사업은 일자리 창출이라는 목적도 있었다. 뉴딜 정책을 150년 앞당겨 실천한 것이다. 안할트-데사우는 엘베 강 유역에 위치한 평야 지대로서 예로부터 곡창이었다. 그만큼 농업이 중요한 곳이었으며 영국식 장식 농장의 개념을 적용하기에 안성맞춤인 곳이기도 했다. 새로운 농법을 적용하여 수확을 몇 배로 증가시키는 한편, 농사에 적절하지 않은 늪지대에는 나무를 심어 숲을 이루거나 정원을 만들었다. 그중 대표적인 것이 엘베 강과 뵈를리츠 호수 사이, 총 200헥타르 정도의 저지대에 조성한 풍경화식 정원이었다. '뵈를리츠 파크Wörlitz Park'라고 불리는 이 정원은 1764년에서 1800년 사이에 점진적으로 완성되었다. 크고 작은 호수들, 소하천, 계류들이 맥을 이루고 있는 일종의 수상 정원으로서 정원 왕국의 심장부를 이루었다. 프란츠 공은 뵈를리츠 파크가 왕국의 본부라는 사실을 확실히 하기 위해 작은 궁을 짓고 이주했다. 수도 데사우에 있는 조상들의 멋진 궁을 버린 것이다. 뵈를리츠 파크에서 군신과 백성이 함께 살림을 꾸려갔다. 그의 정원 왕국은 건축 전시장이며 옥외 교육장이고 일터였다. 농부들이 고대 그리스·로마의 건축과 신화, 르네상스의 휴머니즘, 루소의 계몽 철학을 자연스럽게 배워나갔다. 그를 일컬어 아름다운 것과 실용적인 것을 접목했다고 하나 그보다는 오히려 실용적인 것을 아름답게 꾸몄다고 보는 편이 옳을 것이다. 프란츠 공은 낭만적인 꿈을 꾼 사람이 아니었다. 오히려 냉정하게 '계산을 할 줄 아는 사람'[6]이었다. 농법을 개량하고 원예업을 증진시켜 수익을 증가시키는 것이 우선이었다. 국고가 차야 정원을 만들 수 있다는 것이 그의 계산이었다. 국고를 채우기 위해 세금을 올린 것이 아니라, 백성들의 수익을 먼저 올려주니 국고가 저절로 찼던 것이다.

그의 묘비명에는 이런 문구가 새겨져 있다. "그는 신에게는 교회를, 가난한 이에게는 오두막을 지어주었으며, 대지의 두 번째 창조자가 되어 정원 왕국을 지었다."

---

1. Walpole, H., 1770. in: Buttlar, 1989, p.132.
2. 공식 명칭은 Leopold III., Fürst Franz von Anhalt-Dessau(1740~1817). 생전에 이미 유럽의 가장 이상적인 군주라는 명성을 누렸으며 국민들은 그를 아버지라고 불렀다.
3. 독일의 건축가. 프란츠 공을 도와 안할트–데사우 국토 미화 프로그램에서 중추적 역할을 했으며 이 과정에서 초기 고전주의 양식을 정립하게 된다.
4. Stolzenberg, 2012, p.2.
5. 앞의 글, p.1.
6. Stadt Dessau-Roßlau (ed.) 2012.

045 자연보다 더 자연스러운 미스터 브라운의 풍경

페트워스 하우스(Petworth House).
브라운이 1751년부터 1765년까지 오랜 세월에 걸쳐 조성한 곳으로,
수백 마리의 사슴이 초원과 숲을 넘나들며 자연스럽게 살아가는
와일드 파크 개념으로 만들었다.

1783년 2월 5일, 윌리엄 켄트의 뒤를 이어 30년 이상 영국 조경
계를 장악했던 랜슬롯 브라운Lancelot Brown(1715~1783)이 갑자기 세상을 떠났다.
68세였지만 아직 왕성히 활동하고 있었는데 어느 날 딸의 집을 방문하러 갔
다가 문지방에서 쓰러져 그 자리에서 숨을 거두었다고 한다. 그의 부음을 들
은 조지 3세는 곧 리치먼드 정원으로 가서 정원사를 붙들고 "미스터 브라운
이 죽었다는군. 이제 자네랑 나랑 맘대로 정원을 만들어도 되네"라고 했다는
우스개가 전해진다. 물론 지어낸 이야기겠지만 랜슬롯 브라운의 영향력이 어
느 정도였는지 짐작하게 한다. 이 '백만 파운드짜리' 가십을 호레이스 월폴
Horace Walpole(1717~1797)이 듣고 친구에게 편지로 전한 덕에 지금 우리에게까지
전해지게 되었다.[1] 한 정원사의 죽음에 이처럼 사회가 들썩였던 경우는 어느
시대에도 없었다.

윌리엄 켄트의 시대에 알렉산더 포프가 있었다면 랜슬롯 브라운의 시대
에는 호레이스 월폴과 토머스 훼이틀리Thomas Whatley(1716~1772)가 있었다. 브라
운이 정원을 만들면 이 두 사람은 정원이 완성되기가 무섭게 찾아가서 살펴
보고 평론을 남겼다. 작가와 평론가의 수가 극히 한정되어 있기는 했으나 정
원 평론을 쓰는 전통이 이 때 만들어졌다고 볼 수 있다. 훼이틀리는 진지하
고 분석적이어서 후세에 의해 '최초의 정원 평론가'로 인정받는 인물이다. 호
레이스 월폴은 그의 소책자 『모던 가드닝』 외에도 수천 통의 편지를 써서 당
대의 정원에 대한 생생한 기록을 남겼다. 특유의 비꼬는 필치로 쓴 풍자적 리

뷰는 지금도 즐겨 인용된다.

1744년, 알렉산더 포프를 선두로 하여 풍경화식 정원을 이끈 1세대들이 모두 세상을 떠났다. 이후 1750년대부터 랜슬롯 브라운이 조경 시장을 독점 했으므로 다른 사람들의 작품은 찾아보기 힘들다. 자타가 인정하는 '켄트주 의자'였던 월폴은 브라운의 초기 작품인 워릭 캐슬Warwick Castle을 보고 관심을 두기 시작했으며 이후 그의 행보를 유심히 살폈다. 브라운의 작품으로 확인된 것만 모두 170여 개에 달하는데 정원 하나의 규모가 100헥타르에서 1,200헥타르 사이였으므로—용산공원 부지 면적이 약 240헥타르— 결과적으로 브라운이 잉글랜드의 풍경을 새로 만들었다는 말이 크게 과장된 것이 아니다.

처음 워릭 캐슬을 보고 월폴은 이렇게 말했다. "워릭 캐슬은 동화적이다. 내가 거기서 본 풍경은 말로 표현하기 어려울 만큼 즐거웠다. 에이번Avon 강이 굽이치다가 캐스케이드가 되어 쏟아져 내리는 장면이 압권인데 브라운이라는 이가 연출한 것이다. 일을 제대로 한 것 같다. 그는 켄트와 사우스코트의 아이디어를 수용했다. 아이디어의 전파가 주는 효과가 이런 것이다. 워릭 캐슬의 주인 브루크 경은 자연적인 정원 양식을 대담하게 수용했다."[2] 이십 년 후에 월폴은 브라운을 명실 공히 켄트의 후계자로 인정했을 뿐 아니라 브라운의 풍경을 '개선된 자연improved nature'이라고 정의 내렸다.[3]

자연 풍경이 완벽하다고 누가 말했던가. 자연이라고 하지만 사실 진정한 자연 풍경은 브라운 시대에도 이미 존재하지 않았다. 사람의 손에 의해 기형화된 풍경의 결점을 보완하고 본연의 잠재력을 살려 완성의 길로 이끌어 주는 것, 이것이 랜슬롯 브라운의 원칙이었다. 그러므로 풍경화'식' 정원이라는 개념은 랜슬롯 브라운의 시대가 되면서 더 이상 유효하지 않게 된다. 귀족들은 "우리도 드디어 유명한 미스터 브라운을 초청하여 '랜드스케이핑 landscaping'을 의뢰했다"라는 내용의 서신을 주고받았다. 정원을 만드는 것이 아니라 '랜드스케이핑 한다'는 새로운 개념이 자리잡아갔다.

랜슬롯 브라운은 스물 여섯의 나이에 스토우의 정원사로 채용되어 윌리엄 켄트의 설계대로 시공하며 켄트로부터 많은 것을 배웠다. 실무 경력이 많지 않았던 켄트와는 달리 브라운은 정통적인 정원사의 길을 걸었다. 물론 정원사 학교가 있었던 것은 아니고 자신의 고향, 노섬벌랜드의 커크할Kirkharle 수목원에서 십여 년간 일하며 잔뼈가 굵은 것이다. 그러므로 화가의 안목으로 장면, 장면을 세트처럼 연출했던 윌리엄 켄트와는 달리 브라운은 처음부터 풍경을 그 자체로 바라보는 시각을 갖고 있었다. 풍경을 하나의 커다란 전체one great whole로 이해한 것은 당시로서는 혁신적 안목이었다. 그가 생각한 '하나의 커다란 전체'는 비교적 단순하게 요약된다. 물, 초원, 숲의 세 가지 요소로 이루어지며 강줄기나 계류를 막아 대형 호수를 만들어서 풍경의 맥을 삼는 것으로부터 출발했다. 그의 호수는 대개 긴 호리병 형태를 하고 있는데 마치 자연이 만들어 놓은 것처럼 이리저리 꺾이며 풍경 전체를 굽이굽이 적시는 것이 특징이었다. 그 외에는 수십에서 수백 헥타르의 초원을 펼쳐놓았고 외곽은 숲으로 에워쌌다. 이것이 아무 군더더기 없는 브라운식 자연의 기본형이었으며 그의 모든 작품에 예외 없이 적용되었다. 문제는 집이었다. 초원, 즉 자연 풍경이 먼저 있고 그 위에 집이 얹히는 것이 자연스러운 순서라고 보았다. 집을 새로 짓는 경우에는 별 문제될 것이 없었으나 집이 먼저 있던 경우, 대부분 이탈리아식 정형 정원이나 평면 기하학 정원도 함께 존재했다. 브라운은 이 정원들을 홀홀 뽑아 내버리고 집 바로 앞까지 초원을 끌어들였다. 초원에는 드문드문 나무를 심었는데, 쩨쩨하게 한 그루씩 심지 않고 커다란 덩어리clumps로 심었다. 집을 향해 정면 돌파하는 중앙 축을 버리고 S라인 진입로를 만들어 측면에서 빙 돌아 접근하도록 했다. 길 주변에도 정연한 가로수가 아니라 수목 덩어리를 드문드문 배치했다. 이런 스케일로 정원을 만들기 위해서 브라운은 강물을 막는 댐 공법도 지속적으로 발전시켜야 했고 거목을 이식하기 위해 이식 전용 수레도 고안했다.

어떤 땅이 주어져도 이런 자연 풍경으로 '개선'할 수 있는 여건은 충분했다. 땅이 갖고 있는 가능성과 잠재력은 사실 어디에나 있었으므로 '캐퍼빌리티capability'라는 말을 입에 달고 살았다고 한다.[4] 그래서 그의 별명이 캐퍼빌리티 브라운이 되었다. 스타파주를 만들어 세우고 그 주변에 나무를 자연스럽게 배치하던 켄트 스타일에서 아주 멀리 진보한 것이다. 물론 그가 다루었던 땅은 거대한 스케일로 지형을 바꾸고 물줄기를 막아 새로운 자연을 창조하기에 부족함이 없었을 것이다. 지금 우리가 소위 '풍경화식' 정원의 결정적 요소라고 믿는 것들이 모두 랜슬롯 브라운에 의해 '완성'되었다. 한바탕 소동을 부리며 공사가 끝나고 나면 그의 풍경은 조용히 내려앉아 한없이 평화로워 보였다.

호레이스 월폴은 브라운의 부음을 듣고 여러 통의 편지를 썼다. 그중 위의 가십을 전한 것도 있지만 레이디 오소리에게는 마음을 가다듬고 이렇게 썼다. "그대들 숲의 요정들은 검은 장갑을 끼셔야 할 것 같습니다. 요정들의 시

아버지, 마담 네이처의 두 번째 남편이 숨을 거두었습니다."

브라운 사후에 그의 명성은 빨리 사라진다. 브라운식 풍경의 완벽한 조화와 평화를 불편해하는 사람들이 있었다. 낭만주의 시대가 열리며 브라운의 풍경에는 '숭고한 전율'이 결여되어 있다고 결론지었다. 19세기 내내 브라운은 비난의 대상이 되었다가 20세기에 들어와서 다시 명성을 회복한다.

1. 호레이스 월폴의 서간집, pp.285~286; Hinde, 1986, p.204에서 재인용
2. 호레이스 월폴의 서간집; Hinde, 1986, p.38에서 재인용
3. Walpole, 1770, p.58.
4. Hinde, 1986, p.111.

046 템스 강이여, 나를 용서치 말라

웅장한 블래넘 궁전과 브라운의 자연보다 자연스러운 풍경

옥스퍼드 대학에서 북서쪽으로 십여 킬로미터 떨어진 곳에 우드스톡Woodstock이 있다. 우드스톡은 그 이름이 의미하듯 본래 깊은 숲으로 뒤덮여 있었다. 이미 오래 전부터 왕실에 속했던 땅으로 헨리 1세 때 수렵원으로 썼다는 기록이 있다. 물론 수렵궁도 있었다. 다음 왕 헨리 2세(1133~1189)때 이 깊은 숲속에서 전설이 하나 만들어진다. 헨리 2세가 아직 16세의 왕자였을 때 우드스톡에 머물다가 거기서 한 기사의 딸, 로자몬드Rosamond를 만나 사랑에 빠진다. 로자몬드는 영국 역사상 가장 아름다웠던 여인이라 전해진다. 그 이름도 '장미 중의 장미'라는 뜻이다. 그러나 헨리는 곧 정치적 이유로 프랑스에 가야 했고 프랑스의 엘레오노르 공주와 정략 결혼을 한 후 왕이 되었다. 이제 유부남 왕이 된 헨리는 다시 우드스톡으로 돌아와 로자몬드를 찾았다. 그리고 엘레오노르 왕비에게 들키지 않게 로자몬드를 꽁꽁 숨겨놓았다. 입구가 무려 150개나 되는 복잡한 미로를 만들고 그 중앙에 탑을 세워 그 안에 감춰둔 것이다. 감춘 것인지 가둔 것인지는 물론 해석의 차이일 것이다. 그런데 엘레오노르 왕비는 똑똑하기로 소문난 여인이었다. 기사들을 대동하고 와서 미로를 풀고 로자몬드를 찾아냈다고 한다. 일설에 의하면 로자몬드가 수를 놓다가 명주 실타래를 창밖으로 떨어뜨렸는데 그것이 굴러서 엘레오노르 왕비의 발 앞에까지 갔다는 것이다. 아무리 전설이라지만 좀 허황되다. 여걸로 소문난 엘레오노르 왕비라면 귀찮게 명주실을 따라가느니 기사들을 시켜 미로를 다 걷어버렸을 것 같다. 어쨌거나 가엾은 로자몬드는 왕비에게 들켰고 왕비는 단검과 독이 든 와인을 내놓으며 둘 중에 하나를 택하라고 했다. 둘 다 싫다고 했으면 좋았을 텐데 로자몬드는 독이 든 술잔을 택해 그걸 마시고 죽었으며 헨리 왕은 이후 웃음을 잃었다는 슬픈 이야기가 전해진다. 엘레오노르 왕비가 로자몬드를 살해하는 장면은 후세에 만들어 낸 이야기이지만 헨리 왕과 로자몬드 사이의 사랑 이야기는 사실이었다고 한다. 실제의 로자몬드는 인근의 수도원에서 짧지만 편안한 여생을 보냈다.

그로부터 오백 년 후, 18세기에 앤 여왕이 오랫동안 잊혔던 우드스톡을 문득 다시 기억했다. 전쟁에서 수많은 공을 세운 말버러 공작에게 봉토로 하사하기에 맞춤이라고 여겼다. 궁전도 하나 근사하게 지어주기로 했으며 블래넘Blenheim 전투의 승리를 기념하기 위해 블래넘 궁전이라 부르기로 했다. 그렇게 해서 탄생한 것이 왕실 궁전을 제외하곤 영국에서 가장 크다는 블래넘 궁전이다. 지금은 관광 명소로 유명한 곳이다. 설령 로자몬드의 미로와 탑이 실존했다 하더라도 궁전을 지을 즈음엔 이미 모두 사라지고 없었을 것이다. 수렵궁도 잉글랜드 내전 때 파괴되어 잔해만 남아 있었다. 오로지 로자몬드가 목욕하던 곳이라며 전설이 서린 작은 못 하나가 숲 속에 남았을 뿐이었다. 수렵궁이 있던 자리와 로자몬드의 못 사이에 글라임 강이 흐르는 것이 천만 다행이었다. 궁과 같은 편에 있었더라면 건축을 확장하면서 사라졌을 확률이 크다. 로자몬드의 못은 블래넘 궁전 파크 호숫가에 지금도 남아 있다.

처음 궁전을 지을 당시는 아직 풍경화식 정원이 시작되기 이전이었으므로 궁전 한 쪽으로 커다랗게 평면 기하학 정원을 조성하고 반대편의 넓은 들판에는 중앙 축을 시원하게 뚫었다. 옛 도면을 보면, 궁전 근처에 글라임 강이 흐르다가 중간에 끊기고 좁은 운하로 연결되어 있음을 알 수 있다. 이는 궁전 건축을 의뢰받았던 존 반브루John Vanbrugh(1664~1726) 경의 솜씨였다. 왜 잘 흐르고 있는 강을 굳이 둘로 나누고 그 사이에 좁은 운하를 만들었는지 아무도 이해하지 못했다고 한다. 아무튼 이 좁은 운하 위로 '유럽에서 가장 아름답고 웅대한' 다리를 만들어 세웠다. 다리 자체는 근사한데 운하와 비율이 너무 맞지 않아서 많은 사람들의 빈축을 샀다. 거기에 알렉산더 포프와 호레이스 월폴이 빠질 수 없었다. 포프는 송사리들이 다리 밑을 헤엄쳐 지나가다가 "저 다리님 덕분에 우리가 고래됐네"라고 할 것이라 했고, 월폴은 "저 다리는 마치 물 한 모금 달라고 애원하다가 거절당한 걸인 같다"고 했단다.

블래넘 궁전과 정원은 우여곡절 끝에 1730년경에 완성되었다. 건조 당시 말버러 공작 내외간의 부부싸움이 잦아지고 공작 내외와 앤 여왕의 갈등이 깊어져서 공작 내외는 잠시 해외로 망명해야 할 지경에까지 이르렀으며, 건축가 반브루의 명성이 땅에 떨어져 다시는 회복하지 못했다고 한다. 모든 것은 건축 개념에 대한 이해 차이에서 시작되었다. 블래넘 궁전은 말버러 공작의 사저이기 이전에 왕실 프로젝트였다. 전쟁의 승리를 기념하는 건축이었으므로 공작과 건축가는 웅대하고 기념비적인 것을 원했다. 프랑스의 베르사유 궁전과 같은, 혹은 그것을 능가하는 건축이 걸맞아 보였다. 반브루는 평생의 야심작을 실현할 수 있는 기회라 여겼다. 그러나 공작 부인은 생각이 달랐다. 르네상스 건축을 선호했던 부인은 기념비 속에서 사람이 살

수 없고 좀 아늑해야 한다고 했다. 그럼에도 일단 반브루의 설계대로 공사를 시작했는데 이런 대형 건축에 경험이 부족했던 반브루가 공사 비용을 잘못 산출하여 예산이 턱없이 모자랐다. 국가에서 비용의 큰 몫을 부담하기로 했는데 계약서를 정확히 작성하지 않은 까닭에 왕실에서는 추가 비용 부담을 거부했다. 공작은 군사령관으로 자주 전쟁터에 나가 있었으므로 건축가를 못마땅하게 여겼던 공작 부인이 감독을 맡았다. 이런 상황에서 일이 수월하게 진행될 수 없었다. 반브루는 최고급 자재, 최고 기술자를 원했고 공작 부인은 그 비용을 감당할 수 없어 결국 반브루를 해고했다. 서로 언성이 높아지다가 반브루가 문을 박차고 나갔다는 설도 있다. 부인은 실무에 능한 건축업자를 불러 반브루의 설계대로 저렴하게 준공했다. 출입이 거부된 반브루는 오프닝 파티 때 손님들 속에 몰래 섞여 자신의 작품을 보고 갔다고 한다. 이후 그를 찾는 고객의 발길이 뜸해졌다. 블래넘 궁전은 뒤늦게나마 영국에서 보기 드문 바로크 건축의 성공적인 사례로 재평가되었다.[1]

궁전이 완성되고 삼십여 년이 지난 후 랜슬롯 브라운이 블래넘 궁전에 나타났다. 시대 감각에 맞게 '랜드스케이핑'하기 위해서였다. 공작 부부는 이미 세상을 떠난 뒤였고 그들의 후손이 브라운을 부른 것이다. 브라운은 늘 하던 대로 바로크의 구조를 거의 다 들어냈으나 유럽에서 최고로 아름다운 다리에는 손을 대지 않았다. 그 대신 운하를 뜯어내고 확장하여 강과 다리의 비율을 맞춰주었으며 강을 연장하고 자연스러운 구조로 '개선'했다. 이제 다리가 물 한 모금 얻어 마실 수 있게 된 것이다. 1,000헥타르가 넘는 땅이었으니 마음 놓고 풍경을 펼쳐낼 수 있었을 것이다. 블래넘 궁전 파크의 호수──브라운의 경우 강인지 호수인지 경계가 늘 모호하다─는 브라운의 작품 중에서도 가장 큰 것에 속한다.

글라임 강을 넓혀 굽이치는 호수를 만들며 브라운이 이렇게 외쳤다고 한다. "템스 강이여, 그대는 나를 용서하지 못할 것이다."[2] 자못 비장하기까지 한 브라운의 태도를 놀리는 우스개가 적지 않게 전해진다. 브라운이 영국의 하늘까지 '개선'하는 날을 보지 않기 위해 먼저 죽어야겠다는 시인이 있었는가 하면, 아일랜드에서 의뢰가 들어왔으나 잉글랜드의 풍경을 아직 완성하지 못했다고 하며 거절했다는 얘기도 들려온다. 이런 반 브라운적인 이야기들은 대개 19세기에 만들어졌다. 왕까지 그의 눈치를 보았다는 식의 가십은 그가 삼십 년이라는 긴 세월동안 조경계를 독점한 후유증이었을 것이다. 그러나 그의 전기 작가들은 브라운에 대해 다른 분위기의 이야기를 전한다. 브라운은 우선 작품성으로 평론가들을 설득시키고 클라이언트들을 만족시켰을 테지만 전기 작가들은 그의 품성 또한 상당히 긍정적으로 묘사한다. 위로는 수백 명의 까다로운 귀족들을 항상 정중히 대하고 그들의 변덕을 무한히 참아내 결국 모두 친구로 만들었으며 아래로는 직원들과 일꾼들을 늘 넉넉하게 품어주어 아무도 불평하는 사람이 없었다고 한다.[3] 한 사람, 불평하는 이가 있기는 했다. 후일 큐 가든의 건축가로 이름을 떨치게 될 윌리엄 챔버스William Chambers(1726~1796)였다.

---

1. Buttlar, 1989, p.58~59.
2. 앞의 책
3. 브라운의 전기에 대해서는 Hinde, 1986; Mayer, 2011 등 참조

047 큐 가든의 폴리들, 1헥타르에 압축된 세계

큐 가든 1헥타르의 세계 일부,
파고다 왼쪽 가장자리에 알람브라 궁전 폴리가 조금 내다보이고 멀리 모스크 폴리가 보인다.
챔버스가 1763년 발간한 큐 가든 도면집 중.

A View of the Wilderness, with the Alhambra, the Pagoda, & the Mosque, in the Royal Gardens at KEW.

Vue du Desert, avec L'Alhambra, le Pagode, et la Mosquee, aux Jardins Royales de KEW.

런던의 왕립 식물원 큐 가든에 가면 50미터 높이의 중국식 탑이 하나 서 있다. 큐 가든의 랜드마크 중의 하나다. 1762년 왕실 건축가 윌리엄 챔버스가 지은 것이다. 지금은 탑만 남았지만 당시에는 근처에 스페인 알람브라 궁전과 모스크의 축소판이 하나씩 서 있었다. 모두 챔버스의 작품이었다. 챔버스는 영국 건축사에서 중요한 위치를 차지하기도 하지만 조경사적 관점에서도 우리의 관심을 끈다. 우선 그가 큐 가든을 풍경화식으로 설계한 장본인이라는 점, 캐퍼빌리티 브라운을 적으로 보았다는 점, 그리고 프랑스에 풍경화식 정원이 건너갈 때, '중국풍-영국 정원Jardin anglo-chinois'이란 명칭으로 라벨을 바꿔달게 한 원인 제공자라는 점 등이다.

챔버스는 작품보다 글이 더 잘 알려져 있는데 세 권의 중요한 책을 펴냈다. 1757년에는 중국 건축과 정원에 대한 소고를 발표했고, 1762년 큐 가든을 완성하고 나서 그 이듬해에 큐 가든의 상세 도면과 설명이 포함된 작품집을 발간했으며, 1773년에는 중국 정원을 포괄적으로 다룬 책을 써냈다. 사라와지를 찾기 시작한 지[1] 칠팔십 년이 되어 나타난 챔버스의 책과 디테일한 삽화는 큰 관심을 끌었다. 탑 등의 도면이 실린 큐 가든 작품집은 삽시에 유럽 전역으로 퍼져 각 도서관의 필수 장서가 되었다. 그런데 정작 본인은 캐퍼빌리티 브라운에게 '한 방 먹이기 위해' 중국 정원에 대한 책을 썼다고 고백했다. 아직 브라운의 시대였으므로 브라운 애호가들에게 얻어맞을 각오를 하고 썼지만 본인이 비판당하는 것보다는 중국 사람들이 비판당하는 게 나을 듯싶어 중국 정원을 앞세웠노라고 했다.[2] 말은 그렇게 했어도 그는 중국 정원을 꽤 심도 있게 분석했다. 그 자신이 중국을 다니면서 직접 보고 듣고 스케치한 것을 바탕으로 하고 중국 조원가로부터 자세한 자문을 받아서 집 필한 것이기 때문이다.

영국을 떠나본 적이 없는 브라운과는 달리 챔버스는 전 세계 안 가본 곳이 없는 국제파였다. 스코틀랜드인이었으나 스웨덴에서 출생했고 스웨덴 동인도 회사와 관련되었던 아버지를 따라 청소년 시절부터 약 10년간 인도와 중국을 포함한 동방의 각국을 여행했다. 중국에는 총 세 번 다녀왔다고 한다. 그 후 5년간 이탈리아와 파리에서 건축을 공부하고 영국으로 돌아가 황태자의 건축학 가정교사가 되었다. 1761년에는 왕실 건축가, 1782년에는 건축 총감이 되었다. 조경에 브라운이 있었다면 건축에는 챔버스가 있었다. 브라운이 영국의 이상적인 풍경을 고집했다면 챔버스는 국제성을 강조했고 더 나아가서 중국 정원이 최고라고 우겼다. 요즘으로 말하자면 『독일 정원 이야기』 등의 책을 써서 남의 나라 정원이 얼마나 근사한지 역설하는 것과 별반 다르지 않았을 것이다.

챔버스는 중국 정원이 타문화의 것을 전혀 모방하지 않고 고유의 것을 창조했다는 점을 가장 높이 샀다. 유일하게 모방하고 참고로 삼은 것이 있다면 그건 자연이라고 말했다. 그러나 똑같이 자연을 모방했어도 미스터 브라운의 풍경은 단조롭고 지리멸렬하지만 중국 정원은 변화무쌍하고 기상천외하여 도저히 비교가 되지 않는다고 했다. 장소에 따라 장면이 변하는 것은 물론이고 각 장면의 분위기가 극과 극으로 달라지며, 사계절이 다르고, 하루에도 아침, 점심, 저녁에 감상할 수 있는 장면이 따로 있다고 전했다.[3] 궁극적으로 챔버스가 말하고자 했던 것은 당시 한창 뜨고 있던 에드먼드 버크Edmund Burke(1730~1797)[4]의 '숭고와 미' 혹은 '감각적인 아름다움' 등의 개념을 정원에 적용해야 한다는 것이었다. 그는 중국 정원에서 이미 오래전부터 이 원칙이 적용되고 있다고 보았다. 그저 눈으로 즐기고 산책하는 수준의 풍경이 아니라 보고, 듣고, 만지고, 깜짝 놀라고, 전율하고, 공포감까지 느끼게 하여 오감을 최대로 자극해야 하며 이를 통해 다양한 감성을 이끌어내야 한다고 했다. 그리고 '중국 정원에 가면 이런 것도 있다'라며 아래의 놀라운 장면을 묘사했다.

"중국 정원의 장면들은 테러에서 낭만적인 것으로 경계를 넘나든다. 불 탄 건물 폐허 안에 굶주린 짐승들이 살고 있고 고문 도구들이 흩어져 있는데, 지하에서 고문 받는 사람들의 비명이 허공을 가른다. 이따금 인공 화산에서 붉은 화염이 치솟기도 한다. 정원 방문객들은 비밀스런 동굴 속에서 전설적인 왕과 영웅들의 사체를 만나고 역사적으로 악명을 떨쳤던 잔인한 범죄자들도 만나게 된다. 이런 곳에는 음악 분수가 설치되어 있어서 으스스한 배경 음악을 연주한다. 방문객은 시각·청각적으로만 자극되는 것이 아니라 인공 지진, 전기 충격,[5] 인공 소나기, 폭발 등으로 단단히 괴롭힘을 당한다. 그러다 보면 갑자기 낙원 같은 장면이 나타난다. 아름다운 피리소리와 새소리가 들리고 향기가 가득한데 녹색 잔디밭 위로 어여쁜 타타르 소녀들이 투명한 옷을 입고 나타나 방문객에게 와인을 따라주고 화환을 걸어준다. 망고나 파인애플 등 낙원의 열매를 대접해 주고 푹신한 양탄자로 인도한다. 여기서 방문객은 달디 단 오수를 즐길 수 있다."[6]

챔버스의 묘사가 사실이라면 당시의 중국 정원은 디즈니랜드를 방불케 했을 것이다. 마침 큐 가든을 설계해 달라는 요청을 받았을 때 챔버스가 '전율이 흐르는 정원'을 설치했다는 이야기는 듣지 못했다. 큐 가든은 처음부터 식물원으로 조성된 것이 아니라 본래는 프레데릭 왕자의 거처였다. 정치보다는 정원 가꾸기와 식물 수집에 더 열을 올렸던 왕자는 왕위에 오르지 못하고 사망했고 왕자비가 남편의 큐 가든을 지속적으로 관리하고 확장해 나갔다. 그러다가 챔버스에게 의뢰하여 오렌지 하우스 등 정원 건축을 짓게 하고 조경도 위임한 것이다. 이 때 약용 식물원, 외래 식물원 등이 조성되었다. 이렇게 해서 나중에 식물원으로 모습을 바꿀 수 있는 기반이 다져졌다. 왕자비마저 세상을 떠난 뒤 큐 가든과 이웃의 리치먼드 정원이 합쳐졌고 1840년 왕립 식물원이 되었다.

다시 챔버스의 시대로 돌아가 보면, 그는 오렌지 하우스 등의 의무적인 건축물을 배치한 뒤 그 반대편에 약 1헥타르의 공간을 할애하여 자연스러운 풍경을 만들었다. 그리고 그 곳에 위에서 말한 탑, 모스크, 알람브라, 벨로나 신전 등의 작은 건축물들을 세웠다. 이렇게 1헥타르에 세계 종교를 다 모아놓았다고 해서 '1헥타르의 세계'라는 별명을 얻었다. 인기 폭발이었다. 그런 한편 비난 역시 빗발치듯 쏟아졌다. 우선 새로운 정원을 창조한 영국 정원을 중국 정원과 비교하여 모멸감을 주었으며, 왕권을 견제하기 위해 시작된 풍경화식 정원을 왕실 정원에 도입한 것은 어처구니없는 일이고, 그가 묘사한 것이 베이징의 황실 정원인데 절대 왕정보다 왕권이 더 강력한 나라의 정원을 감히

266

영국의 자유 정신과 비교한 것은 파렴치하다고 했다. 그 다음엔 그가 만들어 세운 건축물들이 도마 위에 올랐다. 비록 건축적으로는 높은 수준일지 모르겠으나 의미적으로 볼 때 속이 텅 비었다는 것이다. 단지 '아, 저거 뭐야, 멋지네!'라는 반응을 이끌어내기 위해 세워진 것으로서 개념은 물론이거니와 주변 풍경과 아무 장면적 연관성이 없으므로 스타파주가 아니라 폴리folly라 해야 마땅하다고 했다. 스타파주에서 폴리가 분리되어 나오던 순간이었다. 그럼에도 큐 가든의 인기도는 지속적으로 상승했고 급속도로 모방되었다. 브라운의 시적이고 이상향적인 정원이 이제는 모든 진기한 것들, 즉 폴리들로 채워지기 시작했다. 1770~1780년대는 폴리의 시대였다. 유럽 대륙에서 온 방문객들도 폴리를 신기해했다. 이 무렵, 챔버스의 작품집을 위시해서 영국의 여러 정원 도면을 수집하여 『유럽 정원 도면집』을 준비하던 르 루즈Georges Louis Le Rouge(1707~1790)[7]라는 프랑스인이 "영국 정원은 중국식이네jardin anglo-chinois"라며 그대로 제목을 붙여 출판해 버렸다.

---

1. 이 책의 "030. 사라와지를 찾아야 하는 이유" 참조

2. Buttlar, 1989, p.66.

3. Chambers, 1773, i-xi.

4. 정치가, 철학자, 집필가. 1756년 그의 저서 『숭고와 미의 관념의 기원에 대한 철학적 고찰(A Philosophical Enquiry into the Origin of Our Ideas of the Sublime and Beautiful)』에서 아름다움이란 이성적이고 철학적인 개념이 아니라 우선적으로 감각적인데서 온다고 이야기했다. 낭만주의가 형성되는 데 큰 영향을 미쳤다.

5. Chambers, 1773, p.43. "shocks of electrical impulse"라고 표현했는데 정확히 어떻게 했는지는 묘사하지 않았다.

6. Chambers, 1773, pp.40~45.

7. 프랑스의 지도 제작자, 동판화가. 1775년부터 '중국풍 영국 정원(Les jardins anglo-chinois)'이라는 제목으로 도판들을 발간하기 시작했다. 이로써 유럽에 '중국풍 영국 정원'이라는 절충 양식을 유행시키는 데 크게 일조하였다.

048 오 샹젤리제, 앙투안 와토의 전략

앙투안 와토, 키테라 섬으로 가는 길, 두 번째 작품(1717년 작)

파리, 혁명 전야

바다 물거품에서 솟아오른 비너스가 육지에 첫 발을 디딘 곳이 사이프러스라는 설도 있고 키테라 섬이라는 설도 있다. 프랑스 로코코 화가 앙투안 와토Antoine Watteau(1684~1721)는 '키테라 섬으로 가는 길' 혹은 '키테라 섬의 순례' 등의 제목으로 비슷한 그림을 세 번 그렸다. 포구에 정박한 배와 배를 타고 순례를 떠나려는 듯 여행복을 입고 지팡이를 든 남녀를 그린 것이다. 첫 번째 그림은 초기작이었던 까닭에 인물들의 동작이 다소 경직되어 있다. 미술사적으로 보면 나중에 그린 원숙한 그림들이 훨씬 흥미롭겠지만 조경사의 관점에서 본다면 바로 이 첫 번째 그림에 관심이 간다. 그림의 배경에 희미하게 보이는 구조물 때문이다. 이 구조물은 실존하는 것으로 파리 센 강변에 있는 생 클루Saint Cloud 정원의 캐스케이드 난간이다.[1] 문제는 그림의 해석이다. 그림을 보는 사람은 '그림 속 인물들이 배를 타고 멀리 그리스의 키테라 섬으로 순례를 가려나 보다'하고 생각할 수 있다. 그러나 어쩌면 바로 센 강을 건너서 맞은편의 생 클루 정원으로 가려는 사람들일 수도 있다. 비너스의 섬 키테라는 '사랑의 섬'이라고도 불린다. 파리 역시 사랑의 도시인데 파리를 키테라 섬이라고 해도 좋지 않을까. 굳이 그리스까지 갈 필요가 있나. 강 건너 아름다운 생 클루 정원으로 가면 되는 것을.

그림 속 인물들이 실제로 어디로 가는지는 중요하지 않다. 소위 사랑의 정원으로 일컬어지는 곳이 목적지이니 여행 자체가 사랑을 찾아가는 길에 대한 비유라고 보아도 좋을 것이다. 아니면 현실도 아니고 상상의 세계도 아닌,

269

단순하게 연극 무대를 보여주는 것인지도 모른다. '키테라 섬의 순례'라는 연극의 한 장면을 그린 것일 수도 있다. 인물들의 화려한 여행 의상이 그런 분위기를 암시하고 있다. 오히려 무대 의상에 더 어울린다. 이렇게 모호한 그림이 탄생할 수 있었던 까닭은 당시 사회를 들뜨게 했던 연극과 연회에 대한 열정 때문이다. 17세기는 유럽 연극의 중심지가 이탈리아에서 파리로 옮겨간 시대이기도 했다. 과시욕이 무척 강했던 무대 체질의 루이 14세에 의해 연극이 크게 번성했다. 그는 대단한 연출가이기도 했다. 궁정 생활 자체가 연극이 되어 갔다. 아침에 기침하는 순간부터 밤에 잠자리에 들 때까지 일거수일투족, 대화 하나 하나가 각본에 의해 움직였다. 베르사유 궁과 정원은 궁정 생활이라는 연극을 종일 공연하는 거대한 무대였다.

앙투안 와토는 바로 이런 루이 14세 시대를 살았던 화가였다. 와토의 삶에 대해선 구체적으로 알려진 것이 없다. 작품처럼 신비한 인물이었다. 그는 네덜란드 국경 지방의 발랑시엔 출신이었다. 내성적이고 폐쇄적인 성격으로 사람들 속에 섞여 살지 못했으므로 다른 사람들을 유심히 관찰했고 그 덕에 현실과 연극, 가면과 얼굴 사이에 큰 차이가 없음을 간파했다. 18세에 활동을 시작하여 만 35세에 결핵으로 숨을 거둘 때까지 불과 15년 남짓 작품 활동을 했으나 그 짧은 시간 동안 새로운 장르를 창출해냈다. 1717년, 와토는 파리의 왕립 미술 아카데미에 등록하기 위해 그림을 한 점 제출했다. 그것이 '키테라 섬의 순례' 시리즈 중 두 번째 그림이었다. 첫 번째 그림이 너무 연극 무대 같았기 때문에 나름대로 왕립 아카데미에서 요구하는 형식에 맞추어 다시 그렸다. 그럼에도 심사위원들은 이 출중한 그림을 어느 분과에 소속시켜야 할지 판단을 하지 못했다. 역사화도 아니고 전쟁화도 아니며 신화를 소재로 한 것도 아닌 데다가 초상화는 더더욱 아니었다. 그렇다고 풍경화로 분류하기에는 등장인물이 너무 많았다. 논의 끝에 '품격 있는 야외 연회를 그린 그림fête galante'이라고 정의내렸고 이것이 새로운 장르로 확립되어 갔다.

이 그림을 연회 장면으로 해석한 것은 그림 속 등장인물 대부분이 제목과는 달리 배 타러 온 사람처럼 행동하지 않기 때문일 것이다. 선착장에서 떨어져 남녀 한 쌍씩 짝을 지어 풀밭에 눕거나 앉아 있는데 배를 기다리는 사람들의 포즈가 아니다. 오히려 야외에서 벌어지는 연회 장면을 연상시킨다. 물론 그림 왼쪽에서 배에 올라타고 있는 사람들을 보여주기는 하지만 어딘가 행선지를 향해 떠난다기보다는 물놀이를 하려는 것으로도 해석이 가능하다. 돛대 주변을 분주히 날아다니는 큐피드와 어린 천사들, 그리고 오른쪽에 서 있는 비너스 동상은 굳이 사랑을 찾아 먼 곳으로 떠날 필요가 없다는 사실을 말해 준다. 이곳이 바로 사랑의 섬인 것이다. 사랑의 연회는 이미 시작되었다.

앙투안 와토의 '품격 있는 야유회' 작품 중에서 우리의 관심을 끄는 그림이 또 한 점 있다. 1719년경에 그린 샹젤리제Champs-Élysées라는 제목의 그림이다. 샹젤리제라고 하면 반사적으로 명품 상점이 즐비한 파리의 대로를 떠올리게 되지만 실은 그 길 양쪽으로 펼쳐져 있는 샹젤리제 정원을 말하는 것이다. 샹젤리제는 엘리시안의 들Elysian Field, 즉 그리스 사람들이 사후에 가는 극락이다. 그러니 샹젤리제 정원은 파리 사람들의 지상 낙원일 것이다. 이 샹젤리제 정원 역시 루이 14세의 조경가 앙드레 르 노트르André Le Nôtre(1613~1700)가

1667년에 디자인한 것이다. 원래 농경지였던 곳인데 튈르리 정원의 축을 연장하여 넓은 가로수 길을 내고 길 양쪽에 숲을 만들었다. 가로수 길에는 느릅나무를 두 줄로 심고 길이 끝나는 곳을 원형 광장으로 마무리했다. 이 광장이 지금은 열두 개의 도로가 방사형으로 모이는 원형 교차로가 되었으며 가로수 길 역시 폭도 넓어지고 길이도 연장되어 지금의 샹젤리제 거리가 되었다. 샹젤리제의 숲은 바로크의 원칙에 따라 질서 정연한 격자형으로 조림되었고 숲 한가운데에 긴 육각형의 공터를 만들어 이를 샹젤리제라 불렀다. 비록 격자형으로 나무를 심었다고는 하지만 나무 사이의 공간이 넉넉하므로 세월이 흐르면서 숲 속에 수많은 사각형의 공간이 형성되었다. 여기에 파리지앵들이 모여들어 품격 있게 야외 연회를 즐겼다. 앙투안 와토의 그림은 바로 이런 장면을 포착한 것이다. 여인들의 비단옷, 등을 보이고 있는 신사의 한 쪽 어깨에 걸친 망토와 실크 스타킹, 이들의 우아한 포즈와 토실하게 살이 오른 아이들로 미루어 보아 상류층의 야유회임에 틀림이 없다. 높은 대 위에 잠들어 있는 여신상이 장면의 한가로움을 더욱 강조해 준다. 그런데 나무가 자라고 있는 양상을 보면 격자형의 질서가 많이 흐트러져 있음을 알 수 있다. 이는 물론 사실과 다르다. 앙투안 와토가 화가적 재량을 발휘하여 르노트르의 디자인을 '수정'한 것이다. 그것이 우아한 야유회의 분위기에 더 적합하다 여겼을 것이다.[2]

그로부터 약 오십여 년 후, 이 그림을 보고 지금의 우리처럼 "어, 여기가 샹젤리제야?"했던 인물이 있었다. 클로드 앙리 와틀레Claude-Henri Watelet(1718~1786)라는 재력가 겸 미술 수집가였다. 그는 와토의 그림을 보며 이런 식으로 르 노트르의 질서를 약간 흩트리는 것도 괜찮은 아이디어라 여겼다.[3] 그의 책상 위에는 루소의 저서, 영국의 훼이틀리와 챔버스 등이 발간한 정원 책이 쌓여 있었다. 센 강변에 토지를 소유하고 있던 그는 수년 전부터 그곳에 정원을 조성하면서 계속 아이디어를 모으는 중이었다. 챔버스의 중국풍 영국 정원이라는 것에 관심을 두고 중국식 목교도 만들어 세웠으며 훼이틀리가 제안한 방식대로 장식 농장을 만들기 위해 물레방아, 낙농장, 양봉장 등 농업과 관계된 스타파주를 넣었다. 그러나 자연스러운 풍경을 만들고자 하니, 바로크의 후예로서 자연을 그대로 모방하는 데 거부감이 느껴졌다. 이 때 앙투안 와토의 그림이 해답을 주는 듯했다. 정형적 원칙을 그대로 둔 채 조금만 어지럽힌다면 적절한 아름다움을 얻을 수 있지 않을까. 파리의 풍경화식 정원은 이렇게 조심스럽게 시작되었으며, 정치적 이념이 아니라 사랑과 놀이와 아름다움을 담고자 했다.

1. 생 클루 정원은 16세기부터 존재했는데 바로크의 거장 앙드레 르 노트르(André Le Nôtre, 1613~1700)가 최종적으로 손을 보아 오늘의 모습으로 완성했다. 앙드레 르 노트르에 대해서는 바로크 정원과 관련되어 상세히 이야기할 것이므로 이 자리에선 생략하고자 한다.
2. 와토의 일대기와 그림에 대해선 Roland Michel, 1980; Börsch-Supan, 2007 참조
3. Buttlar, 1989, p.207.

049 농가의 아낙, 마리 앙투아네트

마리 앙투아네트 왕비의 농촌

루이 16세의 왕비 마리 앙투아네트Maria Antonia Anna Josepha Joanna(1755~1793). 그녀의 처형을 정당화하기 위해 퍼뜨린 소문, 그녀가 바로 프랑스 혁명이 일어나게 한 장본인이었다는 이야기가 오랫동안 세상을 지배했다. 아마도 마리 앙투아네트의 가장 큰 결함은 평범함이었을 것이다. 거대한 국가의 왕비라는 역할을 몹시 버거워했고 여느 아낙네보다도 세상 돌아가는 일에 어두웠다. 평범한 주부로 살았다면 행복했을까? 그러나 운명은 그녀를 하필 오스트리아 여제의 막내딸로 태어나게 했다. 어려서부터 어느 왕실이건 간에 왕비가 되어 시집갈 것을 예상하여 맞춤 교육을 받았으나 수업에는 큰 관심을 보이지 않았고 그저 즐겁고 명랑했다고 한다. 열네 살이 되던 해, 막상 프랑스 황태자와 혼약이 이루어지자 황태자비 될 준비가 덜 되었다는 사실이 밝혀졌다. 어머니의 엄중한 감시 아래 일 년 동안 속성으로 집중 신부 수업을 받고 만 열다섯 살이 채 되기도 전에 낯선 땅으로 가서 한 살 위의 루이 황태자와 혼인을 했다. 이 황태자가 나중에 루이 16세가 된다. 그 역시 권력에 큰 관심이 없었으며 우유부단했다. 정치와 권모술수보다는 시계 수선이나 지도 그리기에 흥미가 더 많았다. 무엇보다도 그는 열정적인 사냥꾼이었다. 매일 사냥 일지를 기록했는데, 1789년 7월 14일, 파리 시민들이 바스티유를 습격하던 날, 일기장에 "무無(rien)"라고 기록했다. 별일 없었다는 뜻이 아니라 그날 사냥에서 아무 것도 잡지 못했다는 뜻이었다. 이는 비단 정사에 무관심한 나약한 왕이었기 때문이 아니라 하늘이 내린 왕의 절대 권력을 추호도 의심하지 않았기 때문이었다. 이것이 흔들릴 수 있다는 생각조차 하지 못했다.

1774년, 루이 16세는 자신의 즉위식 기념으로 마리 앙투아네트 왕비에게 '프티 트리아농Petit Trianon'을 선물했다. 프티 트리아농은 베르사유 정원의 북동쪽에 위치하고 있는 별궁인데, 본래 선대왕 루이 15세가 그의 후비 마담 퐁파두르를 위해 지은 것이었다. 그런데 별궁이 준공되기 전에 퐁파두르 후비가 갑자기 세상을 떠났다. 그러므로 거의 사용하지 않은 채로 서 있던 별궁이 마리 앙투아네트의 소유가 된 것이다. 그녀는 번잡하고 법도가 엄격한 프랑스 궁정의 일상을 그리 즐기지 않았다. 처세에도 능하지 못해 적을 많이 만들었다. 오스트리아 출신의 외국인이라는 점도 작용했다. 오스트리아의 스파이라고 불리기도 했다. 그런 아내에 대한 왕의 배려였을 것이다. 프티 트리아농에서 자신만의 세계를 펼쳐보라고 권했다. 어쩌면 그게 오히려 화근이 되었을지도 모르겠다.

프랑스 혁명이 일어나기까지 15년 동안 프티 트리아농은 마리 앙투아네트에게 가장 중요한 장소가 되며 그녀에 의해 지금의 모습으로 변형되고 완성되었다. 그녀는 여러 해에 걸쳐 궁전을 개축하고 궁전 주변에 영국풍을 따라 풍경화식 정원을 만들게 했다. 장 자크 루소의 영향이 적지 않았다. 그녀 역시 당시 명망 높았던 루소의 책을 읽고 자연스러운 정원에 대해 나름대로 일견을 정립하고 있었다고 한다. 전원에서의 삶은 곧 자유이고 이는 진정한 아름다움이라는 루소의 이념이 세상을 풍미하다 못해 도식화되었던 시대였다. 다른 나라의 왕후나 귀족들의 경우 전원생활을 영위하고자 한다면 시골에

276

있는 자신들의 영지로 내려가면 그만이었다. 그런데 프랑스의 경우는 상황이 좀 달랐다. 유럽에서 가장 거대한 절대왕정을 구현했던 프랑스에서는 왕후 귀족들이 왕궁과 파리를 떠나지 못했다. 후에 루이 14세에 대해 이야기할 때 자세히 살펴보겠지만, 이렇게 왕족과 귀족들을 인질처럼 궁 안에 붙잡아 두는 것으로 절대왕정이 시작되었고 이 상태를 유지하는 것이 상당히 중요했다. 왕의 눈앞에 매일 모습을 나타내지 않으면 어딘가에서 역적모의를 꾸미는 것으로 간주될 수도 있었다. 왕비는 더더욱 베르사유를 떠날 수 없었다. 전원생활에 대한 그리움을 만족시키기 위해 시골로 갈 수 없으니 시골을 궁으로 불러들이는 수밖에 없었다. 유럽 최강국의 왕비가 다른 나라의 왕비들처럼 여기저기 궁전을 갖추지 못하고 고작 베르사유 안에 별궁 하나를 얻어 가진 데에는 이런 연유가 있었다.

프티 트리아농에는 이미 루이 15세 대에 만들어 놓은 기하학적 정원이 있었다. 왕비는 우선 정원사 앙투안 리샤Antoine Richar(1735~1807)를 불러 그 반대편에 풍경화식 정원을 만들라고 지시했다. 리샤는 유행에 따라 중국적인 요소를 잔뜩 그려 넣은 스케치를 들고 왔다가 중국풍이 지나치다고 핀잔을 듣고 물러갔다. 이어 왕실 건축가 리샤 미크Richard Mique(1728~1794)가 불려왔다. 미크가 펼쳐 보인 아이디어에 왕비가 흡족해 했고 그로부터 혁명이 일어나는 순간까지 미크는 왕비를 보좌해 프티 트리아농을 가꾸고 꾸몄다. 넓은 초원과 구릉을 만들고 자연스럽게 수목을 배치했으며 구불거리는 계류와 산책로를 조성했다. 이런 공식은 이제 거의 기본에 속했다. 그리고 왕의 처소와 왕비의 처소 옥상에서 함께 바라다 보이는 위치에 사랑의 신전Temple de l'Amour을 세

왔다. 뒤이어 그로토grotto, 벨베데레belvedere, 음악 파빌리온 등의 스타파주를 차례로 짓고 인공 호수를 팠으며 호수 주변에 평화로운 농촌 마을 하나를 고스란히 복사해 놓았다. 이 '왕비의 농촌Hameau de la Reine'은 노르망디의 마을을 본떠서 만들었다고 한다. 왕비 전용 초가부터 시작하여 물레방앗간, 어부의 오두막, 외양간, 유가공실, 곡식 저장소 등 여러 채의 초가를 만들어 세웠으며 밀밭, 채소밭, 약초밭, 포도밭, 과수원, 목초지를 배치했다. 스위스에서 가축을 수입해 풀어놓고 시골에서 농부들을 불러와 직접 살면서 농사짓게 했다. 말하자면 민속촌이었다. 여기서 수확한 것을 왕실 식탁에 올렸다니 왕비가 단순하게 소꿉놀이를 한 것만은 아니고 농사를 지어보겠다는 의지가 있었던 것이 확실하다. 그럼에도 구민정책의 일환도 아니고 나라 살림에 보태고자 한 것도 아니며 순수하게 자기 만족을 위한 것이었기에 왕비의 '농사놀이'는 오히려 농부들을 분노케 했다. 겉으로는 초가집이었으나 내부 인테리어는 으리으리했다. 우유통과 식기 일체를 고급 도자기로 특별히 주문하여 맞췄다. 우유 짜는 '놀이'를 할 때면 하인들이 먼저 축사와 도구를 깨끗하게 씻은 뒤에야 디자이너에게 맞춘 에이프런을 두른 왕비가 나타났다. 실제 농촌 생활과는 아무 관련이 없었다. 그러니 은으로 호미를 만들어 쓴다는 소문이 돌만도 했다.

농사 외에도 음악, 연극, 카드놀이를 좋아했던 왕비는 음악 파빌리온에 소수의 음악가를 불러 그녀와 측근만을 위해 연주하게 했다. 1780년, 전용 극장이 준공되면서 '왕비와 친구들'이 '왕과 농부'라는 제목의 악극을 무대에 올리고 궁정 식구들을 초대하여 보여주었는데, 이 때 왕비는 농가 아낙네의 역할을 맡았다. 동양의 법도로 본다면 왕후 귀족들이 점잖지 못하게 춤추는 것도 모자라 연극 무대에까지 올라간다는 것은 상상할 수 없는 일이겠으나, 유럽 궁정에서는 오히려 장려 사항에 속했다. 마리 앙투아네트의 신부 수업 필수 과목 중에도 연극과 대화술이 포함되어 있었다. 왕의 위엄과 덕목을 과시하는 방법이 이렇게 달랐다. 프티 트리아농에서의 생활을 너무 즐겼던 왕비는 본궁에서 벌어지는 궁정의 일상을 거의 무시하고 점점 더 많은 시간을 이곳에서 보냈다. 사방에 울타리를 친 프티 트리아농은 왕비의 영역으로서 왕조차도 정식으로 방문하거나 초대를 받아야 했으며 아주 가까운 측근 몇 명에게만 출입이 허용되었다.

프티 트리아농에 농촌이 어느 정도 완성되자 왕비는 화가 클로드 루이 샤틀레Claude-Louis Châtelet(1753~1795)에게 의뢰하여 별궁과 정원의 장면을 여러 장 그리게 한 후 이를 편집하여 고급 안내 책자를 제작했다. 그리고 선택받은 몇 명에게만 선물했다. 번번이 소외당한 대다수의 왕후 귀족들은 모욕감을 느끼고 분개했으며 갖가지 추문을 만들어 세상에 퍼뜨리기 시작했다. 아무리 전원 생활에 대한 동경심이 컸다 하더라도 마리 앙투아네트가 정말 농가의 아낙이 되고 싶어 했을 가능성은 거의 없다. 본분을 망각하고 농가 놀이에 전념하지만 않았더라도 백성들이 그녀에게 그리 분개하지 않았을지도 모르는 일이다. 결국 건축가 리샤 미크도, 화가 클로드 샤틀레도 권력에 동조한 죄로 왕비의 뒤를 따라 단두대의 이슬로 사라졌다.[1]

---

1. Lablaude, 1995; Pérouse de Montclos, 1996 참조

050 몽소 공원, 여기는 영국 정원이 아님

몽소 정원 중 가장 인상 깊은 장면 중 하나.
숲 속에 여러 형태의 무덤을 모아놓은 '무덤의 숲(Le Bois des Tombeaux)'.
그중 피라미드는 아직 남아있다.

VUE
Du Bois des Tombeaux,
Prec Du Pont A.

파리, 혁명 전야

지금 파리 북서쪽의 8구와 17구 사이에 위치하고 있는 몽소 공원 Parc Monceau은 여느 도시 공원과 별반 다를 바 없어 보이는 곳이다. 특별한 명소도 아니다. 규모도 6헥타르 정도에 지나지 않아 지금까지 살펴 본 풍경화식 정원에 비할 바가 못 된다. 다만 공원 입구에 서 있는 웅장한 로톤다며 공원에서 이따금 마주치는 묘한 분위기의 오래된 스타파주들이 '사연이 좀 있는 공원이 아닐까'하고 고개를 갸웃하게 한다. 몽소 공원은 18세기 말, 파리를 주름잡았던 오를레앙 공작의 소유였다. 당시에는 면적이 지금의 두 배 정도였고 이름도 공원이 아닌 정원Jardin de Monceau이었다.

18세기의 프랑스 귀족 중에는 영국의 벌링턴 경이나 콥햄 경처럼 두각을 내세운 인물을 거의 찾아볼 수 없다. 프랑스 귀족의 자질이 부족해서가 아니라 절대군주의 덫에 걸린 신세였기 때문이다. 독일이나 이탈리아에서 태어났더라면 비록 손바닥만 한 영토라도 군주가 되어 군림하였을 텐데 그것 역시 불가능했다. 이 시기에 왕족으로서 그나마 이름을 남긴 인물이 오를레앙 공작 루이 필립Louis-Philippe II, Joseph de Bourbon, duc d'Orléans(1747~1793)이었다. 공식 명칭은 몹시 길고 복잡한데다 처음에는 샤르트르 공작이었다가 나중에 오를레앙 공작의 작위를 받았으므로 편의상 간략하게 오를레앙 공이라고 부르는 것이 좋을 것 같다. 샤르트르나 오를레앙 공작의 작위는 전통적으로 왕의 동생, 숙부, 조카 등 친족에게 부여되었다. 이 이야기의 주인공 오를레앙 공작은 루이 13세의 직계손으로, 만약에 루이 15세나 16세가 아들을 얻지 못하고 승하했다면 왕위를 계승할 뻔했던 인물이었다. 그는 조용하고 온순한 루이 15세, 16세와는 달리 루이 14세를 닮아 다혈질이고 적극적이었다. 재산많고 에너지 넘치는 패기의 사나이였으나 할 일이 없는 것이 문제였다. 게다가 타고난 반골 기질이 있었다. 당숙뻘이었던 루이 15세에게 반항하다가 미움을 샀고 급기야는 궁정에서 추방되었다. 이후 군에 입대하여 삼십 세가 될때까지 전쟁터를 누볐다. 1778년 스페인과의 오랜 전쟁이 끝나 귀국하니 루이 16세가 왕좌에 앉아있었다. 루이 16세에게 또 다시 반항하여 순한 왕의노여움을 산데다가 마리 앙투아네트와 사이가 좋지 않아 결국 군대에서는명예 제대를 당하고 궁정에서 또 다시 추방되었다.

프랑스 왕실이 파리를 떠나 베르사유로 이사한 뒤에 파리에 있던 왕궁 중에서 팔레 루아얄palais royal은 오를레앙 가문에 넘겨졌다. 이를 물려받은 오를레앙 공은 팔레 루아얄의 정원 쪽에 회랑으로 둘러싸인 60채의 건물을 짓고여기에 상점과 카페, 레스토랑, 기타 오락 시설을 유치했다. 지금도 유명한 팔레 루아얄의 홍등가가 이때부터 자리 잡았으며 밤이 되면 시끌벅적한 유흥가로 변했다. 왕족의 사유지였으므로 경찰도 출입할 수 없어 공의 비호 속에사업이 번창했다. 공은 이렇게 파리 시민들 속에 융화되어 갔다. 궁정 출입이금지된 형편이었으므로 그는 파리 유흥가에서 놀거나 아니면 영국에 자주들락거렸다. 나중에 조지 4세가 되는 영국의 황태자와 절친한 사이였던 그는영국 마니아여서 그곳의 풍물을 파리에 가지고 들어와 유행시켰다. 그 중에서 가장 중요한 것이 영국의 자유 정신과 풍경화식 정원이었다. 유흥가의 대부라는 사실과 풍경화식 정원은 서로 짝을 이룰 수 없을 것처럼 보이지만 오를레앙 공은 이렇게 극과 극을 달리던 인물이었다. 그는 또한 프리메이슨의 그랜드 마스터였고 남몰래 연금술을 연구했는데 그의 요란한 밤 행적은 아마도 본심을 감추기 위한 가면이었을지도 모른다.

1769년 오를레앙 공은 파리 북서쪽 외곽에 약 1헥타르 규모의 땅을 구입했다. 그리고 콜리뇽이라는 건축가를 시켜 정원을 짓게 했다. 건축물이라고는 은둔자의 파빌리온이 전부였지만 이것이 몽소 정원의 시작이었다. 몇 년 후 공은 인접한 토지 12헥타르를 추가로 구입한 뒤 공의 '이벤트 매니저'였던 루이 카르몽텔Luis Carmontelle(1717~1806)에게 디자인을 맡겼다. 카르몽텔의 본업은 화가였다. 1759년 오를레앙 가문의 가정교사로 취직했다가 그의 다재다능함이 알려지면서 1763년부터 오를레앙 가족과 친지들의 초상화를 그리는 일 외에도 각종 연회, 연극, 무도회를 연출하는 등 이벤트 매니저로 승진했다. 그는 무대 장치를 만들고 극본을 쓰고 연출도 맡았으며 필요하면 조경도 했다.

1773년 몽소 정원을 풍경화식으로 만들어보라는 공의 명을 받기까지 카르몽텔은 영국 풍경화식 정원에 대해 보고들은 것이 많지 않았다. 이때는 아직 르 루즈의 도면집이 출판되기 전이었으므로 주로 윌리엄 챔버스의 자료를 참고하고 현지에서 직접 보고 온 오를레앙 공의 설명을 토대로 디자인했다. 거기에 평소의 연출 솜씨와 상상력을 보태 1779년 모두 17개의 장면으로 구성된 몽소 정원이 완성되었다. 같은 해에 카르몽텔은 정원 전체의 배치도와 17개의 장면 그림을 엮어 몽소 정원 안내서를 펴냈다. 좀 지루하더라도 이 17개의 장면이 어떤 것이었는지 살펴볼 필요가 있다. 입구 정원과 파빌리온,

물레방앗간, 인공 폐허, 프티 트리아농을 거의 빼닮은 농촌, 그리스 신전의 폐허, 데로시섬 모형과 풍차, 미너렛이 있는 언덕, 이탈리아 포도 농장, 중국 풍의 목교, 오벨리스크와 반원형의 콜로나드, 피라미드 등 여러 형태의 무덤을 안치한 숲, 프랑스 파빌리온, 타타르 식 텐트, 흰 대리석 신전, 파빌리온 본관과 그 앞의 중국풍 회전목마, 터키 식 텐트, 밤나무 파빌리온이다.[1] 이 모든 장면은 계류나 연못을 통해 서로 연결되어 있었다.

1헥타르에 세상을 모두 모아놓은 윌리엄 챔버스를 능가하고자 했던 것일까. 카르몽텔의 몽소 정원은 풍경화식이라기보다는 폴리folly 정원이었으며 18세기 판 디즈니랜드였다. 모든 시대와 사조를 다 모아놓았다는 비판이 많았다. 이에 대해 카르몽텔은 "영국 정원을 본뜨고자 한 것이 아니라 순수한 판타지의 산물이고 오로지 즐겁게 하려는 목적으로 만든 것"[2]이라고 응수했다. 그래도 거듭되는 질문에 짜증이 난 그는 "이건 영국 정원이 아님"이라는 팻말을 세워놓기도 했다.

몽소 정원은 오를레앙 공의 명성과 더불어 오랫동안 귀족들의 성적인 자유분방함과 퇴폐적인 놀이터의 대명사로 치부되었다.[3] 그러던 중 간간히 색다른 해석이 등장했으며 1990년대부터는 좀 더 본격적으로 재해석되기 시작했다. 오를레앙 공이 프리메이슨의 그랜드 마스터였다는 사실과 카르몽텔의 뛰어난 예술적 감각을 조합해서 살펴볼 때 몽소 정원의 개념 자체가 이중적이지 않을까라는 의문이 제기된 것이다. 겉으로 보이는 것이 전부가 아닐 수도 있다. 일부러 땅을 사들여 새로운 개념의 정원을 만들고자 했던 공이 단지 사람들을 불러 모아 흥청망청 연회를 베푸는 것을 유일한 목적으로 삼앗을까?—유흥을 위해선 팔레 루아얄이 엄연히 존재했다. 각각의 폴리는 프리메이슨의 상징이고 열일곱 개의 장면은 프리메이슨에 입문하는 과정 혹은 이에 더 나아가 카발라의 원리를 형상화해 설명한 것은 아니었을까? 이런 질문들은 대단히 흥미롭다. 이 공식에 맞추어 몽소 정원을 다시 해석하면 새삼 새롭고 신비하게 다가온다. 그래서인지 몇 해 전부터 프리메이슨 정원에 대한 연구에 가속이 붙었으며 이제는 몽소 정원을 프리메이슨 정원이라고 공공연하게 칭하는 학자도 나타났다.[4]

오를레앙 공은 파리 민중 사이에서 인기가 높았다. 1789년 삼부회가 조직되자 귀족 대표로 출마해 무려 세 개의 선거구에서 동시에 당선이 되었다. 물론 그 중 하나를 선택해 의석을 차지했는데 귀족부 중에서도 몇 안 되는 자유전선의 일원이 되어 혁명 세력을 지지했다. 이후 그는 파리 시민으로부터 '평등한 필립'이라는 별명으로 불렸다. 그럼에도 로베스피에르의 공포 정치를 피해가진 못했다. 1793년 사형선고를 받고 즉석에서 단두대로 끌려갔다.

---

1. Carmontelle, 1779, 도판 24~46.

2. Wegener, 2008, p.108.

3. Hays, 1999, p.448.

4. Wegener, 2008, 독일의 예술사학자 베게너는 파리의 몽소 정원과 독일의 루이젠룬트 정원을 대표적 프리메이슨 정원으로 꼽고 있다.

051 이상 도시 쇼, 독인가 약인가

르두가 설계한 아르케스낭의 반원형 소금 마을 배치도.
1778~1804년 사이에 제작된 동판화.

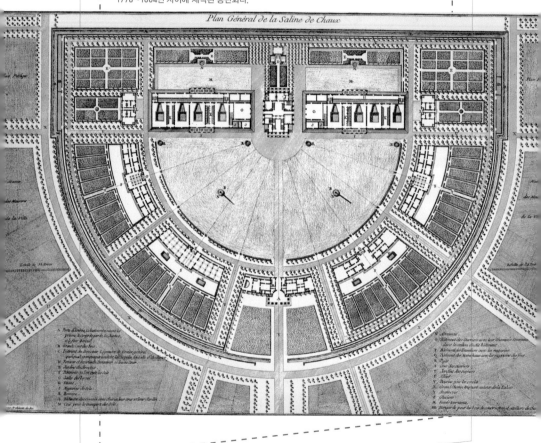

세 도시 이야기

원로 건축가가 하루아침에 감옥에 던져진 신세가 되었다면, 그리고 감옥에서 종이와 펜을 소지하는 것이 금지되었다면, 그는 무엇을 할 수 있을까? 우선 살아나갈 궁리를 할 것이다. 그리고 상상의 나래를 펼쳐 머릿속에서 세상을 다시 설계할 것이다. 프랑스의 건축가 클로드 니콜라 르두 Claude-Nicolas Ledoux(1736~1806)의 이야기다.

프랑스 혁명이 일어나기 전, 그는 왕실 전속 건축가였다. 루이 15세와 16세의 신임을 얻어 중요한 프로젝트를 여러 건 의뢰받았다. 다만, 당시 프랑스 왕실의 재정이 파산 상태였기 때문에 으리으리한 궁전 등을 지을 형편은 못 되었고 중요한 국가 시설들이 그에게 맡겨졌다. 그 중 대표적인 것이 파리의 새로운 성벽, 세관 건물, 왕립 제염소다. 여기서 파리의 성벽이란 중세에 축조된 방어용 성벽이 아니라 1785년에서 1788년 사이, 즉 혁명 전야에 세워진 성벽을 말한다. 표면상으로는 밀수품을 통제하기 위해서 새로 축조했다고 하지만 실은 파리를 드나드는 사람들에게 통관세를 걷기 위해서였다. 새 성벽은 총 연장 24km에 총 60개의 관문을 세워 물샐 틈이 없었다. 그 60개의 관문 중 42개를 르두가 설계했다. 르두의 주요 프로젝트인 세관 건물과 제염소는 서로 판이한 운명을 맞게 된다. 세관 건물은 혁명의 날 분노한 파리 시민들에게 파괴당했다. 그 반면 제염소는 파리에서 멀찍이 떨어져 있는 덕에 무사히 살아남아 1920년 프랑스 문화재로 지정되었고 1985년에는 유네스코 세계문화유산에 등재되는 영광을 얻었다.

287

18세기, 소금은 왕실 전매품으로서 왕가의 주요 수입원이었다. 프랑스의 아르케스낭Arc-et-Senans이라는 곳에 중요한 제염소가 하나 있었는데 시설이 몹시 낙후되어 다시 지을 필요가 있었다. 이 지역은 지하수에 염분이 섞여 있어 고대 로마 시대부터 내륙 소금 생산지로 유명했다. 소금이 엄청 비쌌던 시절이었으므로 소금 도둑이 많아 철통같은 담장을 둘러 지켰는데, 생산량이 증가하면서 점점 비좁아지니 위생 문제와 더불어 화재의 위험도 커졌다. 게다가 오랜 세월 동안 주변의 숲을 모조리 벌목하여 불을 땠으므로, 땔감 수급 문제도 해결해야 했다. 르두는 구 제염소를 개조하는 것보다는 숲이 있는 곳으로 이전하는 것이 유리하다는 결론을 내렸다. 이 경우 제염소 전체를 새로 설계할 수 있다는 장점도 있었다. 그는 새 제염소의 기본 틀을 반원형으로 잡고 건물과 동선을 방사형으로 배치하여 향후 사업이 확장되더라도 외곽으로 퍼져나갈 수 있는 여지를 주었다. 이 반원형의 구조를 좀 자세히 들여다 볼 필요가 있다.

우선 가장 외곽에는 높은 담장이 둘러쳐져 있고 정원과 건물이 번갈아가며 배치되어 있다. 가장 남쪽에 반원형을 그리며 좌우 대칭으로 배치되어 있는 건물군은 기숙사다. 정중앙의 캐노피가 입구 겸 경비실이며 양쪽으로 각각 재판소와 유치장이 배치되어 있다. 북쪽의 일직선을 보면 중앙에 소장의 관사가 우뚝 서 있다. 여기가 바로 컨트롤 타워이며 힘이 집중되는 구심점이다. 이곳에는 예배당도 마련되어 소장의 감시 하에 모두 함께 미사를 드렸다. 소장의 관사를 양 옆에서 호위하고 있는 건물들이 바로 생산 공장이다.

이 제염 마을의 배치도에는 르두의 세계관이 그대로 드러나 있다. 그가 추구했던 것은 계몽 왕조였다. 즉, 왕정과 신분 사회를 유지하여 계급 사이에 선을 분명히 긋되, 계몽 정신에 의거하여 각 신분의 존엄성을 인정한다는 것이다. 그러나 계몽 정신보다 더 우위에 둔 것은 건축이었다.

이 사실은 그의 건물 설계에서 여실히 드러난다. 그는 건물의 창을 아주 작게 만들었고, 공장의 굴뚝도 생략했다. 자신의 건축 미학을 훼손하기 싫었기 때문이다. 덕분에 공장 내부는 통풍이 잘 되지 않아 노동자들이 호흡기 질환에 시달렸고 일찍 사망하는 경우도 적지 않았다. 어느 모로 보나 유토피아와는 거리가 멀었다.

바스티유 감옥에서 13개월을 보내는 동안 르두는 소금 마을을 이상 도시로 탈바꿈하기 위해 궁리에 궁리를 거듭했다. 종이와 연필이 없으니 일단 머릿속에 담아 두었다가 자유의 몸이 되자마자 종이에 옮겼다. 우선 그는 반원을 확장시켜 완전한 원으로 만들고 개별 건물을 디자인했다. 그리고 주변을 둘러싸고 있는 숲의 이름을 따서 이상 도시 쇼Chaux[1]라고 이름 붙였다. 이상 도시 쇼의 설계도는 마치 백설 공주의 계모가 내민 사과와 같다. 반쪽에는 독이 들어있고 나머지 반쪽에는 독이 없는 사과처럼 쇼 마을의 반은 참이고 반은 거짓이었다. 북쪽의 새로운 반원 마을이 이상 도시에 해당된다. 이곳은 '도덕적인 이상에 따라 사는 곳'[2]이었다. 18세기 계몽 시대에 정원이나 건물을 지을 때 항상 '도덕성'을 내세우는 이유는 그동안 신의 계율에 따라 살았으나 이제는 인간 중심의 세상을 만들어 스스로를 지켜나가야 했기 때문이다. 신의 계율이 아닌 인간의 도덕성이 관건이 되었다. 루소나 조지프 에디슨

등이 정원에서 도덕성을 찾았다면 르두는 공동 생활체 개념을 해법으로 제시했다. 이를 위해 숲 속에 세노비Cénobie라는 공동 주택을 설계했다. 총 16가구가 모여 사는 주택이다. 르두에 따르면 사람은 다른 이와 교류를 통해 좋은 사람으로 다듬어지기도 하고 방종하게도 되지만 궁극적으로는 즐거운 공동체 생활을 통해서만 행복해진다. 고요한 숲 속에 지어진 세노비에서 현인들의 지도 아래 단순한 자연의 법칙에 따라 생활하면서 전설 속의 황금기를 구현하고자 한 곳이 바로 이상 도시 쇼다.

혁명 이후, 아무도 전 왕실 건축가에게 일을 주려 하지 않았으므로 르두는 나머지 생을 건축 이론을 완성하는 데 바친다. 그 결과 다섯 권으로 이루어진 방대한 책을 집필했고 총 364장의 도판을 삽입했다.[3] 책의 제목 『예술과 관습과 법의 맥락에서 고찰한 건축』에서 나타나듯, 그는 세상의 모든 이치에 답을 주는 것이 건축이라고 주장했다. 건축가는 공간만 설계하는 것이 아니라 살아가는 방법에 대해서도 해법을 제시한다며 혁명 와중에 공석이 되어 버린 종교와 왕의 자리에 건축을 슬며시 밀어 넣었다. 그리고 급기야는 "건축가는 신과 경쟁하는 자다. 모든 것이 그의 영향권 안에 있다"라고 비약하기에 이른다.

르두의 이상 도시는 그의 사후 관심을 받지 못하고 사라져 갔다. 20세기 초, 경제 대공황을 겪으며 다시금 격변의 시대가 왔을 때, 일거리가 별로 없는 건축가들이 이상 도시를 설계하기 시작했다. 그러는 와중에 르두의 작품들이 재조명되었다. 르 코르뷔지에[4]가 르두로부터 큰 영향을 받은 것은 두말할 필요도 없다. 한편 독일에서도 한 젊은 건축가가 르두의 작품에 깊이 심취하게 된다. 히틀러의 전속 건축가가 되는 알베르트 슈페어였다.

1. la cité idéale de Chaux
2. Metken, 1970, p.124.
3. L'Architecture considerée sous le rapport de l'art, des moeurs et de la législation.
4. 이 책의 "006. 르 코르뷔지에, 세상을 디자인하다" 참조

052 순백의 이상 도시
워싱턴 D.C.

순백의 이상 도시로 조성된 워싱턴 D.C.
워싱턴 기념탑(오벨리스크)에서 가로 세로 녹지축이 만난다.

세 도시 이야기

영국 본토의 입장에서 보면 말도 안 되는 일이었다. 신대륙을 개척하라고 백성을 보냈더니 이제 머리가 커졌다고 독립된 국가를 세우겠단다. 이런 상황에 "아, 그래? 잘 생각했어. 자원도 풍부하고 아름다운 곳이니 좋은 나라를 건설해서 태평성대를 누리시게"라고 할 수는 없었다. 1775년, 미국 13개 식민지가 똘똘 뭉쳐 본국에 저항하고 일어난 사건은 미국의 입장에서 볼 때 독립운동이지, 영국의 관점에서는 명백한 반란이고 반역이었다. 영국의 왕 조지 3세는 자신이 보기에 유일한 해결책을 써서 군대를 보내 진압하게 하였다. 식민지를 가지고 있는 유럽의 다른 국가들, 스페인, 포르투갈, 네덜란드 등은 당연히 영국의 편에 섰다. 프랑스만 예외였다. 식민지 보유국으로서 둘째가라면 서러워할 프랑스가 군대까지 보내 독립군을 도왔다는 사실은 무척 아이러니하다. 사실 그 여파가 굉장했다. 당시 미국에서 민주국가가 탄생하여 희망과 열정이 부풀어 오르는 동안, 이를 도왔던 프랑스의 루이 16세는 몇 해 후에 몰락하고 만다. 이미 달아오를 대로 달아오른 사회 분위기에 참전 비용으로 국가 재정에 구멍이 숭숭 뚫려 민심이 더 갈 데 없이 흉흉했으니, 미국에서 건너온 자유와 민주라는 강한 역풍에 마침내 혁명의 불이 붙는 것은 시간 문제였던 것이다.

루이 16세는 본래 독립전쟁에 참여할 뜻이 없었다. 이런 그를 설득하여 결국 파병하게 한 이는 라파예트 후작Marquis de La Fayette(1757~1834)[1]이다. 그는 독립전쟁을 돕는 것이야말로 영국을 견제하는 데 둘도 없는 방법이라고 역설했다.

루이 16세는 그것이 자신의 무덤을 스스로 파는 행위라는 것을 미처 예견하지 못한 채 동의했다. 라파예트 후작이 계산착오를 한 건 아니었다. 귀족 출신에 프랑스 최고의 자산가였던 그는 한편 철저한 계몽 사상가이기도 했다. 이미 사재를 털어 군함을 사고 사병을 모아 미국 독립전쟁에 참전, 혁혁한 공을 세우고 다시 본국으로 돌아온 터였다. 이 성공담을 근거로 루이 16세를 설득, 공식적으로 군대를 파견하게 하는 한편, 자국의 혁명을 적극적으로 도왔다. 영국을 견제하여 프랑스 왕실의 위상을 높여보자는 것이 루이 16세의 목표였다면 라파예트의 생각은 달랐다. 여러 정황으로 보아 그는 자유와 공화국의 이념을 실제로 굳게 믿은 듯 했고 이를 실천하는 데도 주저하지 않았다. 결국 그는 루이 16세를 상대로 절묘한 한 수를 둔 것이다. 물론 미국에서 프랑스의 위상이 높아진 건 사실이었지만 그보다 더 중요한 것은 이로써 왕권이 붕괴되는 데 결정타를 가했다는 점이다. 그는 미국 '건국의 아버지들'과 막역한 사이가 되어 프랑스와 미국을 정치적, 문화적으로 잇는 교량 역할을 했다. 나중에 사람들은 그를 가리켜 '두 세계의 영웅'이라고 불렀다. 후에 워싱턴 D.C.의 설계가 프랑스 건축가의 손에 맡겨진 것도 그의 후광에 힘입은 것이다.

1777년 6월 13일, 라파예트 장군이 이끄는 프랑스 함대의 지휘선이 미국의 찰스턴 항에 도착했을 때, 그 배에는 피에르 샤를 랑팡Pierre Charles L'Enfant (1754~1825)이라는 젊은이가 타고 있었다. 그는 이제 막 22세가 된 건축가였다. 자유와 정의의 편에 서서 싸우겠다는 투지를 불사르며 평소 존경해 마지않는 라파예트 장군을 따른 것이다. 여러 전투에서 용맹과 기지를 보여 라파예트 장군과 조지 워싱턴의 신임을 얻은 랑팡은 그들의 측근이 되었고 전쟁이 끝난 후, 새로 건설되는 수도 워싱턴 D.C.의 설계를 맡게 된다. 건축가로서 이 보다 더 큰 영광은 바라기 어려울 것이다.

'건국의 아버지'들에게 수도 워싱턴의 설계는 지대한 관심사였다. 원대한 건국의 이념이 도시설계에 그대로 드러나야 했다. 그러므로 세계에서 가장 이상적인 도시가 되어야 했다. 설계는 랑팡이 했지만 '아버지들'의 훈수가 만만치 않았을 것이다. 그 중에서도 건축에 조예가 깊었던 토머스 제퍼슨의 역할이 컸다. 이미 살펴 본 바와 같이 제퍼슨은 유럽에서 영국 정원과 팔라디오 풍의 건축 양식을 가지고 돌아왔는데, 그의 짐 속에는 그 외에도 유럽 여러 도시의 배치도가 들어있었다. 파리, 오를레앙, 몽펠리에, 암스테르담, 밀라노, 토리노, 프랑크푸르트, 칼스루에, 만하임 등의 도면을 랑팡에게 내주며 참고하라고 일렀다. 수도의 위치는 포토맥 강이 갈라지며 삼각 지대를 이루는 곳이었다. 이곳에 사방 16.1km의 범위 내에서 설계하라는 틀이 주어졌다. 그 결과로 탄생한 것이 칼스루에의 방사형 도시 구조와 만하임의 바둑판 구조가 합성된 힘의 도시 워싱턴이었다. 파리, 암스테르담, 밀라노 등의 유서 깊은 도시들은 오랜 세월에 걸쳐 서서히 형성되고 성장하여 복잡한 중세적 구조를 유지하고 있던 반면, 칼스루에와 만하임은 이상 도시의 개념을 적용하여 건설한 계획 도시였다. 그 중 특히 만하임은 네카 강이 라인 강으로 유입되는 곳에 형성된 삼각 지대에 세워진 것이 워싱턴의 지형과 유사했다. 칼스루에와 만하임의 기하학이 가진 계획 도시의 힘은 워싱턴이 상징하는 새로운 시대의 체계와 질서를 과시하기에 적절해 보였을 것이다. 이는 또한 건국의 아버지들이 속해 있던 프리메이슨의 이념과도 상통했다.

1792년에 설계도가 완성되어 공개되고 랑팡은 영웅 대접을 받았다. 그러나 영광은 잠시, 곧 디테일한 부분에서 건국의 아버지들과 의견 차이가 생겨 해고당하고 만다. 그럼에도 워싱턴 D.C는 대부분 그의 설계대로 건설되었다. 새 도시 건설의 흥분 속에서 사람들은 건축가 랑팡을 잊었다. 그는 힘겨운 삶을 영위하다가 가난 속에서 생을 마쳤다. 그의 사후에 사람들이 문득 워싱턴의 건축가를 기억해 내어 알링턴 국립묘지에 근사한 묏자리를 마련해 주었다. 그의 묘가 있는 언덕에선 워싱턴의 거대한 도시 축이 훤히 내려다 보인다.

랑팡은 현재에도 워싱턴의 맥을 이루고 있는 두 개의 거대한 녹지축을 설계했다. 짧은 종축의 끝에는 백악관을, 긴 횡축의 끝에는 의사당Capitol을 각각 배치하고 두 축이 만나는 교차 지점에 워싱턴 기념비를 설계했다. 랑팡이 설계한 워싱턴 기념비가 어떤 것이었는지는 알려지지 않았지만 지금 서 있는 오벨리스크가 아니고 원형으로 된 건축물이었던 것만은 확실하다. 백악관과 의사당은 바로 건설되었지만 워싱턴 기념탑은 거의 백년 후에 완성되었다. 예산이 없어 뒤로 미루다가 1836년 설계공모를 통해 당선된 작품이 로버트 밀스Robert Mills(1781~1855)가 디자인한 오벨리스크였다. 높이 169.3m로 당시에는 세계에서 가장 높은 건물로 설계되었다. 나중에 철조의 에펠탑에게 추월당하기는 했지만 돌로 축조된 건물 중에서는 아직도 세계에서 가장 높다. 이 어마어마한 규모 때문에 예산을 보충해야 했고 복잡한 구조 설계 등으로 시간이 또 흘러 1848년에 이르러서야 착공되었으며 그로부터 또 40년이 지난 1884년에 비로소 완성되었다.

미국의 베스트셀러 작가 댄 브라운의 표현을 빌리면, 이 오벨리스크가 서 있는 곳이 바로 미국의 심장이 뛰는 곳이다. 여기서부터 양쪽으로 뻗어나가는 횡축이 지금 내셔널 몰이라고 불리는 곳이다. 이곳에는 의사당과 워싱턴 기념탑뿐 아니라 장대한 링컨 기념관을 위시해 온갖 박물관과 기념관이 나란히 사열하고 있어 지금은 가히 신들의 전당을 방불케 한다. 백악관을 비롯해서 모든 건축물들이 순결한 백색으로 빛나는 것이 이 느낌을 더욱 강조하고 있다. 이곳에 미국의 '브레인'이 아니라 '심장'이 자리 잡고 있다는 댄 브라운의 표현이 의미심장하다. 순수한 이상은 심장에서 박동하는 것이기 때문일 것이다. 그가 2009년에 발표한 소설 『로스트 심벌』은 워싱턴 D.C.에 대한 긴 연서라고도 볼 수 있다. 그는 워싱턴 그 자체가 프리메이슨적인 상징 체계라고 주장하고 있다. 특히 도입부와 결말에 각각 오벨리스크를 등장시킴으로써 시작과 끝이 오벨리스크라고 설명하려는 듯하다. 도입부에 주인공 랭던 교수가 비행기 창밖으로 오벨리스크를 내려다보며 그 신비한 마력을 느끼는 장면이 있다. "이를 중심으로 기하학적인 힘의 축들이 도로와 건물이 되어 사방으로 뻗어있다."[2]

이런 힘의 축을 가진 도시는 워싱턴 D.C. 외에도 세상에 부지기수로 많다. 다만 그 힘이 어디서 시작되었는가, 그리고 어디로 향하는가에 따라 평화와 자유의 축이 될 수도, 전쟁과 속박의 축이 될 수도 있다. 지금 워싱턴은 초심을 잃고 제국주의로 향하는 역방향을 따르고 있는지도 모르겠다.

---

1. 본명이 너무 길어 대개는 라파예트 후작 혹은 라파예트 장군이라는 약칭으로 불린다. 본명은 Marie-Joseph-Paul-Yves-Roch-Gilbert du Motier, Marquis de La Fayette
2. 한글판과 어휘가 조금 다를 수 있다.

053 세계 수도 게르마니아

'게르마니아 국민의 전당' 모형 디테일.
2004년에 개봉한 독일 영화 '몰락'을 촬영하기 위해 제작된 모형이다.

세 도시 이야기

"베를린은 세계의 수도로서 고대 이집트나 바빌론, 혹은 로마와 견주게 될 것이다. 런던이 무엇이고 파리가 어디란 말인가."[1] 아돌프 히틀러가 1942년 3월 11일 '늑대소굴'에서 부하들과 모여 식사를 하다가 지껄인 독백이다. 늑대소굴은 2차 세계대전 당시 설치된 히틀러의 수많은 지휘 본부 중 하나였다. 지금 폴란드의 괴를리치 깊은 숲 속에 위치하고 있는데 폭격에도 끄떡없는 특제 벙커였다. 1941년, 소련에게 선전포고를 한 이후 히틀러가 주로 머물던 곳이었다. 당시는 스탈린그라드 총공격을 앞두고 있던 시점이어서 아직 승리를 의심하지 않았고 승리 후에 건설할 대제국의 수도, 베를린을 두고 설계가 한창 진행되고 있었다.

르두 같은 건축가가 아무리 과대망상에 빠져 신과 힘겨루기를 하고자 해도 결국 종이 위에서 활개 치는 것으로 그치고 만다. 실제로 건축가가 독재자가 된 케이스는 없다. 문제는 이런 건축가가 독재자와 만났을 때 발생한다. 그 독재자가 한 때 건축가가 되기를 꿈꾸었고 건축가의 가슴 속에선 독재자가 은밀히 자라고 있었다면, 문제는 더욱 심각해진다. 히틀러와 알베르트 슈페어Albert Speer(1905~1981)의 만남이 그런 경우에 해당한다. 그 둘은 서로를 분신처럼 여겼던 것 같다.

물론 우연의 일치겠지만 '히틀러의 건축가' 알베르트 슈페어는 만하임에서 태어나 자랐고 칼스루에서 건축을 공부했다. 계획 도시의 분위기를 공기처럼 호흡하며 살았을 것이다. 할아버지, 아버지가 모두 건축가여서 그 역시 자연스럽게 건축가의 길을 걷게 되었는데 부자지간의 건축 개념과 세계관에 커다란 간극이 있었다. 게다가 아들이 나치에 매료되어 입당하고부터 아버지는 아들의 행보를 몹시 걱정했다. 1930년대 초의 일이었다. 대공황의 여파로 아버지도 아들도 일거리가 없었다. 베를린 공대의 조교로 일하다 계약이 끝나 일거리를 찾아야 했던 아들 슈페어가 하릴 없이 당사 건물을 기웃거리던 어느 날, 당의 지부 건물을 하나 보기 좋게 고쳐달라는 의뢰가 들어왔다. 이것이 시작이었다. 머지않아 슈페어가 전체주의적인 건축에 천부적인 소질을 가지고 있음이 드러났다. 그는 곧 히틀러의 총애 속에서 신분이 수직 상승하다가 1937년에는 제국 수도의 건축 총감으로 임명되었고 1942년에는 군수 장관이 되었다.

히틀러는 제국주의를 구현하는 도구 중 크게 세 가지를 구사했다. 바로 전쟁, 게슈타포, 건축이었다. 그 중에서도 건축이 큰 비중을 차지했다. 그는 건축을 '돌의 언어'라고 일컬으며 건축이야말로 제국주의적 위상을 만천하에 과시할 수 있는 가장 중요한 도구임을 누누이 강조했다. 그리고 대대적인 국토 개발 계획을 수립했다. 그리고 베를린은 세계의 수도로, 뮌헨은 나치 예술의 수도로, 뉘른베르크는 전당 대회의 도시로 지정했다. 그 외에도 독일의 중요한 도시들을 이십여 곳 선발하여 전체주의적 양식totalitarianism에 따라 모두 재설계했다. 이를 '도시 정화 사업'이라고 했다. 1935년에 시작되었던 그의 건설 사업은 한편 전쟁 준비이기도 했다. 전쟁을 위한 기반 시설로 가장 먼저 건설된 것이 속도 제한 없이 마구 달릴 수 있어 운전광이 애호하는 고속도로인 '아우토반Autobahn', 널찍한 대로, 도시 공항 등이었다. 손기정 선수가 금메

달을 땄던 베를린 올림픽 경기장도 이때 세워졌다. 콜로세움을 그대로 본 뜬 뉘른베르크의 전당 대회장처럼 나치의 건축은 하나같이 웅장하고 기념비적이라는 게 특징이었다.

1939년, 전쟁을 일으키고부터는 점령지의 주요 도시도 자기 취향에 맞게 '정화'하고자 했다. 이 모든 임무를 수행하기 위해 건축가, 조경가, 조각가, 화가 등을 총동원했으며 이들에겐 병역의 의무까지 면제해주었다. 전쟁 중에도 이들은 도시와 건축 설계에 매진해야 했다. 그만큼 건축은 히틀러의 병든 세계관의 중심에 있었다. 어떤 면에서는 유럽을 모조리 파괴하고 자기 뜻대로 새로 짓고 싶어 전쟁을 일으킨 것인지도 모른다.

알베르트 슈페어에게는 가장 핵심적인 임무가 맡겨졌다. "세계의 수도 베를린을 다시 설계하라. 새로 태어난 베를린은 '게르마니아'라고 부르리라!" 게르마니아의 기본 콘셉트는 1937년에 완성되었으나 설계 작업은 1943년까지 진행되었다. 그와 병행하여 부분적으로 시공이 시작되었다가 1943년 전쟁에서 패배의 기운이 감돌자 사업이 중단되었다. 다행스럽게도 게르마니아는 실현되지 않았다.

게르마니아의 핵심에도 거대한 축이 있었다. 기존 도시 중심부, 즉 가장 오래된 전통적인 도시 구역을 고스란히 도려내고 그 자리에 어마어마한 규모로 두 개의 축을 만들어 교차시키고자 했다. 그 중에서 남북을 가르는 중심축은 폭이 120m, 연장 40km의 듣도 보도 못한 규모였다. 이 축을 만들기 위해 도심에 있는 약 5만 채의 주택이 철거될 예정이었다. 도시 외곽 녹지대에 신도시를 새로 지어 이들을 이전시키고자 했다.

이 대단한 중앙축의 양쪽 끝에는 각각 국민의 전당과 의사당을, 가운데에는 개선문을 두었다. 국민의 전당은 판테온을, 의사당은 콜로세움을 본떴다. 이 건물들의 규모 역시 축의 규모만큼이나 듣도 보도 못한 크기였다. 개선문의 경우 높이 117m, 폭 170m로 설계되었다. 참고로 파리의 개선문은 높이가 약 50m, 폭이 약 45m다. 국민의 전당은 또 어떠한가. 사방 315m의 평면에 둥근 지붕을 얹었는데 지붕 꼭대기까지의 높이가 320m로서 세계에서 가장 높은 돔 건물이 될 예정이었다(바티칸의 성 베드로 성당의 높이가 약 133m다). 원칙은 사실 단순하다. 세상에서 가장 웅장한 건축물을 가져다가 두 배 이상으로 키운 것이다. 만약에 이 계획이 실현되었다면 지금 베를린은 전혀 다른 모습을 하고 있을 것이다.

슈페어의 이런 매머드 건축은 대개 고대 건축을 모방한 것으로 해석된다. 다만 그는 고대 건축을 직접 모방한 것이 아니라 한 다리를 거쳐 간접 모방했다. 다시 말하면 슈페어가 벤치마킹한 것은 로마 건축가들이 아니라 프랑스의 소위 '혁명 건축가'들이었다.[2] 혁명 건축가란 프랑스혁명을 전후해서 이상적인 건축을 전개시킨 사람들을 일컫는다. 그 대표자 중 한 명은 위에서 이미 살펴 본 소금 마을의 르두였고 다른 한 명은 르두와 동시대에 활동했던 에티엔느 루이 불레에(Étienne-Louis Boullée(1728~1799)라는 인물이었다. 두 사람의 공통점이라면 꾸밈과 치장이 많은 바로크 건축을 버리고 본래적인 순수 기하학으로 회귀했다는 점이다. 다른 점이라면 르두의 경우 전체적 맥락을 중요시 여겨 이상 도시를 설계한 반면, 불레에는 아무 도시적 맥락 없이 건축물만 하나씩 설계했다는 것이다. 어차피 구형이나 원뿔형, 혹은 피라미드, 정육면체 등으로 이루어진 그의 작품은 그 규모와 디자인이 모두 황당하여 18세기 후반의 기술로는 시공이 불가능했다. 그러니 굳이 주변과의 맥락을 찾을 것도 없었다. 마치 다른 별에나 있을 법한 건축이고, 건물 자체가 우주를 떠다니는 행성 같기도 하다. 이러한 이유로 그의 작품들은 대부분 그림으로만 전해진다. 슈페어는 르두에게서는 이상 도시에 대한 설계 개념을, 불레에로부터는 어마어마한 규모감을 물려받았다. 어느 날 슈페어의 아버지가 그의 작업실을 찾았다. 마침 게르마니아의 모델이 완성된 참이었다. 모형을 바라보는 동안 얼굴이 점점 붉어진 아버지는 마침내 한 마디만 남기고 되돌아나갔다. "너희들 완전히 미쳤구나."[3]

1. Jochmann, 1980.
2. Vogt, 1970, p.19.
3. Sereny, 1995, p.192.

054 유럽 최초의 '민주적' 정원

뮌헨 영국 정원의 유명한 실루엣.
수목 너머로 성당 첨탑과 궁전 지붕들이 내다보이도록 설계했다.

프랑스에서 풍경화식 정원은 마치 잠시 스치고 지나간 유행병과 같았다. 그러나 독일의 경우는 좀 달랐다. 프란츠 공의 작은 정원 나라를 선두로 하여 서서히 전역에 확산되어 19세기 중반에 그 인기가 최고조에 달했으며 독일 조경에 깊이 뿌리를 내리게 된다. 이 시기에 영국과 마찬가지로 굵직한 풍경 전문가들이 탄생했다. 그 중 가장 대표적인 인물은 뮌헨을 중심으로 활동한 프리드리히 루드비히 스켈Friedrich Ludwig Sckell(1750~1823), 베를린·포츠담의 문화 경관을 만든 페터 요셉 르네Peter Joseph Lenné(1789~1866), 동쪽 폴란드와의 접경 지역에 있던 자신의 영토를 모두 풍경화로 바꾸어 놓은 퓌클러-무스카우Pückler-Muskau(1785~1871) 공 등이다. 풍경화식 정원이 독일에서 이렇게 열광적인 지지를 받을 수 있었던 것은 여러 가지 요인들이 서로 맞물렸기 때문이다. 우선 느릿느릿한 독일인의 정서에 맞았을 것이다. 또한 오랫동안 잊고 있었으나 완전히 사라지지 않았던 자연 종교에 대한 그리움을 되살려 주었기 때문이라는 주장도 있다.[1] 그에 더해 18세기 말, 독일 문화에 엄청난 영향을 미쳤던 낭만주의를 구현하기에 풍경화식 정원만한 것이 없었다.

앞서 "카스파르 다비드 프리히의 정원 풍경화"에서 미학자 히르시펠트를 잠깐 언급했다. 그가 드레스덴에 있는 어느 풍경화식 정원을 방문한 적이 있는데 그곳에 미학자 요한 게오르크 줄처Johann Georg Sulzer(1720~1779)의 기념비가 서 있는 것을 발견하고 이렇게 묘사했다.

"외로운 산책을 즐기는 현자 중 발길이 숲 속에 이르러 문득 이 웅장한 기넘비를 발견하고 전율을 느끼지 않는 이가 과연 있을까? 내가 흠모해 마지않던 인물이 여기 이렇게 높이 기려지고 있다니. 마침 보름달이 둥실 떠 이를 환히 밝히고 사위는 죽은 듯 고요하다. 떡갈나무 등걸에 몸을 기대니 깊은 한이 서려온다. 다시 눈을 들어 그 고귀한 이름이 새겨진 비석을 바라보며 눈물짓는다."[2]

조선의 방랑 시인 뺨치는 이런 시구들은 당시 독일 문학에서 흔히 만날 수 있었다. '외로운 방랑자', '죽음 같은 고요', '남몰래 흐르는 눈물'이 풍경화식 정원을 널리 퍼지게 한 1세대의 감성이었다면 그 다음 세대에서는 폴크스파크volkspark라는 건조한 개념이 등장하여 풍경화식 정원의 키워드가 되었다. 폴크스파크라는 단어를 풀이해 보면 '백성을 위한 커다란 정원'이라는 뜻이다. 말하자면 공원이다. 이 역시 히르시펠트가 던진 개념이다. 이후 독일의 풍경화식 정원은 곧 시민 공원과 동일시되기 시작했다. 독일에서는 지금도 공원을 조성할 때 풍경공원Landschaftspark이라는 용어를 쓰고 있다.

1789년, 바이에른 공국의 군주 칼 테오도르는 뮌헨에 있는 자신의 넓은 수렵원을 개조하여 '백성들이 휴식을 취하는 장소로 만들겠다'고 선언했다. 이로써 유럽에서 최초로 시민을 위해 의도적으로 조성한 공원이 탄생했다. 공원의 면적은 총 375헥타르로 뵈를리츠 정원의 3배가 넘는다. 처음엔 왕의 이름을 따서 테오도르 정원이라고 불렀다가 영국풍을 따랐다고 해서 '영국 정원'으로 개명되었다. 물론 영국의 왕립 정원들도 이미 백성들에게 '개방'되긴 했지만 소유권은 어디까지나 왕실에 있었다. 처음부터 시민들을 위해 만든 것은 뮌헨의 영국 정원이 처음이라고 뮌헨 사람들은 자부하고 있다.

얼핏 듣기에 칼 테오도르가 무척 훌륭한 군주였던 것처럼 보이지만 사실 파리에서 대혁명이 일어난 해의 일이었으니 그 저의가 의심스럽지 않을 수 없다. 시민들에게 아름다운 공원을 만들어주어 민심을 한 번 다독여보겠다는 생각이 있었을 것이다. 그의 참모였던 미국인 벤자민 톰슨이 아이디어를 낸 것이다. 뮌헨의 영국 정원이 자리 잡은 곳은 오래전부터 군주들이 사슴 사냥을 하던 곳으로서 이자르 강을 따라 깊은 숲과 평야가 번갈아 펼쳐진 매력적인 곳이었다. 혁명을 막을 수만 있다면 이런 매력적인 땅을 백성에게 내준들 아깝지 않았을 것이다. 원래는 이곳에 군인들을 위해 주말 정원을 지을 생각이었다. 좀 더 건전하고 생산적으로 여가 시간을 보내라는 뜻이었다. 군 주말 정원 위원회를 결성하고 톰슨에게 럼포드 백작의 작위를 주어 위원장으로 임명했다. 공사가 막 시작되었을 때 프랑스 대혁명이 터졌고 럼포드 백작이 발 빠르게 대응하여 시민 공원을 짓는 것으로 노선을 바꾼 것이다.

럼포드 백작은 이제 공원 조성 위원장의 자격으로 루드비히 스켈을 불러 조언을 구했다. 스켈은 당시 바이에른 공국에서 가장 재능 있는 정원 예술가였다. 대대로 왕실 정원사를 지내던 집안에서 태어나 정원사 교육을 착실히 받았다. 일찍이 그 재주를 인정받아 '국비 유학생'으로 파리 식물원과 베르사유에서 수학했다. 풍경화식 정원이 유행하자 다시 5년 동안 영국에서 풍경화식 정원을 공부하고 돌아와 슈베칭엔의 바로크 정원 담당자로 부임했다. 기존의 바로크 정원 주변에 풍경화식 정원을 조성하는 것이 그의 과제였다. 당시는 왕실 소속 정원사들이 왕실 비용으로 외국에 유학을 다녀오는 것이 상당히 보편화되어 있었다.

스켈에게는 그동안 영국에서 공부하고 슈베칭엔에서 일하는 동안 성숙해 갔던 아이디어를 구현해 볼 기회가 온 것이다. 그는 캐퍼빌리티 브라운의 작품 세계로부터 깊은 영향을 받았다. 스켈뿐만 아니라 독일의 조경가들은 하나같이 브라운의 커다란 '한 획'과 명상적인 정서에 이끌렸다. 스켈은 여기서 한 걸음 더 나아갔다. 공원과 도시와의 화합을 꾀한 것이다. 그는 공원이 도시 안에 섬처럼 동떨어져 있어서는 안 된다고 보았다. 멀리 보이는 성당의 첨탑과 웅장한 궁의 높고 낮은 실루엣이 공원의 녹색 실루엣과 서로 중첩되었다가 다시 풀어지는 관계에 세심히 주의를 기울였다. 지금도 뮌헨 영국 정원 안에서 바라보면 도시 실루엣이 '가장 아름다운 녹색 의상'을 입고 있는 듯 보인다. 이렇게 도시와 자연이 하나로 어우러진 속에서 계층 간의 구분 없는 만남이 이루어지는 것이 바로 스켈이 추구했던 풍경화식 정원의 이상이었다.[3] 이 점은 지금도 뮌헨 영국 정원의 커다란 특징으로 남아 있을 뿐 아니라 페터 요셉 르네를 포함한 후배 조경가들에게도 적지 않은 영향을 미쳤다. 도시와 녹지가 하나로 얽혀 시민의 집과 정원이 된다는 생각은 이후 독일 도시 설계의 기본 원칙으로 자리 잡게 된다. 그리고 어째서 독일에서는 고층 건물을 거의 짓지 않는지 그 이유를 설명해주기도 한다. 건물 몸체의 높이가 30m를 넘어가면 녹색 의상을 제대로 갖춰 입기 어려워지기 때문이다.

어떤 동기로 시작되었든 간에 영국 정원을 조성하는 과정에서 테오도르 공의 정치적 이념 역시 변화를 겪었다. 그때까지 주종 관계로만 이해했던 '군주와 백성'의 관계에서 벗어나 근대적 국가관으로 진화하게 되었다. 이런 의미에서 유럽 대륙 최초의 이 '민주적인 그린'은 독일 조경사와 도시설계사뿐만 아니라 사회사에서도 큰 의미를 지닌다. 이런 중요한 정원이 1960년대 외곽 순환 도로가 건설되면서 남북으로 단절되었다. 지난 2010년부터 '영국 정원 통일' 프로젝트가 진행 중이다. 뮌헨 영국 정원 운영 재단에서 발의하고 알리안츠 환경 재단에서 후원하는 프로젝트로 도로를 지하로 집어넣고 그 위에 남북으로 갈라졌던 정원을 다시 만나게 한다는 계획이다. 여론도 긍정적이므로 영국 정원은 조만간 스켈의 원안대로 복구될 가능성이 크다.

1. Buttlar, 1989, p.132.
2. Hirschfeld, 1780 II, p.60.
3. Sckell, in: Buttlar, 1989, p.197.

055 베를린의 허파

티어가르텐의 벚꽃에 둘러싸인 프리드리히 빌헬름 3세 동상.
나라 살림을 알뜰하게 챙기느라 인색하다는 평을 들었지만
결국 티어가르텐을 풍경 시민 정원으로 완성시켰다.

이참에 베를린 관광 안내를 좀 해볼까 한다. 조경이나 건축 문화를 접하기 위해 베를린을 찾는다면 중앙 공원 티어가르텐Tiergarten을 기점으로 하여 자전거를 타고 다니는 것도 나쁘지 않다. 중요한 볼거리들이 티어가르텐 주변에 모두 모여 있고 이들을 서로 연결하는 길이 대부분 티어가르텐을 통과하기 때문이다. 베를린의 상징인 브란덴부르크 문부터 시작해 유대인 추모 광장, 정부 청사 구간, 소니 센터와 포츠다머 플라츠Potsdamer Platz, 필하모니 음악당 등이 모두 티어가르텐을 빙 둘러싼 형국으로 배치되어 있다. 티어가르텐은 베를린의 중심부에 위치한 약 210헥타르 크기의 '대형 허파'다. 베를린 시민들이 부르는 별칭이다. 티어가르텐을 문자 그대로 풀이하면 '동물 정원'이란 뜻이지만 그렇다고 동물원은 아니다. 예로부터 이곳에 동물을 풀어 놓고 기르긴 했지만 구경거리로 기른 것이 아니라 왕의 사냥감으로 길렀다. 그러니까 티어가르텐은 '수렵원'이라는 뜻이다. 따라서 사방에 울타리를 쳐서 짐승들이 도망가지 못하게 했고 백성의 출입을 금지했다. 만약에 몰래 사냥을 하다가 들키면 그 자리에서 총살을 당하기도 했고 착한 왕을 만나면 벌금형으로 끝나기도 했다. 사냥 중에서도 특히 사냥개를 이용한 몰이사냥은 —영화에 자주 등장하는— 왕과 귀족의 특권이었으며 바로크 시대에 프랑스에서 크게 유행하여 전 유럽으로 번졌다. 방사형으로 널찍한 '몰이 길'을 냈던 것도 이 시대의 일이다. 숲속에서 멧돼지나 사슴을 마구잡이로 쫓다보니 사고가 많이 발생했으므로 짐승들을 좀 더 효율적으로 몰아붙이기 위해 이런 구조를 고안해 냈다. 이런 길은 대개 수 킬로미터 정도 뻗어 있어서 길로 내몰린 짐승들이 쫓기는 동안 지쳐 죽게 만들었다. 이렇게 사냥을 하고 나면 방사선이 모이는 중심점에서 모두 만났고 대개 이 지점에 조성된 수렵궁에서 파티를 즐겼다. 유럽에서 자주 볼 수 있는 방사형의 축들은 이렇게 시작된 것이다. 지금은 몰이 길로서의 기능은 대부분 사라지고 없지만 방사선 구조만은 많이 남아있다. 티어가르텐에도 역시 방사선 구조가 선명하게 남아있는데 이는 과거 몰이 길이었던 축을 확장하여 도로로 만들어 쓰고 있기 때문이다.

티어가르텐은 브란덴부르크 문에서 시작되어 서쪽으로 길게 뻗어있다. 이렇게 베를린은 도시 한복판의 금싸라기 같은 땅에 200헥타르가 넘는 공원을 가지고 있는 도시라고 칭송을 받는다. 그러나 이곳에 녹지가 유지될 수 있었던 것은 왕들이 궁전 가까이에 사냥터를 두고자 했던 덕이 컸다. 적어도 18세기 중반까지는 그랬다. 1742년 프리드리히 대왕이 중대한 결정을 내렸다. 사냥을 별로 즐기지 않았던 대왕이 울타리를 뜯어내라는 명을 내리고 백성들에게 개방한 것이다. 뮌헨의 영국 정원보다 시기적으로는 훨씬 앞선 결정이었으나 그렇다고 시민 공원을 의도적으로 만들어 준 것은 아니었고 풍경화식 정원의 개념을 따르지도 않았다. 그는 건축가와 정원 예술가를 동원해서 공원 내에 여러 볼거리를 만들게 했다. 후기 바로크 풍의 미로나 소정원, 꽃밭, 혹은 '옥외실'이라 불리는 공간을 만들고 여기 저기 분수나 조각품을 세웠다. 이 무렵 프랑스에서 피난 온 개신교도를 받아들여 티어가르텐에 우선 천막을 치고 살게 한 이도 프리드리히 대왕이었다. '위그노'라고 불렸던 그들은 공원에 산책 나온 사람들에게 음료를 팔아 연명했다고 한다. 물론 나중에 토지를 배당받고 정식으로 프로이센의 국민이 되기 전의 일이다.

티어가르텐은 19세기에 들어서면서 비로소 갑갑한 바로크의 옷을 벗고 풍경화식으로 변신했다. 동쪽에 멀리 떨어져있던 프로이센에는 풍경화식 정원의 도입이 꽤 늦은 편이었다. 예를 들어 히르시펠트가 그의 정원 예술서에 단 네 줄을 할애했을 정도로 프로이센은 이야깃거리가 없었다. 그런데 프리드리히 빌헬름 3세의 통치 기간부터, 즉 1797년경부터 풍경화식 정원이 서서히 조성되기 시작했고 그 다음 4세 때인 19세기 중반에 최고조에 달했다. 이 때 두 왕대에 걸쳐 왕립 수석 정원사 내지는 정원 총감을 지내며 수도 베를린과 포츠담을 위시해 프로이센의 풍경을 새로 지어낸 인물이 페터 요셉 르네였다. 르네는 프랑스 대혁명이 일어나던 해에 태어나 '스켈' 보다 40년 후배로서 독일 풍경화식 정원 3세대를 연 인물이었다. 그 역시 스켈처럼 왕실 정원사 집안에서 태어나 왕실 정원사가 되기 위한 교육을 받았다. 기초적인 정원사 교육을 마치고 외국 유학을 떠나려 할 즈음 나폴레옹 군대가 온 유럽을 휘젓고 다니는 중이었으므로 영국으로의 길이 막혔다. 그래서 파리에서만 공부했다. 정원사 교육 외에 건축학도 공부했는데 나중에 건축가 쉰켈과 함께 베를린과 포츠담의 도시설계를 담당했을 때 커다란 도움이 되었다. 그런 그가 영국식 정원을 제대로 접한 것은 파리에서 돌아오는 길에 뮌헨에 들렸을 때였다. 거기서 스켈을 만났고 그로부터 영국풍 풍경화식 정원을 배웠으며 시민 정원의 개념도 터득했다.[1]

1818년, 프리드리히 빌헬름 3세가 르네를 베를린으로 불러 티어가르텐을 풍경화식으로 개조하는 종합 계획을 수립하라고 명했을 때, 그의 머릿속에 우선 떠오른 것은 뮌헨의 영국 정원이었다. 르네는 티어가르텐에 시민 정원의 개념을 부여하고 넓은 땅 구석구석까지 이용할 수 있도록 길을 내고 공간을 만들었다. 시민에게 개방된 지 반 세기 이상 지났지만 공원의 대부분이 깊은 숲이었고 숲 속 곳곳에 늪지와 습지가 있었으나 길을 내주지 않아 사실상 이용이 불가능했다. 습지와 늪지의 물을 모아서 연못과 계류를 만들고 다리를 놓았으며 수많은 산책로를 내고 앉을 자리를 마련하려다 보니 공사비가 꽤 많이 나왔다. 프리드리히 빌헬름 3세는 알뜰한 프로이센의 왕들 중에서도 지독히 인색했다. 공사비가 너무 많이 든다고 도면을 되돌려 보냈다. 이후 왕의 허가를 받기 위해 14년을 기다려야 했다. 그 사이 많은 일이 일어났다. 나폴레옹이 무너졌고 영국에서는 풍경화식 정원의 마지막 큰 인물이었던 험프리 랩턴이 사망했으며, 그의 아들이 베를린에 나타났다. 당시 르네와 함께 조경계의 쌍벽을 이루고 있던 퓌클러 공이 그를 독일로 초대한 것이다. 그를 만난 후 르네는 마침내 영국을 다녀오기로 결심하고 길을 떠났다. 이 무렵 영국에서는 험프리 랩턴의 영향으로 브라운의 큰 선은 무너지고 절충식이 번지고 있었다. 건축물 주변에 기능성 정형 공간이 다시 등장했다. 풍경화식 정원도 구간을 나누어 각각 개념을 부여한 뒤 이들을 서로 병행하거나 조화시켰다. 한 번 봇물이 터지자 걷잡을 수 없어서 조닝이 점점 더 복잡해지고 자질구레한 요소가 들어차기 시작했다. 정형식 정원이 차지하는 비율도 점차 커져갔다. 르네가 영국을 방문했을 때의 상황이 그러했으므로 그는 '뭘 그렇게 가득 집어넣었는지 기본 구조를 전혀 알아보기 어렵다'며 신통치 않게 여겼다.[2] 영국에서 얻을 것이 별로 없다고 여긴 그는 자신만의 독특한 풍경화식 정원 개념을 만들어 냈다. 르네는 정형식을 완전히 포기한 적이 없었다. 그런 의미에서 그의 작품 역시 절충식의 반열에 끼워 넣으려는 견해도 있지만 엄밀히 말하면 절충이라기보다는 자연스러움과 엄격함을 섞어 새로운 합금을 만드는 데 성공했다고 보는 편이 옳을 것이다. 서로 상반되는 두 개념 사이에서 그가 이루어낸 절묘한 조화는 그를 풍경 예술계의 독보적인 존재가 되게 했다.

1832년, 이제 완숙의 경지에 도달한 르네는 티어가르텐 설계도를 대폭 수정하여 다시 제출했다. 왕의 대답은 같았다. "르네야, 너무 비싸다." 그러나 여기서 물러날 르네가 아니었다. 공원을 10개의 구역으로 나누어 따로따로 설계도를 그린 후 하나씩 제출하는 트릭을 썼다. 결국 왕은 첫 번째 부분 계획도에 사인을 했다. 한 구역의 공사가 끝날 무렵 그 다음 설계도를 인가받는 방식으로 일을 계속 진행시켰으며 1840년, 왕이 승하하던 해에 드디어 티어가르텐을 완성했다. 르네는 비용을 줄이기 위해, 예를 들어 도자기 공장에서 나오는 폐기물을 받아다 길의 기초를 다져 막대한 금액의 잡석 구입비를 절약하기도 했다. 늘 하는 이야기이지만 독일이 잘 사는 데에는 다 그만한 이유가 있다. 왕이건 정원사건 한 푼도 허투루 쓰지 않는 유전자를 가지고 있기 때문이다.

---

1. 페터 요셉 르네의 일대기에 대해서는 Buttlar, 1989, pp.209~222; Henebo, 1989, pp.49~59 참조
2. Buttlar, 1989, p.51.

056 어느 망자의 정원 기행

나이세 강변의 무스카우 궁전. 무스카우 파크의 구심점이다.

지극히 서민적인 독일의 풍경

정원을 완성하기 위해 정략 이혼까지 불사하는 사람들이 있다면, 그들의 정원에 대한 열정에 대해서 '남다르다'고 밖에 할 수 없을 것이다. 독일의 가장 동쪽, 지금 폴란드와의 국경지에 무스카우Bad Muskau라는 땅이 있었는데 그 땅의 영주였던 헤르만 퓌클러 공은 독일 역사상 최고의 기인 중 하나로 꼽힌다.[1] 한없이 음전해 보였던 그의 아내 역시 만만치 않았던 것 같다. 자신들의 영지를 풍경화식 정원으로 바꾸기 시작한 지 10년, 공의 전 재산은 물론이고 아내의 재산도 바닥난 지 오래였고 엄청난 빚더미에 올라앉게 되었다. 그러나 포기할 마음은 없었다. 부부가 머리를 맞대고 고민한 끝에 부인의 머리에서 나온 아이디어가 이러했다. "내가 이혼해줄 테니 돈 많은 상속녀를 찾아서 다시 결혼하세요."[2] 뜻은 가상했으나 그들의 상속녀 전략은 실패했고 금실 좋은 퓌클러 부부는 이혼 후에도 평생을 같이 살았다. 그럼에도 그 후로 공은 아내에게 쓰는 편지에 "망자로부터"라고 서명을 했다. 잦은 영국 여행길에서 쓴 숱한 편지를 아내가 곱게 모아두었다가 『망자의 편지』라는 제목으로 출간해 주었다. 이 서간집은 영국 문화와 정원에 대한 수준 높은 평론서일 뿐 아니라 문학적, 언어학적으로도 새로운 지평을 연 작품으로 높은 평가를 받고 있다. 괴테가 이 책을 읽고 '최고의 문학'이라고 극찬했다고 한다. 공은 문학뿐만 아니라, 음악, 디자인, 스포츠 등 다방면에서 뛰어난 재능을 보였으나 어려서부터 소문난 악동이기도 했다. 쾌활하고 요란하고 자유분방하여 '자기 고뇌에 빠진 염세주의자들이 지배하는 독일 문화계에 어쩌다가 저런 인사가 나타났는지[3] 모두들 궁금해 했다. 다만 정원 작업을 할 때면 전혀 다른 사람이 되었다는데….

무스카우는 예나 지금이나 3,000명 남짓의 적은 인구수를 유지하고 있지만 엄연히 시의 권리를 인정받은 휴양 도시다. 이 도시의 가장 중요한 인프라가 바로 무스카우 파크다. 무스카우가 위치한 독일 동북부 또는 폴란드 서부는 거의 평지로 이루어져 해발 110m 수준을 오르내리며 부드럽게 굴곡지는 땅이다. 험준한 산지에 둘러싸여 사는 우리에게는 상상하기 쉽지 않은 지형이다. 빙하기에 대한민국의 몇 배가 넘는 거대한 얼음 덩어리가 휩쓸고 지나가며 모래를 부려 놓아 이런 지형을 남겼다. 비록 나이세Neisse 강이 흘러 땅을 적시기는 하지만 척박한 모래땅이어서 성긴 소나무 숲 외엔 간간히 참나무가 자라고 있을 뿐이었다. 가난하고 볼 것 없는 동네였고 풍경화식 정원을 만들기에 썩 적합한 조건은 아니었다. 게다가 1811년, 농노제가 완전히 폐지되고 농노들이 땅의 소유주가 되고 보니 영지의 규모도 대폭 줄어들었다.[4] 프랑스 대혁명 이후 진행되었던 사회 개혁으로 귀족 계급이 서서히 몰락해 가던 중이었다. 계몽 군주 프란츠 공과 같은 꿈을 펼칠 처지가 되지 못했다. 이 시절, 왕후의 작위를 가지고 있었던 퓌클러 공은 이제 껍데기만 남은 자신의 고귀한 태생과 영지에 유일하게 의미를 부여할 수 있는 것이 풍경화식 정원이라고 믿었다. 이제 자신에게 남은 건 시심詩心밖에 없다고 했으며, "돈과 명예는 너희(평민)들이 다 가져도 좋으니 내게 시심만은 허락하라"고 외쳤다.[5] 그는 풍경화식 정원이라는 대형 예술 작품으로 시심을 표출하여 영원한 흔적을 남기고자 했다.

퓌클러 공이 풍경화식 정원에 대한 꿈을 키우게 된 것은 1814년, 처음으로 영국을 여행하면서부터였다. 나폴레옹 전쟁에서 승리를 축하하는 사절단으로 갔다가 근 1년이 넘게 머물며 풍경화식 정원을 연구했다. 우선 영국의 대표적인 정원을 모두 둘러보았는데 그 중 가장 마음에 든 것이 스타우어헤드 정원이었다. 스타우어헤드의 주인 호어 경과 퓌클러 공은 의기투합하여 많은 시간을 함께 보내면서 정원의 조성과 관리에 대해 의견을 나누었다. 그러나 거기서 만족하지 않았다. 작업복을 입고 정원사들과 함께 삽질을 하며 그들만이 알 수 있는 실무 지식을 습득했다. 특히 큰 나무, 그 중에서도 꽃이 피어있는 나무를 이식하는 기술을 궁금해했다. 당시에는 영국 정원사들만이 터득하고 있던 고도의 기술이었다. 정원사들을 설득하거나 필요하면 매수하여 결국 비밀을 캐냈는데 그 자신은 비밀을 끝내 혼자만 간직했다고 한다. 사람들이 물어보면 구덩이에 죽은 고양이를 함께 묻으면 된다고 대답했다니[6] 정원에 있어서는 다른 사람이 된다는 이야기 역시 사실무근인 것 같다.

1815년, 퓌클러 공이 무스카우에 돌아오자마자 작업이 시작되었다. 우선 공의 궁전이 서 있는 곳을 기점으로 삼아 주변의 토지를 사들이기 시작했다. 공이 엄청나게 빚을 진 가장 큰 이유가 바로 여기 있었다. 다음 작업은 나이세 강의 물길을 돌리는 일이었다. 당시 나이세 강은 이미 직강화 되어 있었고 구정물만 흘렀다. 이를 다시 굽이지게 하고 맑은 물을 흐르게 하는 거대한 공사가 벌어졌다. 공의 콘셉트는 이랬다. 궁을 포함하여 무스카우 읍내를 구심점으로 삼는다. 서남쪽에는 기존의 휴양지를 이용한 휴양 공원, 나이세 강 동쪽에는 경작지를 이용한 외곽 공원으로 큼직하게 구조를 잡는다. 그 다음

각 구역 내에 다양한 장면을 만든다. 휴양 공원에는 언덕 위에 자리 잡은 두 개의 마을과 요양원, 포도밭, 백반 광산촌, 천문 관측소, 예배당을 포함시키고, 궁전의 주변에는 말 농장, 사슴 목장—공은 수사슴 네 마리가 끄는 녹거를 즐겨 타고 다녔다—, 양 목장, 꿩 사육장, 낙농장을 두었으며, 강 건너 외곽 공원에는 우선 중세풍의 성을 폐허 개념으로 만들어 세우고 수목원, 경작지를 두며, 강가에는 기존의 어촌과 물레방앗간 등을 '업그레이드'하여 장식 농장의 개념을 적용했다. 동남쪽의 넓은 경작지에는 시야를 훤히 열어두어 저 멀리 체코 대산맥의 실루엣이 아련히 내다보이게 했다. 물론 사방에 수많은 스타파주들을 만들어 세우는 것도 잊지 않았으나 중세풍의 성은 비용 문제로 끝내 만들지 못했다. 이렇게 30년에 걸쳐 완성한 무스카우의 도시-마을-산업-정원-풍경의 복합 경관은 결국 보는 사람으로 하여금 저절로 탄성을 자아내게 하는 명작이 되었다. 총 면적 830헥타르로 베를린 티어가르텐의 4배에 해당하는 규모이며 유럽에서 가장 큰 풍경화식 정원에 속한다.

궁전 주변의 사적인 공간을 제외하고는 무스카우 파크는 처음부터 모두에게 개방되었다. 사회 개혁으로 인해 이제는 "내 백성이 이웃사촌이 되었다"고 투덜대면서도 공은 마을 사람들에게 수많은 일자리를 제공했고 집이 없는 사람들에게는 파크 내의 여러 건물에서 무상으로 살게 하는 등 암암리에 왕후로서의 자긍심을 보여주기도 했다. 그러나 옥에 티는 항상 있는 법. 공은 궁전을 비롯하여 모든 건물 주변에 '플레저 그라운드'를 조성했다. 플레저 그라운드는 사람들이 쉬고 놀 수 있는 아기자기한 공간으로서 캐퍼빌리티 브라운의 시대에 사라졌다가 험프리 랩턴이 다시 부활시킨 개념이었다. 물론 필요한 공간이며 다양한 방법으로 설계가 가능하다. 문제는 공이 플레저 그라운드 안에 만들어 넣은 양탄자 꽃밭이었다. 그냥 만든 정도가 아니라 깊이 심취하여 바구니 문양, 원뿔 문양, 공작새 문양, 브로치 문양 등등 상상의 나래를 펼쳤으며 1838년에 발표한 명저『풍경화식 정원 조성에 대한 소고』에서도 이 문양들을 예쁘게 그려 소개함으로써 지울 수 없는 증거를 남기는 우를 범했다. 나중에 두고두고 조롱거리가 되었는데 이 역시 그의 수많은 기행 중 하나인 것일까.

아내가 세상을 떠나자 1845년 공은 무스카우를 다른 귀족에게 팔았다. 그리고 자신의 두 번째 영지 브라니츠로 자리를 옮겨 처음부터 다시 시작했다. 브라니츠 파크의 작업은 1871년 공이 85세로 생을 마감할 때까지 계속되었다. 이 해는 윌리엄 로빈슨이 양탄자 꽃밭을 타도하며 '와일드 가든'론을 내놓은 직후이기도 했고, 프로이센이 독일을 통일한 해이기도 했다. 통일전쟁이 일어났다는 소식을 듣고 85세의 고령으로 참전하겠다고 나선 것이 공의 마지막 기행이었다. 아니면 브라니츠 호수 속에 피라미드를 짓고 거기서 잠든 것이 마지막이었을까? 그는 백 년 후에 다시 오겠다고 했다는데….

---

1. 한정된 지면 때문에 그의 흥미진진한 기행을 소개할 수 없는 것이 아쉽다. 한 마디로 요약하자면 그는 허풍선이 남작이 들려주었던 이야기 속의 주인공을 방불케 하는 삶을 살았던 기이한 인물이었다.
2. Buttlar, 1989, p.224~225.
3. Ohff, 1991, p.16.
4. 유럽의 농노제는 소작제와 노예제의 중간 정도로 해석되고 있다. 비록 노예처럼 매매 대상이 되지는 않았지만 농노들은 영주의 땅을 경작해 줄 의무와 부역, 공납의 의무가 있었으며 무엇보다 토지에 매여 있어 이동의 자유가 없었다.
5. Buttlar, 1989, p.225.
6. Ohff, 1991, pp.77~78.

057 로마 시민을 위한 물, 아콰에둑투스

로마의 관문 비아 아피아 위를 지나가는 수로 교량의 장관.
Zeno Diemer의 유화(1914년)를 바탕으로 작업한 그래픽이다.

고대의 유산, 물

에어컨은 물론 없고 선풍기도 잘 모르는 베를린에서 35도를 오가는 폭염이 2주일 이상 계속되고 있다. 더위에 멍해진 머릿속에 떠오르는 생각은 오로지 하나, '물'이다. 조경사에서 물이 큰 역할을 한다는 사실이 이렇게 고마울 수가 없다. 서구의 정원은 물로부터 출발했다고 해도 과언이 아니다. 물론 식물이 가장 중요했겠지만 물 없이 자랄 수 있는 식물 있으면 나와 보라고. 그래, 물 이야기를 하고자 한다. 지금껏 보아 온 드넓은 풍경 호수의 잔잔함이 아니라 솟구치고 쏟아져 내리며 물보라를 뿌리는 시원함에 대한 이야기가 좋을 것이다. 오백 개 넘는 분수가 마구 솟구치는 빌라 데스테Villa d'Este가 떠오른다. 그러나 정원에 물을 정성스럽게 담아낸 것은 이미 고대부터 시작되지 않았던가. 잠시 고대로 시간 여행을 떠나야 할 것 같다.

아득한 옛날, 정원의 역사가 시작된 곳은 하필 건조하고 더운 지역이었다. 메소포타미아와 이집트는 물론이고 그리스와 로마 역시 더운 곳이다. 특히 메소포타미아에서는 자연적인 오아시스에 만족하지 않고 수십 킬로미터 떨어진 산의 원천에서 물을 끌어다 마른 땅을 적셔 평야를 만들었고, 도시가 형성된 후부터는 고도의 관수 시스템을 완성했다. 전설처럼 전해 내려오는 파라다이스 정원이 가능했던 것도 이런 관수 시스템이 있었기 때문이다. 서구 정원의 기원이 메소포타미아에 있고 메소포타미아 정원의 구조를 결정한 것이 관수 시스템이었으므로 서구 정원의 기하학이 여기서 시작되었다는 해석도 있다.[1] 그도 그럴 것이 모든 면적을 고루 적시려면 수로를 격자형으로

323

정연히 배치하는 것이 가장 합당했기 때문이다.

그러므로 정원에 가장 먼저 수로가 등장했다. 더불어 수로에 물을 공급하기 위한 샘 혹은 분수가 있었고 수로의 물이 모이는 연못이 있었다. 그리고 연못의 물은 다시 지하나 지상의 수로로 빠져나가 정원 밖의 어딘가 보이지 않는 곳에서 하천 시스템으로 돌려보냈다. 이런 시스템을 가능하게 하려면 정원 밖에도 수로가 연결되어 있어야 한다. 베를린처럼 땅만 조금 파면 물이 나오는 곳이라면 정원에 우물을 파서 지하수를 퍼 올렸을 것이다. 한국처럼 산이 많은 곳이라면 뒷산 골짜기에 졸졸 흐르는 계류를 끌어다 썼을 것이다. 그러나 사막에 도시를 세웠던 메소포타미아 사람들은 참 많은 수고를 하여 물을 끌어다 대었으므로 그 덕에 엔지니어링이 남다르게 발달할 수 있었다. 기왕 수고하는 김에 돌을 반듯하게 깎아 수로를 만들어 보기 좋게 했으며 물이 흘러나오는 샘도 동물 모양이나 꽃 모양으로 아름답게 장식했다. 수압을 이용해 물을 역류시키는 기술도 터득했던 사람들이었기에 분수도 만들 수 있었다.

이런 상하수도 시스템이 농경 문화와 함께 발달했고 도시를 존재하게 했다. 흥미로운 것은 고대의 물 공급 시스템이 현재의 상하수도 시스템과 별반 다를 바가 없었다는 점이다. 이 기술이 메소포타미아에서 그리스로 전해지고 그리스에서 다시 로마로 전해지면서 극치를 이루었다. 아콰에둑투스aquaeductus[2]라고 불리는 로마의 물 공급 시스템은 가히 기적이라고 말해도 과언이 아니며 로마 엔지니어링의 최고 걸작으로 꼽는다. 지금도 이탈리아, 프랑스, 스페인 등지를 다니다 보면 계곡에 교량처럼 생긴 석조 구조물이 더러 남아있는데, 많은 이들이 이 교량을 아콰에둑투스라고 이해하고 있다. 그러나 아콰에둑투스는 본래 샘, 수로, 저수지 등을 포함한 물 공급 시스템 전체를 말한다. 펌프가 없던 시절이었으므로 가장 높은 곳에서 시작해 낮은 곳으로 자연스럽게 흐르게 했다. 속도를 조절해야 했으므로 근소한 경사(0.035~0.37%)를 주면서 수로를 연결했는데, 물을 보호하고 증발을 막기 위해 전 연장의 85%는 지하에 터널을 만들어 흐르게 했다. 다만 골짜기를 지나야 하는 곳에는 교량을 설치할 수밖에 없었다. 지금 같으면 펌프를 써서 끌어올렸겠지만 당시의 역류 기술에는 한계가 있었다. 아치형으로 운치 있게 만든 것은 미학적 이유보다는 구조적 이유 때문이었다. 2층이나 3층으로 지은 것역시 골짜기의 깊이, 즉 교량의 높이에 따라 기둥의 하중을 분산시키기 위해서였다.[3] 그 결과로 숨을 멎게 하는 건축 미학이 탄생했다.

수로의 폭은 대개 1m 남짓, 깊이는 평균 1.5m 정도였으니 상당한 양의 물이 흘렀다. 산 위의 샘물을 우선 저수지에 모았다가 이를 수로로 흘려보냈으며 물이 도시에 도착하면 다시 어마어마한 규모의 지하 탱크에 모았다. 말이 지하 탱크이지 그 규모나 축조 양식은 대형 성당을 방불케 했다. 그래서 이를 카스텔룸Castellum, 즉 '성'이라고 불렀다. 이 카스텔룸에서 다시 세 개의 용수로가 각각 갈라져 나갔다. 하나는 도시 곳곳에 설치된 공용 수도에 공급되었고, 그 다음 테르메라고 불리는 공중목욕탕에 공급되었으며, 마지막으로 각 주택에 보내졌다. 이런 시스템이 처음 만들어진 때는 기원전 312년, 아직 공화정이던 시절이었다. 이후 인구가 늘고 생활 수준이 높아지면서 물의 수요도 증가했으므로 여러 개의 아콰에둑투스 시스템이 만들어졌다. 약 700년이 지난 서기 400년경에는 로마 시에만 11개의 시스템에 총연장 504km의 수로가 연결되었다. 공중목욕탕이 11개소, 사설 스파가 856개소, 그리고 도시 전역에 1,352개의 공공 분수가 있었다. 지금도 이탈리아에 가면 거리 곳곳에서 볼 수 있는 분수는 본래 장식용이 아니라 공공 수도 시설이었다. 여기서 종일 물이 졸졸 흘러 누구나 마시고 쓸 수 있었다. 주택 대부분에 별도의 수도가 연결되어 있었으나 서민 연립 주택의 경우 1층에만 수도가 연결되어 있었으므로 위층에 사는 사람들은 여기서 물을 길어다 썼다. 이렇게 하여 고대 로마인들은 매일 목욕을 하며 물을 펑펑 썼고 물 소비량으로 문화적 수준을 가늠했다. 당시 1인당 하루 물 소비량이 현재 유럽인들 소비량의 두 배 이상이었다.[4]

여기에 종지부를 찍은 것이 게르만족이었다. 정확히 말하자면 동게르만족에 속하는 고트족이었다. 서기 537년 로마를 포위하고 공략했던 고트족은 도시로 들어가는 모든 수로를 메우거나 파괴해 버렸다. 이후 로마 제국이 무너지면서 그들의 화려한 물 문화 역시 말라버렸다. 로마의 모든 문화와 문명은 멀리 비잔틴 제국으로 이사 갔고 이탈리아 반도의 로마는 서서히 퇴색해 갔다. 이후 바티칸에 교황청이 세워지면서 교황들이 아콰에둑투스를 일부 복원하긴 했지만 그때의 영광을 되찾을 수는 없었다.

물론 아콰에둑투스는 로마 시에만 설치된 것이 아니다. 이탈리아 곳곳은 물론 점령지에도 수로를 놓고 스파를 만들어 로마 제국의 위상을 높였다. 지금도 동으로는 터키, 서로는 영국, 북으로는 독일까지 아콰에둑투스와 로마의 분수, 테르메의 흔적이 수없이 남아 있다. 조경이나 건축을 하는 사람치고 아콰에둑투스의 높은 교량을 보고 가슴 뛰지 않는 이는 없을 것이다. 예를 들어 시트로앵 공원의 디자이너들은 아콰에둑투스에서 영감을 받아 수로 시스템을 만들고 그것으로 공원의 동쪽 경계를 삼았다.

---

1. Mader, p.77.
2. 아콰에둑투스(aquaeductus)는 대개 수로 혹은 수도교(水道橋)로 번역되고 있다. 그러나 본래 상수 시스템 전체를 일컫는 것이다. 수로나 수도교 모두 부분적으로만 일치하기 때문에 본문에서는 라틴어 식으로 아콰에둑투스 혹은 상수도 시스템으로 표현하고자 한다.
3. Werner, 1986, pp.83~99.
4. 앞의 책, p.12.

058 줄리아 여사를
위한 물

줄리아 펠릭스 여사의 페리스틸리움, 폼페이

고대의 유산, 물

로버트 해리스가 쓴 『폼페이』라는 흥미로운 소설이 있다. 비단 폼페이라는 도시의 '문화와 역사를 픽션으로 가장 철저히 재구성한 작품'이기 때문이 아니라 로마의 아콰에둑투스 시스템을 상세히 묘사하고 있기 때문이다. 아틸리우스라는 이름의 주인공이 바로 아콰에둑투스를 관리하는 엔지니어다. 어느 날 아무 이유 없이 여러 도시의 수도가 말라버린다. 이를 수리하기 위해 아틸리우스가 폼페이로 향하면서 이야기가 시작된다. 폼페이와 그 주변의 여러 도시에 물을 공급하는 아우구스투스 수로에 대한 이야기와 베수비오 화산이 폭발하여 폼페이에 종말이 오는 이야기가 씨실과 날실처럼 얽혀 전개된다. 지하 수로가 베수비오 산을 북으로 감싸면서 흐르기 때문에 화산이 폭발하기 전, 지진이 시작되면서 지하 수로에 문제가 생긴 것이다. 화산 폭발 나흘 전이다. 독자들만 알고 있는 사실이고 소설 속 인물들은 어떤 일이 벌어질지 아무도 짐작하지 못하므로 손에 땀을 쥐게 된다.

아틸리우스가 땀을 뻘뻘 흘리며 수로를 고치고 있던 그 시간에 줄리아 펠릭스라는 이름의 폼페이 여성이 자기 집 대문 옆에 커다란 광고판을 내다 걸었다. 내용은 이랬다. "스푸리우스의 딸 줄리아 펠릭스의 집에 방 있음. 비너스에게 어울릴 만한 스파도 있음. 최고의 취향을 가진 사람에게 손색없는 집이며 상점도 있음. 2층에도 방이 있고 별도의 아파트도 임대함. 임대 기간은 5년. 연장 가능."[1] 소설의 주인공 아틸리우스는 가상의 인물이지만 위의 광고판을 붙인 줄리아는 실존 인물이다. 서기 79년에 대폭발이 일어나 모든 것이

잿더미 속에 묻혀버리기 십여 년 전, 이미 한 차례 큰 지진이 폼페이를 뒤흔든 적이 있었다. 이때 많은 건물이 파괴되었고 특히 테르메 등의 공공 건물이 훼손되었으므로 주택과 스파가 부족해졌다. 곧 큰 주택을 나누어 여러 세대에게 임대하는 '부동산업'이 크게 성행했다고 한다. 지금의 사회와 크게 다르지 않았던 것 같다. 이익을 위해서라면 뭐든지 한다는 것이 그들의 좌우명이었다고도 전해진다. 이에 사업 수완이 뛰어났을 것으로 추정되는 줄리아 여사가 부동산업에 뛰어들었고 대문 옆에 큼지막한 광고판을 붙이는 바람에 거의 2천 년이 지난 지금 우리가 그녀의 삶에 끼어들어 이러쿵저러쿵 할 수 있게 된 것이다.

그녀의 집은 폼페이에서도 가장 큰 집에 속했다. 거의 전원의 빌라 수준이었으며 '비너스에게 어울릴 만한 스파'는 과장이 아니라 사실이었던 것 같다. 그저 깨끗한 욕실이 있음을 뜻하는 것이 아니라 냉탕, 온탕, 증기탕에 탈의실까지 고루 갖춘 제대로 된 스파였으며 바닥에는 모자이크를 깔고 벽과 천정에는 모두 대리석을 붙였다. 당시 로마의 대중탕이 거의 이런 수준이었다. 바닥과 벽이 이중으로 되어 있어서 지하실에서 노예들이 불을 때면 공기가 뜨거워져 증기탕이나 열탕이 모두 가능했다. 우리의 온돌과 요즘 유행하는 생태 건축의 소위 더블 스킨도 이에 견주면 무색해진다. 줄리아 여사는 그 외에도 모든 방과 정원을 우아하고 품위 있게 꾸며 고고학자 사이에서 유명 인사가 되었다.[2]

정원은 사방이 주랑으로 둘러싸인 대단히 긴 장방형의 중정이었다. 중정 한가운데 연못이 여러 개 연결되어 있었다. 집에 따라서 연못 대신 풀장을 만든 곳도 있었지만, 줄리아 여사는 물고기 연못을 만들었다. 아마도 식용 물고기를 길렀던 것 같다. 연못 주변에는 대리석이나 테라코타로 그리스 철학자와 신화 속 인물을 재현해 세워놓았다. 그들 주변에는 갖가지 기화요초가 피어 향기를 발했으며 과일나무에는 다디단 열매가 익어 가고 새장에는 진기한 새들의 깃털이 오색으로 빛났다. 주랑 기둥의 숫자로 미루어 볼 때 줄리아 여사의 집에는 임대할 방이 상당히 많았던 것으로 짐작된다.

이렇게 가장 바깥쪽에 건물을 짓고 그 안쪽으로 주랑을 둘러 가운데 중정을 두는 것이 고대 로마 건축 양식의 전형이었다. 이를 페리스틸리움 Peristylium(Peristyle)이라고 불렀는데 '페리'는 '빙 두른다'는 뜻이고 '스틸로스'는 '기둥'이라는 뜻이다. 때로는 주랑만을 페리스틸리움이라고도 하지만 엄밀히 말하면 기둥으로 둘러싸인 곳, 즉 중정이 페리스틸리움이다. 본래 이런 식의 주택 구조는 지중해 유역에 보편화되었지만 로마의 경우는 그리스에서 직접 물려받았다. 다른 점이 있다면 그리스의 중정은 포장된 기능적 공간이었던 데 반해 로마의 중정은 정원으로 꾸며졌다는 점이다. 이는 문자 그대로 넘치게 공급되었던 물 덕분이다.

아우구스투스 황제가 기원을 전후해 폼페이에 수로를 만들어 준 후부터 식수 외에도 풍부한 물이 공급되었으므로 폼페이 시민들은 중정에 연못과 분수를 조성하고 식물을 기르기 시작했다. 소위 '어반 가드닝'이 시작된 것이다. 예를 들어 현재 폼페이에서 가장 관광객이 많이 몰리는 곳 중의 하나인 베티 저택House of the Vettii을 보면, 중정이 매우 작아 연못을 만들지는 못했으나 그 대신 분수를 무려 14개나 만들어 세웠다. 베티 저택의 정원은 현재 플

로렌스의 보볼리 정원에 재현되었다.

　폼페이 시민들은 대부분의 시간을 페리스틸리움에서 보냈다. 여기서 차일을 치고 식사를 했고 강아지나 거북이와 장난치는 아이들의 모습을 지켜보기도 했다. 여인들은 때로 베틀을 내놓았을 것이고 어디선가 빵 굽는 냄새가 건너왔을 것이다. 정원 한쪽에는 집과 가정을 지켜주는 수호신을 모신 제단이 반드시 있어 매일 향을 피웠다. 아무리 정원이 협소하더라도 최소한 나무한 그루는 심어 길렀다. 나머지 정원의 모습은 상상의 나래를 펼쳐 벽에 그려넣었다. 폼페이 시민들은 지위나 신분과 관계없이 모두 뛰어난 미적 감각을 가지고 있었던 것 같다. 폼페이뿐만 아니라 같은 날 잿더미에 묻힌 이웃 도시 헤르쿨라네움Herculaneum도 마찬가지였다. 건축은 물론이거니와 두 도시에서 그동안 발굴된 각종 예술 작품의 수량과 수준은 그저 혀를 내두르게 한다. 무엇보다 프레스코 벽화가 크게 유행했던 시대여서 집집의 방마다 벽화가 없는 곳이 없었다. 그런 두 도시가 고스란히 박제되었으니 고대 문화사의 가장 중요한 유산이라는 점에 의심의 여지가 없다.

　그동안 발굴된 여러 주택과 석탄이 되어버린 식물 뿌리는 고대 로마 정원의 모습과 당시 재배했던 식물을 재현하는 데 충분한 실마리를 제공하고 있다. 그 중 헤르쿨라네움의 '파피루스 빌라'라 불리는 집이 있다. 파피루스라는 이름은 빌라에서 도서관의 흔적이 나왔기 때문이다. 석탄이 되어버린 파피루스 두루마리 약 1,800점이 발견된 것이다. 그 외에 약 80점의 조각상도 발견되었다. 페리스틸리움은 100m 길이에 폭이 37m이며 중앙의 연못만 해도 길이 66m이고 총 2,500개의 기둥이 둘러있었으니 빌라라기보다는 궁전에 가까웠다. 율리우스 카이사르의 장인이 지은 것으로 추정되고 있는데, 1760년경에 처음 발굴을 시작했고 빌라 위에 덮여 있던 30m 두께의 재를 완전히 걷어낸 것은 1998년의 일이었다. 현재 로스앤젤레스의 게티 고대 문화 박물관 정원에 고스란히 재현되어 있으며, 지금은 게티 빌라로 더 잘 알려져 있다.

이렇게 좁고 긴 연못은 고대 로마 조경의 특징적 요소로서 에우리푸스 Euripus라고 불렀다. 본래 그리스의 좁은 해협을 따서 붙인 명칭으로 로마의 전차 경기장Circus Maximus에 처음 도입했다. 카이사르가 관람객을 보호하기 위해 관람석과 경기장 사이에 좁은 수로를 설치한 데에서 유래했다. 이후 경기장의 중앙 분리대 대신 좁고 긴 연못을 설치하며 그 특이한 형태가 정립되었고, 아콰에둑투스가 설치되면서 일반 주택의 페리스틸리움에도 등장하게 되었다.

1. Lettowsky, p.99.
2. 앞의 책, p.104.

059 황제를
위한 물

카노페 혹은 카노푸스라고 불렸던 파노라마 연회장. 왼쪽 끝에 연회장의 폐허가 있고
오른쪽 우아한 아치 아래 아름다운 투구를 쓴 그리스 전사상이 서 있다.

고대의 유산, 물

로마에서 동쪽으로 약 30km 떨어진 곳에 있는 티볼리에 가면 정원 문화 유산 중 가장 중요한 것으로 여겨지는 작품 두 개가 나란히 있다. 빌라 아드리아나Villa Adriana와 그 유명한 빌라 데스테가 그것이다. 전자는 거의 2000년 전, 즉 서기 2세기 초에 만들어진 것이라 현재는 반 이상 폐허의 모습을 하고 있으며 그 존재가 크게 알려지지 않았다. 반면 1560년경에 조성된 르네상스 예술의 걸작 빌라 데스테에는 관광객의 발길이 끊이지 않고 있다. 서로 약 1300년의 세월을 사이에 두고 있으나 자동차로는 십 분이면 갈 수 있는 거리다. 두 정원은 공간적으로만 서로 가까운 것이 아니라 '물질적'으로도 밀접하게 연결되어 있다. 이폴리토 2세 추기경이 빌라 데스테를 지을 때 빌라 아드리아나에서 영감을 받았다고 한다. 그런데 거기서 그친 것이 아니라 빌라 아드리아나에 있던 수많은 조각상을 부지런히 날라다 빌라 데스테를 장식했다. 로마 제국이 멸망한 후 일찌감치 사람들의 기억에서 사라졌던 빌라 아드리아나는 오랫동안 티볼리 시민의 '채석장'으로 전락했다. 조각상은 물론이거니와 아름답게 다듬어 놓은 돌이나 벽돌을 가져다가 자기 집을 지을 때 쓴 것이다. 그렇게 많은 돌과 조각상을 도난당했지만, 아직도 300여 점의 조각상이 남아있고 고대의 모습을 어림짐작하기에 충분한 돌이 쌓여있으니 애초에 그 형상이 어떠했는지 짐작하고도 남는다. 300여 점의 조각상은 현재 바티칸 등 여러 박물관이 나누어 보관하고 있다.

티볼리 두 곳의 명소 중에서 어떤 곳을 먼저 찾아야 할지 결정해야 한다.

더운 날씨를 고려하면 500여 개의 분수가 치솟는 시원한 빌라 데스테로 발길을 향해야 하겠으나 우선 고대의 자취를 마저 따라가 보는 것이 순서일 것 같다. 빌라 아드리아나는 말이 빌라이지 실은 도시라고 말하는 게 옳겠다. 약 125헥타르의 면적으로 지금 보면 베를린 티어가르텐의 절반 정도 크기라 별로 커 보이지 않지만, 당시의 척도로 보면 폼페이가 두 개 들어갈 수 있는 거대한 장소였다. 본래 로마의 황제들은 궁전 치레를 별로 하지 않았다. 폭군 네로가 이런 전통을 깨고 80헥타르의 '황금 궁전'을 지었다가 로마 시민들의 분노를 산 이후로 아무도 그 일을 반복하고자 하지 않았다. 지배자의 속성 중 하나는 기념비적 건축에 대한 욕심일 것이다. 궁전 대신 경기장이나 테르메, 신전 등을 기념비적으로 크게 지어 시민에게 선사하는 것으로 대리만족했다.[1]

하드리아누스 황제는 누구보다 건축에 관심이 많았다. 로마 시내뿐 아니라 제국 전역에 걸쳐 있는 하드리아누스의 '건축 발자국'은 실로 대단하다. 그 중 가장 널리 알려진 것이 아마도 영국과 스코틀랜드 사이에 세운 하드리아누스 방벽Hadrian's Wall일 것이다. 그러나 그것으로 만족하지 못했던 것 같다. 로마가 아닌 다른 곳에 거대한 궁전을 짓겠다는 계획이 그의 머릿속에 자리 잡아갔다. 그 장소로 티볼리를 택한 데에는 여러 가지 요인이 작용했다. 우선 로마에서 당일에 다녀올 수 있는 거리이며 뒤로는 큰 산을 등지고 있고 앞으로는 멀리 로마와 바다가 내다보이는 위치였다. 산에는 질 좋은 채석장이 있고 숲이 우거져 건축 자재를 조달하기에도 용이했다. 티볼리를 흐르는 아니에네 강이 티베르 강과 만나므로 수로를 통해 로마로부터 물자를 수송하기도 손쉬웠다. 또한 '세상에서 가장 훌륭한 아콰에둑투스'라 일컬어졌던 마르키아 수도_{Aqua Marcia}가 연결되어 있어 맑은 물이 콸콸 쏟아지는 점 역시 흡족했다.[2] 빌라 아드리아나에서도 물은 결정적인 역할을 했다. 식수와 정원 관수는 물론이거니와 황제 전용 테르메를 비롯하여 크고 작은 연못과 양어장, 수많은 분수 그리고 고대에 그리도 중요했던 님프들의 신전 '님파에움_{Nymphaeum}'[3]에 고루 물을 대야 했기 때문이다.

빌라 아드리아나는 도시설계와 건축에 혁신을 가져온 작품으로 평가받고 있다. 무엇보다도 그때까지 정연한 수직축을 고수하던 로마 제국의 기념비적 건축 원칙을 무시한 점이 독특했다. 빌라 아드리아나의 축은 마치 춤추듯 무작위로 방향을 바꾸고 있어 서로 다른 궤도를 도는 '건축의 코스모스[4]'를 연상케 한다. 그리스와 오리엔트를 융합하여 건축의 헬레니즘을 개발했다. 이 점에서도 하드리아누스 황제의 안목은 남달랐다. 그는 그리스 문화에 깊이 매료되어 있었다. 모든 조각상은 그리스 것이어야 했다. 그리스 원본을 구하기 힘들면 복제품을 만들었다. 방이 모두 900개가 넘었으니 방마다 하나씩 세웠다고 해도 900점이 넘었을 것이다. 조각상에 대한 로마인의 광적인 집착으로 미루어볼 때 방마다 한 점 세우는 정도에 그치지 않았을 것이다. 게다가 정원, 신전, 성소마다 조각상이 줄지어 있었을 테니 모두 합쳐서 족히 수천 점은 되었을 것이다. 그러니 수백 년 동안 도둑을 맞고도 300여 점이 남을 수 있었다.

빌라 아드리아나의 발굴 작업은 아직 완료되지 않았다. 3분의 1 정도는 아직도 땅속에 묻혀 있다. 대지 구조를 보면 남북으로 3km 정도 길게 뻗은 형상을 하고 있으며 폭은 가장 넓은 곳이 1,500m 가량이다. 대략 4개의 구역으로 나눌 수 있다. 가장 북쪽 구역에서는 테라스 정원의 흔적이 나왔다. 또한 원형 극장을 위시하여 님파에움, 이시스 성소, 비너스 신전 등이 서 있는 것으로 미루어 보아 신성한 구역이었던 듯하다. 그 다음 구역이 핵심 구역인데 황제의 빌라가 있고 궁전 풍의 공공 건물이 서 있다. 이로 미루어 보아 하드리아누스 황제는 빌라 아드리아나를 순수한 사적 별장으로 생각하지 않았던 것 같다. 이 구역에 굉장한 규모의 페리스틸리움이 있는데, 황제가 영접실로 쓰면서 알현객의 기를 죽였던 곳이다. 건물군 사이를 서로 연결하는 지점에 원형의 소위 '해양 극장teatro marittimo'이 있다. 관광객이 가장 좋아하는 장소 중 하나다. 물로 둘러싸인 직경 약 20m의 원형 섬으로 중앙에 파빌리온이 서 있으며 두 곳에 회전 다리가 마련되어 있었다. 황제가 조용히 혼자 있고 싶을 때면 건너가 다리를 돌려놓고 아무도 접근하지 못하게 했다는 이야기가 전해진다. 이 협소한 곳을 거창하게 해양 극장이라고 한 이유는 바다에 둘러싸인 지구를 형상화했기 때문이라고 해석되고 있다.[5]

세 번째 구역은 먹고 마시고 즐기고 노는 공간이었다. 이곳엔 두 개의 테르메가 마련되어 있으며 대형 파노라마 연회장이 있다. 가장 남쪽 구역은 아직도 발굴 중인 곳으로 대중에게 공개되지 않고 있다. 지금까지 드러난 구조로 보아 황비의 영역이었을 것으로 추정된다. 현재 관람이 가능한 공간 중에서 인기를 끌고 있는 것이 세 번째 구역에 있는 좁고 긴 연못 에우리푸스다. 파노라마 연회장의 일부로 설계되었는데, 폭이 좁은 쪽에 연회장이 있어 식사하면서 물을 내다볼 수 있게 했다. 일반 페리스틸리움처럼 주랑으로 사방을 두른 것이 아니라 우아한 아치를 연못에 직접 배치했으며 아름다운 투구를 쓴 그리스 전사들이 지키고 서 있다. 하드리아누스 황제는 이 장소를 카노페 혹은 카노푸스Canopus라고 불렀다. 이는 이집트의 알렉산드리아와 그에 속한 운하를 빗댄 것이다. 알렉산더 대왕과 견주고자 했던 것일까. 충분히 그럴 수 있었을 것이다. 하드리아누스 황제는 제국의 영토를 넓히기보다는 내실을 기하고 안정과 평화를 찾는 데 큰 공을 들였다. 그런 의미에서 볼 때 빌라 아드리아나는 단순한 황제의 별장이 아니라 그의 세계관을 압축시킨 이상형 도시로 볼 수 있다.

1. Schareika, p.39.
2. 앞의 책, p.48.
3. 님파에움은 고대에 대단히 중요했던 건축 요소였으므로 나중에 별도로 다루고자 한다.
4. Schareika, p.65.
5. 앞의 책, p.88.

060 길 혹은 쿠오 바디스

폼페이에 고스란히 보존된 고대 로마인들의 길

고대 로마의 유산

　고대 로마의 이야기를 더 진행하기 전에 우선 시간적·공간적으로 교통정리를 잠깐 해 볼 필요가 있다. 그렇지 않으면 르네상스 시대의 문화유산과 계속 혼동되기 때문이다. '고대 로마'라고 하면 지금의 로마 시에만 국한된 것이 아니라 대개는 로마 제국 전체를 일컫는다. '대개는'이라고 불확실하게 표현하는 이유는 고대 로마가 왕정에서 시작하여 공화정이 되었다가 다시 황제가 통치하는 제국이 되었기 때문이다. 그러므로 '로마 제국'이라는 표현 역시 완전하지 않아 '고대 로마'라는 총칭을 쓴다. 시기적으로는 기원전 750년경에서 기원후 5세기경까지이나 정치적·문화적으로 크게 위상을 떨쳤던 시기는 대개 기원전 4세기에서 기원후 3세기 정도로 본다. 어림잡아 고조선 시대 후기에서 고구려 미천왕 시기에 해당한다. 제정의 기틀을 닦아 놓고 살해당한 카이사르, 로마 제국의 초대 황제로 신의 대접을 받은 아우구스투스, 폭군으로 악명높은 네로 황제, 티볼리에 빌라를 지은 하드리아누스 황제 등이 자주 거론되는 통치자들의 이름이며 키케로, 타키투스, 비트루비우스, 베르길리우스 등의 소위 인문가humanitas들 역시 이 시대에 속하는 인물이다.

　5세기경 게르만족이 동과 북에서 로마 제국으로 침입해 들어오며 제국이 서서히 무너져 내렸다. 우선 동로마 제국, 서로마 제국으로 나뉘었다가 5세기에 서로마 제국은 완전히 멸망하고 만다. 이때부터 고트족, 랑고바르드족, 프랑크족, 반달족 등 게르만의 여러 부족이 유럽에서 영토를 나누어 가지며 국가 체계를 확립하는 춘추전국시대에 돌입하게 된다. 이 시기가 이삼백 년가량 진행되었다. 그러다가 8세기, 프랑크족의 카롤루스 대제가 중원을 평정하면서 지금의 프랑스, 독일을 중심으로 유럽의 역사가 본격적으로 시작된다. 카롤루스 대제가 세운 프랑크 왕국이 지금 프랑스와 독일의 전신이다. 이로써 유럽의 중심 세력이 알프스 북쪽으로 완전히 이동하게 되었다. 이 시기를 중세라고 한다. 기독교가 정치, 사회, 문화뿐 아니라 개인의 삶과 죽음을 모두 지배하는 시대였다. 이런 상태가 또다시 칠팔백 년 유지되었다. 기독교 문화는 그 이전의 고대 문화와 확연히 차별되기 때문에 고대와 중세 사이에 문화적으로 단층이 형성되었다고 해도 과언이 아니다.

로마의 별은 참으로 오랫동안 빛을 잃었다. 그러다가 15세기에서 16세기에 다시 화려하게 무대에 등장한다. 이때를 르네상스 시대라고 한다. 고대 로마 시대에는 이탈리아 반도 전체가 로마 제국의 한 행정 구역Dioecesis Italiae이었고 제국이 와해되자 여러 도시 국가들이 우후죽순으로 발생하기 시작했다. 15세기 말경 이탈리아는 마치 퍼즐처럼 여러 과두제의 소국들과 왕국의 집합체로 구성되었다. 베네치아, 피렌체, 밀라노, 사보이아, 로마 교황국, 나폴리 등등 각자 통치자가 따로 존재하는 독립된 국가였다. 이 시기의 중심지는 토스카나 지방의 피렌체였으며 이때의 주역들은 메디치, 비스콘티, 스포르차 등 영향력 있는 가문이었고 레오나르도 다 빈치, 미켈란젤로, 라파엘, 보티첼리, 도나텔로, 벨리니 그리고 지금까지 여러 번 언급되었던 팔라디오 등 기라성 같은 예술가들을 낳았다. 이렇게 로마, 혹은 이탈리아는 역사적으로 크게 두 번 유럽 문화를 지배했으며 고대와 르네상스는 천 년의 시간을 뛰어넘어 유전자를 나누고 있다.

물론 로마 시가 고대 로마의 절대적인 구심점을 이루었으나 로마 시를 둘러싸고 있는 라치오 주와 그 남쪽의 캄파니아 주까지 문화 중심권이 넓게 확장되었다. 특히 캄파니아 주의 나폴리 만을 중심으로 폼페이, 헤르쿨라네움, 파에스툼, 스타비아에 등 여러 도시 문화가 꽃피웠는데 하필 베수비오 산을 등지고 있었던 까닭에 서기 79년 이 도시들은 지도에서 사라져 버리게 된다. 아니 사라졌다가 당시의 모습을 고스란히 간직한 채 다시 나타났다. 문자 그대로 시간이 그 자리에서 멈추어버렸으므로 고대 문화가 어떠했는지를 알기 위해서는 로마 시보다 이들 박제된 화산 도시들을 엿보는 편이 낫다. 로마 시에는 고대로부터 지금까지 수천 년에 걸쳐 정치, 종교, 문화적 유산들이 켜켜이 쌓여있으므로 이 중 고대의 것을 가려내는 것은 결코 쉬운 일이 아니다. 그럼에도 일단 모든 길이 그리로 통했다는 로마 시를 먼저 잠깐 살펴보기로 한다.

서기 64년, 로마 시에 대화재가 발생했다. 14개의 구가 파괴되었으며 인명 피해도 적지 않았다. 민심이 흉흉했다. 그렇지 않아도 밉상이었던 네로 황제가 불이 난 자리를 정리하고 자신의 황금궁전Domus Aurea을 거대하게 확장하자 민심은 더욱 악화되었으며 네로 황제 방화설이 나돌기 시작했다. 이에 민심을 수습하기 위해 기독교인에게 방화의 책임을 뒤집어씌워 대대적인 학살을 일으켰다. 이 사건을 소재로 한 소설과 영화가 '쿠오 바디스'다. 영화에 이런 장면이 나온다. 당시 베드로가 로마에 살고 있었는데 기독교도가 끌려가기 시작하자 무서워 도망을 친다. 성문을 빠져나가 남쪽으로 부지런히 발길을 재촉하여 약 800m 정도 갔을까? 문득 예수님이 나타난다. 놀란 베드로가 "주여 어디로 가십니까?(쿠오 바디스 도미네)"라고 묻자 예수님은 "로마로 간다. 가서 다시 한 번 십자가에 못 박히려고 한다"고 대답했다. 이에 베드로가 크게 뉘우치고 다시 로마로 돌아가 결국 순교했다는 이야기다. 이때 베드로가 예수님을 만났던 길이 아피아 가도Via Appia Antika다. 지금도 일부 남아있는 고대 로마의 길이다.

고대 로마가 그 넓은 제국을 효과적으로 운영할 수 있었던 이유 중 하나는 도로망이었다고 한다. 기원전 312년부터 만들기 시작했으며 현대의 '도로 건설에 관한 법'이 무색할 정도의 세부 규정이 당시에 마련되어 있었다. 공공 도로, 군용 도로, 지역 도로, 농로 등으로 체계화되어 있었으며 길 폭은 직선 구간 2.45m, 곡선 구간 4.9m로 정해졌고 무엇보다도 인상 깊은 것은 도로의 단면 구조다. 중무장한 군단이 지나가도 끄떡없게 견고할 뿐 아니라 물 빠짐이 좋아 진창이 되지 않도록 기초를 단단히 닦았다.[1] 지금도 유럽의 길은 로마 도로와 같은 구조로 닦여진다. 도로뿐만 아니라 공원의 길도 마찬가지다. 특히 자갈층의 입자 크기를 구분해서 기초를 여러 층으로 만드는 원칙은 지금도 철저히 고수하고 있다. 연전에 국내 건설계의 전문가들이 베를린으로 연수를 왔기에 함께 공원을 여러 군데 다닌 적이 있다. 그때 어느 도시의 건설국장이 여기는 공원 길을 어떻게 만들기에 이렇게 견고한 것이냐고 묻기에 이러저러하다고 위의 층위 구조를 설명했다. 특히 자갈과 모래를 입자 크기대로 분류해 두었다가[2] 이들을 일정한 비율로 섞어야 제대로 견고해진다는 점을 강조했다. 건설국장은 믿지 않았다. 설마 진짜로 그렇게 짓겠느냐고 피식 웃었다. 흐음. 그분이 닦은 길은 과연 몇 년을 지탱할까 걱정이 앞섰다.

　로마의 길, 그중에서도 가장 먼저 만들어진 아피아 가도는 지금 2,320년 이상을 견디고 있다. 로마 시를 남쪽으로 떠나 브린디시까지 약 560km 연결되었던 길이다. 특히 로마 시내에서 시작하여 남쪽의 산 세바스티아노San Sebastiano 성문을 지나 약 18km 진행되는 구간은 현재 공원으로 지정되어 있다. 길 주변에 유적지가 많아 세상에서 가장 긴 박물관이라는 별명으로도 불린다. 산 세바스티아노 성문 밖 800m 지점, 베드로가 예수님을 만났다던 바로 그 자리에 작은 성당이 하나 서 있다. 그 사건을 기념하기 위해 9세기경에 세워진 것으로 본명은 따로 있지만[3] 대개는 그냥 쿠오 바디스 성당이라고 부른다.

1. Heinz, 2003, pp.43~48.
2. 자재 시장에서 이미 모래를 입자 크기에 따라 구분하여 판매한다.
3. Santa Maria in Palmis

061 님프의 집

디아나 여신은 산천초목을 관장하는 사냥과 숲의 여신이었고 달의 여신이기도 했다. 동정심이 많아서 노예와 걸인과 쫓기는 이들을 자주 도와주었으며 또한 순결의 여신이다. 아테네의 용감한 테세우스 왕에게 히폴리토스라는 아들이 있었다. 히폴리토스는 디아나 여신을 따라 사냥으로 나날을 보내며 평생 순결을 지킬 것을 맹세했다. 그런데 비너스 여신이 그의 미모에 반해 구애하면서 비극이 시작되었다. 순결을 맹세한 까닭에 감히 비너스의 사랑을 거부한 것이다. 자존심이 상한 비너스는 복수를 결심하고 히폴리토스의 계모 파이드라[1]에게 주문을 걸었다. 의붓아들 히폴리토스를 사랑하게 만든 것이다. 비너스의 사랑도 거부한 히폴리토스가 계모의 사랑을 받아주었을 리 만무했다. 상심한 파이드라는 아들을 무고하는 편지를 남기고 스스로 목숨을 끊었다. 테세우스 왕은 대로大怒하여 아들을 추방했으나 그래도 화가 풀리지 않자 포세이돈에게 청을 넣어 아들을 절벽에서 떨어져 죽게 하였다. 이것을 본 디아나 여신은 의신醫神 아스클레피오스에게 가서 히폴리토스를 다시 살리라고 했다. 아스클레피오스는 반신반인으로서 사람을 살리고 죽일 자격이 없었음에도 히폴리토스를 살려냈다. 이는 신격모독이었으므로 저승의 신 하데스가 형 주피터에게 민원을 넣었고 주피터는 아스클레피오스를 지하 세계로 귀양 보냈다. 한편, 히폴리토스에게도 화가 미칠 것을 두려워한 디아나는 그를 숲 속 샘의 요정 에게리아에게 맡겼다. 히폴리토스의 이름을 비르비우스라고 고치고 주름살을 만들어 변장시켰으며 샘물 주변에 안개를 자욱하게 깔아 아무도 찾지 못하게 했다. 이제 비르비우스가 된 히폴리토스는 에게리아와 오래오래 행복하게 살았다고 한다.

에게리아는 에게리아대로 사연이 있다. 그녀는 원래 로마의 전설적인 제2대 왕 누마 폼필리우스의 연인이었다고 한다. 밤마다 로마의 포르타 카페나의 숲에서 누마 왕을 만나 법률, 종교 등 통치에 관한 조언을 해 주었다. 그 역할로 보아 아마도 원래는 뮤즈였던 것 같다. 그러다가 왕이 죽자 에게리아는 숲으로 들어가 내내 울며 나오지 않았다고 한다. 그 모습을 보다 못한 디아나 여신이 에게리아를 샘물로 변신시켰다.

로마에서 남쪽으로 약 27km 떨어진 네미 호숫가에 가면 디아나와 비르비우스, 에게리아를 기리는 성소의 유적이 있다. 네미 호수는 천지와 같은 화산호로 사방이 깊은 숲으로 둘러싸여 그런 전설이 깃들만한 곳이다. 로마의 조상으로 여겨지고 있는 아이네이아스가 산등성이에 참나무 가지를 하나 꽂았는데 그것이 자라 엄청난 고목이 되었다는 전설도 전해지는 곳이다. 바로 그 고목 옆에 성소를 만든 것이다. 이 성소가 우리의 관심을 끄는 이유는 이것이 샘물의 정령을 기리기 위해 만들어졌던 님파에움nymphaeum이라는 건축물의 사례이기 때문이다. 지금은 남아있는 유적이 그리 많지 않지만 님파에움, 즉 님프의 집은 고대 로마에서 매우 중요했던 신당이었다. 거의 집집마다 구역마다 도시마다 님파에움이 있었다고 보면 된다. 마치 중세에 온 집과 거리마다 십자가를 걸거나 세우고 구역마다 교회와 성당을 지었던 것과 마찬가지다. 물의 원천, 신성한 샘물이 가지는 의미가 대단했음을 알 수 있다. 고대 이후 수없이 많은 변신의 과정을 거치는 동안 님파에움의 의미가 많이 퇴색되었다. 그러다가 폼페이, 헤르쿨라네움 등이 발굴되며 님파에움의 의미 역시 재발견되었다. 집집마다 자그마한 님파에움이 설치되어 있었음이 드러 났기 때문이다.

샘물로 변한 에게리아 전설은 특별한 사례다. 본래 고대의 샘물은 제우스 혹은 주피터가 번개를 던진 자리에서 솟았다. 그러므로 신이 내린 생명의 원 천으로 신성시 여겼다. 이곳에 깃들어 있는 님프들은 자연의 정령이었으므 로 올림포스의 신들보다는 격이 좀 낮았던 것 같다. 불사신이 아니어서 샘이 마르면 님프들도 죽었다. 역으로 님프들이 죽으면 샘이 마를 것이라는 해석 이 가능하다. 그러므로 님프를 잘 모셔야 했다. 샘 주위에 벽을 두르고 지붕 을 덮어 님프를 보호했고 향기로운 꽃을 제물로 바쳐 샘이 마르지 않기를 기 원했다. 대개는 반원통형 혹은 반원형의 장식벽을 세웠는데 벽의 정중앙에 서 물이 흘러나올 수 있도록 구조를 잡았다. 말하자면 벽천의 원조였다. 때 로는 님프가 항아리에서 물을 흘려보내도록 만들기도 했다. 수조를 만들어 물을 모았고 주변에도 님프들의 상을 만들어 세웠다.[2]

초기의 님파에움은 위의 디아나 신당처럼 숲이나 들에서 물이 처음으로 샘솟는 곳에 세웠다. 그러던 것이 아콰에둑투스를 만들어 샘물을 도시로 끌 어들이면서 도시에도 님파에움이 들어서기 시작했다. 신성한 샘물을 따라 님프들도 같이 흘러들어왔을 터이므로 당연한 일이었을 것이다. 숲 속 깊은 곳에 살던 정령들이 도시로 나와 어떻게 살아갈 것인가? 님프를 잘 지켜줘야 했다. 도시에 물이 도착하면 지하의 물 궁전, 즉 카스텔룸에 모인다는 얘기는 지난번에 언급했다. 이 카스텔룸으로 들어가는 입구에 우선 님프의 궁전을 멋지게 지었다.[3] 지금으로 말하자면 수도국 건물인 셈이다. 이것을 선두로 하여 도시 곳곳에, 혹은 주택마다 샘물이 흘러나오는 곳에 님프의 집을 지었다. 각자의 형편에 따라 규모는 서로 달랐으나 원칙은 모두 같았다. 로마 시에 가면 고대로부터 지금까지 아콰에둑투스의 물이 그치지 않고 흘러나오는 분수가 모두 세 곳[4] 있는데 그중 트레비 분수가 가장 크고 웅장하며 유명하다. 이 트레비 분수 역시 님파에움이다. 물론 고대에는 그 모습이 많이 달랐다고 한다. 이후 여러 번 개축되었다가 1732년에서 1762년 사이에 지금의 모습으로 다시 지어졌다. 궁전과 같은 입면과 중앙의 개선문은 물의 승리, 기술의 승리를 기리고자 한 것일지도 모르겠다. 다만 이천 년의 세월이 흐르는 동안 님프들의 신당이 궁전으로 변했음을 보여준다.

정원이나 공원을 만들 때 샘물이 발견되는 경우가 종종 있다. 혹은 샘물이 있는 곳에 정원을 짓는 경우도 많다. 프랑스 가르 주의 님_{Nimes}[5]이라는 도시에 18세기에 조성된 '샘물 정원_{Jardin de La Fontaine}'이 그 대표적인 예다. 님은 고대 로마 시대에 중요한 지방 도시에 속했으며 아콰에둑투스의 수교가 지금도 남아있는 곳이다. 아콰에둑투스가 설치되었다는 뜻은 이 고장에 신성한 샘물이 있었다는 뜻이다. 그 샘물은 지금도 솟아오르고 있으며 1745년 그 주변에서 수리 작업을 하던 중 고대 로마의 유적들이 속속 발굴되었다. 그중 디아나 신당과 님프들의 조각상들도 발견되었다. 이를 계기로 그 자리에 유적 정원을 만들고 샘물 정원이라 칭했다. 한쪽에 대형의 반원형 벽을 세우고 샘물에 넉넉한 길을 내어 연못으로 흘러들게 만들었으며 님프들의 조각상을 여러 개 세웠다. '공원형' 님파에움이 탄생한 것이다. 님파에움은 그로토_{grotto}

와 혼동하기 쉽다. 특히 르네상스에 들어오면서 님파에움의 개념이 확장되어 님프 외에도 물과 관련된 다른 신들을 함께 모시며 이름도 그로토로 변한다.

---

1. '페드라' 혹은 '페도라'라고도 한다.
2. Legler, 2005, p.19~21.
3. 앞의 책, p.32.
4. 모세 분수, 파올라 분수, 트레비 분수
5. 님(Nîmes)은 프랑스 남부의 도시로, 가르 주의 주도이다. 고대 로마 시대로부터 오랜 역사를 가지고 있으며, 로마 유적지가 많이 남아 있다(출처: 위키피디아).

062 빌라

토스카나에 있었다던 플리니우스 빌라의 재현. 칼 프리드리히 쉰켈 그림(1842년 작)

고대 로마의 유산

15세기 초, 이탈리아. 사관이며 필사 전문가였던 포조 브라촐리니Poggio Braccilini(1380~1459)는 평소에 말로만 전해 듣던 고대 조상들의 책이 몹시 궁금했다. 고대 로마가 멸망하는 와중에 그 많은 책과 문서가 모두 유실되었거나 아니면 수도원 도서관에 꽁꽁 감추어져 있다는 소문만 무성했다. 아무도 그 책들을 읽은 적도 본 적도 없었다. 그만큼 중세는 고대와 단절되던 시기였다. 교황의 서기관으로 근무했던 브라촐리니는 1415년 교황이 물러나면서 일자리를 잃었다. 이를 틈타 숙원이었던 고문서 찾기에 나섰다. 이태 후 독일의 어느 수도원에서 드디어 루크레티우스(B.C. 99~55)의 저서 『사물의 본성에 관하여De rerum natura』의 사본을 발견했다. 무려 천 오백 년 전에 집필된 저서였다. 이것을 선두로 여러 해 동안 독일과 프랑스의 수도원을 전전하며 키케로, 타키투스, 비트루비우스, 그리고 소 플리니우스 등의 책을 찾아냈다.[1] 이 공적으로 브라촐리니는 르네상스로 가는 문을 열었다고 평가되고 있다. 고서를 찾아낸 것도 물론 중요했지만 이를 분류하고 분석하고 읽을 수 있게 정리했기 때문이다.

그중에서 소 플리니우스(A.D. 61~112)의 서한집은 우리에게도 아주 중요한 책이다. 두 통의 편지에서 고대 로마의 빌라와 정원을 소상히 묘사하고 있기 때문이다. 사실상 우리가 고대 로마의 빌라 정원에 대해서 알고 있는 지식은 거의 그의 편지에 의존하고 있다. 폼페이의 발굴지와 빌라 아드리아나가 있기는 해도 그를 통해 당시 어떤 식물을 심었는지까지 알 수 있게 되었다. 그럼

353

대체 소 플리니우스는 누구인가. 그는 서기 1세기에 살았던 고대 로마의 문 필가였으며 주로 법조인으로 활동하다가 고위 행정관을 지내기도 한 인물이 었다. 그를 소 플리니우스라고 칭하는 이유는 같은 이름을 가진 그의 유명한 외숙부와 구분하기 위해서이다. 외숙부는 대 플리니우스Gaius Plinius Secundus Major(A.D. 23~79)²라고 불린다.

편지라는 일상적인 글을 통해 정원 묘사 외에도 당시 인문가의 생활상과 빌라 문화도 소상히 엿볼 수 있게 되었다. 고대 로마의 빌라는 단순한 빌라가 아니었다. 평생 로마의 빌라 문화를 연구한 오토 슈미트라는 학자가 이렇게 말한 적이 있다. "고대 로마의 인문가들은 마치 달팽이가 집을 매달고 다니듯 그들의 빌라에 매달렸다. 그들의 온화하고 섬세한 인간성이나 영혼과 정신의 힘은 번잡하고 시끄러운 대도시 로마에서의 직무와 책임을 벗어나 산이나 바다로 피신하여 빌라에 몸을 담글 때 비로소 깨어났다."³

본래 빌라villa는 '성 밖에 있는 주택'을 의미했다. '성 안의 주택'을 도무스 domus라고 했고 성 밖의 집을 빌라라고 하여 서로 구분했다. 당시 많은 로마 시민들이 농사를 직접 지었으므로 성 밖에 땅을 마련하고 농번기에 머물 수 있는 작은 '빌라'를 지었다. 귀족들은 그들대로 성 밖에 넓은 농장을 소유한 지주들이었다. 다만 그들은 노예를 부려 농사를 지었으므로 빌라에 머무는 동안 자연이라는 아름다운 무대를 배경으로 문화생활을 영위할 수 있었다. 귀족의 주 수입원은 농장이었으므로 그들의 사회적 지위는 곧 소유하고 있 는 농장의 크기와도 비례했다. 소 플리니우스의 경우 숙부에게 물려받은 토 스카나의 빌라까지 합하여 로마 시내에 있는 집 외에도 여러 개의 빌라와 농장을 소유했으며 매년 농장에서 나오는 수입만 약 백만 세스테르티우스 정도였다고 한다.[4] 지금으로 말하면 약 백만 달러 정도다. 당시 원로원으로 선발되려면 백만 세스테르티우스를 보증금으로 내야 했으니 그는 이론적으로 해마다 원로원 자리를 하나씩 살 수 있었던 재산가였다. 그럼에도 그는 정신적인 일을 몹시 즐겨한 일벌레였다. 플리니우스뿐만 아니라 로마의 정치가나 행정관들이 대개 그랬다고 한다. 로마의 힘은 군대에서만 나온 것이 아니라 후방에서 밤새워 일한 사람들이 있었기에 가능했다. 특히 대 플리니우스는 거의 잠도 자지 않고 종일 일했던 것으로 유명하다. 그러다가 언제 어디서나, 예를 들어 식사 중에, 혹은 구술하다가도 잠시 졸았다고 한다.[5] 당시 정치와 사회의 중심은 물론 로마 시였다. 출세하려면 로마 시내에서 존재감을 드러내야 했다. 그러다 기원전 2세기, 한니발 전쟁의 영웅이었던 스키피오 아프리카누스 장군이 정적들을 피해 시골의 빌라로 피신했다. 그곳에서 조용한 은둔의 삶을 산 것이 아니라 친구와 지기를 불러들여 활발한 사회생활을 했으니 결국 본거지를 빌라로 옮긴 셈이었다. 이로부터 상류층이 일정 기간 공무를 떠나 시골로 '휴가'를 가는 전통이 형성되었다. 더불어 업무와 여가 사이의 개념적 분리도 생겨났다. 티베리우스 황제(B.C. 42 ~ A.D. 37)는 말년에 카프리 섬의 빌라에 아주 들어앉아 집무를 보았으며 거기서 재판도 열었다. 이를 본받아 귀족이나 원로 역시 로마에서 가까운 곳에 빌라를 새로 짓고 거기서 집무를 보거나 마차를 타고 출퇴근하기 시작했다. 그렇게 해서 로마에서 쉽게 다녀올 수 있는 거리, 즉 나폴리 만이나 오스티아 해안 등에 빌라 단지가 새로 형성되었다. 이런 빌라는 반드시 농장을 끼고 있지 않아도 상관없었다.

이로써 빌라의 새로운 형태, 즉 도시형 빌라villa urbana가 탄생했다. 기원전 1세기 무렵부터 기원후 1세기 말 정도까지 이런 달팽이 집 문화가 성행했다. 이 시기는 근 이백 년 동안 태평성대를 이루었던, 소위 팍스 로마니pax romana 시대와 일치하며 문화적 절정기였다.

소 플리니우스의 경우, 여름에는 로마 근교 오스티아 해안에 있는 빌라에서 말을 타고 출퇴근했고 휴가철에는 토스카나에 있는 빌라에 즐겨 머물며 조용한 시간을 가졌다.[6] 그는 바로 이 두 빌라의 정원을 묘사한 것이다. 물론 그의 빌라들은 이미 오래전에 사라졌다. 이런 도시형 빌라들은 지난번에 살펴 본 폼페이 시내의 주택 정원, 즉 페리스틸리움 정원과는 많이 달랐다. 우선 넓은 땅에 자리 잡았으므로 중정형의 공간 절약형 양식을 따를 필요가 없었고 온갖 사치와 화려함을 아끼지 않았다. 플리니우스의 경우 해안의 빌라는 바다를 향해 날개를 활짝 펼친 형태로 지었다. 한편 토스카나 언덕에 지은 빌라는 지형에 따라 'ㄷ'자로 지었으며 계곡을 바라다볼 수 있게 배치했다. 'ㄷ'자의 열린 쪽에는 다시 여러 층의 테라스를 앞세웠다. 나중에 르네상스 정원의 트레이드마크가 되는 테라스 정원이 이때 이미 조성되었다. 테라스에는 화단을 만들었으며 회양목을 전정하여 경계를 두르고 동물 모양의 토피어리도 만들어 세웠다. 테라스에서 내려오면 전개되는 본 정원의 형태가 몹시 특이했다. 정원 전체가 커다란 히포드롬 혹은 히포드로무스Hippodromus의 형태로 이루어져 있는 것이다. 히포드롬은 전차 경기장으로 알려져 있다. 지난번의 게티 고고학 박물관이나 빌라 아드리아나의 긴 연못에서도 본 것과 같이 고대 로마인들이 이런 형태를 선호했던 것만은 확실한 것 같다. 플리니우스는 그 형태를 따라서 정원으로 만든 것이다. 이것이 플리니우스의 아이디어인지 아니면 당시에 이미 유행했던 것인지는 확실하지 않다.

1. 수도원 도서관의 금서고에 고대 인문주의자들의 저서가 다수 보관되어 있던 것은 사실이며 움베르토 에코가 그의 소설 「장미의 이름」에서 이미 묘사한 바 있다. 또한 2011년 미국의 문화평론가 스티븐 그린블릿이 내놓은 「일탈: 세계는 어떻게 근대화되었는가?(The Swerve: How the World Became Modern)」에서는 위의 브라촐리니가 루크레티우스의 명저를 발견하면서 르네상스의 문을 여는 상황이 상세히 묘사되어 있다.
2. 고대 로마의 관리, 군인, 학자이며 백과사전적 지식을 가졌던 인물로 박물지 37권을 썼다.
3. Otto Eduard Schmidt, 1899; Lefévre, 1987, p.262.
4. Beitmann Gartenkunst online: http://www.gartenkunst-beitmann.de/weiter.php?buch=9&kap=4
5. Lefévre, 1987, pp.258~260.
6. 플리니우스 편지(Plinius Epistula) II, XVII. 플리니우스 서한집은 영어, 독일어 등으로 번역되어 출간되었으며 온라인으로도 여러 오픈 소스에서 제공하고 있다.

063 농자
로마지 대본

밭을 갈던 킨키나투스가 로마 원로들과 만나는 장면.
후안 안토니오 리베라(Juan Antonio Ribera)의 1806년 작, 마드리드 프라도 미술관 소장

로마, 헬레니즘을 만나다 - 키케로의 증언

중국 고사에 현인들이 농사를 짓다가 재상으로 등용된 사례가 종종 전해진다. 고대 로마에도 그런 고사가 있다. 로마의 군자軍子이자 농자였던 킨키나투스Cincinnatus(B.C. 519~430) 역시 밭을 갈던 중 로마 원로들이 모셔다가 독재관으로 임명했다고 한다. 독재관이란 외침 등으로 인해 국가가 위기에 처했을 때 임명되는 임시직으로서 절대적인 통수권이 주어졌지만 임기가 6개월로 제한되어 있었다. 킨키나투스 장군은 불과 16일 만에 외적을 물리쳐 임무를 완수했다. 시민들은 장군이 그대로 눌러앉아 권력을 휘두를까 은근히 걱정했으나 그는 곧바로 밭으로 돌아갔다. 이런 일이 두 번이나 있었다. 이후 킨키나투스는 로마의 덕목을 상징하는 인물로 길이 추앙되었다.[1]

킨키나투스 장군의 연대가 말해주듯 지금 우리는 시대를 좀 더 거슬러 올라가 로마가 시작되었던 무렵으로 더듬어가고 있다. 기원전 753년 로물루스가 로마의 팔라티노 언덕에 도시 국가를 건설하고 왕이 되었을 때 그를 도왔던 건국 공신들이 있었다. 이들이 파트리키라는 귀족층을 형성하고 원로원이 되었으나 본업은 모두 농자였다.

로마인들은 천년의 역사가 흐르는 동안 로마가 농경 사회에서 출발했다는 사실을 잊은 적이 없다. 그뿐만 아니라 힘겹게 일하는 농자야말로 고귀한 로마인의 유일한 직업이라는 점을 누누이 강조했다. 이 사실은 우선 원로원을 비롯하여 모든 로마의 정치가, 법관들이 녹봉 없이 근무했다는 사실에서도 증명된다. 신흥 세력으로서 로마 토착 세력의 철통같은 방어선을 뚫고 마침내 성공한 키케로의 경우, 로마 근교 아르피눔—지금의 아르피노(Arpino)—에 있는 자신의 빌라를 찾을 때면 가슴에 뿌듯함이 가득했다고 증언하고 있다. "여기에 내 선조들의 근본이 있고 그들이 찾던 성소가 있으며 곳곳에 그들의 자취가 가득하다."[2]

거대한 제국의 건설, 전쟁과 뛰어난 군사력, 엔지니어 기술, 콜로세움의 전투사들, 웅장한 건축물 등 지금 우리가 로마에 대해 일반적으로 알고 있는 것들이 로마 문화의 꽃이라면 그 뿌리는 농업이었다. 이는 로마의 유력한 사상가들이 농업에 대한 저술을 적지 않게 남겼다는 사실에서도 증명된다. 그 중네 명의 작가가 가장 주목받고 있다. 최초로 농업서를 집필한 인물은 '대大 카토Marcus Porcius Cato(B.C. 234~149)'라고 불리는 인물이었다. 정확한 집필 연도는 알려지지 않았으나 대개 기원전 170~60년경이었을 것으로 추정되고 있다. 그로부터 백 년도 넘게 지난 기원전 37년경, 마르쿠스 테렌티우스 바로Marcus Terentius Varro(B.C. 116~27)라는 인물이 농업론 혹은 농사론De re rustica을 집필했고 그로부터 또 다시 백 년가량이 흐른 뒤 콜루멜라Columella의 방대한 농사서De re rustica libri 13권이 발표되었으며, 서기 4세기에는 팔라디우스가 14권 분량의 '농가월령가'[3]를 지었다.

그 중 처음의 두 작가, 대 카토와 바로의 작품을 한번 비교해 볼 필요가 있다. 우선 대 카토의 농업론의 경우, 시대적으로 보아 로마의 토지 분배에 큰 변화가 있던 때에 집필되었다는 사실이 주목을 끈다. 전설에 의하면 처음 로물루스 왕이 국가를 세운 뒤 모든 로마인들에게 공평하게 농토를 나뉘주었다고 한다. 가구당 약 1,700평 정도의 규모였다.[4] 온 가족을 먹여 살리기에는 작은 땅이었으나 공용지가 있어 모자라는 분량은 거기서 충당했다. 이렇게 소규모의 농토를 나눠주던 전통은 꽤 오랫동안 유지되었다. 그러던 것이 기원전 3세기 무렵부터 시작된 영토 확장과 함께 소농 기본의 원칙이 무너지고 대지주 세력이 형성되었다. 점령한 땅은 일단 국유지[5]로 지정되었으나 이들을 효과적으로 관리·운영하기 위해서는 소규모 농지 시스템을 고수할 수 없었다. 그러므로 영유지에 대한 처분 법을 제정하고 이 법을 집행하기 위해, 즉 땅을 분배하고 관리·감독하기 위해 '감찰관'이란 직분을 만들었다. 이 감찰관이 원로원들 사이에서 선발되었으므로 자기들끼리 토지를 나눠가졌던 것은 말할 것도 없다. 대 카토는 재무관, 법무관, 원로원, 집정관을 거쳐 감찰관을 고루 지낸 정치가였다. 불어난 토지를 어떻게 경영할 것인가에 대한 고민을 하지 않을 수 없었을 것이다. 그 결과 그의 농업론은 어떤 작물을 어떻게 심어야 최대의 이익을 얻을 수 있는가에 대한 제안으로 점철되어 있다. 결국 땅을 이용하여 수익을 올리자는 투자 제안서이기도 했다. 요즘 같으면 도시 개발로 한몫 챙겼을 터다. 서문에서 그는 농업이야말로 상업이나 금융업에 비해 유일하게 정직하고 명예로운 수입원이라고 말하고 있지만 그 자신은 노예 매매와 무역업으로 큰돈을 벌었다. 여기서 얻은 수익을 다시 토지에 투자했으니 모순될 것 없다는 주장인 듯하다. 그러므로 카토가 농업서를 집필한 진정한 이유는 투자 사업으로 인해 실추된 명예를 만회하기 위해 자신을 농사꾼으로 포장한 것이라는 해석이 충분히 가능하다.[6]

반면에 바로의 농사론은 우선 톤부터 다르다. 백 년의 시간이 흐른 탓도 있겠고 개인적인 성향의 차이도 있겠으나 대 카토의 시대와 바로의 시대 사이에 로마가 헬레니즘을 만나는 중대한 사건이 벌어졌기 때문이다. 모든 로마인 중 가장 박식한 인물이라고 평가되었던 바로는 당시의 모든 지식인들과 함께 헬레니즘 문화에 대한 동경을 나누었다. 이는 그의 저서가 플라톤 풍의 대화체로 엮어졌다는 사실에서도 증명된다. 그는 농장이 정원이 될 '소질'이 있다는 것을 발견하여 실용적인 것과 아름다운 것을 접목시키고자 다양한 아이디어를 제시한 최초의 작가이기도 했다. 땅을 경제적 투자의 대상으로만 바라보았던 대 카토와는 전혀 다른 세계를 구축한 것이다. 이 무렵은 로마의 사치 풍조가 극에 달하던 때였으므로 쓸모없는 정원 예술이 성큼 발돋움한 시기였다. 바로의 농사론은 이에 대한 증거를 제시하고 있으며 제목은 농사론이지만 반쯤은 정원론적인 성격을 띠고 있다. 키케로와 동문수학하여 그와 절친한 사이였던 그는 군인, 정치가로서도 큰 성공을 거두었지만 카이사르가 살해되고 안토니우스가 세력을 구축하면서 정치 일선을 떠났다. 이후 농장에서 유유자적하며 집필과 원예 및 농사일에 전념했고 그 생활을 몹시 즐겼다. '과일 저장고를 크고 아름답게 짓고 그 안에 과일을 저장하되 마치 그림을 전시하듯 쌓아둔다면 연회를 베풀어도 손색없는 장소가 되지 않을까'라고 진지하게 고민하며 소일했던 것이다.[7] 특히 그가 고안한 조류원은 히포드롬과 함께 고대 로마 정원의 독창적인 요소로 두고두고 연구의 대상이 되고 있다.

1. Kolendo, 2004, p.230. 킨키나투스는 미국의 조지 워싱턴이 닮고자 한 인물이었다. 남북전쟁 당시 조지 워싱턴이 결성한 '신시내티(킨키나투스의 영어식 명칭) 협회'와 오하이오 주에 건설된 신시내티 시의 킨키나투스 동상에서 그에 대한 워싱턴의 존경심이 드러난다.

2. Gothein I, 1926, p.87.

3. 팔라디우스 저서의 원제는 'Opus Agriculturae'로서 모두 14권으로 이루어져 있으며 1권 서문 다음에 2~13권은 월별 농사법을 다루고 있어 마치 우리의 농가월령가를 연상케 한다. 14권에서는 가축의 질병을 다루었고, 15권에서는 나무 접붙이기 기법을 소상히 설명하고 있다.

4. Kolendo, 앞의 책, p.232.

5. 'ager publicus populi Romani', 즉 로마 시민들의 공동 소유지라는 뜻이다.

6. Diederich, 2007, p.288.

7. 앞의 글

064 로마의 그린벨트 혹은 피의 값으로 치러진 정원들

살루스티우스의 호르티 폐허의 전경.
오른쪽 성벽에 기대어 지었으며 저택 외에도 비너스 신전,
아폴로 경기장 등이 있었던 것으로 짐작된다.
1756년 베니스의 화가 조반니 바티스타 피라네시가 제작한 동판화로
그의 동판화집 『Le antichità Romane』에 실려 있다.

A. Mura con barbacani che investono le falde del Quirinate. B. Avanzi della Casa e de' Bagni di Salust
C. Auanzo di un Tempio creduto di Venere. D. Luogo ch' era occupato dal Circo Apollinare
Piranesi Archit. dis. in.

로마, 헬레니즘을 만나다 – 키케로의 증언

"로마인은 갈리아인처럼 번식력이 강하지 않고 게르만인처럼 덩치도 크지 않으며 스페인인처럼 힘이 세지도 않다. 이집트인처럼 영리하지도 부유하지도 않으며 그리스인처럼 예술적이지도, 합리적이지도 못하다. 그러나 뛰어난 것이 하나 있기는 하다. 로마인은 지배하기 위해 태어났다는 사실이다. 이 지배력은 탁월한 군사력에 기인한다."[1] 4세기에 활동했던 군사 전문가 베게티우스라는 인물이 말한 것이다. 이 '탁월한 군사력'을 탁월한 관리 능력이라고 바꿔서 말하는 사람도 있다. 그 말이 맞을 것이다. 로마인은 모든 것을 구분하고 가지런히 하는 성향이 강했던 것 같다. 이런 점은 그들의 언어와 개념에서도 여실히 드러난다. 앞서 소개한 고향에 대한 키케로의 발언에는 후렴이 있다. 친구 하나가 '네 고향은 로마가 아니냐?'라고 묻자 키케로는 이렇게 대답했다. "나뿐만 아니라 모든 로마 시민들은 고향이 둘이다. 하나는 자연적인 고향, 즉 태어난 곳이고, 다른 하나는 국가가 내린 고향이다. 예를 들어 대 카토처럼 토스카나에서 태어나 로마 시민권을 받은 경우, 자연적인 고향과 법적인 고향을 각각 갖게 된 것이다."[2] 법적인 고향, 즉 '도시urbs'의 개념이 탄생하는 순간이었다. 이렇게 도시를 법적으로 정의한 뒤 키케로는 다시 공간적인 개념을 정리했다. 로마 시를 도심urbs, 호르티horti, 근교suburb로 구분한 것이다.[3] 도심과 근교는 알겠는데 호르티는 무엇인가. 호르티는 우리가 잘 알고 있는 호르투스hortus의 복수형이다. 호르투스가 정원이라는 뜻이니 호르티는 '여러 정원들'이 되겠다. 그렇다면 키케로가 로마 시를

365

도심과 정원과 근교로 나누었다는 뜻이 된다. 좀 독특한 분류법이다. 그러나 로마 시를 세 개의 환으로 나누어 상상해 보면 금방 이해할 수 있다. 가장 안쪽의 환이 도심이고, 다음 환이 '여러 정원들'이며, 마지막 환이 근교다. 이 환들은 지금도 존재하고 있는 두 개의 성벽에 의해 공간적으로 정의되었다.

기원전 2세기 즈음에 '호르티 로마니horti romani'라는 개념이 나돌기 시작했다. 이를 문자 그대로 해석해 보면 '로마의 정원들'이 되겠지만 이를 일반적인 로마의 정원들로 착각하면 곤란하다. 지금 로마에 새로 조성된 정원들 역시 이 범주에 포함시켜야 하기 때문이다. 요즘에는 아무도 정원을 호르타라고 부르지 않는다. 르네상스 이후로 이탈리아의 정원은 '지아르디노giardino'다. 그러므로 호르티는 고대와 중세에 사용했던 구어인 셈이다. 실제로 호르티 로마니의 뜻은 명확하게 정의되어 있다. 호르티 로마니는 '로마 시 세르비아누스 성벽의 외곽에 위치했던 부동산으로서 도시와 가깝게 자리 잡았던 것들'[4]이다. 이런 부동산estate, 즉 저택, 정원, 채소밭, 과수원 등으로 이루어진 복합체를 호르티 로마니라고 묶어서 칭했으며 모두 80개소 정도 존재했다고 한다. 이렇게 숫자가 한정되었던 것은 '세르비아누스 성벽 주변에 붙어 있는 부동산'이어야 한다는 공간적 한계에 기인한다. 이 범위를 벗어나면 근교suburb라 불렸다. 호르티로 이루어진 녹색의 환을 로마의 그린벨트라 일컫기도 한다.[5]

로마의 성벽 중 가장 먼저 세워진 세르비아누스 성벽은 기원전 4세기경에 축조되었으며 로마 시의 핵심 구간을 에워싸고 있었다. 기원전 1세기경에 부유한 로마의 엘리트들이 이 성벽 바깥에 토지를 구입하여 화려한 저택과 아름다운 정원을 짓고 사는 것이 유행했다. 도시도 아니고 전원도 아닌 새로운 유형의 토지 이용이 시작되었기 때문에 이를 칭하는 새로운 개념도 필요했을 것이다. 저택과 정원과 채소밭과 과수원이 모두 있는 포괄적인 상황을 담아낼 수 있는 개념이어야 했을 것이며 시골의 빌라와도 구분되어야 했다. 누가 시작했는지는 모르지만 '호르티'라는 개념이 낙점된 것 같다. 호르티는 그리스 어원으로서 본래 풀밭이나 초지라는 뜻이었다. "옛날 소크라테스는 플라타너스 숲을 거닐다가 샘물가의 풀밭에 앉아 쉬곤 했는데 우리는 플라타너스 숲을 걷다가 안락한 벤치에 앉아 분수를 바라보고 있다. 그러나 마음은 풀밭에 앉은 소크라테스를 닮지 않았는가?"[6]라고 키케로가 증언한 것처럼 소크라테스의 풀밭을 생각하며 호르티라고 부르기 시작했을지도 모르겠다. 그러나 호르티의 실상은 소크라테스의 풀밭과 너무나 거리가 멀었다.

호르티와 빌라의 근본적인 차이점. 키케로 같은 신진 세력도 무려 17개나 사들일 수 있는 것이 빌라였다면 호르티는 아무나 가질 수 없는 것이었다. 여간한 갑부가 아니면 엄두도 낼 수 없는 땅이었다. 카이사르의 경우 비록 족보가 비너스까지 거슬러 올라가는 유서 깊은 가문에서 태어났지만 가계는 넉넉하지 않았다.[7] 갈리아 정복 전쟁을 통해 엄청난 부를 축적한 뒤에야 비로소 호르티를 사서 집과 정원을 지었다. 살루스티우스Gaius Sallustius Crispus(B.C. 86~34)라는 인물의 경우 속주를 통치하면서 약탈을 게을리하지 않은 덕에 호르티의 소유가 가능했다. 살루스티우스는 로마의 퇴폐적 문화와 사회 윤리의 타락 및 탐욕을 신랄하게 비판한 것으로 유명한 역사가이며 정치가였으나 정작 그 자신은 북아프리카의 속주를 통치할 당시 엄청난 부를 축적했다. 기원전 44년 그의 대부였던 카이사르가 살해당하자 그의 호르티를 사들였다. 그 외에도 카이사르의 경쟁자 폼페이우스의 호르티, 루쿨루스 장군의 호르티, 시인의 대부로 널리 알려졌던 마이케나스의 호르티 등이 존재했다고 알려져 있다. 당시 호르티 소유주의 목록은 로마 유력자의 명단과 일치했다.

이렇게 로마의 언덕 위에 화려하고 사치스러운 호르티를 짓기 시작한 것 역시 헬레니즘의 영향이었다. 기원전 140년경 그리스를 정복한 로마인들은 고도로 발달했던 헬레니즘의 문화와 마주하게 되었다. 정복 전쟁을 통해 어마어마한 전리품만 가지고 돌아온 것이 아니라 그들의 생활 방식도 수입했던 것이다. 그리스풍의 생활 방식은 바로의 사례에서 본 것처럼 시골의 빌라에서 먼저 모방되었다. 그리스 옷을 입고 그리스 문학을 토론하며 학식 높은 그리스 노예를 거느리고 사는 귀족들이 증가했는데 이런 라이프스타일이 비로마적이고 퇴폐적이라고 매도당했음에도 빠른 속도로 번졌다. 이들 호르티의 규모가 어느 정도였는지, 어떻게 꾸며졌는지는 아무도 확실히 모른다. 다만 여기저기 전해지는 이야기를 모으고 간헐적으로 이루어진 발굴 결과를 종합해 볼 때 정원이라기보다는 작은 도시 구역과 같았다. 우선 대부분 성벽에 기대고 있었으며 높은 담장을 둘렀고 담장 안에 저택을 비롯하여 신전과 님프의 집, 극장 등 많은 건축물을 지었다. 너른 과수원, 포도밭, 채소밭, 양어장은 필수였다. 매일같이 베풀었던 연회와 모임에 신선한 식품을 올리기 위해서라도 농사를 지어야 했을 것이다. 물론 실용 정원과는 별도로 순수한 장식 정원도 여러 개 지었는데 이때 히포드롬이라는 기본 형태가 고수되었고 주랑, 연못, 풀장, 분수, 플라타너스 숲 등으로 이루어져 소 플리니우스의 정원과 유사했다.

호르티 로마니에서 가장 관건이 되었던 것은 그리스 조각 작품이었다. 그동안 발굴된 조형물의 숫자로 미루어 볼 때 '호르티는 조각 공원이었다'고 주장해도 큰 무리가 없다. 예를 들어 마이케나스의 호르티에서는 수백 점의 조각상 외에도 이들을 별도로 보관했던 건물 터까지 발굴되었으니 아마도 박물관 수준이었던 것 같다.[8] 아닌 게 아니라 이들 작품은 현재 대부분 카피톨리니 미술관에 보관되어 있다. 그중에는 물론 모사품도 있었지만 원작을 선호했던 것은 말할 것도 없다. 수백 년 된 문화재급 원작도 적지 않았는데 이 많은 그리스 조각상들을 어떻게 손에 넣었을까.

1. Giarnida, 2004, p.9.
2. Gothein I, 1926, p.87.
3. Champlin, 1982, p.112.
4. Häuber, 1991, p.6.
5. Purcell, 2007, pp.300~301.
6. Cicero, in: Gothein I, 1926, p.90.
7. 카이사르의 족보는 비너스의 아들이었다고 알려진 아이에나스(Aeneas)까지 거슬러 올라간다. 아이에나스는 트로이의 장군으로서 트로이 전쟁에서 유일하게 살아남아 이탈리아 반도까지 항해하여 알바 롱가라는 도시 국가를 세웠다. 이 알바 롱가의 딸이 로물루스를 낳는다. 카이사르의 조상이 바로 이 알바 롱가의 왕족 출신이다.
8. Häuber, 1986/1991. 호르티 로마니 중 마이케나스의 정원에서 발굴된 조각상 카탈로그

065 포룸 로마눔의
베레스 스캔들

포룸 로마눔의 지금 모습. 높은 기둥과 개선문 등은 모두 공화정 후기 이후에 세워진 것이다.
천년 동안 로마의 심장이 뛰었던 곳이다.

로마, 헬레니즘을 만나다 - 키케로의 증언

기원전 70년 8월 5일 로마 시의 군중은 새벽부터 포룸 로마눔forum romanum[1]으로 몰려들기 시작했다. 이 날은 역사적인 재판이 있는 날이었다. 시칠리아에서 법무관을 지냈던 천하의 악질 베레스Gaius Verres(B.C. 115~43 추정)가 기소되어 첫 공판이 열리는 날이었다. 막강한 후원자 층을 가지고 있던 베레스를 감히 기소한 겁 없는 인물은 로마의 떠오르는 별, 키케로였다. 그의 상대 호르텐시우스는 노련한 중견 변호사였다. '춤추는 웅변가'로 알려졌던 호르텐시우스는 당대 최고의 변호인이라는 명성을 누렸다. 이 둘이 드디어 맞붙게 된 것이다. 형사 재판이므로 배심원 참석 하에 중앙 광장의 연단에서 공개적으로 열릴 예정이었다. 그것이 당시의 원칙이었다. 베레스란 인물은 로마의 오래된 귀족 가문 출신으로서 시칠리아에서 법무관을 지내는 동안 엄청난 부정 행위를 저질러 수많은 재산을 긁어모았다. 목적 달성을 위해서는 살인도 마다하지 않았던 인물이었다. 그리스의 미술품과 조각상을 전문적으로 갈취했고 가구며 양탄자, 금은 식기도 마다하지 않았다. 최고 재판관이라는 신분을 이용하여 신전이나 광장에 세워진 조각상을 '압수'했으며 개인 소장품 중에 좋은 것이 있다는 소문이 들리면 달려가 빼앗았고 말을 듣지 않으면 없는 죄를 뒤집어 씌워 옥에 가두었다. 심지어는 해적과 내통하여 무역선을 정기적으로 털고 저항하는 선장은 간첩죄를 씌워 사형시키고 선원은 모조리 지하 감옥에 던져버렸다. 참다못한 시칠리아의 희생자들이 키케로에게 사건을 의뢰하였고 이 재판을 승리로 이끈 키케로는 로마의 스타가 되었다. 당시의 재판 과정이 빠짐없이 기록되어 전해지는데 현대의 법정 드라마를 능가할 만큼 흥미진진하다.[2] 로마 시민은 모든 것을 재판을 통해 결정했으므로 하루에도 수십 건씩 재판이 벌어지니 재판이 열리는 것은 새로울 것이 없었으나 키케로와 호르텐시우스의 대결은 놓칠 수 없는 구경거리였다. 게다가 귀족 출신의 배심원들이 과연 같은 귀족의 편을 들어줄 것인가 아니면 정의의 편에 설 것인가에 대해 관심이 모이지 않을 수 없었다. 피고인 베레스가 이미 손을 써서 조각상과 금은보화로 배심원들을 모두 매수했다는 소문이 파다했다.

동이 틀 즈음에 서늘한 그늘 자리는 이미 다 차버렸고 한 시간 후에는 광장이 가득 차서 발 디딜 곳이 없었으며 주변 신전의 계단과 주랑은 물론 인근 건물 옥상과 발코니에도 구경꾼이 매달려 있었다고 한다. 베레스는 예상을 뒤엎고 유죄 판결을 받았다. 재판이 끝난 직후 키케로는 자신의 기소문과 준비 과정에서 집필했던 연설문 등의 자료를 모두 다섯 권으로 묶어 발표했다. 그중 3권은 로마의 속주국 운영 실무와 세금 제도에 대해, 4권은 로마의 엘리트 계급과 그리스 예술 작품과의 관계를 밝히는 중요한 자료로 평가되고 있다. 포룸 로마눔은 키케로 같은 변호사나 정치가의 일터였으며 자기 연출 무대였다. 키케로 외에도 이곳에서 활약한 인물이 셀 수 없이 많지만 위의 베레스 재판 사례는 당시 포룸 로마눔의 분위기와 역할 그리고 로마 시민 사회를 이해하는 데 큰 도움을 준다. 지금은 폐허가 되어 뼈만 앙상하게 드러내고 있음에도 충분히 깊은 인상을 준다. 하지만 이 협소한 곳에서 천년 동안 로마의 심장이 뛰었다는 사실은 쉽게 상상하기 어렵다. 포룸 로마눔은 정치적, 경제적, 종교적인 복합 기능 공간으로서 로마 시민들이 함께 법을 제정하고 재판하고 토론하고 의사를 결정하던 곳이었으며 장군들의 승리의 행렬이 지나갔고 각종 축제와 제전이 일어났던 곳이다.

이곳은 원래 저지대의 진창이었다. 사람들은 주변 언덕에 집을 짓고 살았으며 골짜기의 진흙 밭은 묘지로 이용했다. 인구가 증가하면서 주택가가 점점 언덕 아래로 내려왔음에도 중앙의 공간은 비워두었다. 바로 여기서 광장의 역사가 시작되었다. 마을이 도시로 변신하던 순간이었다. 포룸은 우연히 발생한 것이 아니라 시민들이 그곳을 사유지로 쓰지 않고 공동의 목적을 위한 장터와 회합 장소로 이용할 것을 의결함으로써 탄생했다. 기원전 6세기에 우선 배수로Cloaca maxima를 놓아 물을 빼고 이용 가능한 공간으로 만들었다. 이렇게 해서 형성된 포룸 로마눔에 가장 먼저 들어선 것은 물론 신전이었다. 북서쪽에 화산신 불카누스의 신전을 짓고 이를 중심으로 집회장이 들어섰으며 시장이 섰다. 단순한 형태였지만 처음부터 종교적, 정치적, 경제적 복합 공간으로서의 성격이 결정되었다. 얼마 후 귀족들이 왕을 몰아내고 귀족 중심 공화정을 수립했다. 로마의 권력이 몇몇 오래된 가문과 막강한 신흥 세력으로 구성된 파트리키에게 넘어갔다. 그러나 이들 엘리트층의 권력은 평민층 플레브스plebs에게 수시로 도전을 받았다. 일종의 계급 투쟁이 진행되었고 그 결과로 평민층은 민회를 구성하여 도시의 삶을 직접 운영할 수 있는 권리를 얻었다. 도시 국가 로마의 두 계층 제도가 확립된 것이다.[3] 포룸 로마눔의 북서쪽 귀퉁이에서 지금도 그 흔적을 찾을 수 있다. 높고 웅장한 기둥과 개선문 사이의 작은 공간에 원로회와 민회가 나란히 자리 잡고 있다. 원로회는 지금도 남아있지만 민회의 흔적은 찾아볼 수 없고 다만 한때 키케로가 열변을 토했던 연단의 기초와 벽체만 남아 있다.

집회장 반대편에는 본래 왕의 거처인 레기아Regia와 베스타 신전이 있었다. 왕은 쫓아냈어도 왕의 거처였던 레기아는 오랫동안 고이 모셔왔다. 그 옆에 화로와 불의 여신 베스타를 모시는 신전이 있어 오랫동안 종교적 구심점 역할을 했다. 여섯 명의 처녀들이 영원한 불길을 지키며 번을 섰는데 이들은 모두 유서 깊은 가문에서 차출되었으며 여성으로는 최고의 신분을 누렸다. 신전 옆에 이들을 위한 별도의 거처가 있었으며 거처에 속했던 정원의 흔적이 지금 포룸 로마눔에 남아 있는 유일한 정원 유적이다.

그리스 헬레니즘과의 만남은 포룸 로마눔의 건축에도 큰 변화를 가져왔다. 이때 비로소 로마의 군사적, 정치적 힘과 건축물 사이의 균형 관계가 형성될 수 있었다. 에트루리아 전통의 왜소한 건축이 웅장한 헬레니즘 양식으로 대체되었기 때문이다. 지금 우리가 알고 있는 로마의 기념비적인 건축들은 전적으로 헬레니즘의 영향을 받은 것이다. 이때 바실리카Basilika 건축들이 솟아나기 시작했다. 바실리카는 빛이 가득한 대형 홀을 말하며 재판, 집회, 시장 등의 용도로 쓰기 위해 세워졌다. 본래 이집트에서 시작되어 그리스에서 넘겨받은 건축 양식이지만 로마에서 비로소 완성되었다. 후에 그리스도교가 초기 교회당 건축의 기본 양식을 여기서 본떴으므로 바실리카는 우리에게 교회 건축 양식으로 더 잘 알려져 있다. 긴 장방형의 평면을 가졌으며 길이가 폭의 2~3배가 되는 것이 바실리카의 특징이다. 내부에는 열주를 사방으로 둘러 내벽 없이도 지붕의 무게를 받치도록 설계되었다. 이렇게 거대한 홀을 만들었던 이유는 많은 사람을 한꺼번에 수용할 수 있는 공간이 필요했기 때문이다. 말하자면 히포드롬을 실내에 만든 것과 같다. 이런 실내 광장 바실리카의 등장으로 그전에 옥외에서 진행되던 행사들이 이제 홀에서 열리게 되었다. 이런 대형 건축물의 건축비는 전쟁에서 얻은 이득으로 충당하거나 세력가들이 지어서 기증하기도 했다. 그때마다 후원자의 이름을 건물에 붙였다.

공화정 말기와 제정 초기에 건축 붐이 최고조에 이르게 된다. 이때는 술라, 폼페이우스, 카이사르 등 영웅의 시대였으며 아우구스투스 황제의 빛이 천지를 덮던 시기였다. 영웅들 사이에 건축 경쟁이 일어났고 그들의 동상과 신전이 포룸을 채워나갔다. 서기 14년, 아우구스투스의 집권기가 끝났을 무렵, 포룸에 아우구스투스와 관련 없는 건물은 거의 찾아볼 수 없게 되었다. 영웅들의 등장은 공화정의 붕괴를 의미했고 이는 곧 머지않은 로마의 멸망을 예견하게 했다. 서기 324년, 콘스탄티누스 1세가 제국의 수도를 동쪽 콘스탄티노플로 이전하면서 포룸 로마눔에 황혼이 깃들고 광장이 서서히 비워졌다.

1. 고대 로마시의 중앙광장
2. 영국의 작가 로버트 해리스(Robert Harris)가 『임페리움』이라는 소설에서 베레스 건을 상세하게 다루고 있는데 작가의 상상력의 산물이 아니라 당시의 기록에 근거하여 재현한 것이다. 베레스 재판에서 했던 키케로의 연설문은 온라인으로 읽을 수 있다. 모두 다섯 권으로 구성되어 있다. https://en.wikisource.org/wiki/Against_Verres
3. Albig, 2012, pp.20~39.

066 고고학자들에게 갈채를

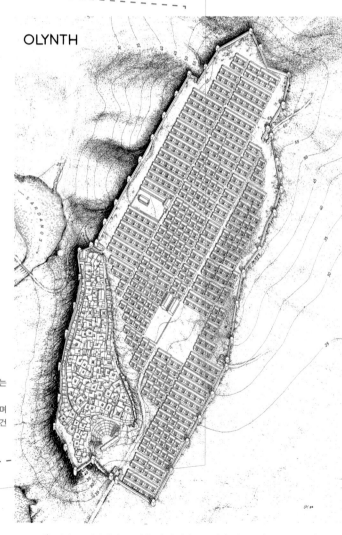

OLYNTH

기원전 432년에 건설된 올린토스라는
도시의 배치도.
서남쪽의 유기적인 구조는 구도심이며
이에 잇대어 격자 구조로 신도시를 건
설했다.

2. Olynth. Isometrische Rekonstruktion des Stadtplanes nach der Neugründung von 432 v. Chr.

신화 속으로

1980년대, 독일고고학연구소에서 '그리스 폴리스의 주거 문화' 라는 주제로 연구 프로젝트를 진행한 적이 있었다. 베를린 자유대학 고고학 과 연구원들이 주동이 되어 진행한 국제 프로젝트였다. 그중 베를린에 살았 던 팀원들은 일주일에 한 번씩 별도로 모여 그리스 고전 읽기 모임을 가졌다. 어느 날 팀을 이끌던 교수가 퓌클러 정원문화재단[1]의 초청을 받아 고대 그리 스의 '정원'에 대해 특강을 한다는 소식이 들려왔다. 강연을 들으러 팀원 모 두 몰려갔는데 거기서 뜻밖에도 '고대 폴리스의 주택에는 꽃밭이 없었다'는 충격적인 이야기를 들었다.

"뭐라고?", "그럴 리가", "그리스에 가보라고. 꽃이 얼마나 아름다운데", "고대 문헌에 정원이 얼마나 많이 언급되는데" 등의 반응을 보이며 흥분한 팀원들은 토론 끝에 진실을 파헤치기로 결심하게 되었다. 화제의 특강 후 지도 교수가 갑자기 세상을 떠났으므로 자초지종을 물어볼 수도 없는 상황 이었다. 문제를 해결하기 위해서는 도움이 필요했다. 수소문해보니 마침 "부 조에 나타난 고대 그리스의 풍경"이라는 논문을 발표한 여류 고고학자가 있 다는 것을 알게 되었다. 독일연구재단의 도움을 받아 연구비를 확보하고 그 여류 고고학자를 프로젝트 팀원으로 초대하는 데 성공했다.[2] 현재 영국 셰 필드 대학에서 고고학을 가르치고 있는 모린 캐롤Maureen Carroll 교수다. 이때 부터 모린 캐롤은 고전 읽기 팀에 합류하여 옛 기록을 분석하는 한편 발굴 현장을 탐색하고 발굴 보고서를 샅샅이 조사하여 정원의 증거들을 수색해 나갔다.

결론부터 말하자면 결국 폴리스 주택에 꽃을 심었다는 증거를 찾지 못했다.[3] 아무리 열심히 찾아도 없는 것이 발견될 리가 없다. 그렇다면 고전에 그렇게 자주 등장하는 '케포스$_{Κηπος}$', 즉 정원이라는 개념은 무엇을 뜻한단 말인가. 고대에 꽃을 가꾼 정원이 정말로 없었단 말인가.[4] 이런 질문이 팀원들을 괴롭혔다.

여기서 우리는 흥미로운 사실을 발견한다. 바로 '정원'에 대한 개념이다. 1980년대 중반, 베를린에서 살았던 고고학자들에게 정원이란 '꽃이 가득 심겨있는 곳'이었다. 우리가 이미 알고 있는 사실, 즉 꽃이 가득한 정원은 '20세기적 현상'이라는 것[5]을 그들은 알지 못했다. 원하던 답은 찾지 못했으나 그 대신 다른 수확은 많았다. 우선 케포스라는 말이 언급된 모든 고대 문서를 샅샅이 찾아내어 목록으로 만들었다는 사실만 해도 엄청난 일이었다. 그리고 케포스를 아무리 털어 봐도 꽃밭 대신 과일과 채소만 나온다는 사실도 알게 되었다. 케포스가 정원이라고 번역되기는 하지만 20세기에 생각하는 정원과는 근본적으로 달랐다는 사실을 마침내 깨닫게 된 것이다. 이는 마치 부엌과 주방의 차이와도 같다. 부엌에는 부뚜막이 있지만, 주방에는 싱크대가 있다. 케포스에서 꽃밭을 찾는 것은 마치 조선 시대 부엌에 가서 싱크대를 찾는 것과 같았다.

그럼에도 왜 폴리스 주택에 꽃이 없었는지에 대한 설명은 되지 않는다. 이에 대한 답을 찾으려면 아마도 두 가지 방향에서 접근해야 할 것이다. 우선 폴리스라는 고대 그리스 특유의 도시 구조를 살펴봐야 한다. 그리고 꽃에 대한 고대인의 관점도 규명해야 한다. 다시 결론부터 말하자면, 폴리스의 주택들은 너무 협소하여 정원을 만들 자리가 없었다. 꽃은 일상에 꼭 필요한 것이 아니며 신성한 것이라 신들에게 바치기 위해서 존재했다. 개인이 보고 즐거워할 대상이 아니었다.

폴리스는 대략 고대 그리스의 도시 국가라고 널리 이해되고 있으나 정확히 말하자면 성채를 두르고 사람들이 모여 살았던 공동 생활 구간을 말했다. 아테네의 민주주의가 확립되기 이전에도 공동으로 의사 결정을 했으므로 성안에서 살아야 참정권 행사가 기술적으로 가능했다. 전쟁이 잦았으므로 안전을 위해서도 성안에 모여 사는 것이 유리했다.[6]

도시라고 해도 가장 큰 도시 중 하나였던 아테네의 인구가 한창 때에 약 4만 정도였으니 이 역시 지금과 달랐다. 특이했던 점은 도시가 팽창하면 도시의 영역을 확장한 것이 아니라 시민들을 '분가'시켜 아주 먼 곳에 가서 신도시를 개척하게 했다는 점이다. 오십 명의 미혼 남성으로 구성된 신도시 개발팀을 내보냈다. 무력으로 정복한 것이 아니라 현지 여인들과 혼인하여 문화적 융합을 꾀했다.[7] 사실 인구가 너무 많으면 공동의 의사결정도 불가능하지만 '어떻게 다 먹여 살릴 것인가'하는 문제가 더욱 시급했다.

기원전 8~6세기에 신도시 건설이 가장 활발했으며 기원전 6세기 말 소위 고전기가 시작될 무렵에는 이미 서쪽으로 스페인 해안, 남으로 북아프리카, 동으로 지금의 터키, 사이프러스는 물론 흑해 연안까지 그리스인들의 폴리스가 분포되어 있었다. 고대 그리스인들은 도시 규모를 일정하게 유지하는 데 거의 집착했던 것 같다. 폴리스에 대한 개념을 정립했던 아리스토텔레스는 이렇게 말했다고 한다. "열 명으로는 도시를 형성할 수 없지만, 인구가 십만 명이 넘으면 이미 도시라 할 수 없다."[8] 플라톤은 5,040명을 적정 인구수로 보았다.[9]

이런 폴리스들은 격자형 계획도시였다. 똑같은 면적의 블록으로 도시를 나누었으며 이를 다시 균일한 크기의 필지로 나누었다. 한 필지의 규모는 도시마다 조금씩 차이가 있었으나 평균적으로 250m²였다.[10] 세대 당 두 개의 필지를 배당받았는데, 공정성을 기하기 위해 신분을 가리지 않고 도심에 주택지 하나, 외곽에 같은 평수의 텃밭을 하나씩 나눠 받았다. 외곽의 텃밭이 바로 케포스, 즉 그들이 정원이라고 일컬었던 것이었다. 도시 내에는 연립주택을 벌집처럼 붙여지었다. 디자인도 두세 개의 모델로 국한했다. 주택 구조를 보면 정원이 비집고 들어갈 틈이 없다는 것을 알 수 있다. 마당이 있었으나 협소했고 이곳에 우물과 제단이 있었으며 바닥은 흙다짐되었거나 돌, 모자이크 등으로 포장되었다.

폴리스의 모습만 보면 고대 그리스인들은 참으로 기계적이고 합리적이었던 것처럼 보인다. 공동체적 삶을 위해 개인의 안락함을 포기하는 것을 당연하게 여겼다. 굳이 주택가에서 꽃을 찾으려는 20세기적 발상 자체가 그들에게는 그릇될 것이다. 그보다는 신화와 문학이 그들의 '꽃'이었을지도 모른다. 타임머신을 타고 고대 그리스로 가서 아무나 붙잡고 이렇게 물어보면 어떨까. "평등도 좋고 민주주의도 좋지만 집 좀 크게 짓고 정원도 좀 꾸미지 그랬소?" 그러면 아마도 이렇게 대답할 것이다. "왜 그래야 하는데?" 그리고 길을 가리킬 것이다. "저리로 한번 가보시게." 그 길은 아마도 신화 속으로 가는 길일 것이다.

1. 독일 풍경화식 정원 삼인방 중 하나인 퓌클러 공의 정원 유산을 보존하기 위해 베를린에 설립된 재단이다. 퓌클러 공에 대해서는 이 책의 "056. 어느 망자의 정원 기행" 참조
2. Carroll-Spillecke, 1989, p.7.
3. 앞의 책, p.9.
4. Schäfer, 1992, p.137.
5. 이 책의 14장부터 16장까지 참조
6. Gothein I, 1926, p.64.
7. Schuller, 2008, p.13.
8. Howard, E.; Posener, 1968, p.7.
9. Carroll-Spillecke, 1989, p.66.
10. 앞의 책, p.19.

067 알키노오스의 정원, 호메로스에게 듣다

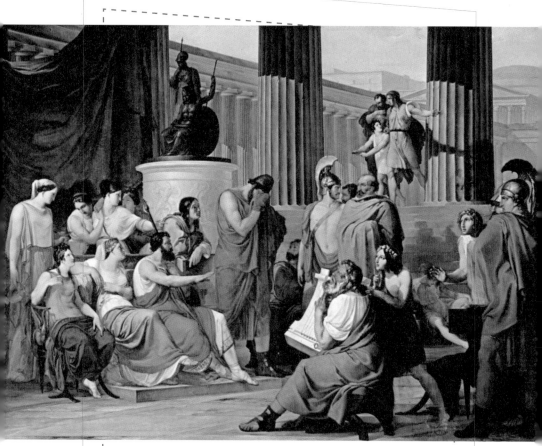

알키노오스의 궁전에서 슬피 울고 있는 영웅 오디세우스.
프란체스코 하에츠가 1813~1815년 사이에 그렸다. 나폴리의 카포디몬테 미술관 소장

신화 속으로

서양 조경사 책 저자들이 고대 그리스 편에 이르면 대개 말이 궁해진다. 별로 전할 이야기가 없기 때문이다. 화산재 속에 묻혀 간직된 유적지도 없고 벽화에 남겨진 정원 그림도 없다. 궁여지책으로 내놓는 것이 '알키노오스의 정원'이다. 알키노오스의 정원은 이야기 속의 정원이다. 호메로스가 오디세이아 6~7권에서 노래한 정원이다. 트로이 전쟁과 오디세우스 귀향의 시대적 배경이 대략 기원전 13~12세기였을 것으로 추정되고 있고[1] 호메로스가 노래한 것이 대략 기원전 8세기경이니 그 역시 수백 년 동안 전해져 내려오는 이야기를 다시금 전했을 것이다. 그렇다고 해도 알키노오스와 그의 정원이 존재하지 않았다고 단정할 수는 없다. 신화와 전설 속 어딘가에는 반드시 한 올의 진실이 숨어있기 마련이다. 알키노오스 정원의 진실은 무엇이었을까.

오디세우스가 십년간 바다를 헤매다 도달한 마지막 모험지, 스케리아라는 섬에 알키노오스의 궁전과 정원이 있었다. 트로이에서 고향 이타카까지는 당시의 항해술로도 2주일이면 충분히 갈 수 있는 거리였다. 길을 몰라서 헤맨 것이 아니다. 트로이 전쟁을 승리로 이끈 오디세우스는 자만심에 가득 찼고, 이것이 포세이돈 신의 노여움을 샀다. 포세이돈은 갖은 방법으로 오디세우스를 괴롭혔다. 그를 총애하는 다른 신들, 특히 아테네 여신과 헤르메스 신의 도움을 받아 그나마 십 년 만에 귀향할 수 있었다. 고향에 도착하기 전 배도 부하도 모두 잃은 채 홀로 난파한 외딴 섬이 스케리아였다. 이 섬에는 파이아케스 족이 살고 있었으며 알키노오스가 바로 그들의 지도자였다. 아이러니하게도 알키노오스는 포세이돈의 후손이었다. 포세이돈도 그만하면 오디세우스가 충분히 고생했다고 여기고 자기 후손들이 사는 섬으로 보냈던 모양이다. 섬의 주민들은 신들을 경외했고 그 대가로 신들의 총애를 받았으며 현명하고 자애로운 알키노오스의 지도로 태평성대를 누리고 살았다. 이런 섬의 해변에 오디세우스가 떠밀려와 정신을 잃고 쓰러져 있는 것을 알키노오스의 딸 나우시카아가 발견하여 아버지의 집으로 데려간다. 나우시카아가 먼저 들어가 부모님께 오디세우스가 왔다는 사실을 알리는 동안 오디세우스는 대문 앞에 서서 알키노오스의 근사한 저택과 정원을 둘러본다. 그다지 스펙터클하지 않기에 영화감독들도 궁전만 보여주고 정원은 그냥 넘어가 버리는 장면이다. 아쉽게도.

호메로스는 오디세우스의 눈을 빌려 정원을 묘사한다. 아마도 대문이 열려있었던 것 같다. 문턱에 서서 저택의 내부를 훤히 들여다볼 수 있었던 것으로 미루어 보아 아마도 중앙의 홀이 앞뒤로 통하는 전형적인 지중해식 구조였던 것 같다. 오디세우스의 시선이 저택의 홀을 지나 그 뒤에 있는 중정─아마도 모자이크로 포장되어 있었을 것이다─을 통과하여 다시 그 뒤로 펼쳐지는 정원으로 향하고 있기 때문이다. 문턱에 서서 정원을 한눈에 바라다볼 수 있었다는 것으로 미루어 보아 테라스식으로 조성되어 층층이 올라가며 전개되었을 수도 있다. 호메로스는 친절하게 정원의 규모까지 얘기해 주었다. 지금 단위로 환산하면 대략 1.5헥타르 정도였을 것으로 추정된다.[2]

정원은 담으로 둘러싸여 있었으며 넷으로 나뉘어 있었다고 전한다. 우선 커다란 과수원이 목격되었다. 과수원은 또다시 생울타리로 둘러쳐져 있었으며 배와 석류, 빛나는 사과, 달콤한 무화과와 풍요로운 올리브 등이 가지가 휘도록 달렸다. 여름이든 겨울이든 일 년 내내 과일이 열렸고 열매는 다디달았다. 한 나무에 꽃이 피는 동안 다른 나무에서는 열매가 무르익는 신기한 곳이었다. 그다음에는 포도밭이 펼쳐졌다. 한쪽 포도나무에 탐스러운 포도송이가 주렁주렁 달려있는가 하면 다른 한쪽에서는 이미 수확한 포도송이를 햇볕에 말리고 있었다. 마지막에는 깔끔하게 정리된 채소원이 열 지어 펼쳐져 있었는데 여기서는 사철 신선한 채소가 자라고 있었다. 샘도 두 개 있었는데, 하나는 수로를 따라 정원 구석구석에 물을 고루 분배했고 다른 하나는 마당에 있는 우물로 흘러들어 갔다. 여기서 마을 사람들이 물을 길어다 먹었고 이 물은 다시 수로를 타고 집 안으로 흘러들어 갔다. 아마도 시민들이 알키노오스의 정원에 자유로이 드나들 수 있었던 모양이다. 오디세우스는 문간에 서서 이 모든 풍경을 바라보고 놀라고 감탄한 후 문지방을 넘어 궁전으로 들어갔다.[3]

홀에서는 알키노오스가 손님들을 모시고 식사 중이었는데 음유 시인이 리라를 켜며 마침 오디세우스의 모험담을 노래하고 있었다. 이 노래를 들은 오디세우스는 자기도 모르게 눈물을 흘렸고, 이에 놀란 알키노오스가 연유를 묻자 "내가 바로 오디세우스"라고 정체를 밝혔다. 그러자 왕이 사연을 좀 듣자고 청했고 오디세우스는 지난 십 년 동안의 고생담을 들려준다. 이야기를 들은 후 왕은 배와 선원을 내어주어 오디세우스가 이타카로 무사히 돌아가게 했다.

'담으로 둘러싸인 사분된 정원', '수로가 사방을 적시고 포장된 중정을 지나 집 안까지 들어가는 정원'이라는 묘사를 들으면 자동으로 떠오르는 정원들이 있다. 오리엔트의 정원들이다. 당시 그리스인들이 오리엔트 깊숙이 폴리스를 짓고 살았다는 것과 특히 트로이는 지금 터키의 서해안에 있다는 사실 등으로 미루어 보아 그리스와 오리엔트의 문화가 서로 영향을 주고받았음은 명백해 보인다. 알키노오스 정원은 과수원, 포도밭, 그리고 채소원으로 이루어져 있는 실용 정원, 즉 '케포스'로 묘사되었지만 한편 사철 완벽한 과일이 열리고 신선한 채소가 나며 맑은 샘물이 흐르는 낙원이기도 했다. 지금 우리는 낙원과 같은 슈퍼마켓에서 사철 먹을 것을 살 수 있지만 그렇지 못했던 고대인들에게 먹을 것을 생산하지 않는 순수한 관상용 낙원을 요구하는 것은 무리일 것이다. 사과 없는 파라다이스에서 어떻게 살 것인가.

후세에 많은 이들이 알키노오스 정원이 있었다던 스케리아 섬이 어디인지 규명하고자 했다. 지금 그리스의 케르키라 섬이라는 설이 가장 유력하지만 그게 아니라 전설의 나라 아틀란티스를 가리키는 것이라는 주장도 있다. 정황으로 보아 호메로스는 오디세우스에게 고생 끝에 낙원을 보여주고 싶었을지도 모른다. 알키노오스의 캐릭터 역시 이상적인 군주 아니었던가. 오디세우스에게 이타카로 돌아가 그처럼 현명하고 관대한 군주가 되어 그런 낙원을 꾸리고 살라고 당부하고 싶었을지도 모르겠다.

이 알키노오스의 정원은 이후 그리스 문학 속에서 일종의 '정원의 정형'으로 취급되어 수없이 반복되어 묘사되었다. 예를 들어 서기 1~3세기 사이에 그리스의 연애 소설이 크게 유행했는데 연인들의 장소로 정원만한 것이 없으므로 정원이 자주 묘사되었다. 이때의 정원들이 알키노오스의 정원과 매우 흡사하게 그려졌을 뿐 아니라 "마치 알키노오스의 정원과 같았다"라는 표현이 도식화되었다.[4] 지금의 우리가 '마치 파라다이스 같네'라고 하는 것과 같은 표현이었다. 알키노오스의 정원은 바로 그리스인들이 상상하는 무릉도원이었다. 그런데….

이 시기는 또한 그리스 철학자들이 기독교를 받아들여 신학의 주춧돌을 놓았던 때와 겹친다. 포세이돈, 아테네, 헤르메스를 버리고 오리엔트에서 온 전지전능한 유일신을 맞이했던 시기다. 비록 올림포스의 신들은 사라졌어도 그들이 오디세우스를 인도했던 알키노오스 정원은 에덴동산으로 변하여 살아남았다.

1. IDAI: 2109806. Magazin VII B Ilion / Troja, Çanakkale (Provinz). Archäologisches Institut der Universität zu Köln. Online: http://arachne.uni-koeln.de/item/bauwerk/2109806
2. Hobhouse, 1992, p.20.
3. Homer, Schadewaldt(trans.), 2008, pp.110~117.
4. Gothein, 1926, pp.80~81.

068 아도니스 정원,
소멸하는 것의 아름다움

깨진 용기에 발아시킨 밀알. 아도니스 정원은 누구나 집에서 간단하게 시도해 볼 수 있다.

실용적인 것과 신화적인 것을 서로 엮는 그리스인의 재주는 '아도니스 정원'에서도 여실히 드러난다. 아도니스 정원이란 "속성으로 발아시켜 빨리 시들게 만든 식물이 담겨있는 그릇"[1]이다. 고대 그리스에서 여인들이 해마다 여름에 행하던 의식이 있었다. 깨진 도자기에 식물을 발아시킨 뒤 뙤약볕에 내놓아 시들게 하는 거였다. 이런 의식을 아도니스제라고 했으며 깨진 도자기와 그 속에 담긴 식물이 바로 아도니스 정원이다. 그리스 신화를 모르는 사람도 아도니스는 안다. 꽃미남의 대명사가 아닌가. 그리스 신화에 수없이 등장하는 미소년 중에서도 가장 아름다웠다고 알려진 아도니스에게 왜 깨진 그릇 속에 시든 식물을 담아 바쳤던 것일까. 이를 이해하기 위해서는 신화 속으로 조금 더 깊이 들어가 봐야 한다.

신화 속 아도니스는 아프로디테, 혹은 비너스와의 관계 속에서만 존재한다.[2] 둘의 관계는 상당히 복잡했다. 세상에서 가장 아름다웠던 이 두 형상이 태고에는 하나의 신이었다. 시간이 흐르며 아프로디테와 아도니스로 분리되었을 것이다. 여성과 남성, 어머니와 아들, 대지와 식물, 이런 관계다. 하나이면서 서로 분리된 관계, 만남과 결별의 관계. 태어남과 죽음과 다시 태어남의 끝없는 순환이 아프로디테와 아도니스라는 두 존재의 관계 속에서 설명되고 있다. 따지고 보면 아프로디테는 올림포스의 열두 신 중에서 최고 연장자였다. 비록 제우스가 대장 노릇을 했지만 계보로 따진다면 아프로디테가 엄연히 아주머니 격이다. 해석하기에 따라서 할머니뻘이라고도 할 수 있다. 부모도 없이 그저 태어난 최초의 신이 바로 아프로디테였다. 태초에 우라노스, 즉 하늘이 있었는데 그의 아들 크로노스가 반기를 들어 아버지의 성기를 잘라 바다에 던졌더니 그것이 아프로디테가 되어 나타났다고 한다. 그런 크로노스의 막내아들이 제우스였다. 우라노스가 직접 변신하여 아프로디테가 되었다고 본다면 아프로디테는 제우스의 할머니뻘이고 우라노스의 딸로 본다면 아주머니가 될 것이다. 물론 아프로디테가 제우스의 딸이었다고 주장하는 작가들도 있으나 우라노스 설이 현저히 유력하다.[3] 어쨌거나 이렇게 탄생한 아프로디테에 내재했던 남성이 아도니스로 분리되어 나온 것이므로 둘의 사이가 각별하지 않을 수 없었다.

　고대 그리스인들의 상상력은 아프로디테와 아도니스에 대해 이런 이야기를 만들어냈다. 아프로디테가 바다에서 솟아나와 첫발을 디딘 곳이 지금의 사이프러스 남동쪽 해안이었다. 그녀가 발을 디딜 때마다 땅에서 신선한 푸른 싹이 돋아났다고 한다.[4] 그 후 아주 오랜 세월이 지난 뒤, 사이프러스에 뮈라라는 이름의 아름다운 공주가 살게 되었다. 그 미모가 빼어나서 아프로디테보다 아름답다고 소문이 났고 본인 역시 자만심에 빠져 미의 여신에게 충분한 경의를 표하지 않았다. 오디세우스와 포세이돈의 사례에서 이미 보았던 것처럼 신들이 못 참는 것이 있다면 잘난척하는 인간들이었다. 아프로디테 역시 분노하면 무서운 저주를 내렸는데 도저히 해서는 안 될 사랑을 하게 만드는 게 특기였다. 뮈라에게는 아버지를 사랑하도록 주문을 걸었다. 뮈라는 정체를 숨기고 아버지와 동침하여 아이를 가진다. 나중에 사실을 알게 된 아버지가 격노하여 딸을 죽이겠다고 달려들었고 딸이 신들에게 도움을 청하자신들은 그녀를 머틀나무*Myrtus communis*로 변신시켰다.[5] 열 달이 지나 나무가 갈라지면서 그 속에서 아기 아도니스가 태어났다. 여기에서 좀 혼선이 온다. 머틀나무는 본래 아프로디테의 나무였기 때문이다. 뭐라 건을 잠시 잊는다면 머틀나무에서 아도니스가 태어났다는 말은 곧 아도니스가 아프로디테의 분신임을 말하는 것이기도 했다. 아프로디테가 자진해서 아도니스의 양육을 맡은 진정한 이유가 거기 있었을 것이다. 그런데 이 사실을 모르는 지하의 여신 페르세포네가 아기에게 반해 아들로 삼고자 했으므로 두 여신 사이에서 다툼이 일어났다. 결국 제우스가 판결을 내려 석 달은 지하에서 페르세포네와 보내고 여섯 달은 지상에서 아프로디테와 보내며 나머지 석 달은 마음대로 하라고 지시했다.[6] 아도니스는 이 석 달도 아프로디테 곁에서 보내다가 장성하여서는 아프로디테의 구애를 받았다. 그런데 아프로디테는 헤파이스토스와 결혼한 유부녀인 데다가 난폭한 전쟁의 신 아레스에게 이끌려 오랫동안 밀회하는 사이였다. 아도니스가 장성한 뒤부터는 일종의 삼각 내지는 사각 관계가 형성된 것인데, 질투에 불탄 아레스 신이 어느 날 멧돼지로 변신하여 아도니스의 아름다운 옆구리를 냅다 들이받았다. 아도니스는 붉은 피를 흘리며 죽어갔고 아프로디테의 비통함은 끝이 없었다고 한다. 아도니스의 이력에 주목해보자면 지하에서 석 달을 보내고 다시 지상으로 와서 여섯 달 동안 여신으로부터 듬뿍 사랑을 받고 비명에 죽어간다는 이야기는 바로 식물의 일대기다.[7]

그런데 이야기의 무대가 사이프러스라는 점이 의미심장하다. 혹은 터키의 이즈미르라고 하는 설도 있는데, 사이프러스도 이즈미르도 지중해 동쪽 끝에 위치하며 그리스보다 오래된 메소포타미아의 문명권에 인접해 있다. 아프로디테와 아도니스가 모두 동쪽에서 태어났다는 사실은 신화 자체가 메소포타미아에 뿌리를 두고 있음을 말한다. 아닌 게 아니라 그리스에서 미와 사랑의 여신으로 커리어를 시작하기 전, 아프로디테는 이미 메소포타미아와 페니키아에서 이슈타르, 혹은 아스타르테 등의 이름으로 불렸던 아주 오래된 신이었던 전적이 있으며 고대에서 가장 중요했던 전쟁과 생산을 주관했었다. 아도니스 역시 청동기 시대부터 시리아와 페니키아를 중심으로 널리 숭배되던 작물 신이었다. 둘 다 본질은 자연신이었으니 이들이 뿌린 눈물과 피가 꽃이 되어 환생할 수 있었을 것이다. 아도니스의 피가 흙에 스며든 자리에서 붉은 복수초Adonis aestivalis가 피어났으며, 아프로디테가 뿌렸던 비통한 눈물은 양귀비가 되었다.

그리스의 여인들 역시 아프로디테의 후예로서 아도니스를 두고두고 애도했다. 그런데 위에서 요약했듯이 그들이 애도하는 방법이 독특했다. "우선 축제일 여드레 전, 납작한 접시 모양의 토기에, 될수록 깨진 접시나 깨지기 쉬운 접시에 밀, 보리, 순무, 회향 등의 씨앗을 뿌려 어두운 지하실에서 발아시킨다. 막상 축제일은 시리우스 별, 즉 천랑성天狼星이 높이 뜨는 날로 연중 가장 덥다는 날이다. 우리의 복날인 것이다. 이날 여인들은 갓 발아한 어린 싹들을 뜨거운 옥상에 올려다 놓는다. 그리고 머리를 풀어헤친 채 종일 그리고 밤새 춤을 춘다. 날이 밝으면 어린 싹들이 더위를 이기지 못하고 다 죽어있게 마련이다. 이들을 접시 채 물가로 가지고 가서 물속에 던져 넣는 것으로 끝났다."[8] 이날엔 아프로디테가 현신하여 친히 제사를 지냈던 것 같다. 기원

392

전 390년경 아테네에서 만든 도자기에 그 장면이 포착되어 있다. 아프로디테가 사다리에 서서 아들 에로스가 건네주는 동강 난 도자기를 받아드는 장면이다. 곧 옥상으로 올라갈 참인듯하다. 좌우로 아테네의 여인들이 서서 놀란 얼굴로 현신한 아프로디테를 바라보고 있다.

이 독특한 의식은 당시의 소크라테스와 플라톤 등 철학자들의 대화 소재였을 뿐 아니라 지금도 많은 예술가를 자극하고 있다. 해석의 가능성 역시 무궁무진하다. 그중에는 이 의식이 풍요와 수확을 비는 제사였다는 해석 외에 실용적인 목적이 따로 있었다는 설이 있다. 갓 거두어들인 씨앗의 발아력을 테스트하는 것이 주 목적이었다는 것이다. 실용과 창의, 진중함과 놀이로 대표되는 그리스적 이중 구조의 발상이다.[9]

1. Academic dictionaries and encyclopedias
2. 아프로디테와 아도니스의 이야기를 가장 유명하게 만든 것은 로마의 시인 오비디우스였다. 그러므로 아프로디테의 로마식 이름을 따서 비너스와 아도니스라고 부르는 경우가 많다. 그러나 신화의 기원은 물론 그리스에 있다.
3. Mavromataki, 1997, p.82.
4. Hesiod, Theogonie, 188~210행
5. Ovid, Metamorphosen 10권, 298~502행
6. 앞의 책, 503~739행
7. 고정희, 2013, p.115.
8. 앞의 책, p.115.
9. Aichele, 2000, p.45.

069 헤라클레스, 올림피아에 가다

그리스 자체에는 팔라이스트라가 제대로 남아 있는 것이 없다.
올림피아에도 기둥만 남아 있다. 다만 로마인들의 폼페이에 건설한 팔라이스트라가
여러 개소에 보존되어 본래의 구조를 알아 볼 수 있다.

　　헤라클레스는 고대 그리스가 낳은 영웅 중에서 가장 복잡하고 긴 신화를 가졌다. 알고 보면 인류 문화 최초의 연작물 주인공이기도 하다. 구조적으로 볼 때 그의 신화는 현대의 제임스 본드 시리즈, 혹은 본 시리즈 (본 아이덴티티 등) 등과 많이 닮았다. 하나의 영웅을 두고 이야기를 자꾸 만들어 낸 것이다. 기원전 800년경 처음 언급되기 시작해 이후 수백 년 동안 수없이 작가가 교체되었고 주인공 헤라클레스의 캐릭터 역시 많은 변화를 겪었다. 그는 '살아있는 병기, 문제 해결사'라는 특수 임무를 띠고 세상에 나타난 모든 영웅의 선조이기도 하다. 타이탄들과의 전쟁을 준비하기 위해 제우스가 특별히 계획하여 낳은 아들이었는데, '인간의 아들'만이 타이탄을 죽일 수 있다는 예언이 있었기에 정실 부인을 놔두고 어느 인간 여성의 몸을 빌려 탄생시켰다. 그 때문에 제우스의 아내 헤라 여신이 헤라클레스를 몹시 미워하여 평생 괴롭혔다. 툭하면 정신착란증을 내려 보내 발작하게 만든 것이다. 이렇게 그는 초인간적인 힘과 능력을 가지고 있으면서도 고통과 고뇌에 시달리던 불완전한 영웅이었다. 그것이 오히려 사람들을 매료시켰던 것 같다. 그런 점에서는 오히려 제이슨 본과 유사하다. 슈퍼맨, 배트맨뿐만 아니라 이제는 제임스 본드까지 만화적 완벽성을 버리고 점차 개인사를 지닌 인간적 캐릭터로 변하고 있는 추세다. 말하자면 헤라클레스의 모습과 점점 닮아가고 있는 것이다.

　　생각할수록 그리스 신화는 21세기에도 따라잡기 어려운 모던함과 심오함을 지니고 있다. 타이탄과의 전쟁을 위해 특별 제조된 비밀 병기였음에도 불구하고 막상 타이탄 전쟁에 대해서는 신화 속에서 잠깐만 언급된다. 임무를 마친 뒤 신화 속을 걸어 나와 유유히 사라져버려야 마땅했겠으나 사람들이 그를 보내주지 않았다. 그의 진짜 커리어는 그 다음부터 본격적으로 시작된 것이다. 현대의 연작물은 우선 상업적 이익 때문에 만들어질 것이다. 고대에 헤라클레스 시리즈가 계속 만들어졌던 이유는 일차적으로 건국 신화를 만들기 위해서였다. 수많은 도시 국가들 사이에서 헤라클레스를 건국 시조로 삼는 것이 유행했던 것 같다. 그래서 그는 모험을 겪고 문제를 해결하는 사이사이 아들도 무수히 낳아야 했다. 흑해 연안에서 아프리카 북부 해안에 이르기까지 헤라클레스의 아들 누구누구가 세웠다고 주장하는 나라들이 속속 나타났으며 그 덕에 헤라클레스의 신화는 눈덩이처럼 부풀어갔다. 그의 신화는 공간뿐만 아니라 시간도 초월하여 르네상스와 바로크를 거쳐 프랑스 혁명까지 이어졌다. 그러다가 컴퓨터의 시대가 오면서 게임의 주인공으로 등장했다. 이렇듯 세상에서 가장 긴 시리즈의 주인공으로서 헤라클레스는 수없는 일화를 만들기 위해 지구를 몇 바퀴 돌고 지하 세계는 물론 파라다이스까지 다녀왔다. 그러니 정원에 연루된 것도 하등 이상할 것 없다.

별로 잘 알려지지 않은 사실인데, 헤라클레스는 어린 시절, 신분과 임무에 걸맞은 특수 교육을 받았다. 당시의 교육이라면 우선 신체 훈련을 뜻한다. 레슬링, 복싱, 수영, 활쏘기를 배웠고 나중에는 마차 경주도 배웠다는데[1] 이쯤에서 이야기에 혼선이 온다. 그가 마차 경주를 고안해냈다는 주장도 있기 때문이다. 그가 받은 교육 과목은 최초의 올림픽 경기 종목과도 일치한다. 아닌 게 아니라 헤라클레스는 올림픽 경기의 수호신이기도 했다. 언제 틈이 났는지 모르겠지만 매일 새벽 경기장에 나가 연습을 했다고도 전해진다. 연습하기 전에 우선 바닥을 뒤덮은 아칸투스를 벌초했다는 이야기도 있다.[2] 헤라클레스가 운동 연습을 하던 장소를 당시에는 '김나지온[3]'이라고 불렀다. 김나지온은 "고대 그리스 건축 문화사 중에서 가장 포착이 어려운"[4] 곳이다. 일종의 종합 시설로서 종교·스포츠·교육·문화 시설이 융합된 장소였다. 말하자면 정치를 제외한 모든 사회 생활이 이루어지던 장소였다.

그 시작은 '성림sacred groves'이었다. 그리스인들은 대개 도시 바로 외곽에 있는 숲 속, 샘물이 흘러나오는 장소에 성소를 마련했다.[5] 지역에 따라 커다랗고 신비스러운 플라타너스나 올리브나무 군락을 성림으로 삼기도 했다. 숲속이나 큰 나무에 신들이 내려온다고 여겼으므로 그 곳에 제단을 쌓고 정기적으로 제를 올렸는데 이런 점은 어느 문명권에서나 마찬가지였다. 다만 그리스인의 경우 신에 대한 정기적인 기도와 제사 외에도 영웅 숭배가 커다란 비중을 차지했다. 대개는 각 도시 국가를 최초에 세운 전설적인 영웅들을 위해 성림을 따로 마련하고 제사를 지냈다. 이 때 제물을 바치고 조용히 기도만 한 것이 아니라 제사와 함께 운동 경기를 개최하기 시작했다. 신체적·정신적 훈련, 의식과 제례, 영웅 숭배가 하나의 맥락으로 이해되었다. 언제부터 시작되었는지는 정확히 알려지지 않았으나 이것이 나중에 올림픽 경기로 발전하게 된다. 처음에는 제단 옆에 자리를 마련하고 씨름이나 복싱 경기를 했겠지만 차츰 제대로 된 경기장이 들어섰다. 가장 먼저 들어선 것이 레슬링장이었다. 정방형의 모래밭을 가운데 두고 사방을 주랑으로 둘렀으며 주랑 바

끝에 탈의실, 욕실, 휴게실, 대기실 등의 방을 배치했다. 이런 시설을 '팔라이스트라palaestra'라고 불렀다. 그 다음에 세워진 것이 기다란 달리기 코스였다. 우천 시 혹은 겨울에도 연습을 할 수 있게 여기에 지붕을 덮어 실내 체육관을 만들고 이를 '키스토스xystos'라고 했다. 지붕을 덮지 않은 경기장은 '스타디온'이라고 했으며 이것이 모든 운동 경기장의 기원이 된다. 팔라이스트라와 키스토스 혹은 스타디온 사이의 공간에 산책과 휴식을 할 수 있는 정원이 조성되었고 이들 시설을 보호하기 위해 전체를 담으로 둘렀는데 이 복합시설이 바로 김나지온이었다. 김나지온은 또한 선수들을 전문적으로 훈련시키고 청소년을 교육하는 학교의 기능도 겸했다.[6] 올림픽 경기가 활성화되면서 시설이 점점 확대되어 관람석, 야영장, 숙박 시설은 물론 야외극장도 들어서는 등 거대한 콤플렉스로 성장했는데, 특이한 것은 본래 있던 성림 주변을 결코 떠나지 않았다는 사실이다. 올림피아 유적지의 배치도를 보면 알 수 있듯 신전과 김나지온이 한 장소에 조성되는 것이 원칙이었으며 이런 구조는 어느 도시나 마찬가지였다.

이런 김나지온에서 교육을 받았던 헤라클레스가 나중에 영웅이 되어 모험을 다니다가 우연히 올림피아에 들르게 된다. 마침 경기를 하고 있었는데 뙤약볕에서 전차 경주하는 모습을 보고 북쪽에 있다는 파라다이스에 후딱 가서 올리브 나뭇가지들을 가져와 경기장 주변에 심었다는 것이다. 영웅이 심은 것이니 아마도 바로 숲이 되었나 보다. 그 잎을 따서 화관을 만들어 승자에게 씌워주었다.[7] 이것이 김나지온 주변에 나무를 열 지어 심어 그늘을 만들고 산책로를 조성한 유래가 되었다고 한다. 많은 사람들이 찾는 곳이므로 그에 잇대어 수림을 조성하거나 아니면 주변에 남아있던 숲을 공원처럼 개조하여 산책과 휴식의 장소로도 제공했다. 이렇게 김나지온은 운동과 교육의 장소였을 뿐 아니라 성림, 가로수 산책길, 공원 등으로 이루어진 복합 조경 시설로도 성장해 갔다. 대개 정원의 역사는 지배자들의 거대한 궁전이나 영지에서 시작되지만, 왕의 궁전이라는 것이 있을 수 없었던 고대 그리스는 시민들의 복합 문화 공간 김나지온이라는 독특한 장소를 탄생시켰다.

1. Mavromataki, 1997, p.151.
2. Gothein, 1926, p.70.
3. 라틴어식 표기 '김나지움'으로 더 널리 알려져 있지만 그리스어식으로는 '김나지온'이라고 한다. 독일 중·고등학교를 김나지움이라고 하여 그 흔적이 남아 있다.
4. Peterson, 1858, p.3.
5. Krenn, 1996, pp.1~10.
6. 앞의 책, p.4.
7. Pindarus, Bothe, 1808, pp.44~50.

070 소크라테스는 어디로 출근했나

아테네 플라톤 아카데미 입구

믿기 어려운 사실이지만 헤라클레스는 5종 경기 과목 외에도 문학, 과학, 성악, 기악 수업까지 받았다.[1] 제우스가 암피트리온이라는 현명한 왕을 양부로 정하여 교육을 일임했으므로 과목별로 당시 최고의 스승에게 개인 교습을 받았다. 그러나 음악에는 별 소질이 없었던 모양이었다. 리라 레슨 시간에 좀 잘해보라고 선생님이 지적을 하자 화가 나서 리라로 스승의 머리를 때린 것이다. 어린 나이에도 힘이 장사여서 그만 선생님이 즉사했다. 이 때문에 교육을 중단하고 시골에 가서 목동이 되어 인내하는 법을 배워야 했다.[2] 헤라클레스의 리라 레슨에 얽힌 일화 외에도 아킬레스를 트로이 전쟁에 보내지 않기 위해 그의 부모가 아들을 여장시켜(!) 여학교 기숙사에 숨겼다는 이야기,[3] 또는 아르고 원정대의 영웅들이 동문수학한 동창생들로 이루어진 그룹이었다는 이야기[4] 등을 읽다보면 고대 그리스의 교육 제도가 얼마나 일상화되었으면 신화의 세계까지 파고들었을까 싶어진다.

아테네의 경우 다른 도시 국가와는 달리 김나지온을 중심으로 철학 학교가 설립되는 독특한 길을 걸었다. 아마도 아테네 시민이었던 소크라테스 덕이었던 것 같다. 소크라테스의 제자 크세노폰의 증언에 의하면 "소크라테스는 늘 사람이 붐비는 곳을 찾았다. 매일 아침 일찍 김나지온에 갔다가 장에 사람들이 몰려들 시간이 되면 아고라로 갔다. 그는 사람들이 모이는 곳에서 하루를 보내면서 강연을 했고 듣고자 하는 이들은 그의 말을 경청했다."[5]

소크라테스가 새벽에 김나지온에 간 까닭은 그곳이 본래 시민들의 만남의 장소였기 때문이다. '제2의 아고라'라고도 하는 중요한 커뮤니케이션의 장소였던 것이다. 그럴 수밖에 없는 것이 그곳에 신전이나 영웅들의 성소가 있고 정기적으로 각종 의전, 제전, 축제, 향연이 개최되었으므로 모든 시민들이 함께 의식을 치르고 제물을 바치고 음식을 나눠먹었다. 고대 그리스에서는 신탁 도시 델피를 제외하고는 사제 제도가 따로 없었으며 모든 시민들이 돌아가면서 사제 역할을 맡았으므로 종교 행사 역시 시민들이 직접 준비하고 개최했다. 아테네에는 기원전 6세기 무렵부터 3개의 대표적 김나지온이 존재했는데 각 김나지온 출신들끼리 그룹을 이루어 성인이 되어서도 집단으로 몰려다녔다고 한다.[6] 아테네 시민들은 본업이 정치였고 전쟁이 터지면 군인이 되었으며 때로는 사제의 신분이기도 했으므로[7] 김나지온이야말로 이들이 매일 '출근'했던 장소였다. 아마도 소크라테스뿐 아니라 많은 시민들이 아침 일찍 김나지온으로 가서 운동도 하고 정치적 대화도 나누고 소문도 교환했을 것이다. 영국의 젠틀맨 클럽이나 지금의 피트니스 센터와 유사한 기능도 있었던 것이다. 동시에 어린이와 청소년의 교육장이기도 했으니 세대 간 소통의 장소이기도 했다. 이런 김나지온의 다원적 역할과 의미는 헬레니즘 시대, 즉 기원전 4세기 중반에 들어 절정에 이르게 되며 늦어도 2세기까지 사회가 형성되는 산실 역할을 했다.[8]

소크라테스를 위시한 철학자들 역시 김나지온에서 만나 함께 산책하며 토론했고 강연하는 사람과 경청하는 사람들로 자연스럽게 그룹이 나뉘었을 것이다. 그러던 것이 소크라테스의 제자 플라톤 시대에 들어서면서 좀 더 발전하여 '아카데미'가 설립되었다. 플라톤의 학교를 처음부터 '아카데미'라고 부르지는 않았다. 지금이야 아카데미가 '상아탑', '학문의 전당' 등의 뜻으로 쓰이지만 본래 아카데미는 지명이었다. 아테네 북서쪽에 올리브 숲이 있었는데 그 이름이 '아카데미아'였다. 이곳은 아테네의 수호자며 전설 속의 영웅 아카데모스에게 바쳐진 성림으로서 샘물이 있었고 샘물 옆에 님프의 상이 서 있었는데 그 님프의 이름도 아카데마이아였다.

물론 김나지온도 있었다. 이 땅의 일부를 기원전 387년에 플라톤이 구입하여 —혹은 기증받았다고도 한다— 자기 집을 짓고 뮤즈들에게 바치는 성소를 만들었으며 그에 잇대어 건물 몇 채를 짓고 학교를 열었다.[9] 처음에는 김나지온에서 교육하다가 독립한 것이다. 시간이 흐르면서 지명이 학교의 이름으로 굳어져서 아카데미가 되었다. 지금 플라톤의 아카데미는 별 매력 없는 일반 주택가에 둘러싸여 있다. 1930년대부터 발굴을 시작하여 그 윤곽이 거의 드러났으나 아직 발굴 작업이 완전히 끝나지 않았다. 현재 관람이 가능한데 건물의 기초만 남아있기 때문에 마치 공원과 다름이 없다.

플라톤의 아카데미 부지에서 가장 흥미로운 것이 아마도 도서관 건물터일 것이다. 뮤즈에게 바쳤던 건물을 도서관으로 쓴 것으로 추정된다. 평면도를 보면 북쪽에 방이 여러 개 있었고 중앙에 큰 홀이 있는데 바로 이것이 도서관이었다. 도서관 한 쪽 끝에 뮤즈의 상이 서 있었고 열람석이 길게 배치되어 있었으며 동쪽 벽에는 서고가 있었다. 열람석 혹은 독서대는 돌로 쌓았으며 높이 약 1.35m로서 아마도 서서 책을 읽었던 듯하다. 도서관과 강의실이 연결되어 있었으며 정원에서 강의실로 직접 출입할 수 있었다.[10] 날이 좋으면 강의실보다는 정원에서 수업했을 것이다. 뮤즈가 내려다보는 가운데 책을 읽고 정원에서 토론했으니 공부가 지절로 되었을 것이다. 그래서 아카데미가 아리스토텔레스를 위시하여 수많은 석학을 배출했을지도 모르는 일이다.

플라톤의 아카데미는 이후에도 300년 정도 지속되다가 기원전 88년경 아테네에 민주주의가 무너지고 참주가 다시 등장하면서 고난을 당한다. 곧이어 로마 장군 술라가 이끄는 군대가 아테네를 정복하면서 아카데미도 파괴된다. 당시 아카데미를 이끌던 필론Philon은 로마로 피신하여 거기서 제자들을 기르게 되는데, 그 중에 키케로, 바로, 브루투스 등이 있었다. 바로와 키케로가 동문수학했다는 이야기는 이미 전한 바 있다.[11] 농사와 원예에 전념했던 바로와는 달리 키케로는 온전한 도시형 인간으로서 '실용적인 것은 아름다울 수 없다'는 견해를 고수했다.[12] 원예나 농사에는 취미가 없었고 그보다는 자신의 무수한 빌라를 그리스 김나지온과 유사한 시설로 만들고자 했다. 팔라이스트라를 본 따 주랑으로 정원 사방을 두르고 플라타너스와 올리브나무를 열 맞춰 심었으며 기둥마다 조각상을 배치했다. 그리고 자신의 빌라를 아카데미라고 불렀다. 키케로가 그리스 조각상 원본을 얻기 위해 동분서주했다는 기록이 많이 남아 있다. 조각상은 그리스 정원에서 도저히 빼놓을 수 없는 정도가 아니라 핵심적인 요소라고 해도 좋을 것이다. 그리스인들은 성소에 '공양'하기 위해 조각상을 만들어 바치는 멋쟁이들이었다. 큰 제례나 제전이 열릴 때마다 시민들이 합심하여 혹은 형편이 되면 개인적으로 조각상을 만들어 기증했다. 그러므로 모든 김나지온이 조각상으로 미어터질 지경이 되었던 것이며 타지에서 온 방문객들의 눈에 이런 김나지온은 신기한 장소가 아닐 수 없었다. 이것을 로마인들이 부지런히 모방했고 중세에 주춤했다가 르네상스에서 다시 맥이 이어져 바로크까지 전해지게 된다. 그때 가장 앞장서서 행진했던 조각상 중 하나가 바로 헤라클레스의 상이었다.

1. 헤라클레스의 수업 과목뿐 아니라 각 과목을 맡은 교사들의 신분까지 전해져 내려온다.
2. 마이어스 백과사전(1905)의 온라인 용어 사전, '헤라클레스(Herakles)' 부분 참조
3. Köhlmeier, 2015, p.153.
4. 앞의 책, p.343.
5. Xenophon, 2014.
6. Scholz, 2007, p.14.
7. 농사는 노예가 짓고 살림살이는 여인들이 했으므로 자유 시민, 성인 남자들은 모두 정치가였다.
8. Gehrke, 2007, p.416.
9. Flashar, 2013, p.18.
10. Achenbach, 2005, p.7.
11. 이 책의 "065. 포룸 로마눔의 베레스 스캔들" 참조
12. Cicero Fam, XVI 18. 2~3, in: Purcell, 2007, p.295.

071 헤라클레스가 등 뒤에 감추고 있는 것

파르네세 헤라클레스의 복제품. 프랑스의 보 르 비콩트 정원에 뒷짐을 지고 서 있다.

이렇게 가장 앞서서 행진한 헤라클레스의 전신상을 '파르네세의 헤라클레스'라고 칭한다. 이탈리아 파르네세 가문의 수집품 중에 포함되어 있기 때문이다. 현재 나폴리 국립박물관이 소장하고 있다. 그러므로 앞장서서 바로크 정원으로 행진한 건 사실 오리지널이 아니라 그의 복사본이었다. 복사본이 상당히 많아서 무려 200점 정도가 전 세계에 흩어져 있다. 오리지널은 기원전 320년경 리시포스Lysippos라는 조각가의 작품인 것으로 추정되고 있다. 그것이 오랫동안 분실되었다가 1546년 로마의 카라칼라 욕장 유적지에서 발견된 것이다. 당시의 교황이 파울 3세였는데 그가 바로 파르네세 가문 출신이었다. 그는 발견 당시 많이 훼손되어 있던 상을 복원하여 자기 팔라초에 세웠다. 이 파르네세 헤라클레스는 고대 그리스가 낳은 걸작 중의 걸작으로 꼽힌다. 후에 로마를 방문한 많은 귀족들이 감탄하고 부러워하였으며 너도 나도 복사본을 만들어 자기들 정원에 세웠다. 이것이 바로크 정원에서 파르네세의 헤라클레스를 자주 만나게 되는 이유다. 그러나 파르네세의 헤라클레스가 인기를 끌게 된 데에는 높은 예술성 외에도 이유가 하나 더 있다. 그 이유는 헤라클레스의 뒷짐 진 손 안에 감춰져 있다.

헤라클레스의 이야기 중 가장 널리 알려진 것이 그의 열두 과업 이야기다. 어느 날 헤라 여신이 또 다시 광기를 내려 발작을 일으킨 헤라클레스는 자신의 세 아들과 아내를 괴물로 착각하여 모두 죽이고 만다. 정신을 차리고 나서 자신이 한 일을 알고 너무나 망연하여 델피에 신탁을 받으러 간다. 에우리스테우스라는 악랄하고 비열한 왕의 밑에 가서 노역을 하며 10개의 과제를 풀면 죗값이 씻어 진다는 답을 들었다. 10개의 과제가 나중에 12과제로 늘었는데 그 중 11번째가 우리의 관심을 끈다. 서쪽 하늘 끝에 있는 '헤스페리데스 정원'이라는 곳에 가서 금단의 황금 사과 세 개를 가져오는 과제였다. 황금 사과는 신들이 불멸과 영원한 젊음을 간직하기 위해 먹는 보통 귀한 열매가 아니었다. 이 사과나무가 서있는 헤스페리데스 정원은 다른 누구도 아닌 헤라 여신의 정원이었으니 난이도가 대단히 높은 과제였다. 그뿐 아니라 인간의 피를 받은 존재는 들어가지도 못하는 곳이었다. 그곳에서 일찍이 제우스와 헤라가 결혼식을 올렸는데 "결혼식 날 대지의 여신이며 모든 신의 어머니인 가이아가 불멸의 황금 사과나무 한 그루를 선물했다. 또한 그날 정원의 풀밭이 일제히 꽃밭으로 변했다고 한다. 신들은 이 보석 같은 꽃들을 꺾어 화관을 만들어 쓰고 결혼식에 참석했다. 세 명의 님프가 정원을 돌보고 머리 100개 달린 용이 황금 사과나무를 지키고 있다."[1]

헤라클레스는 이 정원이 어디에 있는지도 몰랐다. 서쪽 끝에 있다는 말만 듣고 무작정 서쪽으로 가다보니 지브롤터 해협에 도착했다. 이곳이 그리스인에게는 세상의 끝이었던 것이다. 거기에서 하늘을 지고 있는 아틀라스를 만나게 된다. 물어보니 아틀라스는 헤스페리데스 정원이 어디에 있는지 안다고 했다. 그는 타이탄족이어서 정원 출입도 가능했다. 헤라클레스는 그럼 자신이 하늘을 대신 받치고 있을 테니 그동안 사과를 좀 가져다 달라고 부탁했고 아틀라스는 흔쾌히 응했다. 얼마 후 아틀라스가 황금 사과 세 개를 들고 나타났다. 아틀라스의 입장에서는 잠깐 짐을 벗어보니 너무 가뿐하고 좋아

다시는 지고 싶지 않았다. 그래서 헤라클레스에게 이렇게 말한다. "자네가 그 냥 계속 지고 있게. 이 사과는 내가 대신 전해 줄 테니까." 그랬더니 헤라클레스의 말이 "그럽시다. 다만 내가 아직 초보라 그런지 어깨가 좀 쓸리는데 외투를 걸쳐 쿠션으로 삼았으면 좋겠으니 그동안만 잠시 들고 있어주시오" 라는 것이었다. 아틀라스는 멍청하게도 그 말에 속아 다시 하늘을 떠맡았고 헤라클레스는 황금 사과를 들고 유유히 사라졌다. 기원전 650년경에 전해진 이야기다.[2]

그 헤라클레스가 그로부터 약 2,200년 후, 1546년에 황금 사과를 들고 로마에 다시 나타난 것이다. 그가 뒷짐 진 손에 들고 있는 것이 바로 헤스페리데스 정원에서 가져온 황금 사과였다. 이 사실이 밝혀지자 르네상스의 주인공들은 몹시 흥분했다. 만약에 지금 한반도 어디선가 전설 속 마고선녀가 복숭아를 들고 있는 고대의 석상이 발견되었다고 가정한다면, 야단법석이 일어나지 않을까? 그걸 계기로 하여 도화원을 만들고 그 안에 마고선녀의 석상을 세우는 것이 유행하지 말라는 법도 없다. 파르네세의 헤라클레스가 발견된 후 바로 그런 현상이 일어났던 것이다. 오랫동안 기독교에 밀려 잊고 있었던 신화를 다시 떠올렸고 황금 사과 정원에 대한 재해석이 시작되었다.

본래 신화 속에서는 황금 사과를 헤스페리데스 정원에 되돌려주는 것으로 나온다. 그런데 헤라클레스가 황금 사과를 여전히 손에 들고 있다는 것은 지금까지 신의 정원에 속했던 금단의 열매를 이제는 사람들이 취해도 된다는 계시로 보였을 것이다. 16~17세기 왕, 귀족, 추기경 사이에서 헤라클레스의 상을 복사하여 정원에 세우는 것은 물론이고 황금 사과를 수집하여 황금 사과 정원을 만드는 것이 붐처럼 번졌다. 특히 루이 14세처럼 신이 되고자 했던 왕에게 황금 사과 정원은 그의 신성을 증명하는 족보와도 같았을 것이다. 문제는 황금 사과의 정체다. 고대 그리스에 황금 사과는 커녕 그냥 사과도 자라지 않았고, 오렌지도 아직 없던 시절이었으므로 본래는 레몬을 말했을 것이다. 레몬은 너무나 시어서 인간은 도저히 그냥 먹을 수 없으나 신들은 가능했던 모양이다. 그러던 것이 16세기에 영국, 프랑스, 독일 등지에서 온실을 만들어 레몬과 오렌지를 재배하기 시작하면서 오렌지가 레몬을 밀어내고 황금 사과의 자리를 차지했다. 온실은 점차 발전하여 '오렌지 궁전'이 되었다. 레몬과 달리 오렌지는 인간도 먹을 수 있다는 절대적인 장점이 있었다. 먹을 수 있고 없음의 차이가 주는 의미는 결코 작지 않다.

헤스페리데스 정원은 여러모로 성서 속에 묘사된 에덴동산을 연상시킨다. 그리스 신화와 메소포타미아 신화가 같은 뿌리를 가지고 있다는 점을 감안하면 이상할 것도 없다. 헤스페리데스 정원이 오렌지 정원이 되어 바로크 정원에 급속도로 퍼졌던 것은 에덴동산에 대한 새삼스러운 그리움이나 종교성에서 비롯된 것이 아니다. 황금 사과를 먹을 수 있는 '오렌지족'의 '나도 헤스페리데스 정원을 가지고 있다. 고로 신과 크게 다를 바 없다'는 자만심과 자기 과시의 산물이었다. 그만큼 신들의 세력이 약해졌다는 뜻이기도 했다.

1. 고정희, 2013, p.88.
2. Köhlmeier, 2015, pp.287~289.

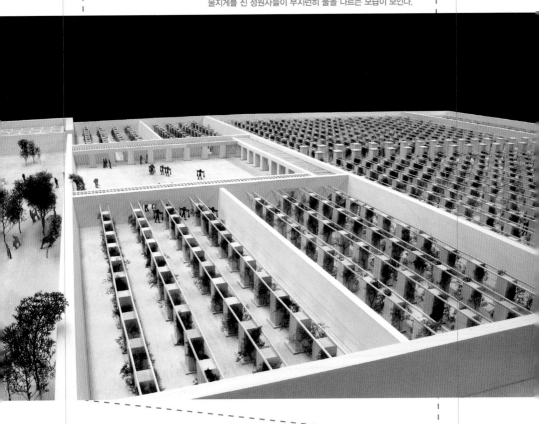

아마르나 왕궁의 포도밭 모형 사진.
물지게를 진 정원사들이 부지런히 물을 나르는 모습이 보인다.

이집트 정원

마리 루이제 고트하인Marie Luise Gothein(1863~1931)이라는 여성이 있었다. 약 백 년 전, 1914년에 『정원예술사Gartenkunst』라는 책을 내놓은 독일 여성이다. 2권으로 구성된 방대한 책으로서 고대 이집트부터 책이 출판된 1910년경까지의 역사를 다루고 있는데, 아직도 이 책을 능가하는 정원 역사서는 없는 것으로 안다. 일찌감치 영어로도 번역되었다. 고트하인 여사는 교양 시민층에서 태어나 탄탄한 기초 교육을 받고 학문에 대한 뜨거운 열정을 가지고 있었으나 여성은 대학 입학이 불가한 시대였으므로 독학으로 석학의 경지에 올랐다. 그녀는 런던의 대영도서관을 자신의 대학으로 여겼다고 한다. 『정원예술사』 책을 내놓기 전에 영국 시인들에 대한 평서를 여럿 발표하고 번역서도 냈다. 그러다가 정원 열병에 걸렸던 것 같다. 처음에는 풍경화식 정원을 연구하기 위해 영국 전체를 여행했다가 차츰 시대를 거슬러 올라가 지중해 일대를 돌아다녔고 결국 이집트 정원사까지 탐구했다. 그리고 10년간의 준비 기간을 거쳐 위의 책을 완성했다.[1] 위키피디아는 물론 참고 서적도 변변치 않았던 시대였다. 말년에는 중국, 일본, 인도 등을 여행하다가 인도 문화에 심취하여 『인도 정원』이라는 책도 냈다. 1931년 세상을 떠나기 직전, 하이델베르크 대학에서 명예박사학위를 받았다.

이 책을 쓰는 내게 고트하인 여사의 『정원예술사』는 매우 소중한 참고서다. 물론 백 년 전과 비교하면 지금은 연구가 많이 진행되었으므로 미진한 부분이 없진 않지만, 그런데도 읽을 때마다 그녀의 맑은 지성과 뛰어난 통찰

력에 새삼스럽게 놀라곤 한다. 다른 서적을 읽다가 고트하인 여사의 책에서 그대로 베낀 내용을 발견한 적이 한두 번이 아니다. 그러는 사이 고트하인 여사는 내게 몹시 존경스러운 인물이 되었다.

이집트 정원에 대한 원고를 쓸 요량으로 그녀의 『정원예술사』 이집트 편을 다시 들춰보았다. 읽던 중 문득 솔깃한 대목을 만났다. 이집트 중부의 베니하산Beni Hasan이라는 동네에서 발견된 벽화에 대한 설명이었다. "정사각형의 화단들이 나란히 배치된 곳이 바로 채소밭이다. 채소밭 옆에 원형의 연못이 있는데 그 주변에 식물 덩굴을 그려 넣어 연못이 정원에 속함을 알렸다. 남자 둘이 부지런히 물을 길어다가 채소밭에 붓고 있다. 이들은 정원사로서 충분히 자부심을 가져도 좋을 것이다. 그들의 이름이 떡하니 쓰여 있을 뿐 아니라 무덤 주인에게 제물을 바치는 장면에서 또 한 번 등장하기 때문이다. 어깨에 장대를 메고 자기들이 기른 채소를 바구니가 미어지게 담아서 나르는 장면이다. 이 정원사들의 이름은 '네테르네히트Neternecht'와 '네페르호텝Neferhotep'이었다."

연재하는 동안 왕, 귀족, 영웅이나 유명 인사의 정원 이야기를 전하는 데 다소 지쳐있었던 것 같다. 이때 나타난 두 명의 정원사는 마치 첫눈처럼 신선했다. 이들이 과연 누구였을까. 어느 시대에 살았을까. 어떻게 살다 갔을까. 고트하인 여사는 더 이상의 이야기를 들려주지 않았으나 나는 이들의 삶에 대해 좀 더 자세한 것을 알고 싶었다. 각주를 찾아보니 퍼시 뉴베리Percy Newberry라는 이집트 학자가 1893년에 베니 하산에서 발굴된 석묘에 대해 쓴 책들이 있는데 그중 1권의 삽도 27번부터 참고했다고 적혀 있었다. 검색해 본 결과

하이델베르크 대학교 도서관에서 그의 책을 2012년에 스캔하여 디지털 아카이브에서 제공하고 있었다. 퍼시 뉴베리는 베니 하산 지방의 발굴 책임을 맡았던 자였다. 여기서 중왕국 시대의 석묘 39점이 발굴되었는데 그 결과에 대해 집필한 것이 위의 책이다. 39개의 무덤 중에서 3호 무덤 벽화에 우리의 두 정원사가 등장한다. 3호 무덤은 아메넴헤트 1세(기원전 1991~1962)의 시대를 살았던 어느 왕족의 무덤이었다.[2] 그러니 우리의 두 정원사는 지금으로부터 약 4천 년 전에 활약했다는 결론이 얻어진다. 그들의 이름이 알려지게 된 것은 무덤주가 가족 구성원뿐만 아니라 모든 식솔을 벽화에 등장시키고 각각 머리 위에 직분과 이름을 써넣었기 때문이다. 참고로 '정원사'라는 뜻의 상형문자는 𓏰𓏮 라고 쓴다. 오른쪽의 문자는 갈대 두 개인데 음성 부호로서 알파벳 y를 대신한다. 왼쪽의 것은 장대에 매단 채소 바구니나 물동이인 듯하다. 우리의 두 정원사에 대한 흔적은 여기서 더 이상 추적되지 않았다. 당시 정원사들이 노예였는지 자유인이었는지 역시 알 수 없다. 해결되지 않은 질문을 그대로 두고 일단은 단락을 넘기는 수밖에 없다.

　정원에 대한 문헌 기록은 모형이나 그림보다 적어도 천 년 정도 앞선다. 고왕국 제4왕조 첫째 왕인 스네페루Sneferu(기원전 2600~2576년경)대에 이집트 북쪽을 통치했던 총독은 —이름이 확실치 않다— 비록 정원 모형이나 그림은 남기지 않았지만 기록을 통해 "1헥타르가 넘는 정원과 450헥타르의 포도밭"의 소유자였음을 자랑했다.[3] 고대 이집트에서 포도는 생활에 큰 비중을 차지하는 식물이었다. 열매를 먹고 포도주를 만들어 마시며 신전에 바치고 제사에 올리는 중요한 열매였다. 늦어도 고왕국 초기부터 이미 포도밭을 만들어 가꾼 것으로 알려져 있다.[4] 본래 레반트 지역에서 건너왔을 터이나 곧 이집트 전역에서 재배되었다. 포도밭을 가꾸는 장면을 가장 먼저 묘사한 것도 이집트였다. 고 왕국의 4~5대 왕조 사이(기원전 2600~2500년경)에 이미 '포도의 일대기'를 그려 포도가 무르익어 와인이 되는 과정을 묘사했다.[5] 이렇게 포도를 가꾸고 익혀 서 열매를 수확하거나 포도주를 만드는 것 역시 정원사의 일이었다. 덩굴 식 물이므로 트렐리스를 만들어주면 줄기들이 서로 얽혀 녹색 지붕을 이루는 포도나무는 정원의 중요한 요소이기도 했다.

포도주는 고급 품목으로서 왕실, 신전과 고관의 전용물이었다. 궁전이나 신전에 대규모의 포도밭을 조성하여 전문적으로 생산했다. 물론 최대 효과 를 노려 관수하고 관리했다. 이를 위해 사방으로 물길을 내고 약 2.5m 간격 의 격자로 점토 벽돌 기둥을 세웠으며 이 기둥에 대고 포도나무를 심었다. 기둥의 크기는 가로·세로 약 1.3m, 높이는 2~2.2m 정도로 수확하기에 적절 한 높이였다. 기둥을 이렇게 넓게 만든 것은 포도나무 주변의 온도를 최대한 일정하게 유지하여 한 해에 여러 번 수확하는 것을 목적으로 했기 때문이다. 사시사철 포도송이가 주렁주렁 매달려 있던 이집트의 포도밭은 알키노오스 의 정원을 연상시킨다. 그리스에서는 꿈에 그리는 이상향으로 묘사되지만 이 집트에서는 현실이었다.

1. Siebler, 1995, pp.99~102.

2. Newberry, 1893, p.2.

3. Hobhouse, 1992, p.14.

4. Tietze, 2011, p.230.

5. Gothein, 1926, p.7.

073 어느 건축가의 꿈

건축가 세네디젬은 그가 꿈꾸는 내세의 삶을
그의 무덤 석실의 벽화에 그려 남겼다.

이집트 정원

곧 설날이 온다. 설날은 조상들께 차례를 지내는 날이기도 한데 기독교 가정에서 태어나 자란 탓에 차례나 제사 대신 기도회, 추모 예배를 드리며 살았다. 그런데 늙어갈수록 조상을 숭배하는 우리 문화가 소중하게 느껴져 몇 해 전부터 여기 먼 외국 땅에서 나 홀로 조촐한 차례상을 차리기 시작했다. 어린 시절에는 차례를 지내는 풍습이 경이롭고 낯설게 느껴졌다. 그때 이런 의문을 가졌던 적이 있다. 보아하니 설, 추석 혹은 제삿날에만 조상들께 음식을 만들어 바치는데 그러면 나머지 360일은 굶으셔야 하나. 참으로 궁금했지만 어른들이나 선생님께 여쭐 생각은 하지 않았다. 스스로 생각하기에도 좀 어처구니없는 질문이기도 했고 별 신통한 대답을 들을 것 같지도 않아서였다.

문화권에 따라 개념의 차이는 있으나 사후의 세계에 대한 '믿음' 혹은 '걱정'은 인류 모두가 공유한다. 그중에서도 고대 이집트인들이 가졌던 사후 세계에 대한 개념은 그 독특함이 유일무이했다. 그들은 풍요로운 나일 강변, 사철 포도송이가 익는 땅을 낙원으로 여겼다. 나일 강변의 낙원을 벗어나면 양쪽으로 불모의 사막이 끝없이 펼쳐진다. 그들에게 나일 강변의 오아시스는 삶이었고, 그 너머 끝없는 불모의 땅은 곧 죽음이었다. 그러므로 '이승의 삶은 혹독하지만 죽은 뒤 혼이나마 낙원에서 편안하게 산다'는 것과는 정반대의 믿음이 형성되었다. 풍요로운 이승을 내세에 고스란히 가지고 가고자 했다. 이승에서의 삶은 수십 년에 불과하지만 내세에서는 '영원히' 산다고 믿었으니 이승은 내세의 삶을 위한 리허설, 즉 준비 과정에 불과했다. 파라오를 위시하여 이집트인들은 태어나면서부터 사후의 세계를 준비했다.[1] 이민 가는 것과 크게 다르지 않았던 것 같다. 이민 가려면 적지 않은 준비를 해야 한다. 각종 서류를 만들어야 하고 자금도 마련해야 하며 언어도 배우고 살 집과 할 일도 미리 작정해두어야 한다. 고대 이집트의 복잡한 장묘 문화는 곧 내세로 '이민' 가는 준비 과정에서 발생한 것이라 해도 과언이 아니다. 내세에서 영원히 살아갈 집이 무덤이었으므로 '백만 년'을 지탱할 수 있도록 암반을 뚫고 튼튼한 석실을 만들었다. 반면에 이승의 집은 서민들의 주택부터 파라오의 궁전까지 대개 점토와 목재를 이용하여 지었으므로 별로 남아있는 것이 없다. 우리에게 알려진 이집트의 유적이 대부분 장묘 문화와 관련 있는 이유가 여기 있다. 지리적으로 구분하여 나일 강 동쪽에는 산 사람들의 세상을, 해가 지는 서쪽에는 죽은 자들의 세상, 즉 네크로폴리스를 형성해 나간 것은 매우 현명한 처사였다. 그렇지 않았더라면 매우 혼란스러웠을 것이다. 말하자면 동쪽에서 살다가 죽은 뒤 배를 타고 강을 건너 서쪽으로 가서 그곳에 우뚝 서 있는 암산을 뚫고 지나가면 행복한 내세가 기다리고 있었다. 피라미드는 고왕국 시대[2]에만 조성되었고 중왕국 시대부터 점차 석굴 묘로 이전되어 수천 년 이어져 왔다. 이집트의 독특한 지리적 여건으로 인해 타문화권과 서로 긴밀히 영향을 주고받지 않았으므로 독창성을 오래 유지할 수 있었던 것으로 보고 있다. 한편 내세에서 진정한 삶이 시작된다고 믿는다면 이승에서 아등바등 다투거나 죽음을 피하고자 몸부림치지 않아도 되므로 오히려 삶이 평화롭지 않았을까. 그래서 그토록 오랫동안 왕조가 유지될 수 있었던 것은 아닐까.

내세의 삶을 본격적으로 시작하려면 우선 신체가 필요하다. 이 문제는 미라를 만들어 해결했다. 생전에 쓰던 세간살이는 자손들에게 물려주지 않고 고스란히 챙겨 무덤의 석실로 옮겼다. 자손들이 산해진미와 꽃다발과 향기로운 약초로 길양식 및 신에게 바칠 제물은 마련해 주지만 문제는 내세로 건너간 후 '백만 년 동안 어떻게 먹고사는가'였다. 가장 확실한 방법은 내세에서도 농사를 지어먹는 것이다. 이집트 무덤의 벽화를 보면 거의 예외 없이 농사짓는 장면, 정원 가꾸는 장면이 묘사되어 있다. 이는 이승에서 살았던 모습을 기록한 것이 아니라 무덤 주인이 원하는 내세의 모습을 묘사하고 거기서 살아가는 방법을 설명한 것이다. 아마도 내세에는 직업을 갖지 않아도 되었던 것 같다. 각자 먹을 것만 해결하고 나면 나머지 시간은 아름다운 정원에서 쉬는 것으로 묘사되고 있다.

제19왕조기(기원전 1320~1200년경), 람세스 2세 시대에 세네디젬Sennedjem이라는 건축가 겸 화가가 살았다. 그의 생업은 장묘 건축이었다. 왕가의 계곡을 중심으로 넓게 발달된 네크로폴리스에 장묘업이 성행했던 것은 지극히 당연한 일이다. 얼마나 성행했느냐면 장묘 '산업'이라고도 부를 정도였다. 신왕국 시대에 접어들면서 이에 종사했던 이들, 즉 건축가, 화가, 조각가, 미라 전문가, 노동자와 그의 가족들이 도시를 이루고 살았다. 이 도시를 데이르 엘 메디나 Deir el-Medina라고 한다. 세네디젬은 자신의 무덤을 직접 디자인하고 벽화를 포함하여 모든 것을 생전에 완성해놓았을 것이다. 무덤의 구조를 보면 생전에 살던 주택 못지않다. 지상층과 지하층으로 나뉘는데 지상에는 대문과 마당이 있고 마당 끝에 제사를 지내는 사당이 있었다. 사당 앞에 지하로 내려가는 입구가 있어 계단을 통해 지하층으로 연결되었다. 지하층에는 모두 3개의 방이 통로를 통해 서로 연결되어 있다. 이렇게 여러 개의 방으로 나눈 것은 이승에서 저승으로 이동하는 과정을 공간적으로 구분하기 위한 것이다. 외실은 아직 이승에 속하고 내실은 이승과 저승을 연결하는 곳이다. 내실은 다시 금 2층 구조로 되어 있어서 아래층에 관을 안치하게 되어 있다. 관을 안치한 다음 뚜껑을 덮어 봉인하고 장례 의식이 끝난 뒤 지하층 전체를 다시 봉했다. 기일이 되면 지상에 별도로 마련된 사당에서 제사를 지냈다. 거의 모든 무덤이 이와 유사한 구조로 조성되었다. 다만 주인의 신분과 경제 능력에 따라 규모와 실내 장식에 차이가 있었다.

세네디젬은 사후에 아무 방해 없이 새집에서 새로운 삶을 시작할 수 있었다. 벽마다 가득 그려진 그림들은 일종의 스토리보드로서 사망하는 순간부터 배를 타고 내세로 건너가 통과 의식을 마치고 신에게 제물을 바쳐 신고한 후 영원히 행복하게 살아가는 장면을 순서대로 묘사하고 있다.

그중 내실 동쪽 벽을 가득 채운 그림이 우리에게 가장 의미가 깊다. 열매가 주렁주렁 달린 과일나무들, 만발한 기화요초와 수로에 넘쳐흐르는 물 등이 그려진 아래 두 칸은 세네디젬의 낙원을 보여준다. 그 다음 두 칸은 그가 아내와 함께 소를 몰아 밭을 갈고 수확하여 그 열매로 풍요로운 식탁을 차리는 장면이다. 이는 후세들이 제멋대로 해석한 것이 아니라 세네디젬이 관에 가지고 들어간 『사자의 서Book of the Dead』[3] 110절에서 본인이 스스로 그렇게 설명하고 있다. 고대 이집트인들의 내세에 대한 구체적 상상력 덕분에 당시 정원에 대한 자료가 상당히 많이 존재한다. 오히려 후세의 그리스나 로마의 정원보다는 이집트 정원에 대한 자료가 풍부하고 구체적이다. 처음에는 고고학적 관심이 다른 곳에 집중되었을 터이나 벽화에 정원 모티브가 반복적으로 등장하자 고고학자들도 정원에 관심을 기울이지 않을 수 없었을 것이다. 지난 20년간 고대 이집트 정원에 대한 연구에 많은 발전이 있었으며 앞으로도 지속될 것으로 전망된다.

1. Assmann, 2011, pp.102~117.
2. 보통 이집트 연대기를 총 26왕조로 나누며 그 중 6대 왕조까지를 고왕국 시대로, 18대에서 20대 왕조까지의 기간을 신왕국 혹은 이집트 제국이라고 일컫는다. 그 사이의 기간은 중왕국 시대다. 시기상으로 고왕국은 기원전 2686년~2181년경을 말한다.
3. 『사자의 서』는 고대 이집트인들이 관 속에 가지고 들어간 내세 매뉴얼과 영생불멸을 비는 부적으로서 당시 장묘 문화와 종교를 이해하는 데 큰 도움이 되는 자료다.

074 네바문의 서천 정원

네바문이 상상한 내세의 정원.
물고기 연못과 과일나무와 꽃과 약초들이 자라는 곳,
아름다운 누트 여신이 과일을 내주며 잘 왔다고 환영해 주는 곳이다.

0   10   20   30 cr

이집트 정원

내세에 직접 밭을 갈고 과일을 따는 수고는 평민에게만 국한된 것이 아니라 왕의 경우도 예외가 아니었다. 특이하게도 어느 종교에서건 내세에 가면 신분의 차이가 없어진다. 그런데도 고관들은 잔머리를 굴려 노예 혹은 일꾼을 데리고 간 경우가 많았다. 실제로 순장을 한 것이 아니라 모형을 만들어 데리고 갔다. 기원전 2000년경 멘투호텝 2세의 장관을 지냈던 메케트레Meketre라는 인물은 수많은 모형을 만들어 무덤에 가져갔는데 방앗간, 제빵소, 외양간, 도살장, 목재소 등 생활에 필요한 모든 작업장을 고루 갖추었을 뿐 아니라 각 작업장에 필요한 일꾼을 챙기는 것도 잊지 않았다. 지금으로부터 약 4천 년 전에 만들어진 이 정교한 모형들은 당시 세분된 사회상을 보여주는 증거로서 매우 흥미롭다. 현재 뉴욕의 메트로폴리탄 박물관에서 소장하고 있는데 그중 가장 흥미로운 것이 미니어처 정원 모형이다. 목재와 구리판을 이용하여 만들고 섬세하게 채색까지 한 이 모형으로 인해 기원전 2000년경에 이미 이집트 정원의 원형이 완성되었음을 알게 되었다. 모형이 보여주는 당시 정원은 우선 높은 담으로 둘러싸여 있었으며 중앙에 긴 연못이 있었다. 사방에 열 지어 서 있는 나무들과 주랑 현관을 통해 집과 연결된 모습이 유추된다.

이집트 발굴 붐은 19세기부터 시작되었다. 처음에는 도굴꾼들이 활약하다가 차츰 서방 강대국 사이에서 발굴 경쟁으로 번져갔다. 도굴꾼으로부터 유물을 사들이기도 하고 그들을 유적 사냥꾼으로 이용하기도 했다. 이때 이집트 발굴 현장을 주름잡던 인물이 있었으니 지오반니 다타나시Giovanni d'Athanasi라는 미술 중개상이었다. 그가 발견한 것 중에서 가장 유명한 것이 '네바문Nebamun'의 석묘다. 1820년 테베 서쪽 네크로폴리스에서 발견했는데 그 사실을 당시 카이로 영사로 있던 헨리 솔츠 경에게 알렸다. 솔츠 경은 유명한 유물 수집가였다. 그는 다타나시에게 벽화를 떼어서 가지고 오라고 했고 다타나시는 운반하기 좋은 크기로 '썰어서' 가져갔다. 당시에는 벽화들이 모두 서로 연결된 스토리보드라는 사실을 아직 몰랐으므로 그중 가장 아름다운 부분, 수집품의 가치가 있다고 판단된 부분들만 골라서 떼냈다. 다만 발굴 당시 무덤의 위치를 정확하게 기록하지 않았으므로 나중에 다시 찾을 길이 없었다. 테베 서쪽의 네크로폴리스에서 지금까지 발굴된 석묘가 1000구가 넘고 그 중 네바문이라는 이름이 심심치 않게 등장하므로 우연히 재발견되지 않는 한 일부러 찾기는 매우 힘들다.

솔츠 경은 1821년 다타나시가 썰어서 가져온 벽화 중 11점을 대영박물관에 팔았다. 나머지 조각들은 여기저기 여러 수집가에게 나누어 팔았으므로 현재 베를린의 이집트박물관, 리용미술관, 아비뇽박물관 등에 소장되어 있다. 이 벽화들은 고대 이집트의 가장 중요한 예술품으로 꼽힌다. 그림의 양식으로 보아 신왕국 제18왕조 투트모세 4세, 즉 기원전 1,400~1,350경에 만들어진 것으로 추정되고 있다.[1] 대영박물관에서 약 10년간의 복원과 연구 작업 끝에 2009년부터 복원된 상태로 전시하고 있다.[2]

벽화의 주인 네바문은 필경사이자 세곡 관리인이었다. 신분은 낮았으나 전국에서 세곡을 모으고 이를 다시 공무원에게 녹봉으로 나누어주는 일을 맡았으므로 실제로는 권세가 컸을 것이며 재산도 많이 모았을 것이다. 그러므로 유명 예술가들에게 석묘 디자인을 의뢰할 수 있었을 것이다. 그의 벽화 중 서양 조경사 책에 빠짐없이 등장하는 정원 그림이 한 점 있다. 이 그림 역시 낙원과 같은 내세의 정원을 보여 주며 서천 정원West garden이라고 불렸다. 앞의 세네디젬의 그림에 비해 정원의 평면도를 거의 완벽하게 보여주고 있다는 점에서 획기적이라 볼 수 있다. 그림의 오른쪽 상단에 보면 돌무화과 나무Ficus sycomorus에서 여신이 나타나 무덤 주인에게 과일을 주며 환영하고 있는 장면이 있다. 이 여신은 환생을 책임지고 있는 누트Nut 여신이다.

정원 중앙에는 장방형의 연못이 있고 연꽃이 피어 있다. 물고기가 가득하고 오리와 거위가 새끼들을 거닐고 평화롭게 헤엄치고 있다. 연못가에는 파피루스 외에 여러 식물이 자라고 있는데 확실하지는 않지만 빨간 꽃이 반원형으로 배치된 것은 양귀비일 것으로 짐작되며 흰 꽃이 핀 것은 캐모마일의 일종이거나 개꽃아재비Anthemis cotula일 것으로 추정된다. 나머지는 콘플라워일 것이다.[3] 이 꽃들이 식재된 연못가는 현재 잿빛으로 퇴색됐지만 본래 녹색이었다. 주변을 두르고 있는 흰 줄은 연못가 화단의 경계를 나타낸다. 나무와 덤불도 묘사되었다. 빨간 열매가 열리는 돌무화과 나무와 노란 열매가 열리는 재배종 무화과Ficus carica, 대추야자Phoenix dactylifera, 둠야자Hyphaene thebaica 등 네 종의 나무가 확인되었으며 나무 하부에는 맨드레이크가 열매를 가득 달고 자라고 있다.

연못 하부의 가장 왼쪽에 있는 관목은 포도나무다. 역시 열매를 가득 달고 있는데 훼손된 부분에도 포도나무가 여러 군데 그려져 있었을 것으로 짐작된다. 다타나시가 그림을 뜰 때 상형문자에는 신경을 쓰지 않았다. 예를 들어 연못 오른쪽, 누트 여신이 있는 위치에 긴 텍스트가 쓰여 있었을 것이다. 대개는 여신이 주인을 반기는 시와 함께 주인의 생애와 업적 등을 기록하는데 바로 이 부분이 잘려 나갔으므로 네바문의 생애에 대해 알려진 것이 없다. 마찬가지로 왼쪽 가장자리의 텍스트 부분도 잘려 나갔다. 왼쪽 상단에 보면 빨간 세로줄이 세 개 나란히 처있으며 줄 사이에 상형문자가 적혀있던 흔적이 있다. 글씨가 거의 지워져서 알아보기 힘들지만 다른 무덤의 벽화들과 같은 형식을 따르기 때문에 내용을 짐작할 수 있다. 왼쪽에 서 있는 커다란 돌무화과 나무가 핵심적 역할을 하며 여기서도 실은 나무의 신이 나타나 네바문과 그의 아내를 반기는 장면이 그려져 있었을 것이다. 대개 이런 벽화에는 누트 여신이 그림의 좌우에 동시에 나타난다. 예를 들면 소벡호텝 Sobekhotep의 무덤에 거의 흡사한 그림이 있는데 좌우에 무덤 주인과 그의 아내가 앉아 있고 각각 누트 여신이 내세로 맞아들이는 모습이 좌우대칭으로 묘사되어 있다. 네바문 벽화의 지워진 자리에는 아마도 "돌무화과 나무로부터 누트 여신이 나와 무덤의 주인, 필경사, 세곡 관리자 네바문에게 말한다" 라는 글귀가 쓰여 있었을 것이다.

지금까지 발굴된 정원 그림들을 보면 모두 조금씩 차이가 난다. 이는 아마도 무덤 주인의 성향과도 관련이 있을 것이다. 메케트레 장관의 경우에 육식을 즐겨 소외양간과 소의 모형을 무수하게 부장했다면, 네바문의 경우 강가 습지의 덤불 속에서 물고기나 물새 사냥을 즐겼던 것 같다. 그의 수렵도는 정원 그림보다 오히려 선명하고 아름답다. 식물과 동물 묘사, 특히 사냥을 거들러 나온 고양이 묘사는 실로 압권이다. 한편, 네바문보다 반세기 정도 먼저 내세로 건너간 시니페리Senneferi 재상의 경우 와인을 즐겼음에 틀림이 없다. 그의 정원을 보면 중앙에 연못 대신 커다란 포도밭을 배치시키고 그것도 모자라 내실의 천장 한쪽을 모두 포도송이로 장식했다. 백만 년 동안 와인을 마시기 위해 꿈꾸어왔던 정원인지 아니면 실제 소유했던 정원을 그대로 가지고 간 것인지는 확실치 않다.

무시무시한 죽음의 사자가 커다란 낫을 들고 나타나 소름 끼치게 하는 기독교의 사후 세계와는 차원이 완전히 달랐다. 내가 좋아하는 것을 바리바리 싸들고 가서 백만 년 동안 살 수 있는 곳, 아름다운 여신이 과일을 주며 따뜻하게 맞아주는 그곳으로 어서 가고 싶지 않았을까.

1. Parkinson, 2008, p.41.
2. Room 61: Tomb-chapel Nebamun
3. Parkinson, 2008, p.132.

075 나일 강에서
빌라 데스테까지

프랑스 화가 에티엔 뒤페라크(Étienne Dupérac)가 1560~1575년 사이,
즉 빌라 데스테가 완성된 직후에 그린 조감도이다.
빌라 데스테의 정원은 일종의 도상 정원이다.
중앙의 선명한 물의 축은 남아있으나 그 앞의 미로나 페르골라 등은 지금 모두 사라지고 없다.

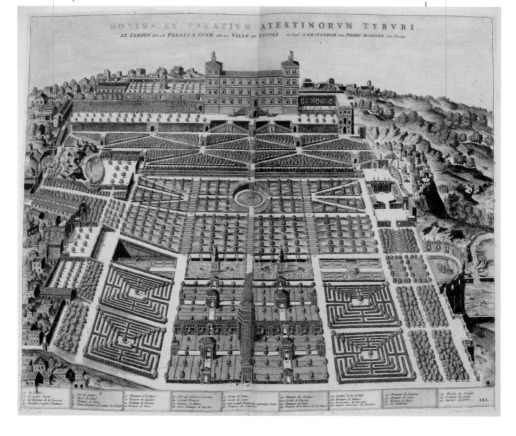

1549년 이탈리아의 티볼리. 하드리아누스 황제가 그의 전설적인 이상향, 아드리아나 빌라[1]를 지었던 곳. 그 빌라의 폐허를 뒤지고 다니는 인물이 있었다. 피로 리고리오 Pirro Ligorio(1514~1583)라는 이름의 화가이자 건축가, 고미술 전문가였다. 당시 그는 유적지의 돌무더기 사이를 헤집고 다니며 고고학자로서 새로운 경력을 쌓는 중이었다. 데스테 Ippolito II. d'Este(1509~1572) 추기경이 그에게 명을 내린 것이다. 데스테 추기경은 티볼리의 총독이 되어 새로 부임해 왔다. 기왕 티볼리에 부임한 이상 하드리아누스 황제의 진정한 후계자가 되고 싶었을 것이다. 살 곳을 찾아보니 성벽에 높이 자리 잡은 성 프란시스코 수도원의 위치가 좋아 보였다. 언덕 위에서 계곡을 내려다보는 형상이었다. 주변 경관이 수려했고 동쪽으로 아이에네 강이 감싸 돌고 있었다. 추기경은 이 수도원을 자신의 거처로 정하고 주변의 농가를 모두 사들였다. 이들을 철거한 뒤 거대한 정원을 지을 계획을 세웠다. 리고리오에게 설계의 총책임을 맡기고 아드리아나 빌라 유적지를 샅샅이 탐사하라고 지시했다. 리고리오에게는 고대의 건축과 예술을 연구할 수 있는 둘도 없는 기회였으므로 발굴에 상당히 공을 들였다. 물론 발견된 조각상들을 퍼가는 것도 임무 중의 하나였으나 건축물의 잔재, 조형물, 시설 등을 꼼꼼히 그려 스크랩북을 만들었다. 그리고 이에 영감을 얻어 '빌라 데스테 Villa d'Este'를 설계했다. 이탈리아 정원 중 최고의 걸작이 탄생하는 순간이었다. 그때 리고리오의 눈앞에 드러난 유적지가 어떤 모습을 하고 있었는지 우리는 확실히 알지 못한다. 영원한 발굴 현장이므로 지금 우리가 알고 있는 것과 일치하지 않았을 것이다. 그렇지만 아드리아나 빌라 유적지 항공 사진에서 보이는 것과 같은 중요한 '물의 축'들을 리고리오도 본 것은 틀림없다. 지하에 거미줄처럼 연결되었던 수로도 탐험했을 것이다.

빌라 데스테는 두말할 것 없이 '죽기 전에 꼭 보아야 할' 명소로 꼽을 수 있는 곳이다. 정원의 기본 틀은 비교적 단순한 편이지만 수백 개의 크고 작은 분수가 장관을 이루며 웅장한 콘서트를 연주하는 물의 오케스트라 정원이다. 특히 백 개의 분수가 나란히 정렬된 길은 너무나 유명하다. 전체 공간 구조를 보면 사면, 즉 테라스 정원과 평지 정원으로 산뜻하게 이분 된다. 언덕 위의 건물 정면에서 종축을 따라 다섯 단의 테라스를 내려가면 평지에 도달하는데 여기서 바로 횡축과 만나게 된다. 이 횡축은 긴 연못 세 개가 연속된 '물의 축'이다. 동쪽으로는 거대한 물 오르간과 넵튠 분수가, 서쪽으로는 엑세드라Exedra라고 하는 장식벽이 축을 마감한다.[2] 아콰에둑투스와 지하 수로망을 만들고 아이에네 강의 물을 끌어와 초당 1,200리터의 물 공급이 가능했다고 한다.[3] 횡축 아래쪽의 평지 정원은 본래 설계되었던 것과 지금 모습이 전혀 다르다. 당시엔 좌우로 복잡한 미로가 조성되어 있었고 중앙에서 트렐리스 두 개가 교차했다. 현재 방문객들은 건물 뒤로 입장하여 정원으로 '내려'가게 되어있으나 본래는 정원 쪽에서, 즉 종축이 끝나는 곳에서 입장하여 건물을 향해 '올라'가도록 유도되었다. 반드시 그래야 할 이유가 있었다. 우선 정원 게이트를 통해 입장하면 바로 터널과 같은 트렐리스로 들어간다. 컴컴한 터널 속을 걷는 동안 갑자기 우레 같은 대포 소리, 총소리가 들려

와 간이 서늘해진다. 그러다 잠잠해지면서 아름다운 새들의 합창이 들리는
가 하면 다음 순간엔 파이프 오르간이 장중하게 울리고 어디선가 높은 트럼
펫 소리가 공기를 가른다. 물을 이용하여 각종 음향 효과를 냈던 것인데 터
널의 어둠 속을 걷던 방문객들은 소리의 원천을 모르니 혼란에 빠졌다고 한
다. 그러다 터널 중간 지점에서 길이 좌우로 갈린다. 갈림길을 따라 좌우로
가면 깊은 미로로 연결되어 길을 잃고 헤매게 된다. 그러나 좌우의 유혹을
물리치고 직진하면 터널 끝에 빛이 보이며 밝은 세상으로 나가게 된다. 이때
아마 모두 '아!' 하고 탄성을 질렀을 것이다. 어둠과 위협 속에서 헤매다 마침
내 낙원에 도착한 것이다(에티엔 뒤페라크의 빌라 데스테 조감도 참조).

　빌라 데스테는 일종의 '도상圖像 정원'이다. 상징과 부호가 가득 담겨 있는
그림처럼 뜻을 해독해야 하는 정원이다. 분수, 조형물, 시설물 등이 바로 상징
과 부호 역할을 한다. 해석하기에 따라 우주의 심각한 비밀이 숨어 있다고
볼 수도 있겠으나 표면적으로 보면 숨은그림찾기나 퀴즈 같은 일종의 지식
게임이다. 세 가지 주제가 도입되었다. 첫째는 '자연과 예술의 관계', 둘째는
'지역의 아름다움'이며, 셋째는 '헤라클레스와 헤스페리데스 정원'이다.[4] 자연
과 예술의 관계는 우선 정원 그 자체에서 읽어낼 수 있지만 백 개의 분수에
도 가득 숨어있다. 이 분수는 두 단으로 이루어져 있는데 하단의 분수는 모
두 같은 형상을 하고 있으나 상단의 형상들은 제각각이다. 오비디우스의 『변
신이야기』에 나오는 형상들이다. 당시의 방문객들은 이들의 정체를 알아보
고 그에 얽힌 사연들을 설명할 수 있어야 체면이 섰을 것이다. 다음 주제, 즉
지역의 아름다움은 티볼리 분수라거나 로마 분수 등에서 찾을 수 있다. 마지

막으로 우리의 영웅 헤라클레스의 차례다. 데스테 가문 역시 조상이 헤라클레스라고 우겼던 사람들이었다. 정원 도처에 황금 사과 모티브가 숨겨져 있다. 그러나 가장 중요한 것은 위에서 설명한 정원 체험 콘셉트다. 헤라클레스처럼 어두운 지하 세계를 통과한 뒤 마침내 도달한 낙원. 이것이 헤스페리데스 정원이 아니고 무엇일까. 그런 의미에서 트렐리스와 미로가 없어진 것과 동선이 달라진 것은 매우 애석한 일이다.

그러나 숨은그림찾기는 여기서 끝나지 않는다. 수년 전부터 이집트 학자들 사이에 '빌라 데스테에서 이집트 유전자 찾기' 게임이 시작되었다. 이 게임에 동참하기 위해서는 다시 빌라 아드리아나로 되돌아가야 한다. 빌라 아드리아나가 이집트 문화의 영향을 받았고 빌라 데스테가 여기서 영감을 얻었으니 이집트의 유전자도 함께 묻어갔을 것이라는 짐작은 그리 황당한 것이 아니다. 빌라 아드리아나의 카노푸스Canopus라는 파노라마 연회장을 기억할 것이다. 카노푸스는 나일 강 하구에 있는 운하 도시다. 여기서 일단 이집트와 만나게 된다. 그런데 어째서 하드리아누스는 로마 황제이면서 이집트 도시를 자기 정원에 형상화했던 것일까. 그에는 합당한 이유가 있었다. 로마가 이집트의 프톨레마이오스 왕조를 무너뜨린 뒤 이집트는 로마 황제의 직속 통치령이 되었다. 로마 황제들은 자동으로 파라오가 되었고 이집트는 그들의 '사유지'나 다름없었다. 또한 이집트 정복과 함께 로마에 이집트 바람이 크게 불었다. 한시적인 돌풍이 아니라 근 오백 년간 지속된 기후 변화 현상이었다. 무엇보다도 평민들이 이집트의 이시스 여신을 '종합 신'으로 받아들여 이시스 컬트가 크게 융성했다.[5]

하드리아누스는 오랫동안 이집트를 여행한 적이 있었다. 그때 아들처럼 아끼던 안티노오스Antinous라는 미소년이 동행했는데 카노푸스 근처의 나일 강에서 익사하고 말았다. 이를 슬퍼한 황제는 안티노오스의 이름을 딴 도시를 설립하고 그가 오시리스 신이 되었다고 선언했다.[6] 집으로 돌아와 티볼리의 빌라에 이제는 신이 된 안티노오스의 신전을 세우고 카노푸스 연회장을 지었다. 빌라에 연회장이 여러 개 있었으나 이 카노푸스는 아마도 안티노오스를 조용히 애도하는 사적 연회에 이용되었을 것이다. 빌라 데스테에서 카노푸스의 흔적을 찾기는 어렵지 않다. 횡으로 연계되는 물의 축에서 바로 알아볼 수 있다. 여기에 리고리오는 강한 종축을 교차시켰을 뿐이다. 이런 종축은 하드리아누스 시대에는 없던 것이다. 르네상스 전성기에 시작되었으며 후에 바로크에서 완성된다.

---

1. 이 책의 "059. 황제를 위한 물" 참조
2. 조감도에서는 남북이 뒤바뀌어 있다. 정원이 북북서를 향하고 있는 특이 상황이기 때문이다.
3. Steenbergen, Reh, 2003, p.85.
4. Attlee, 2006, p.53.
5. 이시스 컬트는 유일 신앙으로 가는 과도기 종교로 해석된다.
6. Schareika, 2010, p.125~127.

076 오페라, 마술피리의 두 얼굴

프리드리히 쉰켈이 1817년에 스케치한 현자의 사원. 불과 물의 시험 장면이다.

음악의 도시 베를린에서 살면서도 모차르트의 '마술피리 Zauberflöte'와는 오랫동안 친해지지 못했다. 음악이 문제가 아니라 스토리 전개가 이해되지 않았다. 오페라는 극이므로 이야기가 이해되지 않으면 음악에 푹 빠져들기 어렵다. 적어도 내 경우에는 그렇다. 우선 이야기의 앞뒤가 맞지 않는다. 밤의 여왕이 타미노 왕자에게 납치된 자기 딸을 구해달라고 호소하는 장면으로부터 오페라가 시작된다. 자라스트로라는 마왕에게 납치되었다는 여왕의 딸 파미나의 초상화를 본 왕자는 첫눈에 반해 그녀를 구하는 것이야말로 자신의 운명이요, 사명이라고 외친다. 그랬으면 마땅히 마왕을 무찌르고 공주를 구해서 어머니에게 데려다주어야 말이 된다. 그런데 중간에 예기치 않은 반전이 일어난다. 아니 반전이 아니라 이야기가 아예 삼천포로 빠진다. 불쌍한 밤의 여왕이 알고 보니 악당이요, 마왕인 줄 알았던 자라스트로가 실은 현군이라고 했다. 그것까지는 좋다고 하자. 자라스트로가 동시에 '현자의 사원'의 대사제이고 이 사원에서 오시리스와 이시스 신을 모신다는 대목에 이르면 머리가 아파진다. 오시리스, 이시스는 왜 또 갑자기. 알려진 대로 오시리스와 이시스는 이집트의 신들이다. 지금껏 극의 무대가 이집트라는 언급이 전혀 없었기 때문에 혼란스러운 것이다. 그렇지만 극은 계속 진행되어 자라스트로가 왕자에게 "그대는 선택된 몸이니 사원의 입문 과정에 도전하라"고 종용한다. 이는 깨달음으로 가는 길이요, 빛의 세계로 가는 길이라고 설명한다. 파미나 구출 작전은 자동적으로 불필요해졌다. 왕자는 그 대신에 자신을 무지와 어둠에서 구하기 위해 파미나와 함께 물과 불의 시험을 치른다. 둘은 시험에 무사히 통과하여 빛의 세계로 들어가고 밤의 여왕은 멸망한다. 이렇게 극이 끝난다. 그런데 문제가 또 하나 있다. 광대 역할을 하는 새잡이 파파게노가 수시로 등장하여 웃긴다는 사실이다. 덕분에 음악역시 희극적인 음악과 장중한 음악이 번갈아 연주된다. 킬킬대다가 갑자기엄숙해져야 한다. 아마 모차르트의 시대에도 이해하지 못했던 사람들이 있었던 것 같다. 파파게노가 등장할 때 웃던 사람들이 장중한 음악이 연주될때도 계속 웃어 모차르트가 역정을 냈다는 기록이 있다.[1]

이런 마술피리의 이중 구조에 대한 의문이 엉뚱한 곳에서 풀렸다. 이집트정원을 연구하던 중 뜻밖에 마술피리와 만나게 된 것이다. 요점을 정리하면이러하다. 18세기 유럽 전역에 또 한 번 이집트 열풍이 크게 불었다. 이번엔 거의 마니아 수준이었다. 1780~1790년경에 이집트 마니아가 절정에 달했으며그에 대한 결정적 증거가 바로 오페라 마술피리다. 당시 시대의 성격을 대변하는 마술피리는 프리메이슨과 일루미나티(광명회) 등의 조직과 뗄 수 없는 관계에 놓여 있다. 그들 이념의 핵심은 자연, 신비주의, 깨달음 등이었다.[2] 이 모든것이 마술피리의 모티브가 된 것이다. 모차르트는 물론이고 극본을 쓴 쉬카네더Schkaneder도 프리메이슨이었다. 1784년에 가입한 모차르트는 7년 후, 1791년에 마술피리를 완성했다. 당시의 프리메이슨은 이상한 비밀 조직이라기보다는 계몽주의자들의 모임이었다고 보는 편이 옳다. 프로이센의 프리드리히 대왕이나 뵈를리츠의 프란츠 공 역시 프리메이슨이었으며 골수 계몽주의자들이었다. 모차르트가 가입했던 빈의 롯지는 학술 강연회를 개최하고 논문을 출판하는 등 여느 학술 단체와 별다를 바 없이 움직였다. 이들은 이집트의 밀교에 모든 지혜의 기원이 있다고 보았을 뿐 아니라 프리메이슨의 기원이 이집트에 있다고 믿었다. 프리메이슨은 본래 석공들이었다. 이집트 사람들이 다른 것은 몰라도 돌 하나만은 제대로 다루었으니 그럴 법도 했다. 모차르트의 아버지가 빈으로 찾아왔을 때 그 역시 프리메이슨 로지에 가입했다. 아버지의 입문 의식을 기념하는 자리에 안톤 크레일Anton Kreil이라는 철학 교수의 특별 강연이 있었다. 부자가 나란히 앉아 아래와 같은 요지의 강연을 들었다. "피라미드는 무덤이 아니라 실은 비밀 종교의 지하 연구 시설이었다. 이 밀교의 교리와 지식은 선택된 자들에게만 전달되었다. 이집트는 다신교의 대중 신앙을 표방하였으나 이는 표면에 불과했고 내면으로는 철학에 근거한 비밀 신앙을 지켜왔다. 이것이 이시스 신앙이다."[3] 이런 이집트 종교의 이중 구조—표면적인 대중 신앙(밤의 여신)과 내면의 비밀 종교(프리메이슨의 이시스 컬트)—가 마술피리에 재현된 것이다. 더 나아가서 마술피리는 이중의 이중 구조이다. 파파게노로 대표되는 빈의 대중 악극Singspiel과 장중한 오페라의 세계가 서로 겹치는 유일무이한 음악이다.

그건 다 좋은데 대체 마술피리가 정원과 무슨 관계가 있단 말인가. 그걸 알기 위해선 당시의 무대 장치를 한 번 살펴볼 필요가 있다. 아주 재미있는 현상이 드러난다. 극본을 쓴 쉬카네더는 모두 12개의 장면을 고안하고 각 장면을 매우 상세하게 묘사했다. 현자의 사원을 피라미드라고 칭한 것으로 미루어 보아 앞서 언급한 강연의 영향을 받았음이 확실하다. 그런데 한 가지 주지할 것이 있다. 18세기 말의 이집트에 대한 지식은 지금 우리의 지식과 현저히 차이가 있었다는 사실이다. 우선 피라미드나 신전을 직접 본 사람들이 없었다. 이집트 유적이 본격적으로 발굴되기 이전이었으며 아직 상형 문자도 해독되지 않았다. 그들이 이집트에 대해서 알고 있던 것은 헤로도토스 등의 고대 사가들이 전한 이야기가 전부였다. 사가들이 그림이라도 한 점 그려서 보여주었으면 좋았을 것을 그렇게 하지도 않았다. 다만 몇몇 화가나 건축가들이 글로 묘사된 것을 바탕으로 이집트 정경을 재현해 보려 시도한 경우는 더러 있었다. 18세기 말까지 이집트는 짙은 신비의 베일 속에 싸여 있었다. 무대 미술가의 입장이 매우 난처했을 것이다. 그들은 피라미드가 어떻게 생겼는지 확실히 알지 못했다. 게다가 피라미드와 오벨리스크가 같은 것이라 여겼으므로 평균 잡아 매우 뾰족한 피라미드를 만들어 세웠다. 창문도 만들어 넣고 표면에 글자도 새겨 넣기도 했다. 모르는 것을 어찌하랴.

그러나 무엇보다도 정원 장면이 압권이었다. 이집트 정원이라기보다는 풍경화식 정원을 재현해 놓은 것이다. 고증 불량이었을까? 그렇지 않다. '이집트 정원이 아니다'라는 것은 지금 우리들의 생각이다. 지난번에 보았던 이집트의 내세 정원들은 19세기 중반에 들어와서야 발견되었을 뿐만 아니라 상형문자가 해독된 후에야 그것이 내세 정원이라는 것을 알게 되었으므로 모차르트 시대에는 그런 정원이 있다는 사실을 알지 못했다. 그보다는 빈에서 한창 유행했던 풍경화식 정원에서 이집트를 보았다. 실제로 풍경화식 정원치고 피라미드, 오벨리스크, 스핑크스 등을 비슷하게나마 재현하지 않은 곳이 거의 없었다. 그리스, 로마, 이집트가 모두 같은 뿌리에서 출발했다고 믿었기 때문에 풍경화식 정원에 스타파주를 만들어 세울 때 그리스 양식의 건축에 이시스 여신의 형상을 세워 놓아도 하등 문제될 것이 없다고 보았다. 고대 문화의 유산을 물려받았다는 것은 곧 이집트의 유산도 물려받았다는 논리가 성립되었다. 같은 원리로 빈이 바로 이집트였다. 실제로 풍경화식 정원이 많이 모여 있는 빈 근교를 '작은 이집트'로 완성할 콘셉트도 세워놓았다.[4] 이런 관점에서 보면 모든 풍경화식 정원이 이집트의 유전자를 가지고 있고 프리메이슨의 이념이 담겨있다고 보는 것이 가능해진다. 지금까지 풍경화식 정원을 얘기하면서 이집트에 대한 언급을 애써 피해 온 이유도 여기에 있다. 이집트와의 맥락 속에서 바라보아야 비로소 이해가 되기 때문이다. 이집트의 유전자는 서양 정원의 역사 내내 거의 끊이지 않고 전해져 내려왔다. 다만 '정원'이 대물림된 것이 아니라 피라미드로 상징되는 정신세계를 물려받았으며 이는 너무 은밀했기 때문에 눈에 뜨이지 않았을 뿐이다.

마술피리가 초연되고 나서 7년 뒤 나폴레옹이 167명의 학자, 예술가, 탐험가를 동반하고 이집트 원정을 떠났다. 대개는 나폴레옹의 이집트 원정이 유럽의 이집트 열병을 불러왔다고 믿고 있으나 실은 그 반대였다. 혹 마술피리를 보았던 것은 아니었을까. 이때부터 이집트 문화에 관한 연구가 본격적으로 시작되었고 그 결과로 약 3,000장의 동판화가 출판되었다.[5] 1817년 베를린에서 마술피리가 공연될 때 쉰켈Karl Friedrich Schinkel(1781~1841)이 무대 미술을 맡았다. 그의 무대를 보면 이미 이집트에 대한 지식이 모차르트의 시대에 비해 풍부해졌음을 알 수 있다.

1. Assmann, 2015, p.15.
2. Assmann, 2001, pp.26~27.
3. Assmann, 2015, pp.44~45.
4. Hajós, 1989, p.21.
5. Tietze, 1999, p.140.

077 루브르 피라미드, 페이의 수석 정원

루브르의 다이아몬드.
미국 건축가 이오 밍 페이(I. M. Pei)가 설계한 유리 피라미드는
1989년부터 루브르의 새로운 상징물이 되었다.

이집트 유전자를 이야기하며 루브르 피라미드를 논하지 않을 수 없다. 댄 브라운의 소설 『다빈치 코드』와 이를 스크린으로 옮긴 동명의 영화를 통해 전 세계에 알려진 루브르의 유리 피라미드. 기능적으로 보자면 루브르 박물관으로 들어가는 지하 출입구의 지붕에 불과하다. 말하자면 피라미드 형태의 '캐노피'인 것이다. 그러나 지하로 들어가면 별세계가 펼쳐진다는 점에서 볼 때 피라미드의 본질과 절묘하게 부합된다. 본래 루브르의 건물들을 서로 연결하는 다기능 공간을 만드는 것이 주목적이었다. 지금 루브르는 박물관의 대명사로 인지되고 있지만 본래는 궁전이었다. 1981년 프랑수아 미테랑이 대통령으로 당선될 때까지 궁전 일부만 박물관으로 이용되고 있었다. 대통령에 당선되고 나서 4개월 후, 미테랑은 루브르 궁전 전체를 박물관으로 쓸 것이라고 발표했다. 소위 말하는 '그랑 루브르' 프로젝트가 발족된 것이다. 오래된 박물관이니만큼 리노베이션도 절실하게 필요했다. 리노베이션과 신축이 동시에 진행되어야 했다. 그때까지만 해도 'ㄷ'자로 되어 있는 기존 구조에 브리지 건물을 연결하여 'ㅁ'이나 'ㅂ'형으로 가야 하지 않겠느냐는 어렴풋한 콘셉트만 잡혀있었다.

미테랑 대통령은 설계공모 과정을 거치지 않고 중국계 미국 건축가 이오밍 페이I. M. Pei(1917~)에게 직접 의뢰했다. 워싱턴 D.C.의 내셔널 갤러리 동관(1974~1978)을 설계하여 모더니즘 최후의 거장으로 인정받은 페이는 이제 설계공모에는 참여하지 않는 원로 건축가였다. 이런 정도의 제안이 오면 가문의 영광으로 생각하는 것이 정상이다. 그런데 페이는 가부를 결정하기 전에 넉 달 정도 시간을 달라고 요구했다.[1] 생각할 시간이 아니라 공부할 시간이 필요하다고 했다. 루브르는 800년 동안 프랑스인들에게 상징적인 존재였다. "건축은 역사의 거울이다. 그러므로 역사 공부를 해야 한다." 페이는 이런 얘기를 전했을 때 미테랑 대통령이 거절할 것이라 여겼다. 그때가 1983년이었다. 미테랑 대통령이 1981년에 취임했으니 이제 임기가 얼마 남지 않아 서둘러야 했다. 그런데도 대통령은 조건을 수락했고 페이는 극비리에 루브르를 세 번 방문했다. 그리고 4개월 후, 모든 시설을 지하로 집어넣자는 제안을 들고 다시 나타났다.

박물관 측에서 요구한 공간 프로그램은 매우 디테일했으며 92,000m²가 넘는 거대한 면적을 필요로 했다. 이들을 지상에 건설한다는 것은 상상도 할 수 없었다. 그 경우 루브르 앞 광장을 건물로 완전히 덮어야 할 것이기 때문이었다. 지하로 내려보내자는 해결책으로 귀결되었다. 전체 프로젝트 면적 중에서 외관상으로 눈에 보이는 것은 오로지 '캐노피'뿐이었다. 이 홀로 남은 캐노피는 필연적으로 상징성을 갖게 될 것이다. 루브르의 상징이라는 막중한 책임을 질 수 있는 디자인이어야 했다. 규모가 너무 커도, 형태가 너무 지배적이어도 안 되었다. 페이와 그의 디자인 팀은 여러 형태를 실험해보았다. 큐브도 넣어보고 유기적 형태, 반구형 등도 시도해 보았다. 그러나 루브르의 실루엣을 바라보면 탑의 지붕을 제외하고는 곡선이 하나도 없다. 그러므로 곡선은 적당하지 않아 보였다. 오로지 피라미드만이 유일한 해답이라는 결론에 도달했다. 지하 공간에 빛을 내려보내야 했으므로 돌이 아닌 유리를 선

택했다.[2]

 댄 브라운은 루브르의 지하에 막달라 마리아의 관이 안치되어있다는 상상력을 발휘했지만 건축가 페이는 루브르의 진정한 비밀은 역사라고 해석했다. 일찍이 루이 14세는 르 노트르에게 지시하여 루브르에서 샹젤리제까지 이르는 긴 가로 정원을 조성하게 했다.[3] 르 노트르를 면밀히 연구한 결과, 그가 물의 거울 효과를 명장처럼 다뤘다는 사실을 발견했고 이는 피라미드 디자인에 결정적 영감을 주었다. 르 노트르를 모방하는 것이 아니라 그의 유산을 이어가고자 했다. 피라미드와 거울 못에 비친 파리의 하늘은 루이 14세 때의 하늘과 다를 바 없다고 페이는 말한다. 그는 루브르의 건축과 어떤 형태로라도 경쟁하는 것을 원치 않았다.[4] 대통령을 설득하기 위해 아크릴판을 들고 가서 평면도 위에 피라미드를 만들어 세워보였다. "다이아몬드 같군"이라는 반응이 나왔다. 일단 대통령은 설득된 것이다. 그러나 피라미드 콘셉트가 공식적으로 발표되었을 때 많은 사람이 반대하고 나섰다. 특히 「피가로」지와 파리의 시라크 시장이 앞장섰고 시민들도 동조했다. 피라미드 자체가 루브르에 대한 모독이라고 여겼다. 페이는 시라크 시장을 만나 오랜 대화를 나누었다. 이후 시장은 차단기를 거두어들였다. 둘 사이에 어떤 이야기가 오갔는지는 모르지만 페이의 철학에 시라크 시장이 설득되지 않았을까.

 그랑 루브르와 유리 피라미드는 1989년 공식적으로 오픈되었다. 미테랑과 페이의 관계는 여러모로 '통치자와 건축가'의 관계를 연상시킨다. 루이 14세에게 르 노트르가 있었다면 베를린의 프리드리히 빌헬름 왕에게는 쉰켈이 있었다. 수백 년이 지나 미테랑이 통치자와 건축가의 관계를 부활시키자 독일 총리가 이를 부러워했다. 통일의 공으로 위상이 한참 올라간 독일의 헬무트 콜 총리는 독일역사박물관을 확장하자는 안을 들고 나왔다. 그리고 페이를 데려오라고 했다. 베를린의 건축계와 언론계가 부산히 움직이기 시작했다. 독일식의 철저함으로 페이와 그의 작품을 파헤치고 분석했다. 페이에 대한 단행본이 출판되고 다큐멘터리 영화가 제작되었다. 그때 다큐멘터리 제작의 책임을 졌던 인물은 게로 폰 뵘Gero von Boehm이라는 저널리스트 겸 영화감독이었다. 그는 뉴욕에 가서 페이를 인터뷰하던 날에 대해 이렇게 회상했다. "뉴욕 맨해튼에 사흘 동안 쉬지 않고 비가 내렸다. 건축가 페이는 돌과 물을 좋아한다. 그래서 차를 타지 않고 장화를 신고 빗속을 걸어서 출퇴근한다. 그러나 자기 집 정원의 잔디밭에 물이 차올라 반듯한 사각형의 윤곽이 사라지는 것을 보고 괴로워한다. 그의 기하학은 그의 철학이다."[5]

뵘은 페이가 엄청나게 질문을 해대는 사람이라고 했다. 모든 것을 알고 싶어 한다고 했다. 쉰켈이 설계한 독일역사박물관과 베를린은 어떤 관계인가. 분단되었다가 다시 합쳐진 뒤 사람들은 어떻게 살아가는가. 요즘 젊은이들은 쉰켈이 누군지 아는가. 무엇보다도 서로 상반되는 것에 특별한 관심을 두었다. 뵘은 스스로 이런 질문을 던졌다. 이렇게 시시콜콜 알고 싶어 하는 이 중국인은 대체 어떤 인간일까? 생존하는 최고의 건축가 중 한 명으로 인정받는 이 사람은 과연 누구인가? 페이는 1917년 중국 광저우에서 엄청나게 부유한 은행가 집안에서 태어났다. 빌라와 저택에서 지내며 풍족하고 화려한 어린 시절을 보냈다. 서구풍의 학교에 다니고 영어를 배우고 할리우드 영화를 보았으며 삼총사와 찰스 디킨스와 성경을 읽었다. 그는 부처와 카우보이,

공자와 캐딜락을 오가는 이중의 삶을 살았다. 그의 가슴에는 상반되는 것들이 늘 공존해왔다.

그의 양친의 별장에는 거대한 정원이 있었다. 거기서 소년 페이는 많은 시간을 보냈다. 정원에는 돌이 많았다. 연못 속, 혹은 계류의 흐름 속에 서 있는 기암괴석은 신비한 비밀을 감추고 있는 듯했다. 물은 돌을 다듬는다. 그러나 돌은 어떤 형태로 다듬어질지를 스스로 결정한다. 그에게 돌과 물의 관계는 평생 상반되는 에너지를 서로 결합하는 데 바쳐온 그만의 메타포였다. 페이는 말한다. "그때의 바위를 자주 생각한다. 내가 하는 일이 그것과 다르지 않다. 내가 디자인하는 건축의 형태는 주변 상황, 즉 물의 흐름에 적응한 결과이다. 나는 내 어린 시절의 정원을 늘 반복해서 다시 짓고 있는 셈이다."[6]

1. Pei, 2009, p.15.
2. 앞의 책, pp.9~10, p.32.
3. 이 책의 "048. 오 샹젤리제, 앙투안 와토의 전략" 참조
4. Pei, 2009, pp.36~37.
5. Boehm, 1996, p.162.
6. 앞의 글, p.163.

078 공중 정원의 진실 게임

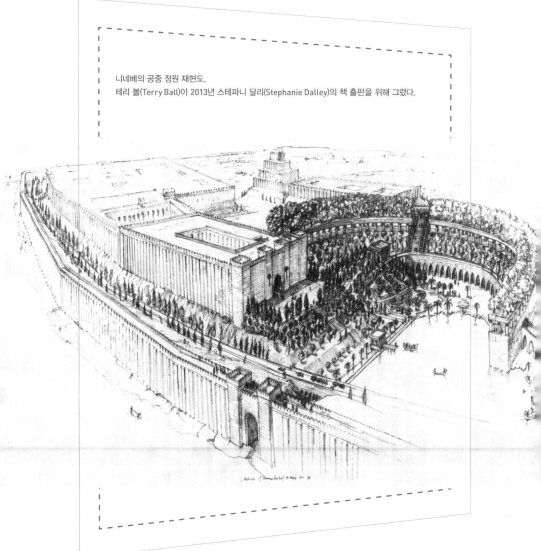

니네베의 공중 정원 재현도.
테리 볼(Terry Ball)이 2013년 스테파니 달리(Stephanie Dalley)의 책 출판을 위해 그렸다.

더 높이, 더 크게, 더 멀리 – 대왕들의 정원

'바빌론의 공중 정원'은 '역사상 가장 큰 영향을 미친 정원 10'에 필히 포함될 것이다. 바빌론의 네부카드네자르 Ⅱ세(B.C. 604~562)가 고향의 푸른 언덕을 그리워하는 애첩을 위해 지었다는 이야기가 전해진다. 그런데 3년 전 영국 옥스퍼드 대학교의 스테파니 델리Stephanie Dalley 박사가 『바빌론 공중 정원의 미스터리The Mystery of the Hanging Garden of Babylon: An Elusive World Wonder Traced』라는 책을 발표하여 "바빌론의 공중 정원이 바빌론에 없었다"고 주장해 충격을 던졌다. 2천 년 동안 전해 내려온 바빌론 설이 흔들리게 된 것이다. 델리 박사는 공중 정원은 존재했으나 바빌론에서 찾을 것이 아니라고 주장했다. 그보다 북쪽에 있었던 '니네베'라는 도시에 있었다는 것. 니네베는 아시리아 제국의 여러 수도 중 하나로 산헤립 왕(B.C. 705~680)[1]이 건설한 도시였다. 그러므로 정원을 지은 왕 역시 네부카드네자르가 아닌 산헤립 왕이어야 맞다.

공중 정원이 바빌론에 있었든, 니네베에 있었든 그렇게 중요한 것일까. 두 도시 모두 지금의 이라크에 있다. 그래서 지금은 마치 한 나라의 두 도시처럼 보이지만, 고대에는 서로 다른 국가에 속했을 뿐만 아니라 매우 적대적인 관계였다. 한번 상상해 보자. 예를 들어 외국의 책자에 '한국에 가면 국내성이 볼 만한데 문무왕이 서라벌에 지었다고 한다'라고 쓰여 있다면 그냥 넘길 일이 아니다. 니네베와 바빌론의 관계가 마치 이와 같았다. 북쪽에 자리 잡았던 아시리아는 제국주의 노선을 따른 호전적인 국가로서 기원전 9~8세기에 바빌론을 위시한 주변 도시 국가들을 차례로 정복하여 오랫동안 복속시켰다. 그러다 기원전 612년, 신흥 국가 페르시아와 손을 잡은 바빌론에 의해 멸망한다. 그 과정에서 정복자들은 수도 니네베를 파괴했는데 수백 년 동안 아시리아에 당한 데 대한 보복으로 아주 완전하고 철저하게 파괴해 버렸다. 아시리아가 세상에서 사라진 뒤 바빌론은 빠른 속도로 성장했다. 전성기에 등극한 네부카드네자르 Ⅱ세는 대규모 토목 공사와 건축으로 새로운 시대를 열었다. 특히 성곽이 유명하여 7대 불가사의에 속하게 되며 성경에 바벨탑으로 묘사된 신전[2]도 짓고 현재 베를린 페르가몬 박물관에 보관된 이슈타르 문을 조성하는 등 걸작을 많이 남겼다. 이로 인해 아마도 공중 정원 역시 그가 만든 것이라는 소문이 돌게 된 것 같다.

그럼에도 니네베의 산헤립 왕이 공중 정원을 조성했다는 설이 더 설득력이 있다. 건축과 토목 사업으로 말하자면 아시리아 왕들이 바빌론의 왕들보다 훨씬 선배였다. 정복 전쟁과 함께 건축, 토목 사업을 벌이는 것은 당대 왕들의 과제로 여겨졌다. 멸망하기 이전, 아시리아의 왕들은 연례행사로 여름마다 주변 국가를 정복하러 나섰으며 왕이 바뀔 때마다 도시를 하나씩 건설했다. 왕 한 명에 도시 하나, 이런 식이었다. 그러므로 당시에는 수도가 여러 개였다. 특히 전성기의 사르곤 Ⅱ세와 그의 아들 산헤립 왕은 개인적으로 건축, 기술, 조경에 각별한 관심과 재능이 있었던 것으로 알려졌다. 부자가 모두 매우 높고 튼튼한 성곽을 쌓고 그 안에 거대한 궁전을 지었으며 정복지에서 수집한 나무를 모두 심어 거의 식물원 수준의 정원을 조성했다. 또한 건축과 정원 조성에 대해 매우 소상한 기록을 남겼고 부조로 새겨 궁전 벽을 장식했다.

서양 조경사 책, 메소포타미아 편에서 소개되기 마련인 정원 그림들은 모두 아시리아 것들이다. 특히 기둥으로 받친 교량형 테라스를 높다랗게 쌓고 그 위에 정원을 조성하는 것은 아시리아의 전통이었다. 그러므로 '공중 정원'은 베르사유 정원처럼 고유 명사가 아니라 아시리아에서 테라스 정원을 이를 때 쓰는 보통 명사였던 것으로 짐작된다.[3] 공중 정원이라는 용어를 최초로 쓴 사람이 바로 산혜립의 아버지 사르곤 II세였다. 고대 아시리아어로는 키리마후kirimahu라고 했는데 이를 직역하면 하이 가든high garden이다.[4] 지금 뉴욕의 하이라인이나 고층 건물 옥상 정원에 부합되는 개념이었던 것 같다. 이것을 '매달려 있는 정원hanging garden'이라고 번역하게 된 경위는 확실치 않다. 한국식 번역인 공중 정원이 오히려 더 정확한 표현이라 하겠다.

아시리아의 여러 공중 정원 중에서 산혜립 왕이 니네베에 지은 것이 유독 대단하여 7대 불가사의에 꼽히게 되었을 것이다. 그 이유는 어마어마한 규모뿐 아니라 정원 조성에 동원된 뛰어난 토목 기술 때문이었다. 자연의 법칙을 거스른 관수 기법도 이에 포함된다. 7대 불가사의의 조건이 그러했다. 평지에 조성된 정원은 아무리 아름답다고 해도 끼어들 수 없었다. 도저히 정원이 형성될 수 없는 조건을 극복한 엔지니어링의 승리. 사람들은 바로 이런 것에 감동한다.

산혜립은 왕으로 태어나지 않았다면 건축가나 엔지니어 혹은 발명가가 되었을 인물이었다. 니네베를 건설하고 도시, 궁전, 하이 가든, 성 밖 농경지에 물을 대기 위해 수십 킬로미터 떨어진 북쪽 산맥에서 물을 끌어왔다. 18개의 수로와 유수지를 만들어 네트워크를 만들었으며 홍수를 방재하기 위해 습지를 조성하고 온갖 식물과 들짐승, 진귀한 새를 길렀다. 그가 로마인보다 수백 년 앞서 교량형 아콰에둑투스를 만들었다는 사실은 각종 문헌기록뿐만 아니라 2012년에 발견된 암반 부조를 통해 입증되었다.[5] 또한 궁을 청동상으로 장식하기 위해 청동 주조 기술을 지속적으로 개선했고 나선형의 관수 시스템을 고안해 낮은 곳에서 높은 곳으로 물을 댔다. 보통 아르키메데스가 발명했다고 해서 '아르키메데스의 나사'로 알려진 관수 시스템은 사실 그보다 수백 년 전에 니네베의 하이 가든에서 쓰고 있었다. 산헤립 왕은 이렇게 말했다. "짐은 물을 끌어올리기 위해 기존의 두레박 대신 커다란 원통형 나사를 만들어 우물 위에 세웠다. 세상을 놀라게 할 기적 같은 궁전을 짓고 궁전 옆에 시리아의 아마누스 산맥을 재현한 정원을 만들어 온갖 나무를 심었다."[6]

고대 작가들이 남긴 공중 정원에 대한 묘사와 산헤립 왕이 직접 남긴 기록, 델리 박사가 밝혀낸 것들을 종합해 보면 다음과 같은 그림이 그려진다. 니네베의 높은 청동 성문을 통과하면 눈앞에 별천지가 펼쳐진다. 우선 넓은 호수가 있고 이를 감싸듯 반원을 그리는 테라스 정원이 산맥처럼 우뚝 솟아 있다. 왼쪽으로 왕의 웅장한 궁전이 서 있으며 그 너머로 멀리 지구라트가 보인다. 호수 위에선 날렵한 조각배들이 떠다니고 있다. 3, 4층으로 이루어진 테라스 정원에는 레바논의 시더와 야자수, 사이프러스 등을 위시하여 듣도 보도 못한 온갖 나무들이 자라고 있다. 왕이 원정을 다니며 수집해 온 것들이다. 기화요초와 과일나무들이 풍기는 다디단 향기가 어지럽고 나뭇가지 사이로 날아다니는 새들이 진기하다. 테라스는 흙을 쌓아 만들지 않고 하부에 건물을 지어 데크를 이용했다. 말하자면 옥상 정원인 것이다. 다만 건물

입면에 벽을 세우지 않고 주랑을 만들어 빛이 들어오게 했다. 정면에서는 주랑이, 측면과 배면에서는 건물 벽이 테라스의 무게를 받쳤다. 건물 벽은 이중으로 쌓았는데 총 두께가 6.6m이며 내벽과 외벽 사이의 간격은 약 3m였다. 이를 대형 석판으로 덮어 테라스를 만들었다. 그 위에 다시 짚을 섞은 아스팔트를 깔고 흙을 담을 수 있도록 점토 벽돌로 측벽을 쌓은 뒤 바깥쪽에는 구운 벽돌을 붙이고 안쪽에는 납판을 붙여 물이 스며들지 않도록 했다. 이렇게 준비한 후 세상에서 가장 큰 나무도 심을 수 있을 만큼 흙을 충분히 붓고 평평하게 다듬은 뒤 나무를 빼곡하게 심은 것이다.[7] 테라스들은 계단으로 서로 연결되어 있으며 아마도 계단 양쪽 날개에 나선형의 수동 펌프를 감추었을 것이다.

아시리아의 정원 예술이 어느 정도로 발달했었는지는 바로 구약 성경이 증명하고 있다. 에스겔서에 보면 아시리아의 정원이 하나님의 에덴동산보다 아름답다고 묘사되어 있다. "하나님의 동산 에덴에 있는 모든 나무가 다 시기하였느니라"(31장 9절). 전쟁에서는 둘도 없이 잔인했던 왕들이 가장 아름다운 정원을 만든 것, 그리 드문 일이 아니었다.

---

1. 센나케립이라고도 한다. 기원전 705~680년
2. 지구라트. 고대 메소포타미아의 전형적인 신전 축조 양식으로 계단식 피라미드 형식으로 지었다.
3. Rawlinson, 1900, pp.311~312에서 아시리아 정원이 새겨진 석판 부조를 설명하며 하나의 공중 정원(A hanging garden)이라고 설명했다.
4. Dalley, 2013, p.89.
5. 앞의 책, p.105.
6. 앞의 책, p.63.
7. Brodersen, 2007, pp.51~52.

079 왕과 정원사, 베르사유 정원의 지배자들

베르사유 정원의 중앙 축.
항공 사진으로는 그리 멀어 보이지 않지만 이 축을 걸어서 끝까지 가려면 한나절은 걸린다.
역원근법의 원리가 가장 확실하게 적용된 공간이다.

더 높이, 더 크게, 더 멀리 - 대왕들의 정원

대왕들의 정원 중 최고봉은 두말할 것 없이 프랑스 루이 14세의 베르사유 정원일 것이다. 궁을 지나 테라스에 서서 정원의 중앙 축을 멀리 바라보고 있노라면 공간에서 오는 강한 흡인력이 느껴진다. 이게 뭘까. 대운하의 잔잔한 수면 때문일까? 여기선 정원의 문법이 달라진다. 아예 언어가 다르다. 이 정원을 탄생시킨 두 명의 주역, 루이 14세(1638~1715)와 그의 정원사 앙드레 르 노트르André Le Notre(1613~1700)를 파악하지 않으면 정원도 이해하기 어렵다. 루이 14세는 매우 복합적인 인물이었던 것 같다. 접근이 쉽지 않다. 게다가 20세기에 태어나 평생 민주주의 이념을 신봉해 온 범인이 역사상 최고의 절대 군주를 어떻게 이해하겠는가. 그런데 왕보다 더 이해하기 어려운 인물이 있다. 베르사유 정원을 설계하고 30년 동안 꾸준히 다듬었던 왕의 정원사 르 노트르다. 그의 전기를 집필한 에릭 오르세나가 토로하기를 르 노트르의 성격을 규명하려고 하면 할수록 오리무중으로 빠져든다고 했다. 내면에 극명한 성격이 서로 대립하고 있어 매우 겸손해 보이는 사람이 새로운 세계를 창조했고, 한편 복종하는 신하이면서 정원에서는 엄격한 절대자였다. 늘 친절하게 웃는 단순한 인물 같지만 그건 함정이라고 했다. 바로 그의 정원처럼. 게으른 관찰자는 표면적인 단순함에 눈이 어두워 함정에 빠진다. 그러나 명민한 사람은 지루해 보이는 기하학의 이면에 우주의 비밀이 담겨있음을 짐작하고 이를 찾아 긴 여행을 떠날 것이란다.[1]

정원사

앙드레 르 노트르는 시대를 초월하여 유럽 최고의 정원 예술가로 꼽힌다. 거의 모든 사가가 이 점에서만은 의견의 일치를 본다. 그는 바로크 정원이라는 새로운 양식을 창조하고 완성한 인물이다. 그렇지만 그의 이력은 매우 단순하다. 대대로 프랑스 왕실 정원사를 지낸 집안에서 태어나 평생을 왕실 정원에서 보낸 르 노트르는 남들처럼 유럽을 헤집고 다니며 견문을 넓힌 것이 아니라 한결같이 자리를 지켰다. 새로운 정원 양식을 창조했다는 사람치고는 매우 조용하고 정돈된 삶을 살았다. 어쩌면 굳이 이탈리아에 갈 필요가 없었을지도 모르겠다. 그가 태어나 자란 파리의 튈르리 정원은 카테리나 데메디치 왕비가 고향 피렌체를 그리며 만든 곳이었다. 이 르네상스 정원이 그의 놀이터였고 배움의 장소였다. 루브르 궁도 바로 지척에 있었다. 당시 루브르 궁의 서쪽 날개 건물에는 국가에서 불러들인 최고의 예술가들이 작업장이나 공방을 운영하고 있었다. 어려서부터 신동으로 소문났던 화가 시몽 보예도 여기서 아틀리에를 운영하며 제자들을 길렀다. 어린 앙드레는 수도원 학교에서 수학과 기하학을 배우고 열다섯 살 되던 해 보예의 화실에 들어가 그림을 배웠다. 수학, 기하학, 미학은 그의 삶과 평생 동반하게 된다. 나날이 새로워지는 기술의 발전에도 큰 흥미를 보였다.

아틀리에에서 여섯 해 동안 그림 공부를 하며 화가의 꿈을 키웠을 수도 있겠으나 아버지의 대를 이어 왕실 정원사가 되어야 할 운명임을 그는 알고 있었다. 스물한 살이 되던 해에 아버지가 은퇴하자 화실을 떠나 튈르리 정원의 수석 정원사가 되었다. 여기서 그는 20년 동안 '자수 화단'을 수도 없이 만들어야 했다. 화단에 수를 놓으며 가슴 속에 원대한 바로크 정원을 구상했을 것이다. 그러다 마침내 기회가 왔다. 니콜라 푸케 재상이 궁을 새로 짓기로 하고 르 노트르에게 정원 설계를 의뢰한 것이다. 르 노트르 나이 40세였고, 이때 탄생한 것이 보 르 비콩트Vaux le Vicomte 정원이다. 르 노트르의 첫 작품이자 완성작이며 프랑스 최초의 바로크 정원이었다. 여기서 그는 처음으로 그의 '공간 마술'을 선보인다.[2]

왕

왕위를 물려받았을 때 루이 14세는 4살의 어린아이였다. 귀족들은 고양이 없는 세상을 만난 쥐처럼 신바람이 났을 것이다. 어린 왕이 25살의 청년이 될 때까지 주변에서는 그가 어떤 인물로 성장했는지 알지 못했다. 이때 니콜라 푸케 사건이 일어났고 귀족들은 무방비 상태에서 뒤통수를 호되게 얻어맞은 꼴이 되었다. 니콜라 푸케는 궁과 정원이 완성되자 성대한 파티를 열어 왕을 초대했다. 푸케의 궁전과 정원을 본 루이 14세는 분노를 참지 못했다고 한다. 2주일 후 푸케를 전격 파면, 체포하고 전 재산을 몰수했다. 종신형을 요구한 것도 왕이었으며 감옥에서 푸케를 살해하라고 명한 것도 왕이었다고 한다. 누가 진정한 주인인지 확실히 보여주고자 했다.[3] 왕은 푸케를 제거한 후 귀족들을 궁에 인질로 잡아두는 교묘한 술책을 썼으며 모든 권력이 자신에게 집중되게 했다. 수천 명의 인질에게 가상의 세계를 만들어 주어야 했다. 그리고 그 세계는 왕이 한눈에 파악하고 조절할 수 있는 곳이어야 했다. 루브르 궁은 적절하지 않았다. 그는 푸케의 예술가 3인조, 즉 건축가, 화가, 조경가를 불러 그런 곳을 만들라고 명했다.

공간의 마술 - 역원근법과 공간 접기

바로크 정원은 단순한 평면 기하학의 정원이 결코 아니다. 얼핏 보기에는 지루하게 축이 일자로 뻗어 나가고 사각형이 좌우대칭으로 반복 배치되어 별 묘미가 없어 보인다. 그런데 알고 보면 그 안에 수많은 공간의 비밀이 감추어져 있다. 르 노트르는 '역원근법'과 '공간 접기', '망원경 현상'[14] 등으로 요약할 수 있는 공간 마술의 원칙을 만들고 이를 자유자재로 구사하는 명장이었다. 공간과 공간의 비율을 조절하여 먼 것을 가깝게 보이게 하고 직사각형이 정사각형처럼 보이게 했다. 예를 들어 베르사유 정원의 중앙 축은 3km나 된다. 왕이 보기에 한눈에 들어오도록 만들고자 했다. 실제로 사람의 눈은 최대 1km 내의 것을 인지할 수 있다고 한다. 말하자면 3km의 공간을 1km로 줄여야 세상이 한 눈에 들어온다. 지평선을 끌어당겨 왕의 발밑에 양탄자처럼 깔아주고자 했다. 한편 운하가 끝없이 지속하는 것과 같은 느낌을 주어야 했다. 그러기 위해서는 소실점을 소멸시켜야 했다.

르 노트르는 원근법을 거스르고 공간을 아코디언처럼 접었다 펴는 기법을 개발했으며 중앙 축 좌우에 높은 나무로 벽을 세워 마치 망원경 같은 공간을 만들었다. 지평선을 당기는 시각적 효과를 내기 위해서였다. 중앙 축을 보면 잔디밭이 있고 그다음에 운하가 펼쳐진다. 언뜻 보기에 잔디밭과 운하의 면적이 거의 같은 듯하다. 그러나 실제로는 운하의 면적이 잔디 면적의 수십 배가 넘는다. 만약 두 공간의 면적이 같다면 멀리 있는 운하는 바늘 정도의 크기로 축소되어 볼품이 없어진다. 원근 현상 때문이다. 가까이 있는 잔디밭에 심한 경사를 두어 짧아보이게 하는 한편 운하는 들어 올리는 것이다. 베르사유 중앙 축을 바라볼 때 느껴지는 강한 흡인력과 신비한 기운은 자연의 법칙을 거스르고 있음을 본능적으로 감지하는 데에서 온다. 이해할 수 없지만 뭔가 이상하다는 느낌이 들고 경종이 울리며 긴장하게 되는 것이다. 결코 지루할 수 없다.

르 노트르는 왕이 보아야 할 것을 미리 짐작하여 만들어 주었고 왕은 르 노트르가 만든 것만 볼 수밖에 없었다. 세상을 지배한 것은 왕이었으나 왕의 눈을 지배한 것은 르 노트르였으니 누가 진정한 주인이었을까. 그는 자신의 묘비명을 미리 준비해 두었는데 문구는 이러했다. "천재성과 넓은 안목으로 정원 예술에 불후의 업적을 남겼으며 아름다움의 극치를 창조했고 온갖 아름다운 것들을 완전하게 했다. 그의 위대함은 그가 평생 모셨던 군주의 위대함에 맞먹는 것이었고, 그를 감히 상대할 예술가가 없었으니…"[5] 이 정도면 산헤립 왕도 울고 가지 않았을까.

1. Orsenna, 2007, pp.87~88.

2. 고정희, 2008, p.130.

3. 푸케를 죽인 것이 아니라 평생 철가면을 쓰고 있게 했다는 설도 있다(Wolff, 2010, pp.142~149). 무려 34년 동안 철가면을 쓰고 옥살이를 한 사람이 실제로 있었다고 하는데 그 정체는 아직까지 아무도 밝히지 못했다. 루이 14세의 쌍둥이 형제였다는 것으로 시작하여 무수히 많은 가설이 세워졌으며 푸케였을 것이라는 설도 있다.

4. 역원근법과 공간 접기 원칙을 설명하기 위해서는 상당히 많은 지면이 필요하다. 자세히 알고자 한다면, 『고정희의 바로크 정원 이야기』 65~79쪽의 "원근 현상과의 씨름과 운하의 비밀", 134~143쪽의 "아코디언처럼 공간을 접다"를 참조하길 바란다.

5. 앞의 책, p.134.

080 대왕의 포도나무 언덕, 포츠담 상수시

상수시 궁전과 정원.
프리드리히 대왕의 '포도나무 언덕'과 소박한 여름 별궁은
알키노오스의 포도나무 정원을 연상시킨다.

더 높이, 더 크게, 더 멀리 – 대왕들의 정원

스테파니 델리 박사는 공중 정원의 비밀을 파헤치고 나서 "이제 산헤립 왕은 베르사유의 루이 14세, 상수시Sanssouci의 프리드리히 대왕과 어깨를 나란히 하여 도시와 건축, 풍경을 총체적으로 디자인한 대왕들의 반열에 들게 되었다"며 글을 맺었다.[1] 루이 14세의 베르사유는 당연하나 프리드리히 대왕Friedrich II.(1712~1786)의 상수시가 과연 그 반열에 들어야 할지를 살펴보는 게 좋을 것 같다.

상수시는 독일 동북부, 베를린과 붙어 있는 포츠담 시에 조성된 구십만 평 규모의 거대한 파크다. 비록 '포츠담의 베르사유'라고 불리기는 하지만 처음부터 새로운 가상의 세계를 디자인하고자 했던 베르사유와는 도저히 비교되지 않는다. 우선 작고 소박하게 시작되었다. 프로이센의 프리드리히 대왕이 포츠담에 낮은 언덕을 하나 사서 여름 별궁을 짓고 테라스 정원을 만든 것이 시초였다. 대왕 자신이 40년의 통치 기간에 궁을 더 짓고 소 건축물들을 세우기도 했지만 그의 후손들도 이곳에 많은 자취를 남겼다. 백 년쯤 흐른 뒤 크고 작은 여러 개의 궁과 정원들이 모여 거대한 문화 경관을 이루며 상수시 파크로 성장한 것이다. 그러므로 상수시에서는 베르사유의 일사불란한 질서를 찾기 어렵다.

전체 배치를 보면 프리드리히 대왕의 별궁과 테라스 정원이 있는 핵심 구간은 동쪽에 치우쳐 아주 작은 부분을 차지한다. 나머지는 후세에 풍경화식 정원 개념으로 개조되었으며 오로지 긴 축 하나가 본래 바로크에 뿌리를 두고 있음을 입증하고 있다. 동쪽에서 서쪽으로 뻗어 나가며 확장되어갔다. 시대적으로 보면 후기 바로크, 즉 로코코에 속한다. 로코코 양식이란 뭔가 새로운 것이 아니고 바로크가 더 이상 발전하지 않고 제자리걸음을 하는 동안 건축 외관이나 인테리어를 중심으로 표현법이 달라진 것에 불과하다. 바로크의 원칙을 근본적으로 깨지 못했으며 짧은 기간 동안 반짝했던 양식이므로 그 유산도 많지 않다. 상수시는 늘 로코코 정원이라고 소개되고 있지만 사실 정원에서 로코코 양식을 헤아린다는 것은 별 의미가 없다. 베르사유 정원보다 반세기가 훨씬 지난 뒤에 조성되었는데 이때는 베르사유 열병이 많이 가라앉았던 시기였다. 영국에서는 이미 풍경화식 정원이 조성되기 시작했다. 독일 계몽주의의 대표 주자였던 프리드리히 대왕은 물론 영국에서의 흐름을 읽고 있었다.[2] 그는 테라스 정원을 제외한 나머지 공간은 자연에 맡겼으며 궁의 뒤편 언덕 위에 픽처레스크한 폐허를 조성하고 유수지를 만드는 것으로 풍경화식 정원의 시대를 유도했다.

이 글에서는 테라스 정원에 집중하고자 한다. 대왕은 테라스 정원을 먼저 조성하고 궁을 지었다. 테라스 정원이 그에게 매우 특별한 의미가 있었다는 뜻이다. 근심이 많고 성격이 복잡했던 대왕은 포도나무 언덕을 만들어 그 위에 작은 집을 짓고 근심 없이 살고자 했다고 전해진다. 상수시는 '근심 없이'라는 뜻이다. 여섯 단으로 이루어진 테라스는 포도나무 언덕을 형상화한 것이다. 테라스의 옹벽마다 각각 28개의 벽감을 파서 포도나무와 무화과나무를 심었다. 테라스를 남향으로 자리 잡아 일조량을 풍부하게 하고 벽감에 유리문을 달아 과일나무의 성장 조건을 적절하게 유지했다. 경사를 매우 완만하게 잡아 정원 면적을 테라스가 거의 다 차지하게 한 것이 독특한데 이 역시 과일나무의 성장 조건이 관건이었음을 보여준다. 전체 지형이 동서로 길게 뻗어 있으므로 이를 따라 정원의 방향도 동서로 잡는 것이 상식이겠으나 이를 무시하고 테라스를 남북으로 배치함으로써 처음부터 바로크 정원의 공간 마술이 불가했다. 테라스 최상단에 마련한 대왕의 궁전은 소박했으나 포도나무를 심은 테라스만은 웅장하게 만들었다. 중앙에 120개의 계단을 두고 있는데 계단의 형태가 독특하여 밑으로 내려가면서 좌우로 넓게 펼쳐진다. 이 어마어마한 테라스를 포도나무가 모두 차지하고 있다는 사실이 의미 깊다. 다른 왕들처럼 오렌지 정원을 조성하여 신성을 주장하지 않았다. 왕의 권위를 펼쳐 보이는 것과는 거리가 멀었다. 그 대신 농부의 포도나무를 심어 절대군주의 정원이기를 거부한 이 왕은 누구였을까.

본래 왕조에 대해 비판적이고 인색한 독일인이 유일하게 대왕 칭호를 붙여준 인물이 프리드리히 대왕이다. 황태자 시절에는 음악과 예술에 심취하여 부왕으로부터 계집애 같다고 핀잔을 들었다. 당시 관습에 따라 군 복무를 했으나 군복은 수의 같다며 혐오했다. 그러던 그가 왕위를 물려받은 뒤로는 사람이 돌변하여 공격적인 정치를 펼치기 시작했다. 프리드리히 대왕이 물려받은 프로이센이라는 국가는 힘없는 신생국이었다. 등극하자마자 혐오스러운 군복을 입고 정복전쟁을 시작했다. 강대국 오스트리아와 전쟁을 벌여 세상을 놀라게 했고 이것이 7년 전쟁으로 번졌다가 프로이센의 승리로 끝나 다시 한 번 세상을 놀라게 했다. 이로써 프로이센이 유럽 강대국의 반열에 들게 된 것이다. 그는 제국을 세우지 않았으나 제국을 세울 수 있는 기틀을 닦았다(백 년 후 그의 후손이 독일을 통일하여 제국을 세우게 된다). 그러나 왕좌를 출생의 저주로 보았던 시니컬한 인물이기도 했다. 종교에 회의적이어서 신을 버리고 국가를 종교로 삼았다. 늘 투덜대면서도 혼신의 힘을 다해 국력을 키웠다. 프로이센 특유의 책임감 때문이었을 것이다. 그의 조상대부터 프로이센의 왕들은 자신을 군주라기보다는 최고의 관리로 보았다.[3] 따라서 베를린의 본궁을 '직장'으로 보았고 포츠담의 별궁을 '집'으로 보았다. 특이한 사람들이었다.

프리드리히 대왕은 혹독하게 세금을 걷은 것으로도 유명하다. 자신의 부를 축적하기 위해서가 아니라 국가 경제를 살리기 위해서였다. 그의 논리에 의하면 백성들의 주머니에 세금 낼 돈이 들어가기 위해서 우선 세금을 걷어야 한다고 했다. 그 돈으로 농업과 상공업을 육성하고 기술 개발에 힘썼으며 유럽 전역에서 온 종교 난민들을 모두 받아들였다. 일꾼이 필요했고 이들이 내는 세금이 필요했다. "누구든 자기 생긴 대로 행복하면 그만이지 종교가 무슨 상관이람"이라는 유명한 말도 남겼다. 시장 경제를 살리는 기반이 필요했는데, 당시에는 그 기반이 영토에 있었다. 그래서 전쟁을 치러 남의 땅을 빼앗았다. 무수한 전쟁을 치렀다. 그의 통치 기간 전반부는 전쟁의 시대였고, 후반부는 평화의 시대였다. 독서 삼매경에 빠져있거나 플루트를 연주하던 황태자 시절의 그를 알던 사람들은 사람이 어떻게 저렇게 변할 수 있는지 의아해했다. 그의 아버지가 바로 그 유명한 '솔저 킹'이었다. 군대를 양성하는 데 평생을 바친 인물이다. 그러나 정작 전쟁은 한 번도 하지 않았다. 인색한 사람이었으니 전쟁 비용이 아까웠을 것이다. 비합리적인 일은 절대 하지 않았으며 백성들이 굶으면 자기 아이들도 굶겼다. 이 솔저 킹이 바로 이웃 프랑스의 루이 14세와 같은 시대를 살았다. 온 유럽이 루이 14세를 모방하여 흥청망청 연회에 젖어 있을 때 프로이센은 남몰래 힘을 키워갔다. 프리드리히 대왕은 아버지로부터 책임감과 서민적인 검소함을, 어머니로부터 예술적 감수성을 물려받았다. 천성과 '직업적' 갈등 사이에서 끊임없이 내면적인 분열을 겪었을 것이다. 그러면서도 언제 시간이 났는지 플루트 콘서트를 작곡하고 쉼 없이 글을 썼다. 후세에 그의 글을 다 모아 출판해보니 총 25권의 전집이 되었다. 유럽의 역사부터 철학과 음악까지 두루 테마로 삼았다. 그의 반 마키아벨리즘 소고는 유명하다. 프랑스 문화를 사랑하고 볼테르의 철학을 흠모하여 글을 모두 불어로 쓰기는 했지만 베르사유나 절대 왕권은 사양했다.

그보다는 고대 그리스의 높은 정신 문화를 그리워했던 것 같다. 그의 테라스 정원이 그 증거다. 상수시의 테라스 정원은 얼핏 아시리아의 공중 정원을 연상시키기도 한다. 전쟁과 영토 확장, 도시 건설에 바친 열정 등으로 미루어 볼 때 스테파니 델리의 말처럼 산혜립 왕, 루이 14세와 어깨를 나란히 하는 것이 타당해 보인다. 그러나 전혀 그렇지 않다. 신성을 상징하는 오렌지나무 대신 포도나무에 자신의 테라스를 모두 내준 프리드리히 대왕의 상수시를 보면 오히려 고대 그리스의 알키노오스 정원이 떠오른다.[4]

1. Dalley, 2013, p.208.
2. Buttlar, 1980, pp.209~210.
3. Haffner, 1998, pp.126~137.
4. 이 책의 "067. 알키노오스의 정원, 호메로스에게 듣다"

081

파라다이스와 사분원의 원작자를 찾아서

키루스 대왕이 지었던 파사르가다에 궁전 터.
사방을 주랑으로 둘렀던 알현실로 지금은 기둥만 남아 있다.

지금 이슬람권에서 벌어지고 있는 일들을 보면 바로 그 지역에서 '파라다이스'라는 개념이 탄생했다는 사실이 믿기지 않는다. 그뿐만 아니라 동쪽의 우즈베키스탄 사마르칸트에서 서쪽의 스페인 안달루시아까지 보석 같은 이슬람의 파라다이스 정원들이 수없이 흩뿌려져 있다는 사실도 믿기 어렵다. 인간의 가슴 속에는 천국과 지옥이 늘 공존해왔던 것인지도 모르겠다. 생각해보면, 기후 조건이 가장 험난한 곳에서 가장 아름다운 정원이 만들어졌다는 사실은 당연해 보인다. 한반도의 경우, 봄부터 가을까지 뒷동산에 앉아 경치를 감상하면 낙원이 따로 없었다. 고대 그리스 등 지중해 유역은 물론이고 온화한 기후대의 숲 속에 자리 잡고 살았던 유럽인에게도 자연 환경이 그리 험난하지 않았다. 굳이 사방에 담을 두르고 지하수를 퍼 올려 연못에 물을 대고 큰 나무들을 심어 그늘을 만드는 수고를 하지 않아도 그런대로 살 만했을 것이다. 그러나 한낮이면 지옥의 불구덩이로 변하는 곳에서 살았던 사람들에게 정원은 사치품이 아니라 필수품이었다. 지옥 불과 낙원의 개념이 모두 이 지역에서 발생했다. 불구덩이와 모래바람을 피해 사방에 담을 두르고 별개의 세계를 구축하려 했던 것은 지극히 당연했다. 왜 하필 그런 곳에서 살았는지는 또 다른 문제다.

담으로 둘러싸인 정원의 시작은 까마득한 옛날, 메소포타미아에서 처음으로 사람들이 정주하여 농사를 짓고 부족 국가를 형성했던 시절로 거슬러 올라간다. 그러나 실제 남아 있는 흔적은 기원전 6세기경 고대 페르시아 제국 때 것이 가장 오래되었다. 고대 페르시아 제국이 지금의 이란이다. 바빌론과 페르시아가 합세하여 아시리아 제국을 멸망시켰음은 앞에서 이미 언급했다.[1] 그 후 융성했던 바빌론은 다시 페르시아에게 정복당했다. 페르시아는 메소포타미아의 경계를 넘어 동쪽으로는 중앙아시아, 서쪽으로는 지금의 터키, 남쪽으로는 이집트와 인더스 강까지 이르는 거대한 제국으로 팽창했다. 이 제국을 건설한 왕이 키루스 2세(B.C. 590년경~530년)였다. 사람들은 그를 대왕이라고 불렀다.

구약 성경은 유대 민족의 역사를 기록한 사서이기도 하다. 당시 이웃 나라들의 소식은 물론 유대인들을 괴롭혔던 강대국의 왕들이 구약에 자주 언급된다. 공중 정원을 지었던 산혜립 왕이나 바빌론의 네부카드네자르 왕도 여러 번 악역으로 등장한다. 키루스 대제의 경우 '고레스'라는 이름으로 등장하는데 의외로 선한 역을 맡았다. 구약에 언급되는 타국의 왕 중에서 유일하게 긍정적으로 묘사되었다. 바빌론을 정복하고 나서 마침 그곳에 끌려와 살고 있던 유대인들을 고향으로 돌려보내고 예루살렘에 성전을 짓도록 했기 때문이다. 전례가 없던 일이었다. 유대인들은 그를 하나님이 보내신 목자로 여겼다. 그리고 하나님이 친히 그의 "오른손을 붙들고" 바빌론을 항복시켰다고 기록했다.[2]

이렇게 제국의 주인과 왕조가 바뀌는 사이, 에덴동산보다도 아름답다고 했던 아시리아의 정원이 바빌론을 거쳐 페르시아로 전승되었다. 도시 건설, 건축, 물 관리 기법 역시 물려받았다. 키루스 대제는 현재 이란 남서부 산악지대의 파르스Fars 지방에 도읍을 정하고 페르시아 제국의 첫 수도를 건설했다. 당시에는 '파사르가다에Pasargadae'라고 불렀는데 지금의 시라즈에서 약 130km 떨어진 곳에 있었다. 이로써 세상의 중심이 동쪽의 이란 고지대로 이전되었으며 메소포타미아의 시대는 막을 내렸다.

파사르가다에는 현재 유네스코 세계문화유산에 유적지로 등재되어 있지만, 담장의 흔적과 궁터, 매머드 사이즈의 기둥, 키루스 대제의 무덤 외에는 남은 것이 많지 않다. 그런데도 조경사에서 매우 큰 의미를 지닌다. 바로 이곳에서 이른바 '사분원four gardens'의 최초 흔적이 발견되었기 때문이다. 사분원이란, 단어 그대로 해석하자면 하나의 정원이 네 개로 분열된 것으로 보아야 하겠으나 반대로 네 개의 정원이 하나로 모였다는 뜻으로도 볼 수 있다.[3] 결과적으로는 마찬가지일지도 모르겠다. 그러나 사분원을 탄생시킨 페르시아가 동서남북의 땅을 통합했다는 점을 감안한다면, '네 개의 강과 네 개의 하늘을 합쳐 웅대한 제국을 이루었노라'는 자랑과 이념이 배어 있는 상징이었을 것이다.

키루스 대왕은 처음부터 정원에 중점을 두고 설계했다. 건물에 정원이 딸린 것이 아니라 오히려 반대였다.[4] 가로 240m, 세로 200m 규모의 터를 높은 담으로 둘러쌌으며 이 방대한 정원 공간을 여러 단위로 나누고 그 안에 궁궐의 전각을 드문드문 배치했다. 이런 배치법은 오히려 창덕궁 등 동양의 궁궐을 연상시킨다. 큰 전각은 사방을 주랑으로 둘렀으며 작은 건물에는 앞뒤로 거대한 문주를 만들어 붙여 정원과 자연스럽게 연결되게 했다. 큰 전각들은 왕의 처소 혹은 알현실로 쓰였을 것이고 작은 누각들은 연회장으로 쓰였을 것이다. 기하학적으로 배치된 석조 수로를 따라 물이 흐르며 전각과 누각을 서로 연결했다. 수로의 중간에는 일정한 간격으로 원형 혹은 사각형의 석조 연못들이 배치되었다. 전각들 사이의 정원은 이렇게 수로가 중심이 된 사분원으로 단정하게 장식했지만, 건물 뒤편의 넓은 땅에는 수렵원을 조성했다. 사자부터 노루, 사슴 등 온갖 사냥감이 득시글거렸다고 전해진다. 이 또한 아시리아로부터 넘겨받은 전통이었다. 키루스 대왕은 소년 시절 수렵원에서 사냥을 해야 한다는 규칙을 무시하고 친구들과 담장을 몰래 넘어가 산에서 사냥했다는 이야기도 전해진다.

키루스와 그 뒤를 이은 페르시아 왕들의 정원 집착증에 대해서는 다름 아닌 소크라테스가 증언한 바 있다. 페르시아 왕은 가는 곳마다 우선 정원부터 만들고 보았는데 그 정원에는 지구상에서 가장 아름다운 동물과 식물이 가득 차 있었다고 했다.[5] 물론 소크라테스가 직접 글을 써서 남긴 것은 아니고 그의 제자였던 크세노폰(B.C. 430년경~354년경)이 기록으로 옮긴 것이다. 이때 '페르시아 왕들의 담 높은 정원'이라는 개념을 그리스어로 옮겨야 했다. 그런데 왕도 없고 담 높은 정원도 없던 그리스에 같은 뜻을 가진 단어가 있을 리 만무했다. 구 페르시아어로는 'pairi-daeza'라고 했다.[6] 크세노폰으로서는 발음을 비슷하게 하여 그리스어로 옮길 수밖에 없었을 것이다. 그 결과가 '파라디소스παράδεισος'였다. 우리 조상들이 처음으로 영어를 한글로 옮길 때와 흡사한 상황이었을 것이다. '크림'을 '구리무'라고 했던 시절이 있었다.

이후, 약 백 년쯤 지나서 유대인들의 경전 『토라』가 그리스어로 번역되기 시작했다. 이때는 아직 기독교가 시작되기 전이었으므로 교회와는 무관하게 순수한 학문적 관점에서 타문화의 '고전'을 번역한 것이다. 당시 창세기를 번역하는데 "하나님이 에덴이라는 곳에 정원을 조성했다"는 대목이 나왔다. 히브리어로는 '간 에덴Gan Eden' 정도로 발음하는데 이에 또 갖다 붙일 그리스어가 부족했다. 번역해 본 사람은 누구나 겪어봤을 법한 어려움이다. 문득 예전에 크세노폰이 창조했던 파라디소스라는 단어가 있었음을 기억하고 이를 가져다 썼다. 그래서 페르시아 왕들의 담 높은 정원이 창졸간에 에덴 정원으로 둔갑하여 구약 성서에 진입하게 된 것이다.

---

1. 이 책의 "078. 공중 정원의 진실 게임" 참조
2. 구약 성경 이사야 44:28과 45:1
3. Stronach, 1990. 아랍어로 čahārbāḡ이라고 쓴다는데 대략 까하르백 정도로 발음되는 것 같으며 네 개의 정원(four gardens)이라는 뜻이다.
4. Rüdiger, 2009, p.8.
5. Hassani, 2015, p.2.
6. Leisten, 1993, p.56.

082 알람브라, 무어인의 마지막 한숨

알람브라 별궁 정원 헤네랄리페.
별궁 외곽으로 능선을 따라 길게 펼쳐진 산책 정원의 수로와 분수

페르시아 정원과 이슬람 정원

이렇게 사분원과 파라다이스 정원이 하나의 개념으로 묶였고 어느 틈에 '이슬람 정원'의 기본형이 되어 세상에 널리 전파되었으며 지금까지 고수되고 있다.[1] 그러나 사분원이나 파라다이스 정원은 위에서 살펴본 것과 같이 이슬람의 산물은 아니다. 이슬람은 키루스 대왕 시대로부터 무려 1,200년가량 흐른 뒤 서기 7세기 초반에 탄생한 종교다. 남쪽의 아라비아 반도, 즉 지금의 사우디아라비아에서 발생했다. 이곳 사막에서 살던 아랍인은 유목 민족이었다. 그들이 말안장에 코란을 싣고 검을 휘두르며 북상하는 동안 이슬람은 매우 빠르게 확산되었다. 632년에 예언자 마호메트가 죽고 백년이 지나지 않아 메소포타미아, 페르시아, 이집트 등 고대 문명이 발생했던 지역은 모두 이슬람의 지배하에 하나로 묶였다. 아랍에서 온 정복자들의 주목적은 영토를 얻고 종교를 전파하는 것이었으나 정복한 지역에 존재하는 문화를 수용할 줄도 알았다. 본래 정복지의 정원을 파괴하고 나무를 베어버리는 것이 이 지역의 오랜 전통이었다. 가장 신성한 것을 앗아 가장 큰 충격을 주는 것이 목적이었다.[2] 그러나 남에서 온 아랍인들은 코란으로부터 다른 가르침을 받았다. 신이 창조한 자연 앞에서는 검을 거두어야 한다고 배웠다. 최초의 칼리프 아부 바크르Abu Bakr는 병사들에게 야자나무를 자르고 밀밭을 불태우거나 과수원을 훼손해서는 절대 안 된다는 영을 내렸다고 한다.[3] 이들이 페르시아의 세련된 정원을 처음 보았을 때 어떤 느낌을 받았을까? 코란에 묘사된 파라다이스를 떠올리지 않았을까?

1492년, 스페인 그라나다의 알람브라에 입성한 이사벨 여왕과 페르난도 왕도 비슷한 심정이었을 것이다. 다만 입장이 뒤바뀌었을 따름이다. 그들은 지난 근 800년간 안달루시아를 지배했던 이슬람 무어인 세력을 몰아내고 가톨릭의 세상을 되찾고자 왔다. 북쪽에서부터 무어인의 근거지들을 하나씩 무너뜨리며 남하했고 이제 그라나다가 마지막 보루였다. 무어인의 마지막 통치자 무하마드 12세는 알람브라를 사수하지 않았다. 어느 시인이 마치 루비와 같다고 노래했던 알람브라. 그 보석이 파괴될까 두려웠는지도 모르겠다. 그는 성문을 열어 항복했고 성 앞에서 진을 치고 있던 가톨릭 군대들은 무혈 입성했다. 갑옷을 입고 창검을 쩔그렁거리며 성문을 지나자 눈앞에 나타난 별천지를 보고 그들은 무엇을 느꼈을까? 잠시 에덴에 온 것으로 착각하지 않았을까. 알람브라의 새로운 지배자들은 궁전과 정원에 반해버려 변화시키지 않고 거의 그대로 보존했다. 모스크를 성당으로 개조하고 르네상스 양식의 궁을 새로 하나 추가로 건설하고 수도원을 지은 것이 전부였다. 저 멀리 페르시아에서 시작되었던 담 높은 사분원이 이제 가톨릭의 파라다이스가 된 것이다.

　　대개 알람브라 하면 궁전과 '헤네랄리페'라는 별궁 정원을 떠올린다. 그러나 본래 알람브라는 궁전 외에도 요새, 군사 시설, 모스크, 관청 및 관사 등으로 이루어진 복합 단지였다. 도시 속의 도시였던 셈이다. 시에라네바다 산맥을 등지고 사비카 언덕 약 900m 고지에 방어용 요새를 세우면서 알람브라의 역사가 시작되었다. 이때가 9세기였는데 13세기까지는 요새로만 존재했다. 그러다가 북쪽에서 가톨릭 세력이 압박해오자 당시 그라나다를 통치했던 나스르 가문의 술탄은 1238년 가솔과 신하들을 이끌고 산성으로 거처를 옮겼다. 요새에 군대를 주둔시키고 술탄의 궁전을 지었으며 모스크를 세우고 관청 건물과 관사도 들였다. 물론 술탄을 따라온 귀족들의 별장도 들어섰다. 이렇게 하여 능선을 따라 길이 약 740m, 폭 200m의 단지가 생겨났다. 이 단지 전체를 높다란 성곽으로 둘러싸고 모두 13개의 성문을 냈다. 해 질 무렵, 산 아래에서 성을 올려다보면 마치 붉게 타는 것 같다고 해서 백성들이 '알람브라'라고 부르기 시작했다고 한다. 알람브라는 아랍어로 '붉다'는 뜻이다. 혹은 성을 짓던 시절에 밤에 횃불을 밝히고 붉은빛 아래서 공사를 했기 때문에 그렇게 불렸다는 설도 있다.[4]

그중 사람들의 관심이 집중된 곳은 물론 술탄과 에미르[5]가 살았던 궁전이다. 여러 대에 걸쳐 세 개의 궁전을 나란히 붙여 지었다. 그러나 말이 궁전이지 건물의 규모로만 본다면 매우 조촐하여 그저 거처라고 표현하는 것이 맞을 것이다. 실제로 알람브라 전체에서 궁전이 차지하는 비율은 매우 낮다. 다만 이슬람 건축의 정교하고 환상적인 아름다움으로 인해 규모와는 상관없이 꿈처럼 여겨지는 곳이다. 세 개의 궁전이 나란히 붙어있긴 하지만 각 건축과 중정 디자인에서 조성 시기가 달랐음이 여실히 드러난다. 공통점이라면 중정마다 필수적으로 물의 요소가 있다는 사실이다. 마치 '태초에 물이 있었다'고 주장하는 것처럼 보인다. 알람브라의 경우 분수, 수로, 작은 연못 등으로 변주되며 절대 과장하지 않고 한 중정에 하나의 테마만 부여하는 정갈함을 보인다. 건물의 경우 우선 중정을 둘러싸고 있는 벽의 디자인에서 변화상을 읽을 수 있다. 가장 먼저 지어진 메수아르Mexuar 궁전이 가장 폐쇄적이다. 문과 창문을 제외하고 모두 막혀 있다. 이와 연결된 것이 그다음 세대에 지어진 코마레스Comares 궁인데 여기엔 '머틀 중정'이라고 부르는 장방형의 공간이 있다. 연못이 거의 모든 면적을 차지하는 곳이다. 연못 양쪽에 머틀[6]이라는 매우 향기로운 식물을 심어 생단을 만들었기 때문에 그렇게 불린다. 이 중정을 둘러싸고 있는 네 개의 벽을 보면, 긴 쪽의 두 벽은 막혀 있고 위아래의 두 벽은 주랑을 앞세워 열어두었다. 그다음에 나타나는 궁전이 알람브라의 백미, 사자궁이다. 중정에 사자 12마리가 수반을 받치는 형상의 분수가 있기 때문에 사자궁이라고 불린다. 여기서 비로소 벽이 모두 사라지고 사방을 주랑으로 둘러 안과 밖의 경계가 모호해졌다. 이곳은 술탄 가족들의 사적인 공간으로 주로 여인들이 거처했던 곳이었다. 흰색, 상아색이 주를 이루는데 정교하고 섬세한 상아 조각이나 대리석 조각이 사자보다는 요정을 연상시킨다. 중정에 햇빛이 가득 내리면 상아와 대리석이 눈부신 흰색으로 빛나는데 이 빛이 실내에 스며들면서 금가루가 되어 흩어진다. 공기조차 금빛으로 변하면서 아라비안나이트의 세계로 빠져들게 한다. 알람브라는 "별빛을 받아 은이 되고 햇빛을 받아 금이 된다"더니 아마도 사자궁을 두고 했던 말일 것이다.[7] 도저히 사람의 솜씨라고 믿기 어려운 이슬람 예술의 극치다. 본토와 멀리 떨어져 있으므로 새로운 유행도 전해 받지 못했고 재료도 변변치 않았지만 바로 그 점 때문에 최고의 예술성을 발휘할 수 있었을 것이다. 사자궁은 건물 내외 벽뿐만 아니라 천장도 단 $1cm^2$의 여백 없이 완전히 문양으로 채워졌다. 1377년부터 짓기 시작했는데 이 무렵 무어인들은 이미 그들 시대의 종말이 다가오고 있다는 것을 느꼈다. 마치 염원하는 마음을 담아 부적을 그리듯 반복해서 문양을 새기고 또 새겼을 것이다.

그러나 왕들의 처소에 속한 중정들이 아무리 아름답다고 해도 진정한 의미에서의 정원은 아니다. 세 개의 처소를 지나 밖으로 나오면 13개의 탑문 중 하나인 여인의 탑으로 인도된다. 그리고 그 앞에 넓은 연못이 반듯하게 놓여 있다. 이 연못에 이어진 아름다운 사분원은 후대에 조성된 것이다. 본래 귀족들의 별정이 즐비했던 자리였는데 세월을 이기지 못하고 폐허가 되었고 빈자리가 아쉬워 후대에 정원을 만든 것이다. 여기서 멀리 동쪽 언덕을 바라보면 능선에 희게 빛나는 별궁이 있다. 그 유명한 헤네랄리페다. 본래는 왕실에 먹거리를 대기 위한 농장이 있었던 곳이다. 아스마일 1세(1314~1325)가 이곳에 별궁을 짓고 능선 전체를 꿈같은 정원으로 변신시켰다. 헤네랄리페는 '건축가의 정원Yannat-al arif'[8]이라는 뜻이라고 한다. 알 아리프는 이곳을 지은 건축가의 이름이다. 본래 이름이 없던 곳이어서 건축가의 이름을 따서 부른 듯하다. 헤네랄리페는 크게 두 구역으로 나뉜다. 별궁에 둘러싸인 중정과 담장 밖으로 능선을 따라 길게 펼쳐지는 산책 정원인데 모두 정연한 사분원이 연속된다. 정원 애호가라면 한번 쯤 찾아봐야 할 정원계의 성지와 같은 곳이다. 관광객이 너무 붐벼 제대로 감상하기 어렵지만 그래도 인내하면서 찬찬히 구석구석 살피면 매력적인 공간들을 무수히 만날 수 있다.

1. World Heritage List, Pasargadae, online: http://whc.unesco.org/pg.cfm?cid=31&id_site=1106
2. Gothein, 1926, p.41.
3. Hobhouse, 1992, p.42.
4. Molina, 2001, p.3.
5. 그라나다의 통치자가 처음에는 술탄의 칭호를 가졌다가 나중에 에미르라 했다.
6. Myrtus communis, 얼핏 보기에 회양목과 매우 비슷한데 잎이 연약하며 만지면 형언할 수 없는 달콤한 향기가 난다.
7. Molina, 2001, p.4.
8. Molina, 2001, p.93.

083 타지마할, 시간의 뺨에 흐르는 눈물

타지마할.
인류 건축 문화 중 최고에 속한다는 극찬을 받고 있다.

페르시아 정원과 이슬람 정원

정원 양식에 종교 이름을 붙이는 경우는 이슬람 정원밖에 없다. 기독교 정원, 불교 정원이라는 개념은 없는데 유독 이슬람 정원만 별도로 구분하는 것에 회의적으로 반응하는 사가들도 있다. 수많은 정원 서적을 저술한 페넬로페 홉하우스 여사는 그의 마지막 저서에서 이슬람 정원이라는 개념을 더는 쓰지 않았다. 대신 '페르시아 정원'으로 크게 분류하고 이슬람 정원을 "페르시아의 유산을 물려받은 정원들"이라고 돌려서 정의했다.[1] 혹은 시대와 지역으로 나누어 스페인의 무어 정원, 현 이란의 페르시아 정원, 동쪽의 티무르 제국 정원, 인도 파키스탄 지역의 무굴 정원, 터키의 오스만 제국 정원 등으로 분류하는 경우도 있다. 이 경우 정작 이슬람이 시작된 아라비아 반도와 이집트, 모로코 등 북아프리카 이슬람 국가들 정원의 소속이 사라지게 된다. 그러므로 이슬람권 전역의 정원을 통틀어 '이슬람 정원'이라고 칭하는 것이 합리적이다. 게다가 이슬람권이 여러 대륙에 걸쳐있기 때문에 유럽 정원이나 아시아 정원처럼 지역 문화권으로 정의하기도 어렵다. 지역, 국가, 시대에 따라 조금씩 차이는 있었으나 이슬람권의 정원 양식은 한결같다. 단연코 물이 그 중심에 있으며 엄격한 사분 기하학을 잃지 않았다.

이슬람 정원 양식의 한결같음은 코란과의 연계성 속에서 설명된다. 물론 코란은 꼭 그렇게 디자인하라고 규정하고 있지는 않다. 앞에서 살펴보았다시피 사분 기하학도, 물을 중심에 두는 원칙도 이슬람이 발생하기 오래전부터 존재했다. 언제부터인가 그들은 '우리들의 정원은 코란 속의 파라다이스를

477

거울처럼 반영한 것'이라고 주장하기 시작했다. 코란, 즉 신의 말씀이 변할 수 없듯이 정원의 원칙도 영구불변해야 이치에 맞았을 것이다. 코란에는 파라다이스가 130번 이상 언급되고 꽤 구체적으로 묘사되어 있다. 코란에 묘사된 파라다이스는 시냇물이 흐르는 곳,[2] 더위도 추위도 없는 곳, 비단옷을 입고 시원한 나무 그늘 아래 푹신한 방석 위에서 은잔에 담긴 향기로운 샘물을 마시는 곳, 사철 단 열매를 먹으며 영원히 거하는 곳[3]이다. 이 파라다이스는 정의롭게 산 이들에게 내세에 비로소 상으로 내려지는 것이다. 이집트처럼 각자 도시락을 지참하듯 정원을 만들어 가야 하는 것이 아니라 하늘에 이미 준비되어 있다. 그런 것을 현세에 미리 만들면 상 줄 준비를 하고 계실 신이 무색하시진 않을까? 아니면 상 받을 자신이 없었기 때문일까?

그러나 무굴 제국의 건축과 정원은 —이슬람의 건축과 정원은 서로 일체가 되어 하나의 세계로 조성되었으므로 따로 떼어서 생각할 수 없다— 단지 잘 먹고 잘사는 파라다이스를 재현한다는 의도보다 훨씬 깊고 무한한 것을 추구했다. 이 점은 무굴 건축·정원 문화의 절정이라고밖에 할 수 없는 그 유명한 타지마할에서 잘 드러난다. 타지마할이 하필 영묘라는 점이 의미심장해 보인다. 무굴 제국의 5대 황제 샤자한이 일찍 세상을 떠난 사랑하는 왕비를 위해 지은 곳이다. 왕비가 갑자기 세상을 떠나자 왕은 수 주일간 두문불출하고 깊은 슬픔에 잠겼다고 한다. 그러던 중 영묘에 대한 구상이 떠올랐을 것이다. 1631년, 왕비가 죽은 지 6개월 만에 공사를 시작하여 1648년에 완성되었으니 꼬박 17년이 걸렸다. 전통에 따라 정원을 먼저 만들고 왕비의 석관을 임시로 정원에 안치했다. 이곳에서 왕비는 죽은 채로 17년을 기다렸다. 건축이 완성된 후 한가운데 있는 방에 석관이 모셔졌는데 이는 가짜 관이고 진짜 관은 지하 석실에 안치되어 있다.

1,000마리의 코끼리들이 건축 자재를 나르고 제국 전체에서 최고의 건축가, 조각가, 보석 세공사 등, 장인 20,000명이 모여 일했다고 한다. 아프가니스탄에서 온 아부 파젤Abu Farzel이라는 건축가가 설계를 담당했는데 그는 본래 페르시아 출신이었다. 여기서 페르시아 건축에 인도의 요소를 접목한 독특한 인도 이슬람 건축 양식이 탄생했다. 흰 대리석과 28종의 보석이 건축에 이용되었다. 점토 벽돌로 건물의 본체를 짓고 흰 대리석을 붙여 순백색이 되게 했으며 역시 순백색 대리석으로 거대한 돔을 만들어 덮었다. 본체 서쪽엔 모스크를 세우고 동쪽엔 똑같은 형태의 게스트하우스를 만들어 좌우대칭이 되도록 했으며 사방에 미나레트를 세웠다. 그런데 이 네 개의 미나레트들은 완벽히 수직으로 서 있지 않고 바깥으로 약간 기울어져 있다. 이는 의도된 것이었으며 두 가지 이유가 있었다. 우선 이렇게 해야 멀리서 볼 때 비로소 길고 날씬한 미나레트가 똑바로 서 있는 것처럼 보인다. 두 번째 이유는 지진이 일어날 경우 미나레트가 바깥쪽으로 무너지게 하여 본체를 보호하기 위함이다.

본래 정원은 지금보다 더 컸다. 정원으로 들어가는 대문 바깥쪽에 같은 규모의 정원이 또 하나 있었다. 이곳은 이승에 속하며 대문을 통해 들어가는 곳이 바로 내세가 된다. 타지마할의 배치에는 매우 이상한 점이 있다. 홍수의 위험이 있는 강가에 바투 자리 잡고 있다는 점과 건축이 정원의 북쪽 끝에 서 있다는 사실이다. 무굴 제국 영묘 건축의 원칙에 따르면 정원의 정중앙에 자리 잡아야 마땅했다.[4] 다시 말하면 건물 앞의 정원과 똑같은 것이 건물 뒤쪽에 조성되어야 한다. 그렇게 건물과 정원이 앞뒤가 따로 없는 완벽한 좌우대칭을 이루어야 한다. 한쪽은 진실이고 다른 한쪽은 물에 투영된 그림자다. 이승과 내세로 구분된 세상이 다시 한 번 진과 허로 반복되는 것이다. 그런데 타지마할의 경우는 그 반쪽밖에 없다. 무굴 건축을 연구하는 많은 사람이 이 점을 매우 의아하게 여겼다. 그래서 이런 소문이 떠돌게 되었는지도 모르겠다. 샤자한 왕은 처음부터 강 건너편에 자신의 묘와 정원을 똑같은 모양으로 짓고 다리를 놓아 서로 연결할 계획이 있었다고 한다.[5] 다만 검은색으로 지어 왕비의 흰색과 대비되게 하려고 했다는 것이다. 흰색은 죽음과 관련되었을 때 영혼을 상징한다. 왕은 그 영혼의 검은 그림자가 되려 했던 것일까? 그렇다면 굳이 강가에 자리 잡은 것도 이해가 간다. 강을 통해 투영된 진상과 허상. 얼마나 절묘한가. 그러나 이 절묘한 계획은 왕의 아들이 모반을 꾀해 아버지를 왕좌에서 밀어내고 가택 연금시킴으로써 수포가 되었다. 만약에 왕의 계획이 실현되어 강 오른쪽의 것과 똑같은 것을 강 왼쪽에 좌우대칭으로 지었다면 모든 것이 들어맞았을 것이다. 왕과 왕비가 강을 사이에 두고 서로 마주보게 되며 이들이 빛과 그림자가 되어 정원의 중앙에 위치하게 되었을 것이다. 견우와 직녀 이야기가 무굴의 신화였던가? 왕은 꿈을 실현하지 못한 것이 슬퍼서 지금도 눈물을 흘리고 있는지 모르겠다. 인도의 시성 타고르가 타지마할을 일컬어 이렇게 노래했다고 한다. "시간의 뺨에 흐르는 눈물 한 방울" 같다고.

---

1. Hobhouse, 2004.
2. 코란 2장 25절. 네 개의 강이라고 되어있지는 않고 단지 복수로 표현되어 있다.
3. 코란 76장
4. Gothein I, 1926, p.73.
5. 앞의 책, p.74.

중세의 이상 도시 설계도 084

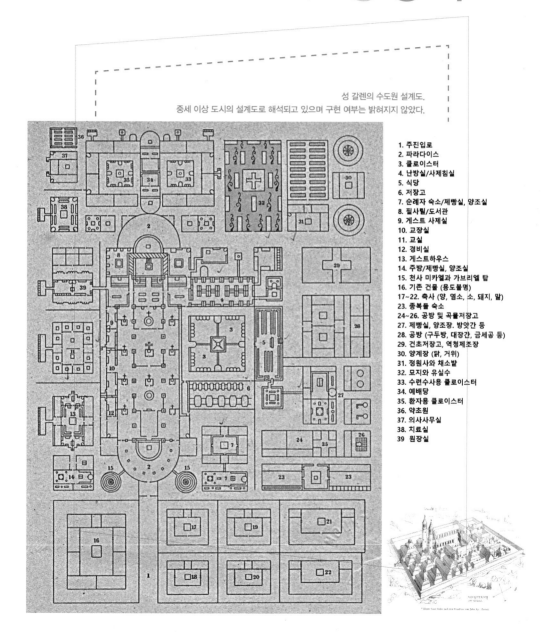

성 갈렌의 수도원 설계도.
중세 이상 도시의 설계도로 해석되고 있으며 구현 여부는 밝혀지지 않았다.

1. 주진입로
2. 파라다이스
3. 클로이스터
4. 난방실/사제침실
5. 식당
6. 저장고
7. 순례자 숙소/제빵실, 양조실
8. 필사실/도서관
9. 게스트 사제실
10. 교장실
11. 교실
12. 경비실
13. 게스트하우스
14. 주방/제빵실, 양조실
15. 천사 미카엘과 가브리엘 탑
16. 기존 건물 (용도불명)
17~22. 축사 (양, 염소, 소, 돼지, 말)
23. 종복들 숙소
24~26. 공방 및 곡물저장고
27. 제빵실, 양조장, 방앗간 등
28. 공방 (구두방, 대장간, 금세공 등)
29. 건초저장고, 역청제조장
30. 양계장 (닭, 거위)
31. 정원사와 채소밭
32. 묘지와 유실수
33. 수련수사용 클로이스터
34. 예배당
35. 환자용 클로이스터
36. 약초원
37. 의사사무실
38. 치료실
39. 원장실

중세, 정원의 암흑시대였나?

"너희 동양인들이 최고의 문명 수준을 누리고 있을 때 우리는 아직 원숭이처럼 나무에서 살고 있었어." 독일 친구들로부터 여러 번 들었던 말이다. 물론 심하게 과장된 자기 폄하적 발언이지만 독일, 프랑스, 오스트리아, 스칸디나비아 등 현재 유럽의 중추를 이루고 있는 국가들의 역사가 그리 길지 않은 것만은 사실이다. 지금까지 살펴본 고대 그리스와 로마, 이집트와 메소포타미아, 페르시아 이슬람 문화는 유럽 대륙을 빙 둘러 감싸며 전개되었다. 주변에서 고대 문명이 나타났다 스러지는 동안 유럽 대륙은 문화의 블랙홀이었다. 아시리아의 공중 정원, 페르시아의 파라다이스를 거쳐 주옥같은 이슬람 정원이 만들어지고 있을 때, 유럽 대륙의 정원은 아직 태동도 하지 않았다. 정원이 없었던 것은 아니다. 오히려 그 반대였다. 정원은 먹고살기 위한 필수 품목이었으므로 사방에 존재했다. 다만 현대인이 기대하는 정원은 찾아보기 어려웠다. 현대적 의미에서의 정원, 즉 아름다운 휴식 공간, 도시 속의 자연, 혹은 장식 정원 등에 부합하는 개념이 없었을 뿐이다. 중세에는 정원이라는 말이 광범위하게 쓰였고 때로는 몹시 모호했다. 현실적인 개념과 상징적인 개념이 나란히 공존했기 때문이다. 일차적으로는 와일드한 자연을 일궈서 얻어낸 결과물을 모두 정원이라고 했다. 우리의 밭에 해당한다. 채소밭, 약초밭, 사과밭 등이 그들의 정원이었다. 중세는 기독교가 삶의 구석구석까지 지배했던 시대다. 죽은 뒤 돌아가게 될 천국의 정원과 이 세상의 정원을 엄격히 구분했다. 이슬람 정원처럼 하늘나라의 것을 미리 앞당겨

이 세상에 재현해 놓을 생각을 하지 못했다. 중세 유럽인들에게는 성당이 바로 하늘을 대신하는 곳이었다. 성당에 들어서면 우선 전실을 통과해야 하는데 바로 이곳을 파라다이스라고 불렀다. 중세 기독교의 파라다이스는 의외로 정원이 아니었다.

5세기 말엽, 게르만족이 로마를 무너뜨리고 중부 유럽의 주도권을 차지했던 시점. 거기서부터 고대와 근본적으로 다른 시대가 시작되었다. 이 시대를 중세라 한다. 고대의 게르만족은 짐승 털과 가죽으로 옷을 만들어 입고 작은 마을을 중심으로 농경 생활을 했으며 나무를 신으로 모셨고 많은 신화를 가지고 있었다. 그리고 뛰어난 전사였다. 이 전사들이 로마를 멸망시킨 뒤 나라를 세우고 기독교를 받아들였다. 이제 막 자리 잡아가는 국가적 체계를 지속가능하게 유지하기 위해서는 강력한 종교가 필요했다. 전지전능한 유일신을 믿는 기독교가 합당해 보였다.

게르만족의 대이동, 로마 제국의 멸망, 유럽 패권의 북상, 그리고 전쟁. 이렇게 부산했던 중세 초기는 예쁜 정원을 만들기에 적합한 토양이 아니었다. 게르만족의 프랑크 왕국이 로마 문화를 계승했다고는 하나, 아직 문화 생활을 할 수준은 아니었다. 중세의 사회는 기사, 수도사, 농부의 세 계층으로 이루어졌다. 기사는 국가의 안보를 담당하는 전사들이었고 그들의 우두머리가 왕이었다. 농부는 양식을 생산하여 모든 사람을 먹여 살렸다. 수도사에게는 가장 복합적인 역할이 주어졌다. 이들의 본업은 영혼을 구제하여 천국으로 인도하는 것이었지만, 그 외에 학문과 기술의 연구, 교육, 질병의 치료도 이들의 몫이었다. 왕과 기사들이 대개 문맹이었으므로 왕실에 출장을 나가 사무와 재무를 돌보는 것도 수도사들의 과제에 속했다. 그러므로 수도원이 사회에서 차지하는 비중이 어마어마했다. "왕과 그의 무리는 수 세기 동안 전쟁에 길든 전사였다. 게다가 왕들은 일정한 거처 없이 떠돌아다녔다. 이 역시 중세만의 특징이었는데 새로 획득한 영토의 통치권을 확립하고 백성들에게 '내가 여기 있다'라는 사실을 알려야 했으며 또한 변방이 늘 시끄러웠기 때문에 왕은 말과 수레에 부하와 식솔을 태우고 이 지방에서 저 도시로 떠도는 생활을 했다. 왕실만 떠돌았던 것이 아니다. 황제가 큰 원을 그리며 떠돌았다면 영주들은 각자 자기 영토에서 작은 원을 그리며 돌았다. 그리고 그 사이를 수많은 상인이 떠돌았고, 수도사들과 순례자들이 떠돌았으며, 기술자들이 일자리를 찾아 떠돌았고, 도적들이 떠돌았고 기사들이 전쟁과 모험을 찾아 떠돌았다. 심지어는 농부들도 떠돌았다. 바이킹에 쫓겨 남쪽으로 가고, 북에서 오는 낯선 사람들을 피해 서쪽으로 가고, 새로운 농지를 찾아 동쪽으로 갔다. 10세기까지 중세는 이렇게 번잡한 시대였다. 이렇게 부산하던 시대에 유일하게 부동의 정점을 이루었던 곳이 수도원이었다. 당연히 수도원에서 정원이 출발할 수밖에 없었다."[1]

수도원에는 두 가지 유형의 정원이 있었다. 하나는 실용 정원으로 의약을 생산하는 약초원이 핵심을 이루었고 식량을 자급자족했으므로 방대한 농경지와 저수지 및 과수원을 소유했다. 이들은 속세에 속하는 곳이었다. 한편 수도원에는 세속인들이 접근할 수 없는 별개의 공간이 있었다. 대개 성당 동쪽에 수도사들의 거처가 붙어있었는데 그곳의 중정은 사제들만의 공간이고 신성한 곳이었다. 이를 '클로이스터cloister'라고 했다. 기독교의 성당과 수도원 건축은 새로 고안된 것이 아니라 고대 다신교 시절의 신전 건축에서 출발했다. 본래 존재했던 비너스 신전이나 이시스 신전에서 주인을 몰아낸 뒤 그 안에 성모 마리아와 예수 그리스도를 모시고 성당으로 썼던 것이다. 기독교가 동쪽에서 시작되어 서쪽으로 전파되었으니 전달 루트를 따라 소아시아 반도와 북아프리카 지역의 신전들이 먼저 성당으로 탈바꿈했고 그곳에 최초의 수도원들이 설립되었다. 그러므로 자연스럽게 그 지역의 건축 양식을 받아들였다. 이렇게 하여 오리엔트와 지중해 지역의 특징적 건축, 즉 주랑으로 둘러싸인 'ㅁ'자 형태의 건축이 수도원 건축 양식으로 굳어지게 되었다. 고대 그리스의 팔라이스트라[2]나 로마의 페리스틸리움[3]을 기억할 것이다. 원칙은 그와 같지만 용도가 달라지니 이름도 새로워져서 클로이스터라고 불렀다. 클로이스터는 본래 사제들의 통행 공간이었으므로 기능에 맞게 잔디를 깔거나 석재로 포장했다. 그러나 어느 모로 보나 정원이 될 운명을 가지고 있었던 것 같다. 중앙에 분수나 우물을 두고 자연스럽게 사분 정원이 자리 잡아갔다. 지금은 클로이스터를 정원과 연결 짓는 경우가 많다. 하지만 중세에는 아무도 이곳을 정원이라 부르지 않았다. 그만큼 중세의 정원 개념이 지금과 달랐다는 뜻이다.

스위스의 갈렌에 가면 유서 깊은 수도원이 하나 있다. 719년에 설립된 성 갈렌 수도원이다. 이 수도원이 유명해진 까닭은 이곳 도서관이 소장하는 설계도 한 장 때문이다. 소위 '성 갈렌 설계도'라고 불리는데, 지금까지 알려진 가장 오래된 수도원 설계도다. 그러나 이곳에서 보관하고 있기 때문에 그렇게 불릴 뿐, 성 갈렌 수도원을 지을 때 만들었던 설계도는 아니다. 약 2헥타르 정도의 규모에 100명의 사제와 200명의 평수사들이 살 수 있는 50채의 건물로 이루어진 공동체의 설계도인데 일종의 이상 도시를 나타내고 있다고 본다. 이 설계도가 만들어진 820년대는 중요한 시기였다. 카롤루스 대제 Carolus Magnus(748~814)가 유럽 대륙의 여러 부족을 통합하여 거대한 프랑크 왕국을 탄생시킨 직후였다. 중요한 것은 이 왕국을 어떻게 지켜내는 가였다. 그는 종교의 역할이 매우 중요함을 인식하고 '종교를 통한 사회 개혁과 통일 국가의 완성'이라는 프로젝트를 발족시켰다.[4] 주요 목표 중 하나는 프랑크 왕국을 고대 로마 제국의 수준으로 끌어올리는 것이었다. 그러자면 싱크 탱크가 필요했다. 이 역할을 담당하는 중앙 시설로서 위의 수도원이 설계되었던 것 같다. 다만 이대로 구현된 사례가 있는지는 아직 밝혀지지 않았다.

설계도를 보면 정중앙에 커다란 클로이스터(3번)가 배치되어 있다. 이상형 수도원의 심장이 뛰는 곳이다. 1번의 진입로를 따라가면 성당으로 곧장 연결된다. 성당을 들어서면 우선 전실에 발을 디디게 되는데(2번) 여기가 바로 파라다이스라 불리는 공간이었다. 즉 중세의 파라다이스는 정원이 아니라 성당이었다. 성당은 이 세상이 아니라 하늘에 속한 곳이었으므로 결국 중세의 파라다이스는 천당을 말했다. 지금도 유럽의 성당 전실에 들어서면 파라다이스라고 팻말이 붙여진 곳이 많다.

1. 고정희, 2011, pp.31~32.
2. 이 책의 "069. 헤라클레스, 올림피아에 가다" 참조
3. 이 책의 "057. 로마 시민을 위한 물, 아콰에둑투스"
4. 고정희, 2011, pp.182~189.

알베르투스 대주교의
고민 085

수도원에 이런 정원을 만들어 놓고 즐거움을 느끼지 않을 수 있을까?
스페인 그라나다 인근 수도원의 오렌지 정원

중세, 정원의 암흑시대였나?

'열락悅樂 정원'이라는 용어가 있다. 영어의 'pleasure garden'을 번역한 것으로 보인다. 1260년경 쾰른의 주교이자 세기의 석학으로 알려진 알베르투스 마그누스Albertus Magnus(1200년경~1280)가 처음으로 도입한 용어로 인식되고 있다. 정원 앞에 굳이 즐겁고 쾌락을 준다는 수식어를 붙였다는 사실은 역으로 즐겁지 않은 정원도 있다는 뜻이 된다. 사실이 그랬다. 위에서 살펴본 것처럼 중세의 수도원 정원은 일차적으로 실용 정원이었다. 즐겁기 위해서가 아니라 필요 때문에 만든 곳이고 땀 흘려 일하는 곳이었다. 그럼에도 정원을 거닐거나 나무 그늘에 앉아 꽃향기를 맡고 새소리에 귀를 기울일 때, 기쁨의 감정이 저절로 솟아오르는 것은 어쩔 수가 없다. 이를 어찌할 것인가. 이 감정을 억제해야 할까? 많은 수도사가 이런 질문을 던졌을 것이다. 수도원이라는 곳이 본래 즐겁고자 만들어진 곳이 아니다. 즐거움을 공공연히 내색하지 않는 것이 수도원의 법도였다. 움베르토 에코의『장미의 이름』이라는 소설이나 영화를 본 독자들은 기억할 것이다. 웃음은 죄악으로 직결된다고 주장했던 우울증 환자들이 수도원을 장악했던 시절도 있었다. 아리스토텔레스가 희극에 대해 글을 썼다는 사실을 부정하고 그 책을 금서고에 감춰두었다는 설정이었다.

당시 여러 사제가 정원에 대해 쓴 글이 전해진다. 그중 대표적인 것으로 독일 남부 라이헤나우에 있는 수도원을 이끌었던 발라프리드 원장의 약초원 찬가가 있고 프랑스 클레르보 수도원을 창시한 베르나르 원장의 글이 있다. 우선 클레르보의 베르나르 원장에 관해 얘기하자면 그는 철저한 금욕주의자로서 빵 한 조각과 물, 그리고 우유 조금이 하루 식사의 전부였다고 한다. 거의 영양실조로 사망했는데 생전에는 지위가 지위니만큼 이웃 수도원에 자주 초대되어 갔다. 그중 클뤼니 수도원은 호화로운 생활을 영위한 것으로 유명했다. 그곳에서 만찬에 초대받아 다녀왔던 날 베르나르 원장은 일기에 이렇게 적었다. "코스가 대체 몇 개인지 모르겠다. 고기를 먹지 말라고 하니 고기보다 더 큰 생선을 내놓는다. 요리사가 어떻게 재주를 부렸는지 한 코스를 먹고 나면 배가 부른데도 다음 요리가 다시 뱃속으로 들어간다. 온갖 향료를 섞어 하나님이 주신 음식의 본래 맛은 어디로 갔는지 모르겠다. 위는 터질 것 같은데 이 향료 덕에 혀가 속아 음식이 자꾸 들어간다. (중략) 저항력을 시험하려는 건지? 위는 트림을 해가며 꽉 찼다는 신호를 연방 보내는데도 음식의 황홀한 색과 모양에 눈은 휘둥그레지고 궁금증을 못 이겨 자꾸 쓸어 넣는다. 불쌍한 위는 맛도 모르고 색도 볼 수 없는데 말이다."

한편 발라프리드 원장의 시를 자세히 읽어보면 그 어디에도 기쁘다거나 즐겁다거나 하는 말이 한 번도 나오지 않는다. 그러나 시를 읽고 있으면 그가 얼마나 즐겁고 기뻐하는지 저절로 느껴진다.

알베르투스 주교가 이런 상황에 종지부를 찍었다. 그는 수많은 저술을 남겼는데 그중에 『식물학』이라는 책이 있다. 1260년경에 집필한 이 책에서 그는 모든 식물을 망라하고 체계적으로 분류한 데 그치지 않고 식물의 적용법에 대해서 상세히 논했다. 아마 이것이 식물 적용법에 대한 최초의 저서일 것이다. 그리고 이어서 정원 설계에 대한 지침을 써내려갔다. 그는 정원을 약초밭, 채소밭, 과수원으로 분류하는 기존의 방식을 따르지 않고 열락의 정원이라 칭했다. 물론 라틴어로 집필했는데 고대 로마인들이 썼던 비리다리움 viridarium이라는 용어를 가져다 쓴 것이다. 이는 직역을 하면 '녹색과 함께 하는 곳'이라는 뜻이다. 내포하고 있는 뜻은 채소를 심어 먹는 일반 정원과는 달리 순수하게 즐기는 공간을 말한다.[1]

여기서 끝나지 않았다. 정작 새로운 것은 그가 지금껏 뿔뿔이 흩어져 있던 약초밭, 채소밭, 과수원을 모아서 하나의 정원으로 묶었다는 사실이다. 두 개의 작은 혁명이 일어난 것이다. 하나는 의미의 혁명이다. 정원이 이제는 실용성, 치유, 종교적 상징이라는 십자가를 내려놓고 즐거움이라는 세례명을 받게 된 것이다. 정원은 뜯어 먹기 위해서만 존재하는 것이 아니라 오감으로 느끼는 곳이라고 정의했다. 괴로워하는 위를 빙자하여 즐거워하는 눈과 혀의 즐거움을 질책하는 것이 아니라 위보다는 눈과 코 그리고 영혼의 즐거움에 집중하자는 일종의 선언이었다. 그리고 채소 대신 꽃을 심었다.

두 번째 혁명은 공간적 혁명이었다. 이제 세 개의 정원을 한데 모아놓았으니 교통정리가 필요했다. 배치하고 연결하고 분리하는 작업들이다. 설계를 해야 했던 것이다. 알베르투스는 도면을 그리거나 스케치하지는 않았지만 새 정원의 모습을 상세히 묘사했기 때문에 후세 사람들이 이를 바탕으로 도면을 만들어 보았다. 그 결과는 놀라웠다. 얼핏 보면 흔하디흔한 도면처럼 보인다. 그러나 이는 공간을 나누고 연결하는 기법을 시도한 중세 최초의 정원 설계도였다. 텃밭 배치법과는 차원이 달랐다. 시대를 앞서 가는 상상력의 산물이었으므로 그의 생전에는 보편화되지 않았다. 쾰른에 있는 그의 수도원에 자신의 설계대로 직접 정원을 만들었다는 소문만 무성하고 실제 증거는 전혀 남아 있지 않다. 사실 이런 식의 정원이 실제로 등장하는 것은 훨씬 후세의 일이다. 14세기 말이나 15세기 후반에 가면 알베르투스가 설계한 것과 유사한 정원들이 속속 등장하기 시작한다. 이는 그의 식물학 책을 정독한 이탈리아의 법률가 피에트로 데 크레센치Pietro de Crescenzi(1233~1321) 덕분이었다.

알베르투스 주교는 아리스토텔레스 학파로 알려졌다. 매우 자유로운 정신의 소유자였음에도 불구하고 종교 재판을 피해간 것은 그의 뛰어난 명성과 백작이라는 높은 신분 덕이었을지 모르겠다. 그를 둘러싼 전설이 여럿 만들어졌고 백성들 사이에서는 그가 마술사라는 소문이 떠돌기도 했다. 이런 일화가 전해진다.

1249년 1월에 네덜란드의 빌헬름 백작이 쾰른으로 알베르투스 주교를 찾아왔다. 주교는 일행을 정원으로 초대했다. 그곳에 만찬이 준비되어 있다고 했다. 1월의 엄동설한에 정원에서의 식사라니 모두 달갑지 않은 표정을 지을 수밖에. 그러나 주교가 앞장서서 정원으로 통하는 문을 열자 밖에는 별천지가 펼쳐졌다고 한다. 녹색 잔디밭에 꽃이 만발했고 과일 나무에는 열매가 달려있었으며 그 사이를 새들이 날아다니고 있었단다. 마치 5월의 봄볕처럼 따사로운 햇살이 모두를 눈부시게 했다는데… 이 이야기를 두고 알베르투스 주교가 아마도 온실을 만들었던 것이 아닐까 추측하는 사람들도 있다.[2]

---

1. 고정희, 2011, p.230.
2. Hennebo, 1987, p.47.

491

086 정원의 새벽

크레센치가 설계한 왕후장상의 정원이 대략 이런 느낌이었을 것으로 짐작된다.
사방에 높은 담이 있다고 상상한다면….
스페인 말라가의 시청사 정원

중세, 정원의 암흑시대였나?

피에트로 데 크레센치는 볼로냐 대학에서 논리학, 자연과학, 의학 및 법학을 공부한 뒤 이탈리아 북부의 여러 도시국가를 전전하며 법률가의 삶을 살았다. 1299년, 70세 가까이 되어 은퇴한 뒤 고향 농장에서 여생을 보내면서 숙원이었던 농업서[1]를 집필했다. 1305년까지 총 12권의 분량을 발표했는데 그중 8번째 책에서 특별히 '열락 정원과 정원 가꾸기의 즐거움'을 다루었다. 알베르투스 대주교의 정원이 설계된 지 40년 후였다. 크레센치는 실제로 알베르투스 주교의 저서를 탐독하고 그의 기본 개념을 넘겨받아 이를 확장하고 발전시켰다. 알베르투스 주교의 저서가 수도원에 갇혀 널리 보급되지 않았던 반면, 크레센치의 책은 유럽 여러 나라에 전파되어 널리 읽혔으며 후에 르네상스 정원의 기초를 형성하게 된다. 특히 르네상스를 거쳐 바로크 시대까지 정원의 기본 단위가 되는 '파르테르'라는 것이 크레센치로부터 비롯되었다. 물론 의도적으로 파르테르를 고안하고 이름을 지은 것은 아니다. 시간이 흐르며 자연스럽게 그렇게 된 것이다.

크레센치에 따르면 정원은 신분과 관계없이 모든 사회 계층에게 다 필요불가결한 것이라고 했다. 다만 각 신분과 재산 정도에 따라 세 개의 정원 유형을 구분하고 각 유형에 맞는 디자인을 제시했다.[2] 크레센치 역시 특정한 정원을 설계한 것이 아니라 이상적인 정원을 염두에 두고 있었다. 가장 간단한 소정원은 아마도 농부나 노동자들을 위한 것으로 보이는데 알베르투스 마그누스의 정원을 거의 그대로 차용했다. 그다음, '중산층'을 위한 정원은 1헥타

493

르 정도가 적당하다고 보았다. 1헥타르면 축구장 하나 정도의 규모이니 결코 작은 것이 아니다. 사방을 수로나 생나무 울타리로 둘러 보호할 것을 제안했고 과수원, 야생화 초지, 약초밭 등으로 구획을 나누어 역시 알베르투스 주교가 제안한 기본형을 그대로 유지하고 있다. 다만 스케일이 커졌을 뿐이다.

마지막으로 왕후장상을 위한 정원을 제안했는데 물론 규모가 가장 크고 구조도 복잡하다. 최소 5헥타르 정도는 되어야 하지 않겠느냐고 했다. 우선 샘이 흐르는 평평한 곳을 찾아 자리 잡는 것이 유리하다고 했으며 정원 전체를 세 겹으로 첩첩이 둘러쌓을 것을 권유했다. 가장 바깥쪽에 높은 담을 세우고 담의 네 모서리에 둥근 탑을 각각 쌓아 귀족적 위상을 과시하라고 했으며 그 안쪽에 장미 덩굴로 울타리를 만들고 장미 덩굴 안쪽에 수로를 배치하라 했다. 그 역시 모든 것을 글로만 묘사하고 그림을 남기지 않았기 때문에 후세들이 재구성해야 했다. 그의 정원 배치에서 특이한 점은 집을 남쪽에 두고 정원을 북향으로 잡았다는 사실이다. 이탈리아의 더운 여름을 고려했던 것 같다. 궁전을 남쪽에 지어 정원에 그늘을 드리워야 한다는 주장이었다. 아름다운 궁전을 지어 왕과 왕비가 머물되 머리 아픈 일이 있으면 시원한 정원으로 피신하여 마음을 위로하고 즐거움을 만끽하면 좋을 것이라 했다. 창을 정원 쪽으로 내서 뜨거운 태양을 피하고 시원한 전망을 즐기라고 권유하기도 했다. 정원은 다시 크게 세 구역으로 구분했다. 북쪽 끝에 배치된 숲, 즉 수렵원, 중앙의 축을 형성하는 장식 정원과 약초밭, 이를 좌우에서 보좌하고 있는 과수원과 채소밭으로 구성했다. 수렵원은 정원 폭 전체를 차지하는 숲인데, 이곳에 사냥감이 될 만한 야생 동물을 풀어놓되 토끼, 사슴 등

초식 동물만 기르는 것이 좋겠다고 했다. 그는 이 수렵원을 열락원으로 정의했다. 사냥만을 위한 장소가 아니고 휴식과 여흥을 위한 곳이기도 했기 때문이다. 궁전으로부터 중앙 축이 뻗어 숲까지 이르는데 축이 끝나는 지점에 대형 연못을 팠다. 물고기를 기르는 양어지였다. 어여쁜 금붕어가 아니라 나중에 식탁에 올릴 식용 물고기를 기르는 것이 목적이었다. 양어지를 조성하여 생선을 직접 길러 먹던 것은 고대 로마로부터 내려오는 부의 상징이었다.

나머지 공간은 사분원의 원칙을 원용하여 구획했으며 종횡의 축이 만나는 교차 지점에 분수를 두었다. 공간 디자인의 관점에서 볼 때 오리엔트 정원의 영향이 확실히 느껴지는 부분이다. 다만 다른 점이 있다면 실용 정원의 비율이 매우 높다는 사실이다. 궁전 바로 앞 중앙 구역의 화단, 미로 등을 제외하고는 과수원, 약초밭, 채소밭이 주를 이룬다. 과수원은 야생화 초지에 과일 나무를 심는 개념이었으므로 봄이 되어 과일 나무 꽃이 화사하게 피면 그 안에서 노닐기 좋았고 여름과 가을에 열매가 익으면 매우 유용했을 것이다. 유럽인들의 실용적인 성격 탓인지도 모르겠다. 유럽 대륙에 이슬람 정원과 같이 순수하게 '정원을 위한 정원'이 나타나려면 조금 더 기다려야 했다.

크레센치의 정원은 알베르투스 정원과 기본 구조를 같이 하고 있지만, 결정적인 차이점이 세 가지 있다. 하나는 집과 정원을 함께 고려했다는 점이며 다른 하나는 드디어 '길'이 등장했다는 사실이다. 마지막으로 정사각형의 구획이다. 정원에 질서와 위계를 주겠다는 의도가 확연했다. 정사각형의 구획들에는 주로 꽃이나 약초를 심었다. 무작위로 심은 것이 아니라 집에서 가까운 쪽에 꽃, 먼 쪽에 약초와 향신료 식물, 이런 식으로 위계를 주었다. 더불어 크레센치는 꽃을 심은 정사각형 화단을 회양목 울타리로 얌전하게 둘러야 한다고 권했다. 이에 대해 '과연 꽃을 심은 정사각형이 나중에 발전해서 파르테르가 된 것일까, 아니면 약초와 향신료 식물을 심었던 정사각형 화단이었나'하는 질문이 대두된 적이 있었다.[3] 아마도 대개 이렇게 변화해 갔을 것으로 추정된다. 크레센치의 설계를 보면 집과 정원 사이에 담이 세워져 있어서 일단 집에서 나와 정원 문을 열고 들어가야 했다. 나중에 이 담이 없어지고 집과 정원이 더욱 밀착되면서, 즉 집에서 정원으로 바로 나갈 수 있게 되면서 제일 앞쪽의 화단들이 점차 테라스로 대체되었다. 사람들이 모일 수 있는 전이 공간이 필요해졌기 때문이다. 그에 따라 뒷부분에 있던 약초밭들이 꽃밭으로 변하여 집과 테라스 쪽으로 전진했고 약초밭은 주방 쪽으로 밀려났다. 한때 중세 정원의 주인공이었던 약초밭이 조연으로 밀리고 그 자리를 화단이 차지한 것이다. 별 큰 변화가 아닌 것 같지만 우리는 작은 변화에 늘 주의를 기울여야 한다. 이는 정원의 실용성이 점점 비중을 잃고 장식성이 중요해졌다는 증거다. 화단 역시 변화하여 점점 추상적인 디자인 요소가 되어 갔다. 르네상스 정원이 시작된 것이다.

중세의 정원이란 주어진 상황에 따라 제각각 만들었던 것이며 필요에 따라 조성했다. 성 안에 있던 잔디 정원은 기사들이 떠들썩하게 마상 경기를 열던 곳이었다. 약초원은 병원이고 약국이었다. 비좁은 셋집에서 살았던 도시 서민들은 도시 성벽에 기대어 텃밭을 일궜다. 왕후장상의 열락 정원은 사냥터요, 놀이터였다. 일반인의 출입이 금지되었던 수도사만의 공간, 주랑에 둘러싸인 은밀한 사분 정원은 이승에 속한 곳이 아니라 하늘나라였다. 중세에는 이렇듯 단순한 텃밭부터 종교적 상징체계가 깃든 정원까지 여러 유형의 정원들이 동시다발적으로 존재했다. 구애받을 형식도 없었으니 오히려 자유로웠다. 아름다운 구슬이 서 말 있다면 그 자체로 두어도 아름답지만, 이들을 꿰어서 목걸이를 만들고 싶은 것이 사람들의 심리일 것이다. "알베르투스 마그누스가 수도원 정원을 모아 즐거운 열락 정원을 설계했다면, 크레센치는 도시와 시골에 흩어져 있는 여러 유형의 정원들을 한데 모으고 정돈했다. 마치 하나씩 따로 불리던 노래들을 한데 모아 소나타를 만든 것과 흡사하다. 제시부, 전개부, 재현부가 있는 음악의 형식처럼 정원도 형식과 구조를 갖추기 시작한 것이다. 이것이 르네상스에서 화려한 악장으로 성장하고 바로크에서 웅장한 교향곡으로 완성되게 된다. 종교적 상징 체계라는 굴레를 벗어버리고 실용성이라는 역할도 포기한 정원은 정원 그 자체로 존재 의미를 얻게 되었다."[4] 그러나 곧 엄격한 디자인 형식이라는 새로운 굴레를 쓰게 된다는 사실은 아직 아무도 눈치 채지 못했다.

1. Ruralia Commodora, 전원생활의 장점에 대하여
2. Wimmer, 1989, pp.26~29.
3. Hennebo, 1987, p.160.
4. 고정희, 2011, p.232.

087 빛을 담은 곳, 중세의 고딕 성당

중세의 빛

이런 이야기가 있다. 중세 유럽 한복판에 쉴다라는 도시가 있었다. 이 도시의 시민들은 본래 너무 똑똑했다. 그러나 똑똑해봤자 사는 것만 복잡하지 아무 이득이 없다는 결론을 내렸다. 그래서 모두 바보가 되어 살기로 했다. 이제 바보가 된 똑똑한 쉴다 시민들은 그 기념으로 시청사를 짓기로 결의했다. 곧 작업에 착수, 모두 힘을 합쳐 도운 끝에 건물이 완성되어 성대한 준공식을 열었다. 그런데 바보들답게 창문 내는 것을 잊은 까닭에 청사 안이 깜깜절벽이라 업무를 볼 수가 없었다. 다시 호프집에 모여 회의를 열었다. 홧김에 맥주잔을 거푸 기울이던 어느 시민이 갑자기 무릎을 치며 외쳤다. "그렇지! 바로 이거야. 맥주를 이렇게 잔에 담는 것처럼 햇빛을 양동이에 담아서 나르면 되지 않을까?" 모두 갈채를 보냈다. 다음 날 아침 동이 트자마자 시민들은 양동이며 부대자루 등을 들고 밖으로 나왔다. 열심히 빛을 담아 종일 청사 안으로 날랐다. 참으로 부지런히 나른 끝에 해 질 무렵 모두 녹초가 되었다. 마침내 어둠이 내리고 쉴다 시민들은 기대감에 잔뜩 부풀어 시청으로 향했다. 그 결과가 어땠을지는 보고할 필요도 없을 것이다. 그들은 결국 지붕을 들어냈다. 눈비가 내리면 지붕을 다시 덮고. 그러다가 우연히 벽의 갈라진 틈으로 빛이 새어들어 오는 것을 발견하고 창문을 냈다고 한다.[1]

교회 혹은 성당을 '빛의 집'이라고 부르는 경우가 많다. 신은 곧 빛이므로 교회에 빛이 가득하면 신이 거하시는 것이라 믿게 된다. 그러므로 교회를 지을 때 되도록 많은 빛이 들어오게 하는 것이 관건이었다. 그 대답이 창문에

499

있다는 사실은 쉴다 시의 현명한 바보들이 아니더라도 누구나 알고 있다. 그들처럼 지붕을 걷어낼 수는 없으므로 천장을 매우 높게 지어서 지붕이 거의 하늘에 닿게 해야 더 많은 빛을 담을 수 있을 것이다. 물론 창문도 매우 커야 한다. 문제는 '기술적으로 이를 어떻게 해결하는가'였다. 창문을 많이 내면 벽의 지탱하는 힘이 약해져서 거대한 지붕의 무게를 받아내지 못한다. 12세기 중반, 프랑스 중세 건축가들이 이에 대한 해법을 찾아내어 결국 빛이 가득한 성당을 만드는 데 성공하게 된다. 벽이 해체된 순간이라고도 말한다. 기존의 두꺼운 벽 대신에 창문과 기둥을 연속시켜 성당의 외관을 완성했다. 이런 구조로 인해 하늘에 닿을 듯 높이 짓는 것도 가능해졌다.

성당 건축은 대개 선박처럼 긴 홀로 이루어져 있다. 그래서 성당 내부 공간을 선체라고도 부른다. 이 홀은 다시 길이에 따라 세 구역으로 구분된다. 그중 중앙의 홀을 신랑身廊이라고 하며 이를 좌우에서 좁은 복도와 같은 측랑이 보좌한다. 신랑과 측랑은 벽으로 나뉘는 것이 아니라 열주에 의해 분리되며 열주의 기둥과 기둥 사이는 대부분 아치로 이루어져 있다. 이런 구조를 '바실리카'라고 한다. 바실리카는 본래 고대의 공공건물이나 신전을 짓던 방식을 뜻했는데 기독교가 도입되면서 서서히 교회 건축을 일컫는 용어로 굳어졌다. 흔히 말하는 중세의 고딕 양식이란 바실리카의 기본 형태를 더욱 발전시킨 것이다. 성당은 대개 동서 방향으로 길게 짓는다. 신도들은 서쪽으로 입장하여 예루살렘이 있는 동쪽을 바라보게 된다. 이것이 정석이다. 동쪽의 좁은 벽을 반원형으로 만들고 벽 전체를 창문으로 대체하면 해가 떠오르면서 빛이 곧 가득 차게 된다. 빛의 집을 짓는 첫 번째 원리다.

바실리카는 신랑의 천장이 측랑의 천장보다 훨씬 높은 것이 특징이다. 측랑은 중앙의 신랑을 되도록 높게 지을 수 있도록 좌우에서 받쳐 주는 역할을 한다. 홀을 크게 지었으므로 지붕 역시 매우 커서 그 무게가 만만치 않다. 이 지붕의 무게를 벽체로 받치는 것이 아니라 여러 개의 기둥에 분산시키는 것이 구조적 해법이었다. 그래야만 두껍고 투박한 벽체가 불필요해진다. 무게를 사방으로 분산시키기 위해 궁륭형의 독특한 천장 구조가 고안되었다. 돌로 만들었을 뿐 그 원리는 텐트와 같았다. 평평한 것도 아니고 완벽한 구형도 아닌 텐트 구조의 궁륭을 여러 개 연결해 천장을 완성했다. 대개 네 개의 기둥이 궁륭 하나를 받친다. 그러므로 연결된 궁륭의 숫자에 따라 기둥의 수도 결정되며 당연히 성당 홀의 길이도 결정된다. 그다음으로 기둥 사이의 아치를 뾰족하게 높였다. 기둥 사이의 간격이 같더라도 아치가 높아짐으로써 천장도 같이 들어 올려졌다. 창문의 형태를 아치의 형태에 맞추었으므로 좁고 길며 끝이 뾰족한 고딕 특유의 창문이 탄생했다. 외벽 바깥쪽에는 추가로 'ㄱ'자의 구조물(버트레스라고도 함)을 대어 측면으로 가해지는 압력을 지탱했다. 물론 아무리 날렵하게 지었다고 하더라도 돌의 총 무게가 만만치 않았으므로 이를 감당하기 위해서는 기초를 튼튼하게 닦아야 했다. 지하에 묻힌 돌의 무게와 지상에 쌓은 돌의 무게가 거의 같았다고 한다.[2]

그런데 이렇게 벽을 없애고 창문으로 대체하고 나니 벽화를 그릴 면적이 사라졌다. 그래서 창문에 그림을 그리는 방법, 즉 스테인드글라스가 고안되었다. 고딕 성당의 대표작 중 하나로 알려진 프랑스 샤르트르 대성당의 경우 창문의 면적이 무려 3,000m²에 달한다. 여기에 성서에 나오는 약 10,000개의 형상을 그려 넣었다. 당시 성당 내의 그림들은 예술 작품이라기보다는 일종의 그림 성서였다. 라틴어로 된 성서를 직접 읽을 수 있는 층이 사제뿐이었기 때문에 그림을 그려 성서를 대신했다. 그러므로 3,000m²도 실은 모자랐을 것이다. 성전 입구가 있는 서쪽의 입면과 기둥들까지 가능한 모든 면에 조각을 해서 보충했다. 파리 근교에 있는 생 드니 성당에서 이런 고딕 양식이 처음으로 시도되었다고 알려져 있다.[3] 이후 파리를 중심으로 프랑스 전역에 순식간에 번져갔으며 곧 유럽을 휩쓸었다. 13세기 무렵에는 서쪽 리스본으로부터 북동쪽의 리가까지 도시라고 불리던 곳에 대성당이 없는 곳이 없게 되었다. 심지어는 너무 화려하고 장식이 많다고 빈정거리던 이탈리아 도시들도 '프랑스식' 대성당의 빛의 마술에 빠지고 말았다.

중세를 흔히 암흑의 시대라고 일컫는다. 그러나 프랑스의 사학자 조르주 뒤비는 '대성당의 시대'라고 고쳐 불렀다. 흰 돌을 쌓아 만든 대성당으로 인해 중세의 유럽이 적어도 11세기 이후부터는 흰옷을 입은 듯 환하게 빛났을 것이라고 표현한 이도 있었다.[4] 지금은 세월의 때와 공해로 인해 검게 변한 곳이 적지 않지만, 본래 대부분 흰 돌을 써서 성당을 만들었다. 말만 대성당이 아니었다. 그중에서도 큰 곳은 약 10,000명 이상 수용할 수 있었다. 단지 예배의 장소로서만 쓰였던 것이 아니라 모임의 장소이기도 했고 집 없는 사람들이 몸을 누이는 곳이기도 했으며 상인들이 만나 은밀하게 거래를 맺는 곳이기도 했다. 중세 도시의 시민들은 도시 한가운데에 우뚝 서서 희게 빛나는 대성당을 올려다보며 저기가 바로 지상의 하늘나라이거나 예루살렘의 현신이라고 여겼다. 보라, 저 빛을. 누가 중세를 암흑의 시대라고 하겠는가. 중세

의 오명을 벗기기 위해 무진 애를 쓰고 있는 독일의 사학자 페터 아렌스가 한 말이다.[5]

그런데 페터 아렌스보다 수십 년 앞서 중세를 빛의 시대로 해석한 사람이 또 있었다. 앞서 "002. 뼈만 남은 건축"에서 보았던 건축가 미스 반 데어 로에가 그 사람이다. 유리와 철강 기둥만으로 이루어진 건축. 이는 다름 아니라 중세의 고딕 대성당을 20세기에 다시 태어나게 한 것이었다.[6] 미스 반 데어 로에뿐 아니라 실은 모더니즘의 거의 모든 건축가가 대성당의 빛의 원칙에 깊이 심취했었다.

1. 쉴다 시민 이야기(Die Schildbürger)는 16세기부터 전해져 내려오는데 에리히 캐스트너가 1954년 현대 언어로 다시 썼다.
2. Gimpel, 1996, p.5.
3. 앞의 책, pp.9~11.
4. Arens, 2005, p.401.
5. 앞의 책, p.417.
6. Oexle, 2013, pp.40~42.

088 도시 공기는 자유롭다

중세 말엽 1400년경에 출판된 『장미 설화』라는 소설의 삽화.
도시의 의약 정원이 묘사되었다. 왼쪽의 화려하게 차려입은 약사가 약초를 감정하고 있다.
담장 너머로 내다보이는 도시의 모습도 흥미롭다.
건축 소재가 벽돌인 것으로 보아 돌이 생산되지 않는 안트베르펜 등
북부 지역의 도시를 모델로 삼은 것 같다.

중세의 빛

늦어도 고려 시대부터 중앙집권적인 체제 하에서 1,000년을 한결같이 수도만 바라보며 살아온 우리에게는 쉽게 이해되지 않는 부분이 있다. 유럽 중세 도시 중에서 시민들에 의해 형성되어, 시민들이 주권을 행사하고 스스로 운영했던 곳이 매우 많았다는 사실이다. 유럽의 도시가 형성된 과정은 매우 다양하여 도시마다 사연이 있지만, 대개는 왕과 귀족들이 건설한 도시, 주교들이 만든 도시, 그리고 상인과 수공업자들이 만든 도시로 크게 분류된다. 쾰른이나 트리어 등 고대에 로마 제국이 건설한 도시들도 있었다. 이들은 서기 5세기 무렵 게르만 족[1]의 침입과 함께 거의 파괴되었다. 이 무렵의 게르만 족은 도시 체질이 아니었다. 도시를 정복해서 거기서 살아간 것이 아니라 일단 파괴하고 노략질한 후에 시골로 내려가 농촌을 형성하고 살았다. 이렇게 하여 로마가 건설했던 도시 대부분이 주인을 잃고 서서히 붕괴돼 갔다. 농사를 짓고 살던 게르만 족들이 7~8세기에 국가 체계를 갖추고 보니 정치와 종교의 중심지가 필요해졌으므로 도시를 건설하기 시작했다. 그렇지만 이들을 적극 성장시키지는 않았다. 이미 얘기했다시피 왕실이 전국을 떠돌았기 때문이다. 이때 왕실이 중간에 머물 수 있는 행궁 도시들이 생겨났지만 왕실에서 이 도시들을 특별히 챙기지는 않았다. 왕의 각별한 신임을 받아 측근으로 선발된 기사들은 왕을 보좌하여 전국을 떠돌아야 했지만 나머지 기사들은 영주가 되어 시골에 튼튼한 성을 짓고 농사를 돌보며 살았다. 주어진 봉토를 관리해야 했기 때문이었다. 중세 중엽까지는 전쟁을 통한 약탈을 제외하면 농업이 유럽의 유일한 경제원이었다.

그러다가 10세기경 이탈리아를 중심으로 상업이 활기를 띠면서 세상이 급속히 달라지기 시작했다. 처음에는 동로마제국이나 오리엔트와의 무역이 성했으나 차츰 유럽 본토 쪽으로 상권이 확장되어 갔다. 그러면서 신용 금융 제도가 발명되고 지로 계좌, 수표 등 지금과 같은 금융 제도의 기틀이 마련되었다. 상인들은 업종별로 '길드'라는 동업자 협회를 결성하여 힘을 모았다. 수공업자들도 그들을 따라 길드를 형성했다. 군사력을 가진 영주들에 맞설 조직력과 힘이 필요했던 것이다. 떠돌아다니는 왕은 멀리 있었고 봉토를 관리하는 영주들은 코앞에 있었다. 영주들과 시장세, 소금세, 교량세 등으로 갈등이 많았다. 길드의 조직력을 다지고 과시할 수 있는 거점이 필요했으므로 장이 서는 곳, 교통 요지 등을 골라 길드 하우스를 지었다. 물론 신의 가호가 필요했으므로 성당도 지었다. 장터와 길드 하우스가 있고 성당이 있었으니 이는 곧 도시의 핵이 되었다. 길드 하우스도 성당도 보물이 많은 곳이다. 외부의 침략으로부터 보호할 필요가 있었다. 튼튼한 성채도 지었다. 이를 '시타델citadel'이라고 했다. 영주들이 지었던 '성castle'과는 다른 개념이었다. 시타델에서 서서히 시티, 즉 '도시'라는 개념으로 발전해 나갔다.

문제는 토지의 소유 관계였다. 중세의 모든 토지는 영주들이 봉토로 나누어 가졌으므로 길드에서 도시를 건설했더라도 그 땅은 영주에게 속해 있었다. 초기에는 시민과 영주 사이에 갈등이 많아 전쟁을 치르기도 했지만 그래봐야 오히려 손해라는 것을 깨달은 영주들이 협상에 응해왔다. 영주의 입장에서 보더라도 도시의 운영을 시민들에게 맡기고 자신은 세금을 챙기는 쪽이 훨씬 유리했다. 도시를 살려야 자신이 다스리는 영토가 부강해진다는 단순한 원리를 이해한 것이다. 12세기부터 도시에 자치권이 부여되기 시작했다. 예를 들어 독일 북부의 뤼베크Lübeck라는 도시의 경우, 사자공이라는 별명으로 불렸던 하인리히 공작의 영토에 속했다. 그는 1160년 뤼베크 시민들에게 도시 자치권을 부여했다. 도시 운영의 권리, 시장을 열 권리, 세금을 걷을 권리, 성채를 축조할 권리, 화폐 주조권 및 재판권 등이 이에 속했다. 다른 도시들도 이와 유사하게 진행되었다. 도시를 스스로 운영하기 위해 시민 대표로 구성된 의회를 결성하고 그중 대표를 뽑아 우두머리로 삼았다. 시장市長이 탄생한 것이다. 의사 결정은 과반수의 원칙을 따랐다. 시 정부가 결성되고 도시건축사업부 등의 관청이 마련되었다. 이제 전문적으로 도시의 살림을 운영하는 공무원이라는 새로운 직업도 생겼다. 도시의 문장을 디자인하고 시청사도 건설했다. 그런데 이 시청사들이 궁전을 방불케 할만큼 으리으리하다는 사실이 매우 흥미롭다. 도시의 위상을 세우려 했던 것일까. 시민들의 자존심이었을까.

이렇게 하여 남쪽으로는 베네치아, 밀라노, 피렌체, 제노바 등으로 시작하여 상로를 따라 북상하며 뉘른베르크, 뤼베크, 브레멘, 함부르크 등의 전형적인 상업 도시들이 형성되었고, 북해와 발트 해의 해상 무역로를 따라 동으로 그단스크에서 동북으로 리가와 탈린, 서로는 브뤼헤까지 이른바 '한자동맹'의 도시들이 줄줄이 들어섰다. 물론 라인 강을 따라 남북으로 연결된 쾰른, 도르트문트, 뒤스부르크 등의 도시들과 프랑스의 아비뇽, 보르도, 프로뱅, 슈트라스부르크(혹은 스트라스부르), 스페인의 코르도바나, 톨레도 등 13~14세기 사이에 거미줄 같은 도시망이 형성되었다. 이때를 도시 문화의 전성기로 보고 있다.[2] 바로 이런 도시의 재력이 대성당 건축을 가능하게 했다. 도시민의 생업이란 이익을 추구하는 것이다 보니 원칙적으로 기독교의 규율에 위배되므로 나날이 짓는 죄를 속죄하기 위해서라도 매우 큰 성당이 필요했다. 성당 하나로는 부족하여 짓고 또 지었다. 부자들이 서로 다투어 성당이나 수도원을 지어 기부 채납하였으므로 13세기 무렵에는 평균적으로 인구 200명당 성당 한 채가 지어졌다고 한다.[3] 유럽의 도시에 가면 대개 시청사와 길드 하우스들이 모여 중앙 광장을 형성한다. 대성당들은 워낙 덩치가 크므로 어느 광장에도 끼어들 형편이 못돼 부속된 수도원 등과 함께 별도의 블록을 형성했다. 이렇게 많은 도시가 형성되고 도시 건축이 곧 시민들의 자존심이다 보니 유럽의 어느 이름 없는 도시에 가더라도 볼거리는 항상 있다.

많은 사람이 도시로 모여들었다. 손재주가 좋거나 장사 수완을 시험해 보고 싶은 사람들이 모여들었고 못된 영주 밑에서 고생하다가 도망쳐 온 농노들도 많았다. 일 년이 지나도록 잡히지 않으면 자유를 얻었다. 일단 도시에 오면 시민권을 얻었고 각자 능력과 소질에 따라 일거리를 찾을 수 있었으며 길드에 가입하면 여러 혜택이 있었다. 무엇보다도 시민으로서 자유로웠고 부동산 소유도 가능했다. "도시 공기는 자유롭다"라는 말이 생겨났다. 이렇게 자유로운 도시에서 중세인들은 화려한 색깔의 옷을 떨쳐입고 명랑하고 시끌벅적하게 살았다. 아직 사회의 규범과 에티켓이 정립되기 전이었다. 루이 11세의 왕비가 여염집 아낙들과 함께 센 강에 뛰어들어 물놀이하던 시절이었다. 시민을 존중한다는 왕의 입장을 옹호하기 위한 제스처였다.[4] 냅킨이 발명되기 이전이라 입을 닦고 코를 풀기 위해 식탁보를 크게 만들어 덮었고 주막에서 남녀노소 신분에 구애받지 않고 어울려 맥주잔을 기울였다. 여성들의 위상이 오히려 빅토리아 시대보다 높았다. 1387년경에 집필된 제프리 초서의 걸작 『캔터베리 이야기The Canterbury Tales』는 기사, 법률가, 의사, 수도사와 수녀, 물레방앗간 주인, 요리사, 가정주부 등이 함께 단체로 순례 여행을 떠나는 이야기다. 이들은 서로 격의 없이 자연스럽게 대했다. 사회 계층 사이에 벽이 높아지고 격식이 복잡해진 것은 오히려 훨씬 뒤의 일이었다.

중세에 그려진 그림을 보면 사제들을 제외하고는 복색이 매우 화려했다. 그러나 중세를 배경으로 만들어진 영화에서는 등장인물들이 대개 잿빛의 낡고 긴 옷을 입고 진흙탕을 쓸고 다닌다. 중세에는 해가 뜨지 않았다던가? 암흑의 시대였다는 편견이 끈질기게 지배하는 듯하다. 1348년 대단히 독한 페스트가 유럽을 휩쓸었다. 그때 인구의 60% 정도가 사라졌다고 한다.[5] 생존자들의 기억 속에 검게 죽어간 사람들의 끔찍한 모습이 너무 깊이 각인되었던 탓이었을까.

1. 대개는 게르만족이 독일 민족이라고 알려져 있으나 사실은 프랑크족, 고트족, 랑고바르드족 등 여러 부족들을 합쳐서 게르만이라고 한다. 독일은 본래 프랑크족이 세운 부족국가에서 출발했다.
2. Arens, 2005, p.327.
3. Gimpel, 1996, p.5.
4. Job et Montorgeuil, 1905, p.21.
5. Zimermanns, 1984, p.28.

089 피렌체의 봄

페스트가 휩쓸고 간 직후, 피렌체의 시인 지오바니 보카치오 (1313~1375)가 『데카메론』이라는 작품을 발표했다. 1348년 초봄부터 시작된 병이 삽시간에 불길처럼 번져 여름 무렵에는 이미 시체와 죽어가는 병자들로 도시가 가득하게 되었다. 책의 서문에서 보카치오는 흑사병의 진행 과정을 아주 소상하게 묘사하고 있다. 이렇게 전염병이 극에 달했을 때 10명의 젊은 남녀가 성당에서 만나 함께 교외 별장으로 피신을 간다. 거기서 열흘을 보내며 시간을 때우기 위해 함께 음악을 연주하기도 하고 각자 하루에 한 편씩 이야기를 풀어 모두 100편의 이야기를 남긴다. 사흘째 되는 날, 그들은 새벽 일찍 소풍을 떠나 인근 언덕에 있는 다른 별장을 탐험하러 갔다. 그 별장은 텅 비어 있었으나 마치 누가 오기를 기다리기라도 한 듯 깨끗하게 청소되어 있었고 지하실에는 와인과 시원한 물이 가득 채워져 있었다. 별장의 중정을 지나 테라스로 나가자 눈앞에 신록과 꽃이 가득한 정원이 펼쳐졌다. 그들은 정원의 아름다움에 놀라 찬찬히 둘러보기 시작했다. 보카치오는 정원을 이렇게 묘사했다. "정원을 한 바퀴 돌 수 있도록 넓은 길이 나 있었다. 이 길은 정원 내부로 연결되면서 정원을 여러 구획으로 나누었다. 길마다 포도 나무 덩굴이 뒤덮인 트렐리스가 세워져 있었다. 아직 열매는 달리지 않았지만 꽃이 가득 피어 있어 다른 꽃들과 함께 정원을 향기로 채웠다. 마치 오리엔트에 온 듯했다. 길 좌우에는 흰 장미, 붉은 장미와 재스민이 빽빽하게 덤불을 이루어 향기로운 그늘을 드리웠다. 사방에 다 꼽을 수 없을 만큼 수많은 꽃이 피어 있었는데 아마도 이 세상에 있는 꽃 중에 그곳에서 자라지 않는 것이 없는 것 같았다. 정원 한복판에는 야생화가 피어 있는 잔디밭이 있었고 그 주위를 오렌지 나무와 레몬 나무가 사방에서 감쌌다. 나뭇잎은 검은색에 가깝도록 진했으며 오렌지와 레몬이 이미 농익은 것과 막 익어가는 것이 있는가 하면 아직 꽃이 피어 있는 나무도 있었다. 꽃 핀 나뭇가지는 눈이 부시지 않게 그늘을 드리워 주었고 열매의 향기는 황홀했다. 잔디밭 한가운데에는 흰 대리석으로 만든 분수가 있었다. 분수 중앙에 석상이 서 있어 여기서 물줄기가 하늘 높이 솟아올랐으며 다시 시원한 물소리와 함께 연못에 쏟아져 내렸다. 연못의 물은 눈에 보이지 않는 경로로 지하를 흐르다가 정원 가장자리의 수로에서 다시 나타났다. 수로는 정원 전체를 한 바퀴 돌고 정원 안에 가로, 세로로 연결된 수로들을 따라서 돌다가 마침내 서로 만나 정원 바깥에 있는 계류로 흘러들어 갔다. 이런 광경을 본 10명의 젊은이들은 '이보다 더 아름다운 정원은 본 적이 없다. 이것이 바로 지상의 낙원이 아니겠는가'하고 이구동성으로 감탄해 마지않았다."[1]

이 정원 묘사는 얼핏 알베르투스 주교나 크레센치의 열락 정원을 연상시킨다. 피렌체 상류층 집안의 자제들이 이런 정원을 본 적이 없어 지상 낙원이 아니냐고 묻는 것을 보면 그 시대에 아직 이런 정원이 조성되지 않았다는 뜻이 된다. 다만 크레센치의 책이 널리 읽히고 있었을 뿐이었다. 그렇다면 보카치오는 크레센치의 책을 읽고 시인의 상상력을 보태 위의 정원을 묘사한 걸까? 그렇다고 보는 견해가 지배적이다. 보카치오의 정원은 실용성과 즐거움의 차원을 벗어나 이제 제3의 자연, 즉 정원 예술로 도약하기 위한 태동을 보여준다.[2] 젊은이들이 정원의 '아름다움'을 말하고 있다는 점에 관심이 간다. 중세를 거치는 긴 시간 동안 정원을 아름답다고 느끼며 '바라본' 적이 없었다. 지하실에 먹고 마실 것이 가득하니 실용성도 필요 없고 즐거움은 다른 곳에서도 충분히 얻을 수 있기에 이들이 정원을 묘사한 유일한 개념이 '아름다움'이었다. 자연적인 요소들을 정리하고 다듬어서 인위적으로 장면을 '설정'하여 보여주었다는 뜻이 된다. 크레센치의 정원보다 르네상스를 향해 한 걸음 더 다가가고 있다. 르네상스 정원이 결정적으로 새로웠던 것은 정원이 예술의 대상이 되었다는 점이다.

물론 시인의 상상력이 한층 앞서갔으므로 실제로 르네상스의 정원 예술이 시작된 것은 그로부터 또 100년 정도 지난 후였다. 흔히 피렌체의 메디치 가문 별장 정원에서 르네상스 정원이 탄생했다고들 한다. 거의 모든 정원사 서적에서 그렇게 주장한다. 어떻게 그럴 수 있었을까? 왜 피렌체였으며, 어떻게 금융 부호였던 메디치 가문에서 새로운 정원 양식을 창조해 낼 수 있었을까? 이를 이해하기 위해 우리는 중세 말엽의 피렌체로 여행을 떠나 그들을 좀 더 가까이에서 살펴볼 필요가 있다.

피렌체는 로마의 율리우스 카이사르가 세운 계획도시로 출발했다. 그러나 역사의 정석대로 게르만계의 롬바르디아 족에게 정복당해 한동안 침체기를 겪었다. 8세기에 프랑크 왕국이 유럽을 평정하고 나서 황제가 피렌체를 백작령으로 지정했다. 그리고 이 지역을 통치할 변경백을 내려보냈다. 로마 시대부터 공화정을 선호했던 피렌체 사람의 기질에 백작의 통치를 받는 것이 그리 마땅했을 리 없다. 그런데도 1215년경에야 비로소 자치권을 획득하게 된다. 이때부터 피렌체 시민들은 태도를 바꾸어 주변에서 살고 있던 귀족들을 정복하기 시작했다. "여름마다 주변에 있는 귀족들의 성을 공략하러 가는 것이 피렌체 시민들의 스포츠였다"[3]고 전해진다. 성을 파괴하고 귀족들에게 시내로 들어와 살 것을 강요했다. 인질처럼 눈앞에 두고 감시하려는 의도였을 것이다. 그렇게 하여 시민들이 귀족들을 평정한 피렌체는 13세기에 크게 전성기를 누렸다. 르네상스를 일으킨 도시라는 명성을 얻고 있지만 이미 중세 말기에 그 준비가 시작되었다고 보아야 한다. 문학 쪽에서 먼저 시작이 되었다.[4] 단테, 보카치오, 페트라르카라는 중세 말의 걸출한 문장가들이 모두 피렌체 출신이었다. 이들은 각각 자기 분야에서 새로운 세상을 노래했다. 아니 이들은 이미 새로운 세상에서 살았다. 건축가와 화가, 조각가가 뒤를 이었다. 인문주의가 가치 기준이 되었고 고대 예술의 놀라움이 발견되었다. 그러나 건축가와 예술가들이 아무리 뛰어난들 그 재능을 알아보고 끊임없이 일거리를 준 재력가들이 없었다면 과연 르네상스가 그렇게 일사천리로 진행될 수 있었을까? 메디치 가문이 바로 이 역할을 맡았다.

메디치 가문은 14세기에 들어와 피렌체가 큰 위기에 처했을 때 서민층의 지지를 받아 정치에 관여하게 되면서 역사의 무대에 등장한다.[5] 메디치의 정치적 세력을 창시한 것은 '조국의 아버지'라고 불렸던 코시모 데 메디치Cosimo de' Medici(1389~1464)였다. 그러나 재산을 만들어 기초를 닦은 것은 그의 부친이었다. 메디치 가문의 영향력은 14세기에서 18세기까지 무려 4세기 동안 지속되다가 1737년, 대가 끊기면서 종지부를 찍게 된다. '메디치 가문의 역사는 피렌체의 역사'라는 말도 있다. 경제력을 바탕으로 은밀하게 영향력을 키우면서 정치적, 종교적, 문화적 세력을 굳혔고, 1537년 코시모 1세가 대공작의 작위를 받아 피렌체를 통치하는 군주가 되면서 절정에 달했다. 오랜 세월 동안 왕정을 혐오하고 공화정을 지향했던 피렌체가 코시모 1세를 사실상의 군주로 인정한 것은 이해하기가 쉽지 않다. 메디치 가문의 입장에서 보면 얻은 권력을 끝까지 지켜낸 셈인데 이에는 그들의 뛰어난 외교적 감각뿐만 아니라 서민과의 연대감을 절대 잃지 않았던 것이 가장 큰 작용을 했다고 본다.[6]

그러나 메디치 가문의 가장 큰 공로는 권력과 재력을 바탕으로 르네상스 예술을 적극적으로 후원했다는 사실이다. 그중에는 정원 예술도 물론 포함되어 있다. 재산가로서의 면모를 잃지 않았던 그들은 약 30채의 별장과 그에 딸린 토지를 소유했으며 피렌체와 로마 등의 도시에 모두 14채의 팔라초를 지었다. 토스카나는 풍경이 수려하여 별장을 짓기에 알맞았고 기후가 좋아서 농사가 잘됐다. 그중 15채의 별장과 정원은 세계문화유산으로 등재되어 있다. 비록 수백 년에 걸쳐 이룩한 것이라 해도 한 가문에서 남긴 유산으로는 세계 신기록 감이다. 정원 역사의 관점에서 볼 때 국부 코시모와 그의 손자 로렌초 사이의 시기가 의미 깊다. 바로 이 시기에 중세의 실용적 열락 정원이 르네상스의 예술 정원으로 승화했기 때문이다. 앞으로 자세히 살펴보고자 한다.

1. Boccaccio, 2013, pp.219~221.
2. Fabiani-Giannetto, 2008, p.124.
3. Zimmermanns, 1984, p.23.
4. Petrarca, F., Eppelsheimer, 1980, p.9.
5. 앞의 책, p.29.
6. Brion, 1970, p.11.

090 피에솔레 정원, 르네상스 정원의 시작

피렌체 근교 피에솔레에 있는 죠반니 메디치의 빌라와 정원의 전경

니콜로 니콜리_{Niccolò Niccoli(1364~1437)}라는 사람이 있었다. 본래
피렌체 대상의 자손으로 태어나 가업을 물려받았으나 고대 문학에 심취하여
전 재산을 고서적 수집하는 데 탕진했다. 고서적 수집에 방해된다고 결혼도
하지 않았다니 마니아 수준도 훨씬 넘어섰던 것 같다.[1] 물론 고서적을 수집
하는 데 그친 것이 아니라 이를 번역하고 정성스레 필사하여 복사본을 뜨고
주석을 달았다. 고서적 수집은 14세기 후반부터 이탈리아, 특히 피렌체의
'인문주의자humanist'라면 누구나 앓았던 열병이었다. 인문주의자, 즉 휴머니
스트라는 용어 자체가 고서적과 관련이 있다. 여기서 유의할 점이 있는데 르
네상스의 휴머니스트는 지금 우리가 이해하고 있는 휴머니스트와는 뜻이 좀
다르다. 일찍이 키케로 등 고대 사상가들이 설명한 '후마니타스humanitas'라는
개념에서 출발했다.[2] '후마니타스'의 요점은 '인간됨'이 무엇인가에 대한 대답
을 찾는 것이다. 인간은 전지전능한 신의 창조물이므로 인간됨이란 곧 신의
뜻대로 살아가는 것이라는 기독교 교리와는 전혀 다른 관점, 즉 인간의 관점
에서 인간됨을 정의했던 키케로 등의 고대 사상은 충격이었으며 교리의 굴레
로부터의 해방을 뜻했다. 기원전 1세기를 살았던 키케로의 명성은 꾸준히 이
어져 내려왔지만 시인 페트라르카가 그를 다시 유명하게 만들었다. 1345년
베로나의 대성당 도서관에서 키케로의 친필 서신 수백 점을 발견하면서 결
정적인 전환점이 온 듯하다.

너도나도 혈안이 되어 고대 시인들과 사상가들의 책을 찾아다녔다.[3] 대학

에 그전에 없었던 언어학, 수사학, 문학, 윤리학 등의 과목을 새로 개설하고 이를 인문학studia humanitatis이라고 칭했으며 이 과목을 가르치는 교수들을 일 컬어 '후마니스타humanista(humanist)'라고 불렀다. 말하자면 휴머니스트는 곧 인 문학 교수라는 뜻이었는데, 나중에는 꼭 교수가 아니더라도 인문학에 심취 한 사람들을 모두 휴머니스트라고 했으므로 피렌체는 휴머니스트들로 넘쳐 나게 되었다. 자유로워진 정신으로 바라보니 사람과 세상이 아름다웠고 새로 운 자유는 엄청난 창의력의 원천이 되었다. "천 년간 갇혀있던 아름다운 정 신이 이렇게 활짝 피어나는 시대에 태어난 것을 감사해야 한다"[4]고 말하며 사는 것을 즐거워했다. 그러나 미국의 철학자 윌리엄 듀런트는 "문화의 뿌리 는 경제력이다. 상인, 금융인과 교회가 돈을 벌어 그것으로 고서적들을 수집 해 고대를 되살아나게 할 수 있었다"라고 시원하게 지적한 바 있다.[5] 아닌 게 아니라 니콜로 니콜리가 재산을 다 쓰고 빈털터리가 되자 그의 친구였던 코 시모 메디치가 자신의 은행에 무한도의 계좌를 만들어 주었다. 옛날 알렉산 드리아와 같은 도서관을 만들겠다는 꿈을 가졌던 니콜리가 평생 수집하여 남긴 필사본은 모두 800점이었고 남긴 빚 또한 산더미였다. 그는 제발 이 서 적들이 사방으로 팔려나가지 않도록 해달라는 유언을 남기고 죽었다. 그러 자 시에서 니콜리 채무 위원회를 조직했고 다시 코시모가 나섰다. 그의 빚을 다 갚아줄 테니 그 대신 고서적을 모두 자기한테 넘기라는 조건을 걸었다. 그중 200점은 자신이 소장하고 나머지는 산마르코 수도원 도서관에 보관하 여 대중에게 공개했다. 이것이 현재 피렌체 메디치아 라우렌치아나 도서관의 시작이 되었다.

인문주의자들은 고서적 수집에서 그치지 않고 고대 조각상도 수집하기 시작했다. 니콜리에게 포조 브라촐리니Poggio Bracciolini라는 절친한 후배가 있었다.[6] 그 역시 고서적 수집가이자 인문주의자였다. 말년을 시골에서 조용히 보내려고 근교에 빌라를 하나 샀다. 그런데 정원을 만들려고 땅을 파니 고대 대리석 조각상들이 나왔다. 문득 키케로가 묘사한 고대 빌라의 조각 정원이 생각나 정원에 세워두었더니 그 소문을 듣고 인근의 농부들이 조각상들을 주섬주섬 들고 나타났다. 이탈리아와 그리스에서는 땅만 파면 대리석 조각상들이 나타났다는데, 그때까지는 이를 구워서 석회로 만들어 쓰거나 깨서 건축 소재로 쓰곤 했다고 한다. 그러다가 점잖은 학자가 정원에 세워놓는 것을 보고 혹시 돈이 될까 하여 팔러 왔다는 것이다. 이렇게 해서 브라촐리니의 조각 수집이 시작되었다. 말할 것도 없이 친구들도 따라 했고 코시모는 이때도 편리한 방법을 썼다. 니콜리와 브라촐리니의 조각 수집품도 모두 사들인 것이다. 이것이 메디치 가문의 유명한 고대 조각 컬렉션의 시작이 되었다.[7]

이 시기에 코시모는 피렌체 근교에 네 개의 빌라를 소유하고 있었다. 그중 세 개는 선조들로부터 물려받은 것으로 넓은 포도밭, 올리브 밭, 경작지와 숲이 딸려있어 가족들의 먹거리, 마실 거리를 직접 생산했다. 나머지 하나는 그의 말년, 1451년경에 둘째 아들 조반니에게 주기 위해 산 것이다. 피에솔레Fiesole라는 도시의 가파른 언덕 위에 있는 중세의 작은 성을 하나 사서 주고 마음에 맞게 고쳐 지으라고 했다. 여기엔 농장이 딸려있지 않았다. 구세대의 코시모에게 시골 별장은 '농사도 짓는 곳'이라는 인식이 깊이 각인되어 있었으나 그의 아들 세대에서는 이미 개념이 달라진 듯했다. 인문학에 심취한 아들은 오로지 책을 읽거나 친구들과 함께 토론하고 곡을 연주하며 소일했다. 아버지와는 달리 포도나무 접붙이기 등의 농사에는 관심을 두지 않았고 아름다운 레몬 나무와 붉은 꽃을 보고자 했다. 공기 좋은 피에솔레는 이런 허약한 책벌레 아들이 지내기에 맞춤한 곳이었다. 미켈레초Michelezzo[8]라는 건축가에게 의뢰하여 구식의 성을 철거하고 신개념의 빌라를 지어달라고 요구했다. 그 결과 정사각형의 단정한 건축에 삼단의 테라스 정원이 나왔다. 바로 이 빌라와 정원으로 인해 '초기 르네상스 빌라 건축과 정원의 원형'이 탄생했다고들 한다.[9] 그러나 여기 문제가 좀 있다. 건축은 원형이 그대로 보존되어 있으므로 신개념의 디자인이었다는 말에 수긍이 간다. 그러나 현재 남아 있는 정원은 20세기 초에 신르네상스 개념으로 복원한 것이어서 조반니 시대의 모습이 어떠했는지 알 길이 없다. 삼단 테라스 외에는 아무것도 확실하지 않다. 그러므로 '르네상스 정원의 원형'이었다는 주장은 근거가 희박하다.

그러나 매우 흥미로운 점이 있기는 하다. 제일 상층 테라스에 보면 낮은 장식벽 일부가 남아있다. 이 장식벽 양쪽에 기둥이 서 있고 그 위에 로마의 흉상들이 올라앉아 있다. 벽의 모자이크 문양도 옛 로마의 것을 그대로 닮았다. 공사가 한창이던 1453년 조반니가 로마에 있는 친구로부터 옛 황제들의 흉상 열두 점을 구해왔다는 기록이 있다. 그리고 이 흉상들을 담장이나 옹벽에 배치해 두면 멋질 것 같지 않느냐고 묻는 편지도 전해진다.[10] 이런 정황으로 보아 조반니는 아마도 그가 흠모해 마지않던 키케로나 플리니우스 등 먼 선조들의 빌라 정원을 재현하고 싶어 했던 것 같다. 그 정원의 주인공은 레몬 나무도, 붉은 꽃도 아닌 선조들의 흉상이었다. 이는 우리가 전통 정원을 짓고 꽃담을 세우고 문인석과 무인석을 구해 세워놓는 것과 같은 욕구였을 것이다. 이탈리아의 르네상스 정원은 이렇게 책에서만 접한 선조들의 정원을 재구성하면서 시작되었다.

1. Greenblatt, 2011, p.127.
2. Universal-lexicon, 2012.
3. 이 책의 "062. 빌라" 참조
4. Brion, 1970, p.57.
5. Durant, 1978, p.328.
6. 이 책의 "062. 빌라" 참조
7. Gothein, 1926, p.234. 메디치 가문이 대대로 수집한 고대 조각상 대부분은 현재 우피치 갤러리에 전시되어 있고 일부는 옛날 그대로 메디치 저택의 중정에 세워두었다.
8. 본명은 Michelezzo di Bartolomeo(1396~1472). 초기 르네상스 건축가, 조각가로 메디치 가문의 건축을 거의 도맡아 설계했다.
9. Fabiani-Giannetto, 2008, p.63.
10. 앞의 책, pp.82~83.

091 로렌초의 조각 정원과 미켈란젤로

소년 미켈란젤로가 로렌초에게 자신의 작품을 보여주고 있다.
중앙에 앉아있는 인물이 로렌초다.
오타비오 바니니(Ottavio Vannini) 작, 피티궁전 박물관 소장

15세기는 실용 정원에서 조형물의 무대 역할로 정원이 서서
히 변모해가는 과도기였다. 건축과 식물과 조형물이 서로 완벽하게 하모니를
이루고 이에 상징성이 덧씌워진 새로운 타입의 정원이 완성되려면 16세기까
지 기다려야 했다. 15세기는 고서적에 이어 조각상에 열광했던 시대이므로
정원의 혁신에는 그리 관심이 없었다. 왜 그렇게 조각상에 열광했을까. 중세
의 미술과 비교해보면 수긍이 간다. 지금의 눈으로 보면 중세 미술도 그만의
독특한 아름다움과 매력이 있다. 중세 미술의 매력을 재발견하는 중이기도
하다. 그러나 15세기 사람들 눈에 비친 중세 미술은 투박하고 촌스럽고 짜증
스럽기만 했다. 보라, 고대의 이상형 인간들을. 얼마나 완벽한가. 인체의 아름
다움이 새삼 발견되고 찬양의 대상이 되었다. 당시 피렌체에서 돌을 던지면
화가나 조각가가 맞았을 정도로 예술가들로 붐볐다. 조토, 도나텔로, 레오나
르도 다빈치, 보티첼리, 미켈란젤로 등의 거장들이 거의 동시대를 살았을 뿐
만 아니라 모두 피렌체에서 와글거렸다는 사실은 좀 기이해 보인다. 후에 19
세기 말, 파리를 중심으로 수많은 인상파 화가들이 나타나며 또 한 번 같은
현상을 보여준다. 다만 인상파 화가들에게는 코시모나 로렌초 메디치와 같은
대부가 없었다는 점이 다르다. 메디치 은행에서 아낌없이 부어주는 '냄새나
는 돈'[1]이 불후의 명작으로 둔갑하여 마구 쏟아져 나왔다.

로렌초 메디치Lorenzo di Piero de' Medici(1449~1492)는 코시모 메디치의 손자였는
데 무엇보다도 다빈치, 보티첼리, 미켈란젤로 등의 후원자로 유명해졌다. 로렌

초가 가업을 물려받았을 때 그는 스무 살이었고 시인이었다. 그가 물려받은 유산 중에는 정치적, 문화적 지도자 역할도 포함되어 있었다. 공식적으로는 아무 직책도 없는 평민이었으나 실질적으로는 통치자였다. 코시모 이후로 메디치 가문은 사실상 세습 군주와 흡사한 역할을 했다. 그러므로 피렌체를 "재벌 정권 하의 반쪽 민주주의"라고도 한다.[2] 자신의 두 아들이 모두 병약하여 오래 살지 못할 것을 예견한 코시모는 손자 로렌초에게 일종의 태자 교육을 했다.[3] 최고의 학자들을 가정 교사로 모신 것은 물론이고 집안에 늘 인문주의자, 정치가, 예술가가 드나들었으므로 로렌초는 자연스럽게 문화·예술을 호흡하며 성장했다. 코시모가 존경의 대상이었다면 로렌초는 피렌체의 태양이고 스타였다.[4] 사람들이 그를 매우 사랑하여 후에 '위대한 자Il Magnifico'라는 칭호를 붙여주었다.

로렌초는 산마르코 광장에 큰 조각 정원 하나를 가지고 있었다고 한다.[5] 산마르코 광장은 성당과 수도원이 볼 만하므로 관광객이 비교적 많이 찾는 곳이다. 그러나 로렌초의 조각 정원을 찾으면 헛걸음만 하게 된다. 지금은 완전히 잊힌 곳이기 때문이다. 그러나 자취는 약간 남아있다. 광장 북서쪽에 보면 집들 사이에 낮은 담장이 하나 서 있고 그 너머로 사이프러스 다섯 그루가 내다보이는 곳이 있다. 지금은 특별한 용도 없이 유휴지로 남아있는데 그 담장 너머에서 한때 소년 미켈란젤로가 조각 망치를 휘둘렀다는 사실을 아무도 모른 채 지나쳐간다. 말이 정원이지 본래는 가문의 조각 컬렉션을 보관하는 곳이었다. 이것이 나중에 일종의 미술 학교로 발전하게 된다. 본래부터 미술 학교를 세울 의도가 있었는지는 모르겠으나 로렌초는 고대 작가들을 능가하는 조각가를 키우고 싶다는 의중이 있었다. 일단 수많은 귀중한 조각상을 안전하게 보관할 장소가 필요했으므로 자신이 소유하고 있는 빈 땅에 담을 두르고 조각상을 옮겨다 두었다. 베르톨도Bertoldo di Giovanni(1420~1491)라는 조각가를 관리 책임자로 채용하고 당시 전형적인 가옥 구조인 '로지아loggia'도 한 채 지었다. 여기서 컬렉션을 관리하는 한편 아이들을 데려다가 가르치는 것이 베르톨도의 임무였다. 그는 예술가 길드에 수소문하여 도제들 중 재능 있는 아이들을 데려왔는데 그 중 14세의 소년 미켈란젤로도 섞여 있었다. 로렌초는 소년 미켈란젤로의 천재성을 알아보았다고 한다. 그리고 소년을 아예 자기 집으로 데려가 살게 하고 아들처럼 대해 주었다. 미켈란젤로는 로렌초가 사망하는 1492년까지 약 4년간을 메디치 저택에서 보내며 날마다 조각 정원에 가서 미친 듯 공부했다고 한다. 아마도 로지아에서 쓰러져 잠든 날도 많았을 것이다. 로지아는 이탈리아에서 흔히 볼 수 있는 아케이드 형태의 지붕 덮인 회랑을 말한다. 고대의 페리스틸리움과 원칙은 같지만 르네상스 시대에 이를 더욱 발전시켜 매우 중요한 건축 요소가 되었다. 대개는 주택 1층의 중정을 둘러싸기도 하지만 단독 건축으로 존재하는 경우도 많다. 혹은 여러 층으로 쌓아 올리기도 했다. 요즘 아파트 중에 바깥에 복도가 길게 연결된 건물이 있는데 이 역시 로지아에서 유래한 것이다. 로지아는 중세의 폐쇄적 건물이 개방형으로 변하는 과정에서 형성되었으며 이탈리아 등 더운 지방에서 매우 중요한 역할을 했다. 우리나라의 누각처럼 다용도로 쓰였다. 더운 날 로지아에서 먹고 자는 경우가 많았으므로 곧 숙소라는 개념이 파생되어 나왔고 길드 회원들이 모이던 장소도 로지아였다. 로지아를 시장에 세우면 상점이 되었고 광장에 세우면 무대가 되었다.

피렌체의 수많은 광장 중에서 가장 대표적인 것이 시뇨리아Signoria 광장일 것이다. 시뇨리아란 공화국의 정치를 책임지는 시민 대표들을 일컫는 말로서 명망 있고 세력 있는 가문이나 길드의 대표로 이루어져 있다. 부정을 방지하기 위해 임기가 두 달에 국한되었고 임기 동안 시뇨리아 광장의 팔라초 베키오에서 살아야 한다는 독특한 규정이 있었다. 팔라초 베키오는 중세 말에 지어진 성채 형의 건물인데 그 앞에 미켈란젤로의 다비드상이 서 있기 때문에 누구나 한눈에 알아볼 수 있다. 다비드상의 원본은 미술 아카데미 안으로 피신시켰고 지금 팔라초 베키오 앞에 서 있는 것은 복제품이다. 본래 다비드상은 대성당 돔의 꼭대기를 장식하기 위해 주문한 것이었다. 1501년 작업을 시작하여 1504년 작품이 거의 완성되자 시 예술 위원회의 심사회가 열렸다. 그들은 이렇게 완벽하게 아름다운 작품을 잘 보이지도 않는 지붕 꼭대기에 둘 수 없다고 했고 의논 끝에 팔라초 베키오 앞에 세우기로 했다고 한다. 이때 예술 위원회에는 보티첼리, 다빈치 등 쟁쟁한 예술가들이 거의 모두 속해 있었다.[6]

다비드상이 세워질 무렵은 로렌초가 사망한 뒤 메디치 가문의 명성이 빠르게 추락하던 시절이었다. 아버지의 문화적 감각을 물려받지 못한 로렌초의 아들들은 결국 피렌체에서 쫓겨난다. 미켈란젤로는 함께 성장한 로렌초의 아들들에게 등을 돌리고 다시는 화해하지 않았다고 한다. 다비드상은 메디치 세력을 몰아내고 공화국을 다시 복구한 피렌체의 상징이었다. 그러나 그도 잠깐. 십 년도 되지 않아 피렌체는 메디치가를 다시 받아들였다. 로렌초의 아들 조반니[7]가 로마에서 세력을 키워 교황으로 등극했기 때문이다. 이건 가문의 영광 정도가 아니라 피렌체의 영광이었다. 이제 레오 10세가 된 조반니는 금의 환향하여 요란하게 입성하는데 그 행렬의 준비가 로렌초 조각 정원에서 이루어졌다. 여기서 출발하여 시뇨리아 광장에 도착하자 성대한 환영식이 개최되었다. 팔라초 베키오와 수직을 이루며 로지아가 하나 서 있는데 바로 이곳이 공공 행사를 치르기 위해 마련된 무대였다. 여기서 외국 사절단을 맞고, 공연하고, 카니발이 열렸다. 권세가들은 민심을 얻기 위해 수시로 축제를 열어야 했다. 그들 집안의 관혼상제도 집안일이 아니라 도시 전체의 일이 되어 광장의 로지아에서 공개 혼인식을 하고 전 시민들에게 며칠씩 연회를 베풀었다.

그러다가 토스카나가 신성로마 황제에게 굴복하여 공국이 되고 피렌체가 그 수도가 되는 등 정치적으로 큰 변화가 왔다. 1520년대의 일이었다. 메디치 가문에게 공작의 작위를 내려 토스카나를 통치하라는 황제의 명이 떨어졌다. 이제 높은 귀족의 신분이 되었으므로 평민과 섞여 떠들썩하게 잔치를 베풀 수 없었다. 코시모 공작 1세가 1539년 엘레오노라 공주와 혼인할 때 이제는 광장의 로지아에서 연회를 할 수 없었다. 새로운 장소가 필요했다. 정원이 적절한 장소라는 결론이 내려졌다.

---

1. Durant, 1978, p.327.
2. 앞의 책, p.329.
3. 앞의 책, p.370.
4. Brion, 1970, p.103.
5. Elam, 1992, p.41.
6. Grimm, 1995, pp.207~216.
7. 메디치가 대대로 코시모, 로렌초, 조반니, 피에로 등의 이름이 계속 반복되므로 혼동하기 쉽다.

092 카스텔로 정원,
르네상스 정원의 완성

카스텔로 정원 중앙 부분.
사이프러스 등으로 만든 짙은 미로는 사라졌지만 헤라클레스 분수는 남아있다.

카스텔로Castello는 피렌체 시에서 약 10km 정도 북쪽으로 떨어져 있어 쉽게 찾아갈 수 있다. 이곳 산자락에 로렌초가 지은 빌라가 한 채 있었다. 이 빌라가 유명해진 것은 우선 보티첼리의 두 명작 '비너스의 탄생'과 '봄'이 모두 이 빌라를 장식하기 위해 그려졌기 때문이다. 지금은 둘 다 우피치 갤러리에 전시되어 있지만 당시에는 카스텔로의 빌라에 걸려있었다.[1] 코시모 공작은 어린 시절을 여기서 보냈기 때문인지 여러 빌라 중에서 특히 카스텔로를 선호하여 틈나는 대로 들러 시간을 보냈다. 당시 공작의 전속 건축가 겸 화가는 조르지오 바사리Giorgio Vasari(1511~1574)였다. 우피치 갤러리를 설계하고 팔라초 베키오의 프레스코 벽화와 천정화를 그린 사람이었다. 작품도 훌륭했지만 바사리는 당대 예술가들의 전기를 집필하여 더욱 유명해졌다.[2] 말하자면 최초의 예술사가藝術史家로서 고딕, 매너리즘, 르네상스 등의 개념을 처음으로 사용한 사람이기도 했다. 그는 카스텔로 정원의 탄생을 지켜본 산 증인으로 당시의 이야기를 소상히 전해준다.

코시모 공작이 등극한 이듬해인 1538년, 공작은 앞으로 자주 벌어질 연회 등을 위해 카스텔로 빌라와 정원을 대대적으로 개축하고자 했다. 카스텔로라는 지명은 로마 시대의 아콰에둑투스와 카스텔룸, 즉 대형 지하 저수지가 이곳에 있었기 때문이 붙여졌다. 그러니 우선 물이 좋은 곳이다. 뒤로는 모렐로 산을 등지고 앞으로는 아르노 강의 넓은 평야를 안고 있는 배산임수의 명당이기도 했다. 공작은 건물을 장엄하게 고치고 여러 개의 분수와 연못을 만들라고 지시했다. 전속 건축가 바사리가 당시 여러 프로젝트를 담당하고 있어 여유가 없었으므로 절친한 사이였던 니콜로 트리볼로Niccolò Tribolo(1500년경 - 1550)를 적임자로 소개했다. 트리볼로는 조각가이며 건축가였으나 당시 흔히 그랬듯이 군사 시설이나 수리 시설 설계에도 능했다. 일찍이 군사적 목적으로 피렌체 시의 모형을 만든 바 있어 전체를 개괄하는 안목을 키웠다. 먼저 큰 틀을 구상하고 순차적으로 구체화하는 방법으로 프로젝트에 접근했다. 바사리의 증언에 따르면 트리볼로는 카스텔로 주변을 돌아다니며 지형을 살피고 지상 지하로 흐르는 물의 움직임을 소상히 조사했다고 한다. 그리고 이런 제안을 했다.

우선 빌라의 건축을 저택형으로 장중하게 짓는다. 이를 중심에 두고 뒤의 모렐로 산에서 앞의 아르노 강까지 경관을 하나의 축으로 연결한다. 이를 위해 앞쪽의 정원을 도로까지 연장한다. 도로와 면한 곳에 낮은 담을 쌓고 높은 철문을 단다. 철문 양옆에 각각 우물을 만들어 객들이 말에서 내려 목을 축일 수 있게 한다. 여기서 저택까지 넓은 길을 곧게 내는데 양쪽에 뽕나무를 심어 나무 터널을 만든다. 길이는 약 200m 정도 될 것이다. 저택 앞에는 해자처럼 커다란 연못을 파서 산으로부터 정원의 분수를 통과하여 내려온 물을 모은다. 여기서 다시 수로를 연결하여 산책길 양옆을 흐르게 하여 아르노 강에 보낸다. 수로에는 물론 물고기가 살아야 하므로 매우 천천히 흐르도록 레벨을 잡는다. 저택 뒤에 있는 주 정원을 산등성이까지 연장하여 전체를 높은 담으로 두르고 정상에 로지아를 세워 마무리한다. 여기서 정원 전체는 물론이고 인근 경관, 아르노 강, 피렌체까지 두루 전망할 수 있게 한다. 지형이 경사져 있으므로 전체를 세 구역으로 나누어 충지게 하고 계단으로 연결하며 각 구역은 평평하게 다듬는다. 양쪽 측면에는 마사와 시크릿 가든 giardino segreto[3]을 배치하여 마무리한다. 저택에서 별도의 담이나 문을 통과하지 않고 바로 정원으로 연결되게 한다. 가장 낮은 첫째 구역은 잔디밭으로 꾸미고 양쪽 가장자리에 로지아를 배치한다. 로지아 앞에 대리석 분수를 만들어 세운다. 첫 번째 구역이 끝나는 곳에 문을 만든다. 문 옆에는 분수와 조형물을 둔다. 두 번째 구역은 공간 전체를 바둑판으로 나누어 사방 약 9m 폭의 정사각형이 전후좌우로 연속되게 한다. 그 중앙에는 사이프러스, 월계수, 블루베리로 이루어진 원형의 미로를 만들고 다시 그 중심에는 대형 분수를 세운다. 이곳이 정원 전체의 핵심이다. 이 구역의 끝에 다시 문을 만들어 세우고 그 양쪽으로 로지아와 그로토를 만든다. 문의 양옆에는 분수를, 로지아에는 조형물을 세워 넣고 그로토에도 분수를 만들어 넣는다. 세 번째, 즉 마지막 구역은 레몬 나무 정원으로 그동안 메디치 가문에서 수집해 온 수백 종의 레몬 나무를 전시하는 곳으로 쓴다. 북쪽으로 담을 세워 북풍을 막아 준다. 여기서 양쪽 가장자리에 있는 계단을 올라가면 숲으로 들어가게 된다. 전나무, 사이프러스, 참나무 등이 빽빽한 깊은 숲 속에 커다란 사각형의 물고기 연못을 두고 그 한가운데에 조형 분수를 만들어 넣는다. 이 구역은 뒤로 가면서 사다리꼴로 좁아지는데 뒤쪽 경계면에 긴 로지아를 세운다.[4]

카스텔로는 여가를 즐기기 위한 시골 정원이 아니라 메디치 가문의 부와 권력을 새롭게 과시할 장소여야 했다. 이제 사업가나 지역 유지로서가 아니라 군주로서 유럽의 다른 통치자들과 어깨를 나란히 해야 하므로 그 부담이 적지 않았다. 귀빈들에게 이곳 주인이 어떤 인물인지 확실히 보여줄 필요가 있었다. 그러므로 처음부터 알레고리적 프로그램을 함께 고안했다. 우선 정원을 피렌체 시에 바치는 것이 중요했다. 공작이 어렸을 때 피렌체의 통치자가 될 것이라는 예언이 있었다고 소문이 돌았다. 그가 작위를 받던 해 특이한 기후 현상이 나타났다고도 했다. 봄이 매우 일찍 찾아온 것이다. 그러므로 봄이 또 다른 주제가 되었다. 이 둘을 엮어보면 "코시모 공작이 피렌체에 영원한 봄을 가져다 줄 것이다"가 된다. 알레고리는 대개 조형 요소를 통해서 표현된다. 피렌체는 비너스 상으로 의인화하여 표현했고 코시모는 로마의 아우구스투스 황제로 표현했다. 아우구스투스는 로마에 개혁의 봄을 가져다준 황제였다.[5] 빌라에 걸려있는 보티첼리의 그림 두 점은 마치 코시모를 위해 그린 것 같이 안성맞춤이었다. 이 또한 좋은 징조로 해석될 수 있었다.

세 번째 테마는 질서였다. 코시모가 나타나 피렌체의 정치적 혼돈에 종지부를 찍었다는 뜻이다. 정원 중앙에 있는 분수 조형물이 바로 이를 상징했다. 분수 꼭대기에 헤라클레스와 안타에우스가 서로 겨루는 장면을 만들어서 높이 세웠는데 코시모가 헤라클레스가 되어 안타에우스, 즉 반 메디치 세력을 무찌른다는 뜻이라고 한다. 또한 사계절의 우주적 질서를 상징하는 조각상을 만들어 정원의 네 모서리에 세웠다. 이때 베네데토 바르키Benedetto Varchi(1492~1556)라는 시인이 프로그램 자문을 맡았는데, 그는 메디치의 영광을 상징하기 위해 여섯 개의 알레고리를 더 추가하자고 제안했다. 정의로움, 자비, 용기, 고결함, 현명함, 자유정신. 이렇게 여섯 개의 미덕을 상징하는 조형물을 만들어 미로 정원에 배치했다. 트리볼로 역시 한 건 하고 싶었을 것이다. 그는 메디치 가문의 통치 하에 형성된 문명 요소들을 제안했다. 법, 평화, 군사력, 과학, 지혜, 언어, 예술. 이 개념들을 의인화하여 정원 담장의 벽감에 배치했다.

총체적으로 보았을 때 카스텔로는 정원이라기보다는 정원의 형태를 빌린 홍보물이었다. 그 자체로 또 다른 알레고리를 형성했다. 처음 피에솔레에서 선조들의 문화를 기리기 위해 흉상들을 조심스럽게 배치했던 인문주의적 감성에서 아주 많이 멀어졌다. 그 사이 근 백 년의 시간이 흘렀으니 그럴 법도 했다. 이제 어느 것도 우연이나 자연에 맡기지 않고 세세히 디자인한 르네상스 정원의 원형이 완성된 것이다. 정원의 알레고리적 성격 역시 이에 속한다. 카스텔로의 정원 아이디어는 빠른 속도로 토스카나 전역과 로마 등지로 번졌다. 그 정점을 이룬 것이 아마도 이미 살펴보았던 빌라 데스테[6] 정원일 것이다. 이후 알프스를 넘어 남부 독일과 프랑스로 건너가며 프랑스에서 바로크 정원으로 거듭나게 된다.

1. Vasari 1567/2010, p.264.
2. Le Vita De' Piu Eccellenti Architetti, Pittori, et scultori(Lives of the Most Eminent Painters, Sculptors & Architects), 1550; 1568. 바사리는 모두 200명 정도의 예술가의 삶과 작품을 논했다. 그 중에는 도나텔로, 다빈치, 미켈란젤로, 보티첼리 등도 포함되어 있다.
3. 시크릿 가든은 르네상스 정원의 특징 중 하나로 카스텔로처럼 연회용으로 조성된 정원의 경우 소란을 피해 조용히 쉴 수 있는 공간을 별도로 마련했다. 높은 담으로 두르고 교묘하게 숨겨 손님들은 그 존재조차 알아볼 수 없게 했다.
4. Vasari 1567/2010, pp.458~459.
5. Fabiani-Giannetto, 2008, pp.154~155.
6. 이 책의 "075. 나일강에서 빌라 데스테까지" 참조

093 식물원, 식물 수집, 식물 사냥

베를린 자유대학 식물학과 식물원 내의 이탈리아 정원.
식물원의 역사가 이탈리아에서 시작되었음을 기념하는 정원이다.

식물의 르네상스

　조각, 조형물, 분수가 아무리 근사하고 알레고리적 의미가 흥미롭다고 하더라도 식물과의 조화 속에서 비로소 빛이 난다. 르네상스 정원들을 보면 녹색 기하학이 지배하여 회양목, 주목, 사이프러스 외에는 별다른 식물이 없었던 것처럼 보인다. 실제로 '녹색 기하학의 정원'이라고 정의되는 경우도 있다. 그런데 한 가지 주의해야 할 점이 있다. 지금 우리가 볼 수 있는 르네상스 정원들은 조성 당시의 모습 그대로가 아니라는 사실이다. 모두 후세에 복원된 것이며 고증을 통해 '이러했을 것이다'라고 유추하여 최대한 실제와 근접하게 재구성한 것이다. 대부분의 경우, 구조적 기본 틀과 개념을 재구성한 것에 지나지 않는다. 당시 실제로 자라고 있었을 식물을 재구성하는 것이 불가능하지는 않지만, 높은 유지·관리비 때문에 포기하고 녹색 테두리를 두른 반듯한 기하학 속에 모래를 깔고 만다. 그러나 당시 정원을 직접 목격한 여러 증인에 따르면 수천 가지의 식물이 자라 풍성하고 화려한 것이 마치 낙원과 같았다고 한다.[1] 물론 과장은 있겠으나 수많은 식물이 심겼던 것은 사실일 것이다. 르네상스 정원이 완성될 즈음에는 휴머니스트들이 고문서 수집과 조각상 수집에 이어 식물 수집에 열을 올렸다. 그 많은 식물을 수집하여 정원이 아니면 어디에 심었겠는가. 다만 심는 방법이 지금과 많이 달랐다. 식물을 서로 자연스럽게 섞어 심은 것이 아니라 유형별로 나누어 따로따로 심는 것이 불변의 원칙이었다. 마치 오케스트라 구성과 같았다. 현악기, 관악기, 타악기를 나누고 그 안에서 악기 종류에 따라 음악가들을 배치했듯,

르네상스 정원에는 교목, 관목, 수벽, 유실수, 초본 식물들의 위치가 따로 지정되어 있었다. 엄격해 보이지만 이들이 철따라 서로 어우러져 내는 수많은 화음은 풍성하고 화려했고, 때로는 웅장했다.

흥미로운 것은 당시 휴머니스트들이 식물뿐만 아니라 동물도 사들이고 광물도 수집했다는 사실이다. 나아가 모으는 데 만족한 것이 아니라 이들을 탐구하기 시작했다. 자연에 대한 순수한 호기심이 싹튼, 이른바 '자연과학의 시대'가 열린 것이다. 이에 스타트를 끊은 것이 식물이었다. 이 무렵, 즉 16세기 중반에 최초의 식물원이 설립된 것은 결코 우연이 아니었다. 코시모 메디치 공작이 여기서도 역할을 한다. 그의 진정한 공적은 아마도 유럽 최초의 식물원을 설립한 일이었을 것이다. 1543년 피사 대학 의대에 식물학과를 개설하고 루카 기니Luca Ghini라는 저명한 의사 겸 식물학자를 교수로 초빙했다. 그리고 바로 식물원 조성에 착수해 달라고 당부했다. 이 무렵 베네치아 공화국에서도 파도바 대학에 식물원을 세웠다. 거의 같은 시기에 탄생했기 때문에 서로 자기가 최초였다고 주장하지만 최근 들어 피사가 1543~1544년에, 파도바 대학이 1545년에 설립되었다는 것이 정설로 인정되고 있다.[2] 그런데 왜 하필 의대에 식물학과가 개설되고 부속 식물원이 설립되었던 것일까. 그 이유는 간단하다. 한의대에 본초학과가 있고 그에 딸린 약초원을 짓는 것과 진배없었다. 아직은 식물의 우선적 기능이 약을 만드는 것이었으므로 의사들이 곧 식물을 연구하는 사람들이었고 최초의 식물학자들은 하나같이 의사 출신이었다. 식물원이라고 해도 약초원 수준을 넘지 못했지만 그때까지 수도원이나 약초상의 재배원에 있던 것을 대학으로 옮겼다는 데 의미가 있다. 이제 본초학이 순수 식물학으로 발전해 나가는 건 시간문제였다. 그때까지 약용 식물에 대한 책은 단 세 권밖에 없었다. 그나마 모두 고대에 집필된 것들이었다.[3] 의대에서 천 년이 넘은 교과서를 그대로 쓰고 있었다는 뜻이다. 고대 의학으로 치료하지 못하는 병은 신의 뜻이라고 여겼던 시대에서 간신히 벗어난 참이었다. 이미 일찌감치 변화의 조짐은 있었다. 이슬람 의학의 영향을 받아 14세기 초 이탈리아에서 해부학이 실시되면서 변화가 왔다. 해부학은 의학의 발전을 재촉했고, 의학의 발전은 고대 의학에 대한 의문으로 이어졌다. 의학에 대한 의구심은 약학에 대한 의구심으로 번졌다. 의사들은 그동안 성서처럼 여겼던 디오스코리데스의 『약물서』를 의심하기 시작했다. 그리고 그에 대한 해석본들을 썼다. 이것이 일반적인 식물에 대한 연구로 확대되어갔으며 식물을 분류하고 이름을 붙이고 약전에 포함하는 작업이 활발해졌다. 세밀화를 곁들인 새로운 약초 도감이 출간되고 식물 표본집이 처음으로 만들어진 것도 이 시대의 일이다.

이를 정신적으로 뒷받침해 준 것은 물론 휴머니즘이었다. 대학의 논문과 서적이 신학의 검열을 받지 않아도 되었고 학문 그 자체가 목적이 될 수 있었다. 말하자면 식물학은 자유 정신에 입각한 최초의 신新과학이었다. 당대의 명석한 두뇌들이 거의 모두 식물학에 관심을 두었던 데에는 이런 시대적인 상황도 크게 한몫을 했다.[4] 이런 분위기는 베네치아를 중심으로 해상 무역이 더욱 활발해지면서 상인, 선원, 외교관, 선교사, 탐험가들이 해외에서 양념이나 향료뿐만 아니라 식물 자체를 들여오기 시작한 것과 맞물려갔다. 튤립이 유럽으로 도입된 것도 바로 이 무렵이다. 남미에서는 감자와 토마토 등 신기한 식용 식물들이 전해져 왔다. 식물학자뿐만 아니라 정원을 소유하고 있는 이라면 모두 이런 귀한 식물을 심고 싶어 했다. 진기한 외래종 식물을 심는 것이 부와 권력의 상징이 되어갔다. 부유층에서 식물을 찾으니 식물이 아예 교역 품목이 되었다. 선원들이 식물 채취 방법, 보관법, 운반법을 배우고 배에 별도의 식물 보관 창고를 지어 본격적인 식물 거래에 나섰다. 베네치아의 상인들은 선원이나 탐험가를 재정적으로 지원해 주고 레반트에서 식물과 약초를 속속 들여왔다. 이렇게 수많은 식물이 갑자기 쏟아져 들어오니 의사들은 보조를 맞추기가 힘들었다. 이런 상황을 보고 파도바 대학의 프란체스코 보나페데Francesco Bonafede 교수가 제안하여 1533년 의대에 본초학과, 즉 식물학과가 개설되었다. 다른 대학들이 바로 뒤를 따랐다. 식물학과는 개설되었지만 식물원은 아직 없었는데 코시모 공작이 피사에서 선수를 친 것이었다. 정리하자면 식물학과는 파도바에서 먼저 설립되고 식물원은 피사에 먼저 생겼다. 과학적 호기심, 식물 애호가들의 수집열, 상인들의 비즈니스 마인드, 이렇게 삼박자가 척척 맞아 16세기 중반 식물학의 새로운 지평을 열게 된 것이다. 바로 이런 배경 하에 르네상스 정원은 더욱 화려하게 피어날 수 있었다.

식물 탐사 및 수집열은 이후 두어 번 더 파도처럼 휩쓸고 지나가게 된다. 특히 신대륙은 새로운 도전 과제를 차고 넘치게 제공했다. 처음 대륙이 발견되고 200년 정도는 개척과 정착 문제가 시급했다. 미합중국이 탄생하고 나서부터 본격적인 탐사가 시작되었다. 신대륙에 대해 큰 호기심을 가진 유럽의 학자들이 자연 탐사 팀을 꾸려 수없이 건너갔다. 미국은 미국대로 제퍼슨

대통령이 원정대를 파견하여 대륙을 횡단하며 식물을 수집하게 했다. 19세기 초의 일이었으며 이 시기에 식물 수집열이 최고조에 달하게 된다. 유럽의 식물원과 재배원도 잘 훈련된 식물학자들을 수시로 내보내 식물을 수집하게 했는데, 이들을 소위 '식물 사냥꾼'이라고 불렀다.[5] 풍경화식 정원의 시대가 막바지로 접어들던 때였다. 이른바 가드네스크gardenesque 시대로, 정원에 대한 새로운 아이디어는 고갈되고 그 대신 진기하고 희귀한 식물로 정원을 채우는 것이 크게 유행했다. 식물 사냥꾼들은 신대륙, 구대륙 가리지 않고 땅끝까지 찾아다니며 온 세상의 식물을 싹쓸이 했다. 그 덕에 발 없는 식물이 지구를 돌아다니게 된 것은 좋은 일이지만 식재 설계를 하는 입장에서는 그 많은 식물 중 무엇을 심을 것인가 고충이 말이 아니게 되었다.

---

1. 홉하우스, 2015, p.228.
2. Attlee, 2006, pp.46~47; Pavord, 2008, p.467.
3. 세 권의 교과서는 테오프라스토스(B.C. 370~286)의 「식물연구(Historia Plantarum)」, 플리니우스 1세(A.D. 24년경~79)의 「박물지(Naturalis Historia)」, 디오스코리데스(A.D. 1세기)의 「약물서(De Materia Medica)」를 말한다.
4. 홉하우스, 2015, p.218의 해설편
5. 앞의 책, pp.374~376.

094 빌랑드리 '채소 문양 정원'

빌랑드리 성과 테라스 그리고 채소 문양 정원.
앞에 보이는 탑이 유일한 중세의 유산이다.
이 성은 일찍이 영국 헨리 2세가 프랑스 필리프 왕을 만나 항복했던
역사적인 장소이므로 철거하지 않고 남겨두었다.
프랑스 르네상스 건축은 지붕의 경사가 매우 심하고 장식적인 조형창문을 둔 것이 특징이다.

식물의 르네상스

　　프랑스 루아르 강을 따라 여행하다 보면 마치 동화 속에서 헤매고 다니는 것 같은 착각이 든다. 오를레앙에서 시작하여 서쪽으로 가면서 백설 공주가 왕자의 손을 잡고 금방이라도 나타날 법한 '샤토chateau(성)'들이 줄줄이 연이어 있어 이걸 언제 다 보고 죽나 싶다. 크고 작은 성들이 300채 가까이 된다. 그중 3분의 1이 대중에게 개방되어 있다.[1] 여기에서 16세기에 프랑스 르네상스 건축과 정원, 궁중 문화가 활짝 피어났다. '프랑스의 정원'이라 불리는 루아르 강변의 기름진 땅은 오래전부터 농경 문화를 꽃피게 했다. 그러던 것이 11세기 말부터 영국과 영토 문제로 심각하게 얽히면서 결국 백년전쟁(1337~1453)으로 이어졌고, 루아르의 곡창 지대가 정치의 중심지 역할도 겸하게 되었다. 백년전쟁이 끝난 뒤에도 이런 상황이 한동안 지속되어 르네상스 왕들, 특히 프랑수아 1세의 등장과 함께 르네상스 건축과 정원 문화의 산실이 된 것이다. 16세기 말에 들어 프랑스 권력의 중심이 파리로 완전히 이동한다. 그리고 루아르는 잊혔다. 갑자기 시간이 멈추어버렸으므로 중세와 르네상스 시대에 건설되었던 수많은 샤토들이 거의 그대로 보존될 수 있었다. 그리고 다시 채소밭, 포도밭 경작에 집중할 수 있었다. 건축과 달리 정원은 세월을 이길 수 없기에 르네상스 건축이 집중된 이곳에서도 정원은 만나기 어렵다. 우선 복원된 것이 많지 않을뿐더러 있다고 해도 기하학적인 틀만 되찾았을 뿐 르네상스의 혼은 담지 못했다. 프랑스 르네상스 정원의 혼적을 찾아볼 수 있는 곳은 단 한 곳, 빌랑드리 성 밖에 없다.[2] 이곳의 '쇼킹 채소 정원'은 파격적인 신개념을 적용한 것으로 오해받기 쉽다. 그러나 실은 철저한 고증과 긴 연구 과정을 거쳐 16세기 후반의 정원을 나름대로 충실히 복원한 것이다. '수천 가지의 식물이 자라 풍성하고 화려한 것이 마치 낙원과 같았다'던 르네상스 정원이 어땠는지 짐작 가게 하는 곳이다. 정원뿐만 아니라 건축도 복원되었다. 거기서 그치지 않고 당시 성과 주변 경관, 농경지, 마을, 성당이 어떻게 하나의 유기체로 서로 긴밀하게 연결되어 있었는지, 어떤 방식으로 관수 문제를 해결했는지, 그리고 건물과 마을과 주변 경관 속에 포근히 둘러싸여 자랐던 채소, 약초, 과일나무들이 얼마나 귀한 존재였는지를 보여준다. 어느 스페인 의사의 집념과 뛰어난 문화적 감수성, 그리고 미국 철강 산업의 자본이 이를 가능케 했다.

1900년대 초 카르발로라는 스페인 태생의 의사가 아내를 동반하고 루아르 지방에 나타나 집을 보러 다녔다. 아내 앤 콜만은 미국 남부 철강 회사의 상속녀였으니 그냥 집이 아니라 성을 골랐다. 둘은 파리에서 만나 결혼했고 둘 다 17세기 스페인 그림에 심취하여 부지런히 작품을 수집했다. 작품이 어찌나 많이 모였는지 보관할 큰 집이 필요했다. 아이들도 태어났으므로 파리를 떠나 평화롭게 살고자 했다. 1906년 빌랑드리 성을 사들여 의사 직업을 포기하고 완전히 이주하면서 카르발로 부부의 제2의 삶이 시작되었다. 그들은 먼저 성의 역사부터 연구했다. 옛 도면이나 문서 등이 거의 전해지지 않았으므로 고고학자와 같은 정신으로 접근했다. 루아르 르네상스 건축과 정원에 대한 일반적인 자료는 프랑수아 1세 시대에 활약했던 세르소(1510~1585)라는 건축가가 남긴 도판집이 있어 참고할 것이 많았다. 그중 빌랑드리보다 10

년 전에 축조된 베리 성의 도면이 큰 도움이 되어 건축과 정원의 관계를 어느 정도 유추해 낼 수 있었다. 예를 들면 중세의 폐쇄적 아성이 사라지고 팔을 벌린 형국의 르네상스 건축이 등장하면서 건축과 정원의 일체감이 형성되었음을 알게 되었다. 빌랑드리 성은 본래 중세의 성이었던 것을 1532년 당시의 재무장관 장 르 브레통Jean Le Breton이 사들여 기초만 남기고 철거한 뒤 새로운 양식으로 다시 지은 것이다. 브레통은 프랑수아 1세의 재무를 책임지는 신하였으며 왕을 도와 여러 개의 성 건축을 관장했다. 그 유명한 샹보르 성이 그의 지휘로 완공되었다. 그는 또한 로마에 대사로 파견되어 그곳에서 건축과 정원 문화를 세심히 살필 수 있었다. 그런 과정에서 건축과 정원에 대해 자신만의 원칙을 정립한 듯했다. 이탈리아 문화를 그대로 받아들인 것이 아니라 프랑스적으로 소화한 프랑스 르네상스 건축의 대표작 중 하나로 평가되고 있다.[3] 그러나 카르발로 부부가 이주했을 땐 르네상스의 모습을 거의 찾을 수 없었다. 수백 년의 시간이 흐른 뒤라 성은 바로크 양식으로 개조되었고 주위로는 풍경화식 정원이 넓게 펼쳐졌다. 카르발로는 건축에서는 바로크 요소를, 정원에서는 풍경화식 요소를 모두 제거했다. 건축 복원은 쉽게 해결되었으나 문제는 정원이었다. 그는 20세기 합리적 인간으로서 감성에 푹 젖어있는 풍경화식 정원을 혐오했다. 한편 바로크 양식은 사람을 주눅 들게 한다는 이유로 거부했다.[4] 건축과의 일체감을 위해 르네상스 정원을 복원하고자 했으나 자료가 거의 없었으므로 매우 힘겨운 작업이 되었다. 십여 년을 고심한 끝에 1920년에 비로소 정원이 완성되었다는 사실이 이를 증명하고 있다. 카르발로는 루아르 강변을 지배하고 있는 농가 정원과 수도원 정원에서 해답을 찾을 수 있으리라 짐작하고 주변을 살폈다. 인근에 있는 베네딕트 수도원의 채소 정원에서 영감을 얻었다. 한편 17세기 초에 발표된 여러 정원 서적을 연구하여 르네상스 정원의 본질에 접근해 갔다.

빌랑드리의 땅은 동쪽, 서쪽, 남쪽이 모두 높아 세 방향으로 둘러싸인 말굽 형상을 하고 있다. 말굽이 열린 쪽, 즉 북쪽으로는 멀리 셰르 강이 루아르 강과 만나기 위해 부지런히 달리고 있다. 북동쪽 끄트머리에 성이 있는데, 정원을 사이에 두고 마을 성당과 마주 보고 있다. 양계장 등의 부속 건물이 성보다 큰데, 이들을 북쪽에 세워 바람막이로 삼았다. 마치 대형 노천극장처럼 삼단의 테라스를 만들어 지형을 극복했으며 이에 따라 정원도 크게 세 구간으로 나뉜다. 남쪽 가장 높은 곳에는 숲을 등지고 물 정원과 해시계 정원을 나란히 조성했다. 물 정원은 숲에서 흘러나오는 계류를 대형 유수지에 모으는 곳이다. 여기서 수로를 타고 정원의 분수와 연못 등에 물을 대고 셰르 강으로 흘러들게 했다. 두 번째 테라스는 성의 아래층 살롱과 같은 높이로 다듬고 장식 문양 정원을 마련했다. 주목을 전정하여 만든 토피어리 정원으로서 사랑의 정원, 십자가 정원, 음악 정원 등 세 가지 주제를 가지고 있다. 이 부분은 성과 직접 연결되어 있으므로 성주와 그의 가족들이 함께 즐거운 시간을 보내기 위한 사적인 열락 정원이다. 이 장식 정원과 'ㄱ'자로 만나는 곳에 미로와 약초 정원이 이어진다. 마지막으로 가장 낮은 곳에 약 12,500m² 규모의 채소 문양 정원이 있다. 성의 창문에서 한눈에 내려다보인다. 16세기에는 왕후장상일지라도 지금의 우리처럼 장에서 사철 신선한 과일과 채소를 살 수 없었다는 점을 상기해 볼 필요가 있다. 그러면 어째서 채소 정원에 이다지 공을 들였는지 이해된다. 밭에서 채소와 과일이 나지 않으면 신선한 식탁을 차릴 재간이 없었다. 성주들이 창에서 내다보며 관찰할 수 있는 위치에 채소밭을 조성한 것도 바로 그런 이유에서였다. 더욱이 외국에서 들여온 비싼 신품종들의 적응 상태, 생육 상태를 관찰하는 것이 매우 중요했다.[5] 미각뿐만 아니라 시각도 관건이었으므로 무작정 심고 기른 것이 아니라 디자인에 각별히 신경 썼다.

빌랑드리의 채소 문양 정원은 모두 아홉 개의 커다란 정사각형으로 구성된다. 각 정사각형은 다시 20~30개의 크고 작은 화단으로 나누어 복잡한 문양을 만들어낸다. 각 화단에 한 종류의 채소만 심었으며 낮은 회양목으로 테두리를 두르고 다시 한 번 꽃으로 가장자리를 장식했다. '식탁을 꽃으로 장식'[6]하는 것을 비유한 것이다. 일정한 간격으로 장미목, 사과나무, 배나무 등을 심어 입체감을 주었으며 화단 교차 지점에 분수를 조성하고 장미 덩굴 쉼터를 설치했다. 모두 이탈리아의 영향을 받은 디자인 요소들이다. 그렇지만 프랑스 르네상스 정원에서는 알레고리적 조형물을 찾아볼 수 없으며 단연 식물이 정원을 지배한다. 이는 농경 문화 전통이 깊이 뿌리내린 루아르 지방에서 프랑스의 르네상스가 시작되었기 때문이다.[7]

1. Hansmann, 2006, p.20.
2. Brix, 2001, p.157.
3. Hansmann, 2006, p.170.
4. Brix, 2001, p.157.
5. Carvallo, 2006, p.23.
6. 앞의 책, p.26.
7. 후에 파리와 베르사유를 중심으로 바로크 정원이 크게 일어날 때 조형물을 이용한 알레고리 표현 기법이 발달한다.

095 장미의 길, 약용 식물에서 정원의 여왕으로

엘라가발루스 황제의 연회.
장미비가 내린 뒤 끝내 꽃잎 속에서 헤어 나오지 못한 이들도 있었다.
1888년 로렌스 앨마 태디마(Lawrence Alma-Tadema)가 그린 작품이며
현재 스페인의 어느 억만장자가 소유하고 있다.

식물의 르네상스

식물 얘기를 하면서 장미를 빼놓을 수는 없다. 꽃의 여왕 혹은 여왕의 꽃에게 한 장면 정도 할애하는 것이 예의가 아닐까. 나이 서른이 되어 장미를 처음 보았다는 청년의 이야기를 들은 적이 있다. 장미를 한 번도 보지 못한 채 살아갈 수는 없다고 여겼다. 그런 젊은이들을 위해 이 글을 쓴다.

장미는 대개 화려한 꽃으로 알려져 있지만 개량에 개량을 거듭한 품종들이 그러하고 야생종들은 모양새가 좀 다르다. "깨끗하고 고운 맵시에 잠이 가득한 눈매가 몽롱하다"는 강희안 선생의 품평이 최고다.[1] 유럽 야생종도 마찬가지여서 사람과 처음 마주했던 장미들은 대개 꽃잎 다섯 장의 소박한 매무새였다. 이렇게 달랑 넉 장, 혹은 다섯 장의 꽃잎을 들고 나타난 장미는 머지않아 '꽃의 여왕', '신들의 뜨거운 피', '현자의 꽃' 등 각양각색의 별칭을 얻어가며 인류 문화의 오랜 동반자로서 사람들에게 참 많은 것을 주었다. 신화와 전설은 물론이고 장미의 이름으로 얼마나 많은 시 문학과 예술 작품이 탄생했는지 모른다. 모든 이들에게 영감을 주는 꽃. 고운 자태와 고귀한 향으로 여신이나 황후들이 독차지했던 꽃. 그러나 이제는 장미 없는 공원을 보기 어려울 정도로 보편화되었으며 밸런타인데이에 사랑하는 이들에게 누구나 한 송이쯤은 선사할 수 있는 서민의 꽃이 되었다.

장미는 본래 약용·식용 식물로 커리어를 열었다. 열매와 잎은 소염제, 진통제, 해열제 등으로 두루 쓰고 꽃잎에서 추출한 오일은 향수나 크림, 연고,

환약 등의 원료가 되었다. 또한 꽃잎으로 잼이나 음식 소스를 만들어 먹었다. 장미수[2]는 과자와 음료수의 재료로 널리 쓰였고 지금도 쓰이고 있다. 장미는 신에게 공양하는 꽃이었으며 축제 때 사람들의 머리를 장식하는 꽃이었다. 물론 귀족들이 빌라 정원에 장식용으로 심기도 했지만 이는 오히려 예외적인 현상이었다. 아주 오랫동안 여러모로 유용한 식물이었고, 제례와 축제의 꽃이었다.

영화 '글래디에이터' 마지막에 장미 꽃잎이 흩뿌려진 경기장 장면이 나온다. 이 장면은 감독이 영상 미학을 위해 고안해 낸 것이 아니라 고증의 산물이며 장미의 상징성을 두루 보여주고 있다. 신화의 시대에 장미는 아프로디테의 꽃이기도 했지만 전사들의 꽃이기도 했다. 헥토르 장군의 시신에 아프로디테가 장미 오일을 발라주는 장면에서 사랑, 전쟁, 죽음이 서로 연관되어 있었음을 알 수 있다. 헥토르를 죽인 아킬레스는 방패를 장미로 장식하고 나타났다. 장미의 향으로 신들을 즐겁게 하여 승리를 구하는 한편 자기가 죽일 적장의 혼을 미리 위로하기 위해서였을까. 로마 공화정 시절, 제8군단이 카르타고 전쟁에서 대승하고 돌아왔을 때 승리의 행진을 하려고 입성하던 군인들의 손에 장미가 들려있었다고 한다.[3] 공화정 시대에는 군인들도 성 안에서 무기를 소지할 수 없었다. 성 밖에서 모두 무장을 해제하고 입성 명령을 기다렸다. 무기를 들었던 손이 심심한 차에 아킬레스를 본받아 장미를 한 가지씩 들었을 것이다. 이후 방패에 장미를 새겨 넣었고 승전 행진이 있을 때면 시민들이 장미로 화관을 엮어 던져주는 전통이 생겼다. 그런데도 전장에 창칼 대신 아예 장미를 들고 나갈 수도 있다는 생각은 왜 못했던 걸까. 영화 '글래디에이터'의 장미 경기장은 최후의 멋진 대결을 예고하기보다는 오히려 주인공들이 여기서 죽음을 맞이할 것을 암시한다. 고대부터 중세까지 전장을 '장미 정원'이라고도 불렀다. 전장은 곧 묘지로 변할 것이므로 '장미 정원'은 묘지를 뜻하기도 했다. 지금도 유럽 곳곳에서 조상들의 묘에 장미를 심는 장면을 볼 수 있다.

'장미 정원'의 역사는 이렇게 기이하게 시작되었다. 이미 고대 그리스에 장미를 전문적으로 재배하는 농민들이 있었으나 로마 황제 시대에 와서 극치에 달했다. 기존의 용도 외에도 사치스런 향연에 장미를 물 쓰듯 했기 때문이다. 연회장 천장에 특별 장치를 해놓고 손님들이 어지간히 취하면 천장을 열어 장미꽃 비를 내리게 한 황제도 있었다. 손님 몇은 꽃잎에 묻혀 질식해 죽었다고 한다. 로마 황제 연대기에 나오는 일화이니 사실인 것 같다. 로마 인근에 대규모 장미 재배원이 들어섰고 장미 재배를 전문으로 하는 고장도 차차 생겨나 경작지가 줄어든다는 한탄도 들려왔다. 로마의 멸망과 함께 사치스러운 장미 연회도 장미 농장도 사라졌다. 비너스도 자취를 감추자 그 대신 나타난 성모 마리아가 장미를 거두어 주었다. 이제 장미는 성모 마리아의 상징 꽃이 되어 수도원으로 망명했으며 약초밭, 채소밭에 자리 잡았다. 여기서 식물원으로 진출했고 식물원에서 르네상스 정원으로, 르네상스 정원에서 바로크 정원으로, 풍경화식 정원으로 대를 이어갔다. 그러다 1798년경, 프랑스 나폴레옹의 황후 조제핀(1763~1814)을 만남으로써 다시 여왕의 꽃이 된다. 장미에 반한 조제핀 황후는 장미만을 위한 정원을 만들어 주었다. 전장이 아닌 신개념의 장미 정원이 탄생한 듯 보였다. 그러나 정원 너머에서 나폴레옹 전쟁의 포화 소리가 끊이지 않았으니 전장의 꽃이란 타이틀을 완전히 벗어버리지는 못했다.

이 무렵 처음 다섯 장이던 꽃잎이 백 장을 넘긴 지 오래 되었다. 본래 32종이었던 야생 장미가 백여 종으로 증가했다. 중국에서 많은 품종이 들어왔고 재배하는 과정에서 종종 새로운 품종이 나타났기 때문이다. 조제핀 황후는 식물과 원예에 거의 전문가적 관심을 가졌다. 수집광이기도 했다. 혼인 직후 나폴레옹 부부는 파리 서쪽 근교 말메종Malmaison에 궁전과 넓은 정원을 사서 보금자리를 마련했다. 남편이 유럽을 전쟁의 소용돌이로 몰아넣고 있는 동안 아내는 정원 조성과 식물 수집에 매달렸다. 당시 유행하던 영국의 풍경화식 정원으로 꾸며 놓고 전 세계에서 식물을 수집했다. 적군의 전함이 포획되면 군인들을 시켜 혹시 식물이나 종자가 없는지 배를 뒤지게 했다. 이 정도 되면 편집광의 경지에 도달했다고 해도 될 것 같다. 전속 식물학자와 화가도 고용하여 새로 유입한 식물을 연구하고 그림을 그리게 했다. 조제핀이 가장 사랑한 식물은 물론 장미였다. 구할 수 있는 모든 장미 품종을 사다 심었다. 이것이 그 유명한 '말메종의 장미 컬렉션'이다. 20여 년 동안 수집한 끝에 최종적으로 250종을 모을 수 있었다. 그 과정에서 장미 원예 문화가 발달한 것은 당연한 결과였다. 유럽의 원예가들이 황후를 위해 끊임없이 새로운 품종을 만들고 중국에서 더 많은 품종을 들여왔다. 중국 장미가 유럽 장미보다 내한성이 강하고 개화기가 길다는 사실이 알려졌기 때문이다. 파리는 장미 원예의 중심지로 성장했고 프랑스는 장미의 나라가 되었다. 한때 유럽에서 가장 아름다운 풍경화식 정원이라고 소문났던 말메종 정원은 조제핀 사후에 급속히 퇴색한다. 정원은 지금도 존속하지만 장미 컬렉션은 사라진 지 오래고 그 흔적만 간신히 남아있다.

1867년 장 밥티스트 기요라는 장미 애호가가 자기 집 장미 화단에서 우연히 변종 하나를 발견했다. 중국에서 온 타이 장미를 기르는 화단이었는데 엉뚱한 것이 나타난 것이다. 아마도 다른 화단에 있는 유럽종과 우연히 교잡된 듯했다. 아주 아름답고 향이 진하고 튼튼했다. 마치 프랑스 같다고 여겼는지 '라 프랑스La France'라는 이름을 붙여주었다. 이 품종이 이른바 정원 장미Hybrid Tea Rose의 첫 케이스로 알려져 있다. 이를 계기로 사방에서 장미 개량 붐이 일어났다. 라 프랑스 이전의 장미들을 구식 장미, 그 이후의 장미들을 모던 장미라고 부른다. 교잡을 통한 품종 개량에 가속이 붙어 색과 형태가 너무나도 다양하고 신기한 신품종이 속속 등장했다. 현재 등록된 정원 장미만 6천 품종이 넘는다.[4] 공급이 많아지니 이젠 서민도 장미 몇 그루쯤은 화단에 심을 수 있게 되었으며 별 관리 없이도 잘 자라는 장미들이 공원과 광장에 자리 잡아갔다. 부디 이런 장소들이 전장도 검투장도 아닌 오로지 장미와 시민만을 위한 평화의 장소로 남게 되길 바란다.

1. 강희안, 2009, p.171. 해당화 화품평론 중에서. 해당화는 가장 오래된 장미의 일종이다. 유럽에서는 '감자장미'라고 부른다.
2. 장미수는 오일을 증류할 때 나오는 '부산물'로 장미향과 약 성분이 배어있어 과자나 음료를 만들 때 쓴다.
3. Beuchert, 2004, p.284.
4. Brumme, 2010, p.16. 신품종 하나가 만들어지는 데 대략 8~10년이 소요된다고 한다.

096 아르누보, 아름다움이 우리를 구원하리라

엑토르 기마르(Hector Guimard)가 디자인한 파리의 지하철 역.
대표적인 아르누보 스타일이다.

모던 타임즈

먼 길을 헤매다가 다시 20세기로 돌아왔다. 익숙한 세상에 오니 안도감이 든다. 하지만 비행기, 고층 건물, 기계와 자동차 등 온갖 기술 문명으로 복잡하기도 하다. 이 가운데 정원의 흔적을 과연 찾을 수 있을까. 정원의 흔적을 찾기 위해선 우선 걷어내야 할 것들이 많다. 그 목적으로 앙리 반 데 벨데Henry van de Velde(1863~1957)의 자취를 한번 따라가 보고자 한다. 벨기에 출신의 화가, 디자이너, 건축가였던 반 데 벨데는 혹시 에르퀼 푸아로[1]의 오리지널이 아닐까 싶게 작은 체구에 에너지 넘치는 심미주의자였다. 19세기 말에서 20세기 초, '아르누보'와 '바우하우스'의 중간 지점에서 맹활약하며 이 둘을 서로 연결한 인물이었다.

아르누보art nouveau란 '새로운 예술'이라는 뜻으로 1880년경부터 25년 정도 유럽을 휩쓸었던 디자인 경향이다. 매우 심미적이고 우아했다. 직선을 배제하고 부드러운 곡선을 썼으며 자연에서 영감을 얻어 꽃, 식물 줄기 등을 그래픽처럼 다룬 것이 특징이었다. 전반적으로 여성적인 디자인이어서 긴 머리의 키 크고 날씬한 여인이 물결 같은 드레스를 입고 있는 모습으로 상징되기도 한다. 새로운 예술이라고는 하지만 기본적인 혁신은 아니었다. 외모에만 손을 댔다. 산업화의 결과로 도시에 부와 제품이 넘쳐났으나 이들을 제대로 포장할 디자인이 없었다. 그래서 지나간 시절의 양식들을 두서없이 모방했던 데에 대한 저항으로 출발했다. 고딕 양식부터 루이 14세 스타일, 르네상스, 고전까지 난무하며 세상을 어지럽히던 시절이었다. 이를 역사주의historicism라고 하는데 이에 대응하여 새로운 것을 찾던 끝에 나타난 것이다. 가장 먼저 영국에서 반응하여 미술공예운동이 시작되었다. 존 러스킨과 윌리엄 모리스가 주동 세력이었다. 이들은 공장에서 쏟아져 나오는 대량 상품이 문제라고 여겼다. 전통적인 수공업과 공예를 다시 불러들임으로써 해법을 찾고자 했다. 이로써 미술공예운동은 아르누보 스타일이 탄생하는 데 발판을 마련해 주었다. 존 러스킨은 예술 평론가, 작가, 화가, 사회 개혁가로서 19세기 후반 영국 사회에 큰 영향력을 행사했다. 많은 글을 써서 산업 사회를 비판하고 수공업과 공예의 가치를 칭송했다. 윌리엄 모리스 역시 화가였으나 그림보다는 글을 잘 썼고 손재주가 좋았다. 그는 뜻을 같이하는 친구들과 함께 수공예 회사를 차려 제품을 직접 디자인하고 수작업으로 제작했다.

바로 이런 움직임이 멀리 브뤼셀의 미술학도 앙리 반 데 벨데에게도 전해졌다. 1888년 모친상을 당한 앙리는 슬픔에 잠겨 칩거하며 철학 서적을 읽었다. 그러다가 러스킨의 글을 접하게 된 것이다. 그는 미술공예운동에 주목했다. 그렇지 않아도 순수 미술이 자신의 세계를 충분히 표현해 주지 못한다는 불만을 품고 있던 참이었다. 그는 결국 회화를 포기하고 응용 예술의 길을 걷기로 한다.[2] 일단 런던으로 갔다. 미술공예 움직임에 동참하여 작업했다. 디자인 감각을 타고났으므로 물고기가 물을 만난 듯했다. 그는 선線에 매혹된 사람이었다. 특히 식물 줄기의 자연적인 선이 가지고 있는 아름다움에 푹 빠져있었다. 선에서 시작하여 디자인을 전개해 나갔다. 그는 선에 역동적 에너지가 내재해 있어 스스로 변화하며 새로운 형체를 만들어 내는 것 같다고 했다. 건축 설계에도 도전했다. 그리고 건축이 가진 무한대의 디자인 가능성

을 발견했다. 건축의 외피며 실내 구조뿐만 아니라 인테리어, 가구, 촛대, 식
기, 전등까지, 무엇을 보나 디자인할 대상이었다. 그는 건축이야말로 모든 디
자인 분야를 흡수하는 종합예술로 보았다. 브뤼셀로 돌아가 결혼하고 신혼
집을 지을 때 건축과 인테리어는 물론 가재도구에서 티스푼까지 백 퍼센트
직접 디자인했다. 의상도 디자인했다. 그가 디자인한 의상을 입겠다는 여성
이 아무도 나타나지 않자 결국 그의 아내가 입어야 했다.

　1900년, 반 데 벨데가 베를린에 나타났을 때 그는 이미 당대 최고의 디자
이너라는 명성을 얻고 있었다. 폴크방 박물관을 설계하고 베를린의 스타 헤
어 디자이너 펠릭스 하비의 의뢰를 받아 미용실 인테리어를 해주었다. 건축
부터 문고리까지 다 설계한다는 반 데 벨데에게 설계를 의뢰하려는 고객들
이 줄을 섰다. 그러나 그는 좀 더 높이 도약하고 싶었다. 베를린 장안의 멋쟁
이 케슬러 백작과는 막역한 사이였다. 그가 전환점을 제시해 주었다. 외교관,
미술 수집가, 작가였던 케슬러 백작은 예술가들의 후원자이기도 했다. 그는
반 데 벨데의 내면에 훨씬 큰 것이 존재하고 있음을 알아보고 함께 바이마르
에 가자고 제안했다. 바이마르를 제2의 피렌체로 만들자고 했다. 당시 바이마
르와 작센을 통치하고 있던 빌헬름 대공에게 반 데 벨데를 추천하여 예술 자
문으로 부름을 받게 했다. 반 데 벨데는 1902년, 만 32세의 나이로 아내와
자녀들을 동반하고 세계 도시 베를린을 떠나 바이마르로 향했다. 여기서
1917년까지 지낸 십오 년이 그의 최전성기로 꼽힌다. 대공으로부터 공예 학
교를 설립하여 제품 디자인에 힘쓰라는 명이 내려졌다. 그의 꿈이 이루어지
는 순간이었다. 공예 세미나를 통해 그는 예술, 산업과 수공업을 결합하고 실

무와 이론을 일체화시켜나갔다. 완벽한 디자인은 용도에 정확하게 부합해야 한다는 것이 그의 신념이었다. 그리고 '제2의 피렌체'를 위해 부지런히 마스터플랜을 꾸렸다.

그러나 전천후 디자이너였던 그에게도 결점은 있었다. 이상하게도 실용성이 없는 것은 디자인하지 못했다. 케슬러 백작이 니체의 기념비를 디자인하라고 의뢰했을 때 그 사실이 드러난 것이다. 바이마르는 괴테의 도시, 쉴러의 도시, 니체의 도시였다. 니체는 생전에 이미 스타급의 인기를 누렸지만 1900년 세상을 떠난 이후에는 니체 컬트까지 생겼다. 그러므로 케슬러 백작과 함께 추진했던 '제2의 피렌체'는 니체의 유산을 중심으로 건설되는 것이 당연했다. 니체의 생가를 개조해서 아카이브를 만들었다. 거기까지는 완벽했으나 아카이브 앞 광장에 기념 건축물을 세우는 프로젝트는 결국 실패하고 말았다. 수없이 설계를 고쳐보았으나 어느 것도 케슬러 백작의 마음에 들지 않았다. 백작은 어느 날 일기에 이렇게 기록했다. "실용성이 없으면 그 친구 상상력이 무너진다."[3]

1914년 제1차 세계대전이 발발해 이듬해 공예 학교의 문을 닫아야 했다. 많은 동료 예술가들이 전쟁을 통해 새로운 세상을 건설할 수 있으리라는 해괴한 신념을 가지고 전장으로 떠났다. 반전주의자였던 반 데 벨데는 전쟁에 참여하지 않았다. 당시 반전주의자들에 대한 사회적 압력이 심했으므로 결국 견디지 못하고 1917년 바이마르를 떠나 스위스로 망명했다. 그는 공예 학교의 후임으로 발터 그로피우스Walter Gropius를 추천했다. 그로피우스는 공예 학교를 '바우하우스'라고 고쳐 불렀다. 이렇게 하여 반 데 벨데의 유산이 바우하우스로 전달되게 된다.

반 데 벨데의 백 퍼센트 디자인 속에 '정원'은 포함되지 않았음을 진작 느꼈을 것이다. 아르누보의 흐름을 조경가들도 물론 읽었겠지만 식물에서 영감을 받은 디자인을 다시 식물에 적용할 수도 없는 노릇이었다. 영국의 윌리엄 로빈슨, 거투르드 지킬은 존 러스킨과 교류하는 사이여서 많은 생각을 나눠가졌다. 그들의 해법은 이미 살펴본 바 있다.[4] 독일의 칼 푀르스터가 숙근초 정원에 대한 고민을 시작한 것 외에 사실상 이 시기는 정원 디자인의 정체기였다. 격변하는 시간 속에서 아무도 정원에 관심을 두지 않았다.

1. 영국의 추리 소설 작가 애거서 크리스티가 창조한 소설 속의 명탐정 캐릭터. 작달막한 키와 콧수염이 그의 트레이드 마크다.
2. Götze, 2013, p.7.
3. 앞의 책, p.25.
4. 이 책의 "014. 윌리엄 로빈슨의 와일드 가든"과 "015. 미스 지킬" 참조

097 바우하우스, 건축이 우리를 구원하리라

마이스터 하우스(교수 관사) 중 칸딘스키와 파울 클레가 살았던 두세대 주택

모던 타임즈

톰 울프Tom Wolfe라는 미국 작가가 1981년 『바우하우스에서 우리 집으로From Bauhaus to Our House』라는 책을 낸 적이 있다. 독일어 번역판은 '바우하우스와 살기 – 사각형의 독재에 대하여'라는 다분히 자조적인 제목으로 나왔다. 울프는 바우하우스 건축을 '백색의 신'이라고 칭하며 불만을 토로했다. 독일 건축가들이 나치에 쫓겨 대거 망명함으로써 바우하우스가 미국에 해일처럼 밀려들었다. 사회주의 성향이 강한 건축가들이었다. 감히 자본주의자의 바빌론에 그들의 탑을 세웠다. 미술관과 박물관을 짓고 아이비리그의 대학 건물도 세우고 부자들을 위한 개인 주택, 회사, 시청사, 전원주택도 지었으며 '사회주의의 대성당'이라는 이름으로 서민들을 위한 공동 주택들을 지었다. 그 뜻은 좋다 쳐도 이 공동 주택에서는 살기가 너무 불편하다.[1] 바우하우스의 설립자 그로피우스가 이 글을 읽는다면 이렇게 대답할 것이다. "우리는 개인의 편안함을 위해 짓지 않는다. 사회 정의를 위해서 짓는 것이다."

바우하우스는 1919년에 출발하여 1933년 나치에 의해 해체될 때까지 불과 14년간 존속했다. 그럼에도 20세기의 가장 중요한 건축 디자인 예술 학교가 되었다. 바이마르에서 출발했으나 정치적 상황이 급변하여 데사우로, 베를린으로 옮겨 다니며 늘 새롭게 시작해야 했다.

내용으로 보아 종합 예술 대학이었으나 하필 바우하우스라는 명칭을 부여한 데에는 설립자이자 초대 교장이었던 발터 그로피우스의 철학이 작용했다. 바우하우스는 '바우bau'와 '하우스haus'의 합성어이다. 독일어의 '바우'는 빌딩을 뜻하기도 하고 무엇이건 '짓는 행위'를 말하기도 한다. 하우스는 아시다시피 집이다. 이 경우 학교를 뜻한다고 봐야 할 것이다. 그러니까 바우하우스는 '짓는 행위를 하는 학교'라는 뜻이다. 학교, 아카데미, 대학 등의 명칭을 애써 피했다. 기존 교육 제도를 모두 버리고 처음부터 새롭게 시작하자는 의도였다. 그로피우스는 바우하우스를 학교라기보다는 작업장으로 이해했다. 설립 취지문에서 그런 의도를 확실히 표현했다.

"모든 시각예술 행위의 최종 목표는 '짓는 것'이다. 한때는 건축을 아름답게 장식하는 것이 예술가의 귀중한 과제였다. 시각예술은 건축 예술로부터 분리할 수 없는 부분이었다. 오늘날 시각예술은 스스로 충분하다고 여겨 홀로 서 있다. 이 착각으로부터 그들을 다시 자유롭게 하려면 모든 장인이 공동 작업을 하는 수밖에 없다. 건축가, 화가, 조각가들의 작업이 전체의 한 부분일 뿐이라는 점을 인식하고 처음부터 다시 배운다면 그들이 살롱에서 분실했던 것을 장인 정신으로 다시 채울 수 있을 것이다. 예술은 가르칠 수 있는 것이 아니다. 작업장에서 기술을 습득하는 가운데 스스로 꽃피는 것이다."[2]

그에 부합되게 수업은 강의와 실습으로 구성되지 않고 '마이스터meister'와 학생들이 작업실에서 작품을 함께 만들며 진행되었다. 이때 작품이라는 것은 실제 외부에서 의뢰 받은 것을 말했다. 건축의 경우 현장에 직접 나가서 함께 집을 지었다. 교수라는 호칭도 배제했고 그 대신 마이스터라고 불렀다. 중세의 장인과 도제 관계를 부활시킨 것이다. 이 시대의 건축가들은 중세의 대성당에 대해 무한한 동경과 경외심을 가졌다. 제1차 세계대전으로 세상이 무참히 파괴되고 러시아에서는 공산주의 혁명이, 독일에서는 사회민주주의 혁명이 일어나 공화국을 선언한 직후였다. 모두 새로운 세상을 기대했다. 민중들이 새로운 세상이 '올 것'을 기대했다면 건축가, 예술가, 사회 개혁가 등은 새로운 세상을 '만들고자' 했다. 이때 건축가들이 생각하는 이상적인 사회의 표상이 바로 대성당이었다. 건축이 곧 신흥 종교였다. 건축가들은 자신을 '민중을 위해 대성당을 짓는' 사도들로 여겼다. 제1차 세계대전 중 참전하는 대신 반전 운동을 벌였던 건축가들은 사실상 일거리가 없었다. 프랑스 혁명 후에 감옥에 던져져 할 일이 없게 되자 이상 도시를 설계했던 프랑스의 건축가 클로드 니콜라 르두[3]를 기억할 것이다. 그와 흡사한 현상이었다. 그들은 이상 도시를 설계했고 그 중심에는 대성당이 있었다. 이런 현상은 제2차 세계대전 이후에 또 한 번 반복된다. 바우하우스 설립 취지문 표지에도 대성당을 그려 넣었다. 미술 '마이스터' 라이오넬 파이닝거가 제작한 목판화인데 세 개의 별에서 어마어마한 빛이 뿜어 나와 대성당의 첨탑을 비추는 장면이다. 세 개의 별은 각각 건축, 회화, 조형을 상징한다. 별에서 뿜어져 나오는 빛줄기가 서로 겹치면서 첨탑을 감싸고 있는 것은 이들이 결합하여 위대한 건물이 되어 나타날 것이라는 의미가 담겨있다고 한다.[4] 그럼에도 바우하우스 건축가들은 고층 건물을 짓지 않았다. 대성당을 지으려면 고층 빌딩이 제격 아니었을까. 바다 건너 시카고와 뉴욕에서는 이미 철골 구조를 이용한 고층 건물들이 하늘을 찌르고 있었다. 기술이 부족했던 것이 아니라 위대한 건축을 반드시 건물의 높이와 결부시키지 않았기 때문이다. 유럽인들은 고층 빌딩을 좋아하지 않는다. 그들이 그렇게 경외하는 대성당의 첨탑을 가릴 것이 두려운 것이다. 바우하우스 건축가들이 결국 고안한 모던 타임의 대성당은

'하얗게 빛나는 큐브'였다.

1923년 바이마르에 모델하우스가 건설된다. '신즉물주의' 개념으로 지어진 최초의 건물이다. 신즉물주의란 기능이 없는 것은 일체 배제하는 양식이다. 바우하우스보다 두 해 일찍 결성된 네덜란드의 예술가 그룹 더 스테일De Stijl에서 영감을 얻은 듯했다. 더 스테일은 몬드리안이 속했던 그룹으로써 원칙적으로 바우하우스와 뜻을 같이했지만 화가들이 주동이 되었다. 타협을 모른다는 점에서는 바우하우스보다 한 수 위였다. 시각예술을 수학적으로 추상화시켜 1920년 처음으로 색과 면으로만 이루어진 그림을 선보였다. 그들의 작품을 연대순으로 비교해보면 형체가 서서히 분해되면서 면과 선으로 압축되는 과정을 디테일하게 추적할 수 있다. 여기서 바우하우스의 큐브로 가는 것은 시간 문제였다. 위의 모델하우스에서는 한 걸음 더 나아가서 색채도 제거했다. 1926년 바우하우스 캠퍼스에 지어진 마이스터들의 사택이 백색 큐브의 정점을 이뤘다. 건축가들에게는 대성당이 완성되는 순간이었을지 모르겠으나 대중에게는 차갑고 메마른 기계로 이해되었다. 이미 살펴본 바와 같이 미스 반 데어 로에는 나중에 더 극으로 치달아 백색의 벽조차 제거한다.[5]

1925년 바우하우스는 바이마르를 떠나야 했다. 정권을 잡은 우파 정당에서 바우하우스 예산을 절반으로 삭감한 것이다. 그러자 여러 도시에서 러브콜을 보내왔다. 그 중 데사우를 선택하여 이전했다. 데사우는 사회민주당이 집권하는 안정적인 산업 도시였다. 게다가 이곳에 위치했던 항공기 제조사에서 재정 지원을 약속했다. 그러나 1931년 이번에는 나치당이 집권하면서 폐교가 결정되었다. 당시 교장은 미스 반 데어 로에였다. 그는 베를린으로 옮겨

사설 학원의 형태로 계속 운영했다. 그러나 학생들이 이유 없이 검거되고 수시로 건물이 수색당했으므로 결국 와해되고 말았다. 바우하우스 식구들은 마이스터, 학생 할 것 없이 뿔뿔이 흩어져 이국으로 망명을 떠났다. 그 덕에 바우하우스 이념이 곳곳에 전파된 것이다.

바우하우스에 대한 후세 독일 건축가들의 경외심은 절대적이다. 기존의 원칙들을 답습하지 말고 처음부터 다시 시작하라는 요구는 근대로 가는 길을 열었을 뿐 아니라 그 실험 정신으로 인해 지금까지도 고무적이다. 미스 반 데어 로에는 이렇게 말한 적이 있다. "훌륭한 제도나 홍보만으로는 절대 도달할 수 없었을 것이다. 오로지 아이디어만이 그런 힘을 가졌다."

그러나 이 아이디어 속에서도 정원은 찾아볼 수 없다. 바우하우스가 출항할 때 조경가도 마이스터로 참가시키자는 논의가 있었다. 그러나 자연은 자연 그대로 두는 것이 최상이라는 의견이 우세했다. 자연에 손을 대서 이리저리 꾸미는 조경가들은 썩 달갑지 않은 존재였다. 그리고 자연을 어떻게 '짓는'단 말인가.

1. Wolfe, 1981.
2. Gropius, 1919.
3. 이 책의 "051. 이상 도시 쇼, 독인가 약인가"
4. Feininger, 1919.
5. 이 책의 "002. 뼈만 남은 건축" 참조

098 전원 도시의 다이어그램, 하워드는 도시를 원했다

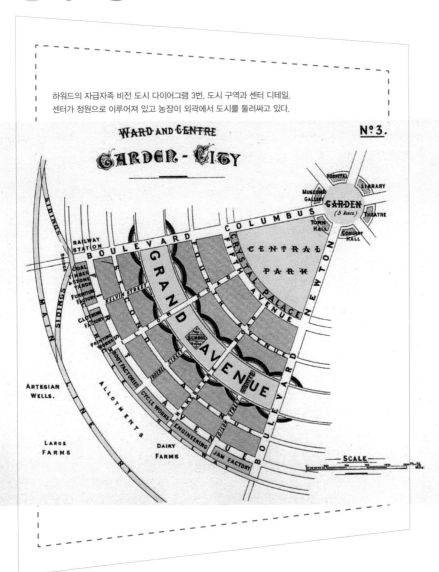

하워드의 자급자족 비전 도시 다이어그램 3번, 도시 구역과 센터 디테일.
센터가 정원으로 이루어져 있고 농장이 외곽에서 도시를 둘러싸고 있다.

모던 타임즈

1899년 런던 주재 중국 대사에게 런던을 어떻게 생각하느냐고 물었더니 "너무 더럽습니다"라고 했단다.[1] 더러움보다 더 심각한 것은 시커먼 공기였고 노동자들이 사는 슬럼이었다. 당시 산업 도시의 상황이 어땠는지는 찰스 디킨스의 소설에 아주 세밀하게 묘사되어 있다. 더러운 도시라고 코만 찡그릴 것이 아니라 대체 왜 그랬을까 생각해 볼 필요가 있다. 런던 행정이 무능해서 그런 것은 아니었다. 단지 인류 역사를 통틀어 그렇게 빠른 속도로 팽창하는 도시를 겪어본 적이 없었으므로 모두 속수무책이었다. 아름다운 디자인을 통해 세상을 바꿔보겠다거나 백색으로 빛나는 대성당을 민중에게 바친다는 발상들은 모두 좋은 의도이긴 하지만 문제에 근본적으로 접근하지는 못했다.

도시 팽창과 관련해서는 일찍이 고대 그리스인들이 해법을 제시한 바 있었다. 그들은 도시설계의 챔피언들이었다. 도시가 팽창하면 도시의 영역을 확장한 것이 아니라 시민들을 '분가'시켜 아주 먼 곳에 가서 신도시를 개척하게 했다. 인구 1만이 상한선이며 10만이 넘으면 도시가 아니라는 아리스토텔레스의 말을 기억할 것이다.[2] 아리스토텔레스를 잊지는 않았지만 그의 경고는 잊은 듯했다. 런던과 파리는 19세기에 이미 인구 100만의 도시였다. 도시 기반 시설이나 행정 제도 어느 것도 100만의 인구를 위한 준비가 되어 있지 않았다.

에버네저 하워드Ebenezer Howard(1850~1928)라는 이름의 런던 법원 속기사가

565

있었다. 법정 서기 자리에 앉아 격한 논쟁을 묵묵히 받아 적는 동안 그는 무슨 생각을 했을까? 아마도 도시 문제로 인해 발생하는 범죄나 다툼이 자주 재판의 대상이 되었던 것 같다. 퇴근 후에 하워드는 많은 책을 읽고 깊은 생각에 잠기곤 했다. 에드워드 벨라미의 『뒤돌아보며: 2000년도에서 1887년을』이라는 유토피아적 소설도 읽었다. 그러는 동안 그의 머릿속에 아이디어가 싹터 점점 구체적인 형태로 그려지기 시작했다. 1898년 그는 『내일: 사회 개혁으로 가는 평화로운 길To-morrow: A Peaceful Path to Social Reform』이라는 제목으로 책을 냈다. 1902년에 『내일의 가든 시티』라고 제목을 바꾸어 재출간된 이 책은 토르의 망치가 되어 런던 사회를 강타했다. 하워드는 유토피아를 꿈꾸는 몽상가가 아니었다. 현실적인 실천가로서 구현이 가능한 대안 도시를 그렸다. 임대료까지 꼼꼼하게 계산한 아주 구체적인 설계도였다. 가든 시티라고 하면 얼핏 전원주택 단지를 떠올리게 된다. 그래서 하워드의 콘셉트는 많은 오해를 받기도 했다. 그러나 그가 원한 것은 도시였다. 한적한 베드타운도 낭만적인 전원주택 단지도 아니었다. 대도시의 높은 임대료를 지불할 수 없어 매연이 가득한 슬럼에서 살아야 하는 서민들에게 안전하고 건강한 삶을 제공하기 위한 도시였다. 그렇다고 사업가들이 전원에 노동자 주택 단지를 지어주는 식의 '적선'은 종속 관계가 해결되지 않으므로 부적절하다고 보았다. 가든 시티는 자발적으로 모인 공동체여야 했다. 대도시에 대한 대안을 제시하여 나중에 대도시 자체가 이렇게 변화해가도록 유도하는 것이 하워드의 꿈이었다. 법정 속기사의 꿈이 바우하우스 교장의 꿈보다 원대했다.

건강한 전원과 편리한 도시의 결합에서 '가든 시티'라는 개념이 탄생했지만 무엇보다 중요한 것은 경제적 자립이었다. 산업을 유치하여 일자리를 넉넉하게 제공해야만 대도시에 종속되지 않을 수 있다. 도시성urbanity을 충분히 제공하는 것도 중요했다. 아무도 아직 그 이유를 규명하지 못했지만 도시는 사람들을 끄는 마력이 있다. 일자리 때문인지 문화 시설 때문인지 아니면 무리에서 떨어져 나가면 불안해지기 때문인지 모르겠으나 사람들은 항상 도시로 모여든다. 도시성이 충분하지 않은 가든 시티는 오래 존속하기 어려우리라 판단했다. 이 모든 조건을 만족시키기에 충분한 규모를 인구 3만으로 잡았다. 시대상을 반영하여 아리스토텔레스보다 좀 더 썼다. 도시가 성장하면 다시 분가해 나가는 방식도 염두에 두었다. 분가한 도시들이 여섯 개가 되면 포화 상태에 이를 것으로 보았다. 그 이상이 되면, 즉 이십 만 인구가 넘으면 다시 슬럼이 생길 것으로 예측했다. 모체 도시와 여섯 개의 자매 도시가 서로 연계된다면 시너지 효과를 노릴 수 있을 것이다.

하워드의 경우 '나는 책을 썼으니 실천은 당신들이 해보시오'라는 식의 이론가가 아니었다. 가든 시티를 짓는 것이 궁극적 목적이었다. 동조자도 많이 섭외했다. 이들과 함께 가든 시티 협회를 결성했고 하트퍼드셔에 위치한 레치워스라는 곳에 최초의 가든 시티를 지었다. 레치워스 가든 시티는 지금까지 존속하고 있으며 신기하게도 인구 3만 선이 지켜지고 있다. 가든 시티 협회에서 1903년에 '퍼스트 가든 시티 주식회사First Garden City Ltd.'를 세우고 풍경이 아름다운 곳에 약 1,600헥타르의 땅을 구입했다. 그다음 공모를 통해 가든 시티의 아이디어를 형상화할 수 있는 유능한 인재들을 찾았다. 베리 파커Barry Parker와 레이몬트 언윈Raymont Unwin이라는 두 명의 건축가가 선정되었다. 1904년 마스터플랜이 완성되었다. 1,600헥타르 전체를 도시로 만드는 것이 아니라 하워드의 다이어그램대로 도시를 가운데 두고 외곽을 농경지로 둘러쌌다. 최초로 계획된 그린벨트가 탄생한 것이다. 도시 중심에는 다시 상업 지대와 시가지를 두고 그 주변에 주택을 배치했다. 앞뒤로 모두 정원을 넉넉히 둔 다세대주택이었다. 이 집들은 미술 공예 스타일로 디자인되어 지금까지도 레치워스의 아름다운 외모를 책임지고 있다.

그러나 정작 가장 중요한 사실이 별로 알려지지 않았다. 토지 소유와 이익 창출의 관계다. 하워드에게는 처음부터 토지의 공동 소유와 토지에서 얻어지는 수익을 커뮤니티에 재투자한다는 원칙이 매우 중요했다. 주택 조합 제도를 처음으로 고안한 것이다. 하워드는 이를 임대배당금Rate Rent 제도라고 칭했다. 투자가들의 돈으로 도시를 건설하고 모두 입주해서 임대료를 내게 되면 거기서 배당금을 받는 형식이었다. 임대 계약 기간은 999년이었다. 우리처럼 임대 기간이 끝나고 재계약을 할 때마다 임대료를 올리는 것은 애초에 가능하지 않았다. 투기를 못 하게 만든 장치였다. 투자자들에게 돌아가는 배당금은 최대 5%로 제한했다. 실제로 배당금이 나오기 시작한 것은 1970년대부터였다고 한다. 그동안 온갖 공공건물과 시설을 짓고 도시를 관리하는 데 수익을 썼기 때문이다. 이 원칙들은 지금까지도 고수되고 있어 극장, 병원, 연구소, 정보 센터 등을 건설하고 주민들이 주최하는 행사도 지원해준다. 처음 설립되었던 퍼스트 가든 시티 주식회사는 1963년까지 존속했다. 지금은 가든 시티 헤리티지 재단이 물려받아 운영하고 있다.[3]

하워드와 그의 추종자들은 기대했던 진정한 개혁이 이루어지지 않았다고 생각했다. 그들은 가든 시티가 연쇄 현상을 일으켜 세상을 바꿀 것이라 기대했다.[4] 그러나 너무 빨리 실망한 것 같다. 1944년 수립된 대 런던 계획Greater London Plan은 하워드의 다이어그램을 전 도시로 확장한 것과 다름이 없었다. 그 사이 하워드의 이념이 얼마나 보편화되었는지에 대한 증거였다. 또한 제2차 세계대전 후 영국 정부에서 추진한 뉴 타운 프로젝트의 모델이 되었다. 베를린에서도 1925년 도시계획을 수립하여 도시 외곽의 녹지를 봉인해버렸으며 이 시기에 하워드의 모델에 따라 많은 신도시가 건설되었다. 물론 자급자족의 원칙은 구현되기 어렵다. 우리가 눈치채지 못하고 있는 사실이지만 하워드 이전의 유럽은 넓은 정원이 있는 주거 단지를 몰랐다. 밀집된 폐쇄형 블록이 유일한 도시 건설 방식이었다. 지금은 전원풍의 주택 단지들이 너무도 당연하다는 듯 도시 외곽을 둘러싸고 있다. 모두 하워드의 유산이다. 그의 가든 시티는 도시설계의 개념을 근본적으로 혁신했다. 루이스 멈퍼드라는 미국의 평론가는 이렇게 말한 바 있다. "1903년에 20세기의 가장 중요한 2대 발명품이 나타났다. 하나는 비행기고 다른 하나는 레치워스의 전원 도시다."[5]

---

1. Jackson, 2014, p.1.
2. 이 책의 "066. 고고학자들에게 갈채를" 참조
3. Lewis, 2013, pp.1~2.
4. Howard; Posener, 1968, p.41.
5. 앞의 책, p.13.

099 라 빌레트, 공원 도시의 시작

베르나르 추미의 라 빌레트 공원 현상공모 당선작

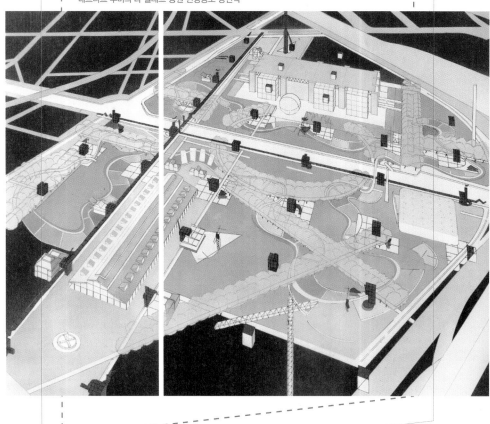

멀티 코딩

2015년 1월 14일 파리의 필하모니가 화려하게 오픈했다. 스타 건축가 장 누벨이 디자인한 것으로 마치 은빛 비늘의 용이 꿈틀거리는 것 같은 환상적인 건물이다. 그런데 필하모니답게 샹젤리제 거리에 근사하게 자리 잡은 것이 아니라 도시 북서쪽 외곽의 라 빌레트 공원 가장자리에 건설되었다. 공원 남동쪽에는 '음악 도시Cité de la musique'[1]가 한 구간을 모두 차지하고 있다. 1995년에 콘서트홀, 야외 음악당, 악기 박물관, 전시관, 아틀리에, 문서 보관소 등이 포함된 복합 건축을 세운 후 그 옆에 필하모니를 덧붙임으로써 음악 도시가 완성되었고 이와 더불어 라 빌레트 공원도 완성을 보았다. 프로젝트가 시작되고 30년이 넘어 일단락 지어진 것이다.[2] 무슨 뜻일까. 어째서 음악 도시의 완성이 공원의 완성일까. 그건 라 빌레트 공원이 처음부터 '공원 도시urban park'로 설계되었기 때문이다. 여기서 'urban park'를 '도시 공원'이 아니라 '공원 도시'라 말하는 데에는 그만한 이유가 있다. 일반적으로 도시 공원이라고 하면 도시 속에 조성된 시민 공원 등으로 이해된다. 그러나 '21세기를 위한 도시 공원'[3]임을 표방하는 라 빌레트의 콘셉트와 그간의 발전 양상을 찬찬히 살펴보면 기존의 도시 공원이라는 개념을 라 빌레트에 적용하기 어렵다는 결론이 나온다. 그보다는 공원 도시가 어울린다. 공원이자 동시에 도시라는 의미이기도 하고 공원인지 도시인지 분간이 되지 않는다는 뜻이기도 하다.

지금 라 빌레트 공원이 들어선 부지는 19세기 말부터 오랫동안 도축 산업지로 사용했던 곳이었다. 1974년 폐쇄된 뒤 파리 시는 50헥타르가 넘는 넓은

571

땅에 대형 가축 경매장, 도축 시설, 가축병원, 관리 건물 등이 그대로 남아 있는 이 부지를 공원으로 전환시킬 것을 결정했다. 녹색으로만 이루어진 공원이 아니라 기존의 건축물을 최대한 활용하여 여러 문화 시설을 공존하게 하자는 생각이었다. 1982년 5월 국제 설계공모가 시작되어 1983년 3월 스위스 출신의 뉴욕 건축가 베르나르 추미Bernard Tschumi의 출품작이 최종 선발되었다. 그리고 일이 터졌다. 당선작이 발표되자 조경계가 공황 상태에 빠져버린 것이다. 40여 개국에서 800여 점의 작품이 제출되었으며 그중에는 내로라하는 조경가들의 출품작도 대거 섞여 있었다. 그럼에도 건축가의 작품이 선발되었다는 사실에 조경가들이 받은 충격이 작지 않았다. 물론 이 충격이 약이 되기는 했다. 그동안 잔디밭 양지쪽에 앉아서 끄덕끄덕 졸고 있던 조경계가 화들짝 깨어난 것이다.

실은 최종 결과가 발표되기 전 베르나르 추미와 렘 콜하스Rem Koolhaas의 두 작품을 두고 심사위원들이 오래 망설였다. 그 사이에 두 사람의 작품이 거의 모든 전문 잡지에 발표되어 맹렬한 분석의 대상이 되었다. 최종적으로 선발된 것은 추미였으나 복잡한 회로도를 연상시키는 콜하스의 콘셉트 역시 큰 관심의 대상이었다. 두 사람은 공원 설계의 기본 원칙을 완전히 무시한 듣도 보도 못한 콘셉트를 제출했다. 두 사람이 제출한 작품은 그들이 여러 해 동안 뉴욕을 대상으로 연구한 이론을 그대로 적용했다는 점에서 매우 흥미롭다. 미스 반 데어 로에나 르 코르뷔지에가 보여 준 근대 건축의 끝판을 배우며 성장한 그들로서는 건축의 새로운 '형태'를 찾는 것이 무의미함을 알고 있었다. 그들은 '건축이 무엇인가'라는 질문부터 던졌다. 해답을 찾는 방법론에서 두 사람의 차이가 나타났다. 추미는 건축을 행위와 이벤트가 벌어지는 곳으로 정의했고 콜하스는 프로그램이라고 했다. 추미의 경우 영화의 스크린 플레이 기법을 빌려와 건축의 한계를 극복하기 위해 고장 난 시계를 분해하듯 건축을 해체했다. 그 결과 건축의 기본 단위, 큐브를 얻어냈다. 이제 해체주의자라는 별명을 얻게 된 추미는 이 큐브들을 격자로 가지런히 배열했다. 그러자 그동안 건축에 가려서 보이지 않았던 자유로운 공간들이 나타났다. 행위와 이벤트를 위해 필요한 공간이었다. 건축의 한계가 어디에 있는지 보여주는 공간이었다. 이들을 '랜드스케이프'라고 볼 수 있겠으나 추미는 '프레리prairie'라고 불렀다. 그리고 큐브들을 '폴리folly'라고 불렀다. 폴리는 전통적으로 정원에 배치했던 소건축이나 구조물들, 즉 스타파주[4]의 일종이다. 스타파주 중에서 디자인이 유별나거나 기발한 것들을 특별히 폴리라고 불렀다. 프레리 위에 폴리를 얹으니 그대로 파크가 되었다. 라 빌레트에 정확하게 이 방법을 적용한 것이다. 전체 부지를 가로세로 120m 간격의 격자로 나누고 각 격자 한 가운데에 새빨간 폴리를 하나씩 앉혔다. 모두 26개였다. 전통 정원에서는 폴리에 특별한 기능을 부여하지 않고 단지 픽처레스크picturesque한 장면을 연출하는 데 썼다. 그러나 추미는 이 폴리들에 확실한 건축적 기능을 부여했다. 카페, 식당, 매표소, 소극장, 재즈 클럽, 영화관, 문화 센터, 관리 사무실 등등. 그저 공원을 장식하는 별스런 구조물이 아니라 작지만 당당한 건축이었다. 또한 주변의 오픈스페이스와 함께 각각 하나의 블록을 이루니 라 빌레트 공원은 26개의 블록으로 이루어진 미니어처 도시가 되었다. 그런데 거기서 그치지 않았다. 보는 관점에 따라서는 하나의 거대한 건축물로 간주

할 수도 있다. 사실 기능으로 보나 면적으로 보나 웬만한 오피스 건물 하나만 세웠다면 26개의 폴리가 나눠 가진 기능들을 넉넉히 다 수용하고도 남았을 것이다. 그것을 굳이 해체해서 공원 전체에 분산시킴으로써 '여기는 건축'이라는 스탬프를 스물여섯 번 찍은 것이나 다름이 없다. '세계에서 가장 큰 해체주의 건물 라 빌레트'[5]를 만들기 위한 추미의 절묘한 한 수였다. 공원에서만 가능한 일이었다.

한편 콜하스는 헤라클레스의 방식을 썼다. 뉴욕의 고층 건물을 힘껏 밀어서 옆으로 뉘어버린 것이다. 이제 길게 누워버린 고층 건물들을 '띠strips'라고 불렀다. 이 띠들은 다시 여러 칸으로 나뉜다. 예를 들어 30층의 고층 건물을 눕혀놓으면 30개의 칸을 얻을 수 있다. 고층 건물은 한 건물이지만 각 층에서 서로 연관성이 없는 일들이 벌어진다. 카페, 빵집, 식당, 피트니스 센터, 오피스, 호텔, 아파트 등등. 고층 건물에서는 이런 일들이 위아래로 겹쳐서 동시다발적으로 벌어지지만, 이들을 공원에 눕혀놓는다면 나란히 병렬시킬 수 있다. 30개의 테마 정원이나 오픈스페이스가 나란히 배치되는 셈이다. 콜하스는 이런 띠들을 여러 개 배치하여 공원의 기본 구조를 정의했다. 서로 아무 연관성 없는 행위들이 동시다발적으로 벌어지게 함으로써 21세기형 도시공원을 유도했다. 뉴욕의 고층 건물이 공원으로 거듭난 것이다.

두 건축가의 설계 개념은 이상하게도 랜드스케이프에 대한 국제적인 담론으로 번졌다. 처음에는 건축가가 자신의 한계를 극복하기 위해 조경가의 성역을 침범한 것으로 여겼다. 고층 건물을 눕혀놓거나 새빨간 폴리들로 공원을 도배한 것에 대한 흥분이 가시자 문득 새로운 가능성이 엿보였다. 건축이 공원이고 공원이 도시라면 이들 사이의 경계가 사라졌다는 얘기가 된다. 뒤집어보니 오픈스페이스가 도시를 정의할 수도 있다는 데 생각이 미쳤다. 오래전 에른스트 크라머가 피라미드에 녹색을 입혀 놓고 던졌던 화두,[6] '이제 어디로 갈 것인가'에 대한 대답이 뜻밖에 건축가들의 도움으로 얻어지는 듯했다. 공원의 울타리를 무너뜨리고 조경의 요소들을 해체하여 도시 곳곳으로 뿌려보면 어떨까? 뉴욕의 센트럴 파크나 베를린의 티어가르텐처럼 도시 속의 거대한 섬이 되어 고고하게 존재하는 것이 아니라 일상 속에 녹색 물감처럼 흘러들게 하면 어떨까? 그런데 조경 공간이 반드시 녹색이어야 하나? 우리도 구조물을 직접 디자인해 볼까? 이런 담론의 결과로 1990년대 중반 북미 조경가들이 '랜드스케이프 어바니즘'이라는 개념을 만들어 냈다. 의심 많은 유럽의 조경가들은 라 빌레트 공원을 자주 방문하며 동향을 살폈다. 30년이 지난 지금 라 빌레트 공원은 성공 사례로 인정되고 있다. 그새 자란 나무들이 빨간 폴리와 근사하게 조화를 이루는, 밤낮으로 붐비는 공원으로 성장했다. 음악 도시를 비롯하여 산업과학박물관, 아이맥스 영화관, 이벤트 홀 등 많은 도시적 요소들이 수렴되어 있는 라 빌레트는 새로운 도시 공원의 본보기가 되었다. '건물이 공간을 너무 많이 지배하는 것이 아닌가'라는 우려가 사라지고 오히려 그 점이 득이 된 새로운 사례를 낳은 것이다.

---

1. '음악의 전당'이라고 번역되기도 한다.
2. 라 빌레트 공원은 1987년 공식적으로 오픈했으나, 이후 여러 건물과 테마 정원을 지속적으로 보완해 넣었다.
3. Tschumi, 2014, p.20.
4. 스타파주에 대해서는 이 책의 "033. 알렉산더 포프, 고대 시에서 영감을 얻다" 참조
5. Tschumi, 2014, p.15.
6. 이 책의 "001. 정원과 조형 사이의 줄타기" 참조

100 21세기의 고민,
도시도 낙원이 될 수 있을까

함부르크 도시환경부 건물 지하주차장 데크에 조성한 정원.
도시 기후 조절을 위한 시범 프로젝트로
2013년 국제정원박람회를 기해 조성되었다(디자인 Mark Krieger).

멀티 코딩

흔히 정원은 낙원의 거울이라고 말한다. 이제 명제를 정정할 때가 된 것 같다. 도시는 낙원의 거울이어야 한다로 바꿀 때가 되었다. 사람들은 낙원에서 살고자 하는 영원한 목마름을 가지고 있다. 그러나 대다수 지구인이 정원 없는 아파트에서 사는 것이 현실이다. 칼 푀르스터가 했던 이야기, "지구상의 모든 사람에게 정원을 하나씩 처방해 주고 싶다"는 소원은 소원에서 그칠 것이다. 정원과 조경의 긴 역사에서 20세기가 가까워지도록 정원은 특권층에게만 허용된 사치 품목이었다. 19세기 말부터 공원과 공공 녹지가 만들어지면서 비록 내 소유는 아니지만 서민들이 공유하는 정원이 생겼다. 반드시 나 혼자 소유해야만 낙원이 되는 것은 아니다. '나 홀로 낙원'에 앉아 친구들을 그리워한다면 그건 낙원이 아닐 것이다. 사람은 사회적 존재고 유희의 천성을 타고났으므로 함께 노닐 수 있는 곳이라면 어디가 되었든 그곳이 진정한 낙원일 것이다. 그러나 바쁜 생활을 영위하고 있는 현대인들이 공원을 찾을 시간이 얼마나 있을까. 멀리 있는 공원을 그림의 떡처럼 바라만 보면서 계속 목말라해야 하나. 아니면 열심히 벌어서 근교나 시골에 전원주택을 마련해야 할까. 그런데 이런 문제가 또 있다. 에버네저 하워드의 전원 도시 콘셉트에서 살펴보았듯 대부분의 사람은 도시에서 살기를 원하고 또 살아야만 한다. 그렇다면 답은 매우 간단하다. 도시를 낙원으로 만들면 된다. 라 빌레트에서 비롯된 새로운 '도시 공원-공원 도시' 개념에 찰스 왈드하임Charles Waldheim과 제임스 코너James Corner가 '생태'를 보태어 탄생시킨 '랜드스케이프 어바니즘'이야말로 —제대로 구현될 수 있다면— 도시를 낙원으로 바꿀 수 있는 방법론이 될 수 있을 것이다. 참으로 희망적이다.

제임스 코너가 뉴욕의 하이라인 프로젝트에서 길을 하나 제시해 주었다. 하이라인을 걸으며 얼마나 많은 사람이 신기해 하고 행복해 하는가. 매일 이런 길을 걸어 출근할 수 있다면, 혹은 자전거를 타고 녹지를 가로질러 학교로 갈 수 있다면, 혹은, 혹은…. 문제는 '랜드스케이프 어바니즘'이라는 것이 조경가들 혼자서 발버둥쳐서는 절대 구현될 수 없다는 점이다. 다이어그램만 수없이 생산해내고 결국은 공원 하나 더 만들어 내는 데서 그칠 것이다. 어바니즘이 빠진 랜드스케이프 말이다. 어바니즘, 즉 도시적인 것을 포기하지 않는 것이 관건이다. 그러기 위해서는 '어바니스트'들과 함께 일해야 한다. 구체적으로 본다면 조경가, 건축가, 도시설계가, 환경생태학자, 엔지니어, 예술가, 사회학자와 시민들 모두가 서로 소통해야 가능하다. 그리고 무엇보다도 정치가들이 함께 해줘야 한다. 라 빌레트 공원의 성공에는 정치가 결정적인 역할을 했다. 처음부터 문화가 함께 하는 흡인력 있는 공원으로 기획한 것, 예산을 확보해 놓고 설계자들을 신뢰하며 끝까지 밀고 간 것, 정권이 다섯 번 교체되는 동안에도 초심을 잃지 않은 것 등을 들어 '프로세스의 마스터 피스'라고 평가되기도 한다. 수많은 전문가가 한자리에 모여야 했다. 그런데 모두 한곳에 모였다고 해도 '수평적 소통'이 이루어지지 않으면 일이 어렵다. 알다시피 수평적 소통은 그리 쉽지 않다. 저절로 되는 것이 아니고 여러 세대에 걸친 연습이 필요하다. '랜드스케이프'도 '어바니즘'도 결국은 추상적 개념일 뿐이다. 개념 연구에 그치지 않고 실제 프로젝트를 구현하고자 한다면, 즉 건축과 조경과 도시설계 사이의 경계를 허물기 위해서는 우선 전문가들 사이의 경계부터 무너뜨려야 한다. 그리고 '개념 있는' 정치가들이 나서 주어야 한다. '어떻게 서로 다가가야 하는가', '누가 먼저 손을 내미는가' 등과 같은 질문이 우선 풀어야 할 숙제일 것이며 실제 프로젝트를 통해 부단히 연습해야 한다.

유럽의 경우 적어도 1968년 문화혁명[2] 이후 수직 구조가 무너지고 수평 구조가 형성되었다. 이로써 분야 간의 협업이 가능한 사회 분위기가 마련되었다. 제2차 세계대전 이후 뼈아픈 투쟁을 통해 우선 사회 구조를 바로 잡는 한편 여러 세대에 걸쳐 도시에 대한 고민을 '함께' 해왔기에 1980년대의 라 빌레트가 가능했다. 저 먼 옛날 아리스토텔레스가 도시에 대해 고민했다는 얘기는 이미 언급했다. 영국에서는 법원 속기사가 도시에 대해 고민하고 해답을 내놓았다. 프랑스의 앙리 르페브르Henri Lefebvre(1901~1991)라는 철학자는 근대 도시에 대한 글을 무수히 많이 써서 도시설계가들에게 큰 영향을 미쳤다. 독일의 경우 제2차 세계대전 이후 경관 속에 랜덤하게 존재하는 도시 콘셉트가 키워드로 등장했다. 라 빌레트가 탄생할 수 있는 정신적 토양이 충분히 마련되어 있던 것이다.

북미의 경우 —노예와 인디언 문제 등을 잠시 제외하고 백인 사회만 본다면— 처음부터 수평적인 구조로 시작된 사회였다. 조경가들이 랜드스케이프 어바니즘을 당당히 외칠 수 있는 여건이 갖추어져 있었다. 우리는 이런 여건을 만들어가는 과정에 있다. 갈 길이 멀지만 그렇다고 포기할 일은 아니다. 그래도 좀 서두르긴 해야 한다. 왜냐하면 여기에 숟가락을 하나 더 얹어야 할 일이 생겼기 때문이다.

아직 구현되지는 않았으나 혁신적 콘셉트로 여러 차례 상을 받은 프로젝트가 있다. 뉴욕 브루클린의 고와누스 운하에 계획된 '스펀지 공원'이다.[3] '스펀지 공원'이라니 별로 쿨하지 않은 이름이지만 21세기가 요구하는 공원 유형인 것은 틀림없다. 이른바 기후 변화 대응형 공원이다. 물을 흡수하여 저장했다가 필요할 때 다시 내주는 스펀지의 원리를 본떠서 설계된 공원이다. 이것이 바로 하나 더 얹어야 하는 숟가락이다. 이제는 도시가 망가뜨린 기후도 녹지가 조절해달라고 한다. 그래야 도시가 진정한 낙원이 되지 않겠느냐고. 한국 정부는 지금 다른 일로 매우 바빠서 기후 변화에 관심을 쏟을 겨를이 없어 보인다. 그러나 현재 가장 큰 국제 환경 키워드는 기후 변화 대응이다. 이에 더는 무관심할 수 없음을 지난 여름 폭염 파동 때 겪어 보았다.

수년 전 충격적인 연구 결과가 하나 나왔다. 대형 공원이라고 해서 반드시 기후 조절 기능도 큰 것은 아니라고 한다.[4] 센트럴 파크나 티어가르텐 같은 대형 공원이 어마어마한 양의 신선한 공기를 생성하는 것은 사실이지만 그 효과 범위가 500m 반경을 넘기 어렵다는 것이다. 2~3헥타르 정도가 기후 조절에 적당한 규모라고 한다. 주먹구구식으로 산출해 낸 것이 아니라 여러 해에 걸쳐 측정하고 컴퓨터 시뮬레이션을 통해 계산해 낸 결과다. 이는 도시 패러다임에 변화를 가져왔다. 현재 유럽에서 호주까지 수많은 도시가 공원 녹지 계획을 바로잡고 도시 기후 계획을 수립 중이다. 대형 공원을 조성하는 것도 물론 좋은 일이지만, 될수록 주거지 가까운 곳에 작더라도 기후 조절 기능이 높은 스펀지 녹지를 많이 만드는 방향으로 변하고 있다. 멋쟁이 도시 파리에서도 주거지 도로변에 웅덩이를 만들고 갈대를 심고 있으며 라 빌레트 공원도 2010년부터 생태 프로그램을 도입하여 잔디밭 일부를 야생 초지로 만들고 있다. 물을 더 많이 흡수하고 증발산 작용을 확대하기 위해서다. 함부르크 시는 재정 지원 프로그램을 만들어 2019년까지 100헥타르 면적의 지붕을 녹화하겠다고 기염을 토했다.[5] U자 녹지 체계와 바람길로 유명한 슈투트가르트 시의 경우 도시기후국을 별도로 설치하고 가로 녹화, 주차장 녹화, 옥상 녹화, 벽면 녹화까지 마치 큰 변란에 대비하는 도시처럼 바삐 움직이고 있다. 이를 '멀티 코딩 시티'라고도 한다.[6] 여러 기능을 서로 연계시킨 다재다능한 도시가 되어야 살아남을 수 있으리라 전망한다. 그러나 이 역시 전문 분야와 정치계 그리고 시민 사이의 협업 없이는 구현하기 어려운 과제다. 팔을 걷어붙이고 한번 도전해 보아야 하지 않을까.

1. Latz, 2012, p.17.
2. 이 책의 "007. 1968년" 참조
3. Gowanus Canal Sponge Park, http://www.dlandstudio.com/projects_gowanus.html
4. Vogt, 2002, p.26.
5. Hamburg, 2015, p.17.
6. Becker, 2013, p.50.

참고 문헌

Achenbach, Renate, "Als man Bücher noch im Garten las. Die Anfänge der wissenschaftlichen Bibliothek im klassischen Griechenland", *Bibliothek und Philologie*, 2005, pp.1~12.

Adams, William H., *Roberto Burle Marx. Landscapes reflected*, Princeton Architectural Press, 2000.

Aesop; Gibbs, trans. Laura, "530. Prometheus and Truth", *Aesop's Fables*, Oxford University Press, 2002.

Aichele, A., *Philosophie als Spiel: Platon - Kant – Nietzsche*, De Gruyter, 2000.

Albig, Jörg-Uwe, *Rom. Die Geschichte der Republik : 500 v. Chr, - 27 v. Chr*, GEO Epoche, 2012.

Alex, E., *Franz von Anhalt-Dessau, Fürst der Aufklärung, 1740~1817*, Oranienbaum, 1990.

Andersson, Thorbjörn, "Lernen von Amerikas Klassikern", *Topos* 45, 2003, p.18.

Arens, Peter, *Wege aus der Finsternis. Europa im Mittelalter*, Ullstein, 2005.

Assheuer, Thomas, "Träumereien eines Spaziergängers. Interview mit Martin Seel", *Die Zeit*, 21. 06. 2012.

Assmann, Jan, "Der Garten als Brücke zum Jenseits", *Ägyptische Gärten*, 2011, pp.102~116.

Assmann, Jan, *Die Zauberflöte. Eine Oper mit zwei Gesichtern*, Picus, 2015.

Assmann, Jan, "Hieroglyphische Gärten. Ägypten in der romantischen Gartenkunst", *Erinnern und Vergessen*, 2001, pp.25~50.

Attlee, H.; Ramsay, A., *Italian Gardens*, Frances Lincoln, 2006.

Austen, Jane, *Mansfield Park*, Aufbau-Verlag, 1989.

Azzi Visentini, Margherita, "Kulturtechniken. Gartenkunst und Gartenhandwerk", *Topiaria Helvetica*, vdf Hochschulverl, 2010.

Barnett, J., *Fair Rosamond*, Duncombe, 1837.

Barragán, Luis, Zanco, Federica, *Luis Barragán: The quiet revolution*, Barragan Foundation, 2001.

Beuchert, Marianne, *Symbolik der Pflanzen*, Insel, 2004.

Bisgrove, R., Lawson, A., *Die Gärten der Gertrude Jekyll*, Ulmer, 1994.

Bisgrove, R., *William Robinson: The wild gardener*, Frances Lincoln, 2008.

Boccaccio, Giovanni, *Das Dekameron*, Fischer, 2009.

582

Boehm, Gero von, "Der Herr der Sinne. LEOH MING PEI", *Der Spiegel*, 15. 07. 1996.

Börsch-Supan, Helmut, *Antoine Watteau 1684-1721*, Tandem, 2007.

Brandt, Reinhard, *Philosophie in Bildern. Von Giorgione bis Magritte*, Dumont, 2000.

Bridger, Jessica, "Superkilen", *anthos* 2, 2013, pp.10~14.

Brix, Michael, "Französische Gärten", *Sarkowicz, Die Geschichte der Gärten und Parks*, 2001, pp.154~174.

Brodersen, K., *Die sieben Weltwunder: legendäre Kunst-und Bauwerke der Antike*, Beck, 1999.

Brookes, J., *Garden Masterclass*, Dorling Kindersley, 2002.

Brown, Jane, Brignone, Sofia, *Der moderne Garten. Gartengeschichte des 20. Jahrhunderts*, Ulmer, 2002.

Brumme, Hella, *Europa-Rosarium. Ein Führer durch das Rosarium Sangerhausen*, Stekovics, 2010.

Burle Marx, Roberto, Hoffmann, Jens and Nahson, Claudia J., *Roberto Burle Marx: Brazilian modernist*, Yale University Press, 2016.

Butt, John Everett, "Alexander Pope", *Encyclopaedia Britannica*. online: https://www.britannica.com/biography/Alexander-Pope-English-author.

Buttlar, Adrian von, *Der Landschaftsgarten: Gartenkunst des Klassizismus und der Romantik*, DuMont, 1989.

Buttlar, Florian von, *Peter Joseph Lenné, Volkspark und Arkadien*, Nicolai, 1989.

Carmontelle, L. C., *Jardin de Monceau près de Paris: appartenant à son altesse sérénissime monseigneur le duc de Chartres*, Jardin de Flore, 1979.

Carroll-Spillecke, M., *Képos: Der antike griechische Garten*, Deutscher Kunstverlag, 1989.

Chambers, Douglas D. C., "Petre, Robert James, eighth Baron Petre", *The Oxford Dictionary of National Biography*, Oxford University Press, 2004.

Chambers, W., *Designs of Chinese Buildings*, Gregg International Publishers, 1757.

Chambers, W., *A Dissertation on Oriental Gardening*, W. Wilson, 1773.

Champlin, Edward, "The Suburbium of Rome", *American Journal of Ancient History* 7.2, 1982, pp.97~117.

Clayton, Virginia Tuttle, *The Once and Future Gardener: Garden Writing from the Golden Age of Magazines 1900-1940*, David R. Godine, 2000.

Clemenceau, G., Boehm, G. and Szàsz, H., *Claude Monet. Betrachtungen und Erinnerungen eines Freundes*, Insel, 2002.

Costa, Carlos Smaniotto, "Ein Protagonist der brasilianischen Avantgarde. Brasilien feiert den 100. Geburtstag des Gartenarchitekten Roberto Burle Marx", *Stadt+Grün* 8, 2009, pp.52–57.

Costa, Lucio, *Brasilia. Architektur der Moderne in Brasilien; Lúcio Costa; Oscar Niemeyer; Roberto Burle Marx*, IfA-Galerie Berlin, 2000.

Cooper, Guy, Taylor, Gordon, *Mirrors of paradise: The gardens of Fernando Caruncho*, Monacelli Press, 2000.

Dalley, S., *The Mystery of the Hanging Garden of Babylon: An Elusive World Wonder Traced*, OUP Oxford, 2013.

Davis, Mike, "Angriff auf German Village", *Der Spiegel* 41, 1999.

Diederich, S., *Römische Agrarhandbücher zwischen Fachwissenschaft*, De Gruyter, 2007.

Dettmar, J., Latz, P., *Industrie Natur: Ökologie und Gartenkunst im Emscher Park*, Ulmer, 1999.

Dreiseitl, Herbert, Grau, Dieter, *Wasserlandschaften: Planen, Bauen und Gestalten mit Wasser*, Birkhäuser, 2006.

Durant, Will, trans. Lang, M. and Schneider, E., *Das hohe Mittelalter und die Frührenaissance*, Südwest-Verlag(Kulturgeschichte der Menschheit / Will Durant und Ariel Durant, Bd. 7), 1978.

Duthie, Ruth E., "Some Notes on William Robinson", *Garden History* 2, 1974, pp.12–21.

Eliovson, Sima, Marx, Roberto Burle, *The gardens of Roberto Burle Marx*, Abrams, 1995.

Fabiani Giannetto, Raffaella, *Medici Gardens*, University of Pennsylvania Press, Inc (Penn studies in landscape architecture), 2008.

Favretti, Rudy J., *Thomas Jefferson's 'ferme ornée' at Monticello*, American Antiquarian Society, 1993.

Feininger, Lionel, *Kathedrale, Idee des Bauhauses*, Bauhausarchiv, 1919.

Fessler, A., Köhlein, F. and Beuchert, M., *Kulturpraxis der Freiland-Schmuckstauden*, Ulmer, 1997.

Flashar, H., *Aristoteles: Lehrer des Abendlandes*, C.H.Beck, 2013.

Fuchs, Werner, *Die Skulptur der Griechen*, Hirmer, 1979.

Gazdar, Kaevan, *Herrscher im Paradies. Fürst Franz und das Gartenreich Dessau-Wörlitz, Biographie*, Aufbau-Verlag, 2006.

Gerste, Ronald D., "Die im Dunklen sah man nicht. Thomas Jefferson - Idealist und Sklavenhalter", *Neue Züricher Zeitung*, 17. 06. 2014.

Ed. Giardina, A., *Der Mensch der römischen Antike*, Magnus-Verlag, 2004.

Gilpin, William, *Three Essays, On Picturesque Beauty: On Picturesque Travel: And on Sketching Landscape: To Which Is Added a Poem on Landscape Painting*, R. Blamire, 1794.

Gilpin, William, *A dialogue upon the gardens of the Right Honourable the Lord Viscount Cobham at Stow in Buckinghamshire*, B. Seeley, 1748.

Gimpel, Jean, *Die Kathedralenbauer*, Deukalion, 1996.

Go, Jeong-Hi, *Herta Hammerbacher (1900-1985). Virtuosin der Neuen Landschaftlichkeit - der Garten als Paradigma*, Universitätsverlag der TU Berlin, 2006.

Goode, P., Jellicoe, G., Jellicoe, S. and Lancaster, M., *The Oxford Companion to Gardens*, Oxford University Press, 1991.

Gössel, P., Leuthäuser, G., *Architektur des 20. Jahrhunderts*, Taschen Verlag, 1994.

Gothein, Marie Luise, *Geschichte d. Gartenkunst*, Diederichs, 1926.

Gothein, M. L., *Indische Gärten*, Gebr. Mann, 2001.

Götze, Manuela, "Leidenschaft, Funktion und Schönheit", *Ausstellungskatalog. Henry van de Velde und sein Beitrag zur Europäischen Moderne*, 2013, pp.1~32.

Greenblatt, Stephen, *The swerve. How the world became modern*, W.W. Norton, 2011.

Grese, R. E., *Jens Jensen. Maker of Natural Parks and Gardens*, Johns Hopkins University Press, 1992.

Grimm, Herman, *Das Leben Michelangelos*, Insel Verlag, 1995.

Gröning, G., Wolschke-Bulmahn, J., "The Native Plant Enthusiasm: Ecological Panacea or Xenophobia?", *Arnoldia* 62/4, 2003, pp.20~28.

Gropius, Walter, *Bauhaus Manifest*, Staatliches Bauhaus in Weimar, 1919.

Haffner, S., Weyland, U., *Preussen ohne Legende*, Siedler, 1998.

Hajós, G., *Romantische Gärten der Aufklärung: englische Landschaftskultur des 18. Jahrhunderts in und um Wien*, Böhlau, 1989.

Hansmann, Wilfried, *Das Tal der Loire. Schlösser, Kirchen und Städte im Garten Frankreichs*, DuMont Reise-Verl., 2006.

Harris, E. T., *George Frideric Handel. A Life with Friends*, W. W. Norton, 2014.

Harris, Robert, *Imperium*, Hutchinson, 2006.

Häuber, Ruth C., *Horti Romani. Die Horti Maecenatis und die Horti Lamiani auf dem Esquilin ; Geschichte, Topographie, Statuenfunde*, Univ. Köln, 1991.

Hassani, S. A., *Der islamische Garten: Eine Entwicklung über mehrere Kontinente*, BACHELOR + MASTER PUBLISHING, 2015.

Hays, David, "Carmontelle's Design for the Jardin de Monceau", *Eighteenth-Century Studies* 32, 1999, pp.447~462.

Hatch Peter J., *A Rich Spot of Earth. Thomas Jeffersons's Revolutionary Garden at Monticello*, Thomas Jefferson Foundation at Monticello and Yale University, 2013.

Heinz, Werner, *Reisewege der Antike. Unterwegs im Römischen Reich*, Wiss. Buch-Ges., 2003.

Hendel, Sascha, "Ludwig Mies van der Rohe", *archINFORM*, 2013. online: https://deu.archinform.net/arch/15.htm.

Henke, Christoph, *Common Sense in Early 18th-Century British Literature and Culture: Ethics, Aesthetics and Politics 1680-1750*, De Gruyter, 2014.

Hinde, T., *Capability Brown: The Story of a Master Gardener*, Hutchinson, 1986.

Hirsch, Erhard, "Leopold III. Friedrich Franz ("Vater Franz")", *Neue Deutsche Biographie* 14, 1985, pp.268–270.

Hirschfeld, C. C. L, Ehmke, Franz, *Theorie der Gartenkunst*, M. G. Weidmanns Erben und Reich, 1779–1780.

Hobhouse, P., *Gardening through the ages: an illustrated history of plants and their influence on garden styles-from ancient Egypt to the present day*, Simon & Schuster, 1992.

Hobhouse, P., *Der Garten. Eine Kulturgeschichte*, Starnberg, Dorling Kindersley, 2003.

Hobhouse, P., Hunningher, E. and Harpur, J., *The Gardens of Persia*, Kales Press, 2004.

Holmes, C., Klus-Neufanger, C., *Monet und sein Garten in Giverny*, Coll. Rolf Heyne, 2002.

Homer, trans. Schadewaldt, W., *Die Odyssee*, Rohwohlt, 2008.

Howard, E., Posener, J., *Gartenstädte von Morgen: das Buch und seine Geschichte*, Ullstein, 1968.

Hundertwasser, Friedensreich, *Verschimmelungsmanifest gegen den Rationalismus in der Architektur*, Schrift der Galerie Renate Boukes, 1958.

Hundertwasser, Friedensreich, *Die Fensterdiktatur und das Fensterrecht*, Hundertwasser, 1990.

Hunt, J. D., Willis, P., *The Genius of the Place: The English Landscape Garden 1620-1820*, Paul Elek, 1975.

Jackson, Lee, *Dirty old London. The Victorian fight against filth*, Yale University Press, 2014.

Jäger, Joachim, *Neue Nationalgalerie Berlin. Mies van der Rohe*, Ostfildern, Hatje Cantz Verlag, 2011.

Janssen, Karl-Heinz, "Monologe im Führer-Hauptquartier: Adolf Hitler in Volksausgabe. Mehr als ein Gelehrtenstreit – aus Anlaß neuer Aufzeichnungen", *Die Zeit*, 14. 03. 1980.

Jefferson, Thomas, *Garden Book 1766-1824*, The Massachusetts Historical Society. online: http://www.masshist.org/thomasjeffersonpapers/garden/

Jefferson, Thomas, "Notes of a Tour of English Gardens(1785–1786)", *The Papers of Thomas Jefferon* Digital Edition. ed. Barbara B. Oberg and J. Jefferson Looney, Charloesville: University of Virginia

Press, Rotunda, 2008~2015(Main Series 9).

JOB, Montorgueil, G., *Louis XI. Paris*, Combert, 1905.

Kah, D., Scholz, P., *Das hellenistische Gymnasion*, De Gruyter, 2007.

Kassler, Elizabeth B., *Modern gardens and the landscape*, Museum of Modern Art, 1984.

Keller, Horst, Keller, Herbert, *Ein Garten wird Malerei. Monets Jahre in Giverny*, DuMont, 1990.

Kintat, Susan, *Potsdamer Platz - Wasserkonzept*, Bauhaus Universität Weimar, 2002.

Kissel, Theodor K., *Das Forum Romanum. Leben im Herzen der Stadt*, Artemis & Winkler, 2004.

Köhlmeier, M., *Das große Sagenbuch des klassischen Altertums*, Piper, 2015.

Kronsteiner, Elke, "Farnworth House - Ludwig Mies van der Rohe. Exkursion Chicago", *Institut für Architekturwissenschaften E-259/1*, 2005, pp.1~4.

Kühn, Norbert, "Präriepflanzen in der Stadt – Kritische Reflexion eines neuen Trends. Teil 1: Prärie als Vorbild für eine extensive Pflanzenverwendung im urbanen Raum", *Stadt+Grün* 7, 2005, pp.22~28.

Künstner, Verena, *In 80 Gärten um die Welt. Das offizielle Buch zur igs 2013*, Hamburg, Ellert et Richter, 2013.

Kutschbach, Doris, *Monet. Seine Gärten - seine Kunst - sein Leben*, München, Prestel, 2006.

Lablaude, Pierre-André, *Die Gärten von Versailles*, Werner, 1997.

Lacey, Stephen, "Fernando Caruncho's geometric gardens", *Telegraph*, 12. 05. 2010.

Lanfranconi, C., Frank, S., *Die Damen mit dem grünen Daumen. Berühmte Gärtnerinnen*, Sandmann, 2009.

Lange, W., Stahn, O., *Gartengestaltung der Neuzeit*, J.J. Weber, 1919.

Latz. Peter, "Kein Vorbild moderner Landschaftsarchitektur - ein Zwischenruf", *Garten + Landschaft* 122, 2012, pp.16~17.

Le Corbusier, Pierre Jeannere, "Fünf Punkte zu einer neuen Architektur", *Die Form. Zeitschrift für gestaltende Arbeit* 2, 1927, pp.272~274.

Lefèvre, E., "Plinius-Studien III: Die Villa als geistiger Lebensraum", *Gymnasium* 94, 1987, pp.247~262.

Legler, Rolf, *Tempel des Wassers. Brunnen und Brunnenhäuser in den Klöstern Europas*, Belser, 2005.

Leisten, Thomas, "Die Gärten im Vorderen Orient. Das vorislamische Erbe islamischer Gartenanlagen", *Die Gärten des Islam*, 1993, pp.56~59.

Leppert, Stefan, *Ornamental grasses. Wolfgang Oehme and the New American Garden*, Frances Lincoln, 2009.

Lewis, John, *Preserving and Maintaining the Concept of Letchworth Garden City* Edited summary of a paper presented by John Lewis to the Society of American City and Regional Planning History conference, 10. 2013.

Liu, Y., *Seeds of a Different Eden: Chinese Gardening Ideas and a New English Aesthetic Ideal*, University of South Carolina Press, 2008.

Litz, A. Walton, "The Picturesque in Pride and Prejudice", *Princeton* 1, 1979.

Löbbke, Anja, "Naturalismus, Nativismus und Naturgärten", *Stadt+Grün* 2, 2011, pp.50~58.

Lohlker, Rüdiger, "Persische Gärten. ein Handbuch aus dem 16. Jahrhundert", *Iran Information* 36, 2009, pp.8~11.

Maack, Benjamin, "Die Luftschlösser des Frank Lloyd Wright", *Der Spiegel Online*, 28. 05. 2009.

Magner, Michael, "Claude Monet, Marcel Proust, die normannische Küste und der Wegfall der Grenzlinie", *Proustiana* XII, 2003, pp.1~17.

Mason, W., Chambers, W., *An heroic epistle to Sir William Chambers, Knight, Comptroller General of His Majesty's works, and author of a late dissertation on oriental gardening*, J. Almon, 1773.

Massingham, B., *Miss Jekyll: Portrait of a Great Gardener*, Sterling Publishing Company Incorporated, 1985.

Massingham, B., "William Robinson: A Portrait", *Garden History* 6, 1968, pp.61~85.

Mavromataki, M., *Mythologie und Kulte Griechenlands: Kosmogonie, die Götter, der Kult, die Heroen*, Haitalis, 1997.

Mayer, L., *Capability Brown and the English Landscape Garden*, Shire, 2011.

McGRANE, Sally, "A Landscape in Winter, Dying Heroically", *The New York Times*, 31. 01. 2008.

Metken, G., Gallwitz, K., *Revolutionsarchitektur: Boullée, Ledoux, Lequeu*, Staatliche Kunsthalle Baden-Baden, 1971.

Miller, W., *The Prairie Spirit in Landscape Gardening*, University of Massachusetts Press, 2002.

Molina, R.V.R., *Die Alhambra und der Generalife*, Ediciones Miguel Sánchez, 2001.

Montero, Marta Iris, Burle Marx. *The lyrical landscape*, Thames & Hudson, 2001.

Mowl, Timothy., *Gentlemen Gardeners. The Men who created the English Landscape Garden*, Sutton, 2010.

Newberry, Percy, *Beni Hasan 1*, Egypt Exploration Society, 1893.

Oexle, O. G., *Die Gegenwart des Mittelalters*, Akademie Verlag (Das Mittelalterliche Jahrtausend 1), 2013.

Ohff, Heinz, *Der grüne Fürst. Das abenteuerliche Leben des Hermann Pückler-Muskau*, Piper, 2012.

Orsenna, É., *Porträt eines glücklichen Menschen: der Gärtner von Versailles André LeNôtre 1613 – 1700*, Beck, 2007.

Orwell, George, "As I Please", *Tribune*, 1944. online: http://www.orwell.ru/library/articles/As_I_Please/english/eaip_03,

Oudolf, Piet, Kingsbury, Noël, *Piet Oudolf. Landscapes in landscapes*. Monacelli Press, 2011.

Pei, I. M., Jodido Philip, *The Louvre Pyramid / La Pyramide du Louvre*, Preston, 2009.

Petrarca, F., trans. Eppelsheimer, H. W., *Dichtungen, Briefe, Schriften*, Insel-Verlag, 2004.

Pfeiffer, Bruce Brooks, *Frank Lloyd Wright. 1867-1959 ; Bauen für die Demokratie*, Taschen, 2015.

Pindarus, trans. Bothe, F. H., *Pandars Olympische Oden*, 1808.

Plinius the younger, Plinius Briefe EPISTULA II, XVII. Villa laurentium.

Pope, Alexander, Untitled, well known as "Catalogues of Greens to be disposed of be an eminent town gardener", *The Guardian* 173, 29. 09. 1713, pp.422~428.

Pope, Alexander, *The Rape of Lock*, Lintot's Miscellany, 1712, ebook: https://ebooks.adelaide.edu.au/p/pope/alexander/rape/complete.html

Porter, D., *The Chinese Taste in Eighteenth-Century England*, Cambridge University Press, 2010.

Posener, Julius, "Der Deutsche Werkbund 1907-1914", *Arch+* 59, 1981, pp.11~17.

Puckler-Muskau, Hermann Fürst von, *Andeutungen über Landschaftsgärtnerei*, Insel, 1988.

Purcell, Nikolas, "The horti of Rome and the landscape of property", *Festschrift M. Steinby*, 2007, pp.289~305.

Rawlinson, Geroge, *The five great monarchies of the ancient eastern world 1*, Dodd, Mead & company, 1900.

Reif, Jonas, "Die Renaissance der Staudenverwendung", *Gartenpraxis* 10, 2013, pp.24~31.

Robinson, J. M., Harpur, J., *Temples of delight. Stowe Landscape Gardens*, George Philip, 1990.

Robinson, William, *The wild garden: Or, our groves & shrubberies made beautiful by the naturalization of hardy exotic plants*, London, John Murray, 1870.

Robinson, William, *Garden Design: And Architects Gardens*, John Murray, 1892.

Roland Michel, M., *Die grossen Meister der Malerei. Antoine Watteau, Das Gesamtwerk*, Ullstein, 1980.

Rotzler, S., Cramer, E., *Garten des Poeten*, Architekturforum, 2009.

Roulet, Daniel de, "Die bösen Tage von Vichy", *Der Tagesspiegel*, 15. 08. 2009.

Sagner-Düchting, Karin, *Monet in Giverny*, Prestel, 2005.

Schacht, Mascha, *Gartengestaltung mit Stauden. Von Foerster bis New German Style*, Ulmer, 2012.

Schäfer, Andreas, "Kitzeln an der Fußsohle der Seele", *Berliner Zeitung*, 29. 10. 1998.

Schäfer, J., "Gärten in der bronzezeitlichen ägäischen Kultur? Rituelle Bildsprache und bildliches Konzept der Realität", *Der Garten von der Antike bis zum Mittelalter*, 1992, pp.101~140.

Schaper, Michael, "1968. Studentenrevolte, Hippies, Vietnam : die Chronik eines dramatischen Jahrs", *GEO Epoche* 88, Gruner + Jahr, 2017.

Schareika, Helmut, *Tivoli und die Villa Hadriana. Das "stolze Tibur": Latinerstadt und Sommersitz Roms*, Zabern, 2010.

Schmidt, E. A., *Sabinum: Horaz und sein Landgut im Licenzatal*, Universitätsverlag C. Winter, 1997.

Schmidt-Häuer, Christian, "Die unerhörten Tage der Freiheit", *Die Zeit*, 27. 07. 2008.

Schmied, Erika; Schmied, Wieland, *Hundertwassers Paradiese. Das verborgene Leben des Friedrich Stowasser*, Knesebeck, 2003.

Schöbel-Rutschmann, Sören, "Landschaftsrurbanismus", *Multiple City* 2008, pp.14~18.

Schmidt, Otto, "Die Ruine Eldena im Werk Caspar David Friedrichs", *Kunstbrief* 25, 1944, pp.22~23.

Smithson, Robert, "Earthworks Spiral jetty", *Drawings and texts by Robert Smithson*, 1970. Online: https://www.robertsmithson.com/earthworks/spiral_jetty.htm.

Schindler, Robert, "Walter Rossow und Roberto Burle Marx. Erinnerung an zwei Altmeister der Garten- und Landschaftsarchitektur", *Stadt+Grün* 1, 2001, pp.31~34.

Schreiber, Matthias, "Platanen am Waldbach", *Spiegel Special, Geschichte* 2, 2008.

Schüle, Christian, "Ermenonville: Der edle Wilde", *Die Zeit*, 14. 06. 2012.

Schuller, W., *Griechische Geschichte*, De Gruyter, 2008.

Schulz, Simone, *Gartenkunst, Landwirtschaft und Dichtung bei William Shenstone und seine Ferme Ornée "The Leasowes" im Spiegel seines literarischen Zirkels*, Dissertation an der FU Berlin, 2005.

Schwartz, M.; Richardson, T., *Martha Schwartz: Grafische Landschaften*, Birkhäuser, 2004.

Schwarz, Urs, *Der Naturgarten. Mehr Platz für einheimische Pflanzen und Tiere*, Krüger, 1981.

Sereny, Gitta, *Albert Speer. Sein Ringen mit der Wahrheit*, Goldmann, 2001.

Shedid, A. G., *Das Grab des Sennedjem: ein Künstlergrab der 19. Dynastie in Deir el Medineh*, Verlag Philipp Von Zabern, 1994.

Siebler, Clemens, "Marie Luise Gothein", *Badische Biografien* 5, pp.99~102.

Smithson, Robert, "Earthworks Spiral jetty", *Robert Smithson*, 1970. online: https://www.robertsmithson.com/earthworks/spiral_jetty.htm.

Spence, J., Malone, E., *Observations, Anecdotes, and Characters of Books and Men: Collected from Conversation*, John Murray, 1820.

ed. Stadt Dessau-Roßlau, *Fürst Leopold III. Friedrich Franz von Anhalt-Dessau, Herrscher im Paradies*, 2012.

Stamm, Elke, "Gewalttätige Gartenkunst/Identitätssuche und -stiftung. Portrait des Berliner Landschaftsarchitekturbüros Topotek1", *ach* 16, 2005, pp.4~5.

Stapf, Detlef, *Caspar David Friedrichs verborgene Landschaften*, Die Neubrandenburger Kontexte, 2014.

Steenbergen, C. M., Reh, W., *Architecture and Landscape: The Design Experiment of the Great European Gardens and Landscapes*, Birkhäuser, 2003.

Steuart, H., *The Planter's Guide; Or, a Practical Essay on the Best Method of Giving Immediate Effect to Wood by the Removal of Large Trees and Underwood*, William Blackwood, 1828.

Stoltzenberg, Peter von, "Franz der Weise. Lebendige Geschichte", *Der Tagesspiegel*, 12. 28. 2012.

Stronach, David, "Caharbag. four gardens, a rectangular garden divided by paths or waterways into four symmetrical sections", *Encyclopaedia Iranica*, 1990.

Sweetland, Harriet M., "Conserver of Nature and of the human spirit", *Wisconsin Academy of Sciences, Arts and Letters* 53, 1964, pp.9~17.

Temple, William, "Upon the Gardens of Epicurus: or, of Gardening in the Year 1685", *The Works of William Temple*, 1731, pp.170~190.

Tessin, Wulf, "Landschaft als Wohngegend. Zur Ehrenrettung nicht schöner Landschaften", *Stadt+Grün* 1, 2010, pp.24~28.

The Museum of Contemporary Art, *Double Negative 1969-1970*, 1985. online: https://www.moca.org/visit/double-negative. 1985.

Tietze, C., Hornung, E. and Hasse, M., *Ägyptische Gärten*, Arcus-Verlag, 2011.

ed. Tölle, Marianne, *Pompeji. Der Tag der Apokalypse*, Eco, 1992.

Tschumi, B., Derrida, J. and Vidler, A., *Tschumi, Parc de La Villette*, Artifice, 2014.

Vasari, Giorgio, *Leben der berühmtesten Maler, Bildhauer und Baumeister. Von Cimabue bis zum Jahre 1567*, Marixverlag, 2010.

Vaughan, W., Friedrich, C. D., *Friedrich*, Phaidon, 2004.

Walpole, H., *On Modern Gardening*, Pallas Editions, 2004.

Wegener, F., *Der Freimaurergarten: die geheimen Gärten der Freimaurer des 18. Jahrhunderts*, KFVR, 2008.

Weilacher, Udo, "Monte Thyssino und Piazza Metallica", *NZZ Folio* 11, 1999.

Weilacher, Udo, *Visionare Gärten. Die modernen landschaften von Ernst Cramer*, Birkhäuser, 2001.

Weilacher, Udo, *Syntax der Landschaft. Die Landschaftsarchitektur von Peter Latz und Partner*, Birkhäuser, 2008.

Wendland, Folkwin, *Berlins Gärten und Parke. Von d. Gründung d. Stadt bis zum ausgehenden 19. Jh.*, Propyläen Verlag, 1979.

Werner, Dietrich, *Wasser für das antike Rom*, Verlag für Bauwesen, 1986.

Whately, T., *Observations on Modern Gardening*, T. Payne, 1770.

Wilhelm, William Tyler, Vernon, Christopher, *The prairie spirit of landscape gardening*, Amherst, University of Massachusetts Press, 2002.

Wimmer, Clemens Alexander, *Geschichte der Gartentheorie*, Wissenschaftliche Buchgesellschaft, 1989.

Witt, Reinhard, "Reisst die Rhododendren raus!", *Kosmos* 5, 1986, pp.70~75.

Wolfe, Tom, *From Bauhaus to our house*, Farrar Straus Giroux, 1981.

Wolff, Markus, "Der Mann mit der eisernen Maske", *Krömer, Dirk et. al.*, 2010.

Wolschke-Bulmahn, J., *Nature and Ideology: Natural Garden Design in the Twentieth Century*, Dumbarton Oaks, 1997.

Woltron, Ute, "Die wahre Fassade des Hauses ist der Himmel. Luis Barragán. Die stille Revolution, Vitra Design Museum, Weil am Rhein", *next room*, 01. 07. 2000.

Wundram, Manfred, *Andrea Palladio. 1508-1580 : die Regeln der Harmonie*, Taschen, 2016.

Xenophon: trans. Güthling, O., *Xenophon's Erinnerungen an Sokrates*, 2014.

Zimmerman, Claire, *Mies van der Rohe. 1886-1969; die Struktur des Raumes*, Taschen, 2016.

Zimmermanns, Klaus, *Florenz. Ein europäisches Zentrum der Kunst; Geschichte, Denkmäler, Sammlungen*, DuMont, 1994.

강희안, 『양화소록』, 을유문화사, 2009.

고정희, 『바로크 정원 이야기』, 나무도시, 2008.

고정희, 『중세정원 이야기 1: 신의 정원, 나의 천국』, 나무도시, 2011.

고정희, 『식물, 세상의 은밀한 지배자』, 나무도시, 2012.

고정희, "독일의 공원과 일상", 『작은 것이 아름답다』 2014년 3월호.

고정희, "제 7장: 독일", 『서양조경사』, 기문당, 2015, pp.220~273.

서익원, "신 엘로이즈에 묘사된 사랑과 경치", 『프랑스문화예술연구』 46, 2013, pp.87~115.

마리안네 푀르스터, 고정희 역, 『내 아버지의 정원에서 보낸 일곱계절, 칼 푀르스터의 정원을 가꾼 마리안네의 정원 일기』, 나무도시, 2013.

칼 푀르스터, 고정희 역, 『일곱 계절의 정원으로 남은 사람. 정원 왕국의 칼 대제. 푀르스터를 만나다』, 나무도시, 2013.

023장 Guy Cooper, Gordon Taylor, *Mirrors of Paradise: The Gardens of Fernando Caruncho*, The Monacelli Press, 2000, p.163.

024장 ©Herbert Ortner [CC BY 3.0] / https://commons.wikimedia.org/wiki/File:Leonidi_from_ west_1993.jpg

025장 ©Nicolas Poussin

026장 ©Caspar David Friedrich

027장 Peter Latz, ed. Jörg Dettmar, Karl Ganser, *IndustrieNatur: Ökologie und Gartenkunst im Emscher Park*, Ulmer, 1999, p.142.

028장 ©고정희

029장 ©고정희

030장 ©Matteo Ripa

031장 ©Robert Castell

032장 ©고정희

033장 ©Ernst Fries

034장 ©Thomas Rowlandson

035장 ©Hans A. Rosbach [CC BY-SA 2.5] / https://commons.wikimedia.org/wiki/File:VillaCapra_ 2007_07_18_1.jpg?uselang=de

036장 ©Claude Lorrain

037장 ©Jacques Rigaud

038장 ©Baz Richardson / https://flic.kr/p/f1aKmY

039장 ©고정희

040장 Public Domain

041장 ©H.F. James, Stadler

042장 ©Canaletto / Google Art Project

043장 ©C. Cossa [CC BY-ND 3.0] / https://commons.wikimedia.org/wiki/File:Monticello_cossa. jpg?uselang=de

044장 ©H.-U.Küenle [CC BY-ND 3.0] / https://commons.wikimedia.org/wiki/File:Woerliz_Eisenhart_ k1.jpg

045장 ©Donar Reiskoffer [CC BY-ND 3.0] / https://commons.wikimedia.org/wiki/File:20080323_ Petworth_House_[8].jpg?uselang=de

046장 ©Blenheim Palace / www.blenheimpalace.com/estate/world-heritage-site/

047장 ©Royal Collection Trust / Her Majesty Queen Elizabeth II, 2014

048장 ©Collection of the Royal Academy of Painting and Sculpture / Louvre Museum

049장 ©고정희

050장 Varia der HAAB Weimar / Amalia Bibliothek

051장 ©Claude-Nicolas Ledoux

052장 ©Carol Highsmith / www.loc.gov/pictures/resource/highsm.04922

053장 ©Kater Begemot [CC BY-ND 3.0] / https://commons.wikimedia.org/wiki/File:Welthauptstadt_germania_07.jpg?uselang=de

054장 ©Muenchen.de / 뮌헨 시 홍보국

055장 ©고정희

056장 ©Kora27 [CC BY-ND 3.0] / https://commons.wikimedia.org/wiki/File:Das_neue_Schloss_im_F%C3%BCrst-_P%C3%BCckler-Park.IMG_9438WI.jpg?uselang=de

057장 ©Grafik: Tim Wehrmann / GEO EPOCHE NR. 50 - 08/11

058장 ©고정희

059장 ©Jastrow / https://commons.wikimedia.org/wiki/File:Canope_praetorium_Villa_Adriana.jpg?uselang=de

060장 ©고정희

061장 ©Saffron Blaze [CC BY-ND 3.0] / www.mackenzie.co

062장 ©Karl Friedrich Schinkel / Architektionisches Album Heft 9, Bl. 39

063장 ©Juan Antonio Ribera

064장 ©Giovanni Battista Piranesi

065장 ©BeBo86 [CC BY-ND 3.0] / https://commons.wikimedia.org/wiki/File:Forum_romanum_6k_(5760x2097).jpg

066장 Carroll-Spillecke, M., *Képos: Der antike griechische Garten*, Deutscher Kunstverlag, 1989, p.19.

067장 ©Francesco Hayez

068장 ©고정희

069장 ©고정희

070장 ©Tomisti [CC BY-ND 3.0] / https://commons.wikimedia.org/wiki/File:Athens_Plato_Academy_

Archaeological_Site_Entry.jpg?uselang=de

071장 ©고정희

072장 ©Michael Haase / 『환경과조경』 2016년 2월호

073장 Shedid, A. G.; Shedid, A., *Das Grab des Sennedjem: ein Künstlergrab der 19. Dynastie in Deir el Medineh*, Philipp von Zabern, 1994.

074장 R. B. Parkinson, *The Painted Tomb-chapel of Nebamun*, British Museum Press, 2008.

075장 Étienne Dupérac

076장 ©Friedrich Schinkel / Theaterwissenschaftliche Sammlung der Universität zu Köln

077장 Jodido Philip, I. M. Pei : *The Louvre Pyramid*, Prestel, 2009, p.191.

078장 ©Terry Ball / Dalley, S., *The Mystery of the Hanging Garden of Babylon: An Elusive World Wonder Traced*, OUP Oxford, 2013, 속표지

079장 ©ToucanWings [CC BY-ND 3.0] / https://commons.wikimedia.org/wiki/File:Vue_a%C3%A9rienne_du_domaine_de_Versailles_le_20_ao%C3%BBt_2014_par_ToucanWings_-_Creative_Commons_By_Sa_3.0_-_22.jpg?uselang=de

080장 ©고정희

081장 ©درفش کاویانی / https://commons.wikimedia.org/wiki/File:Pasargadae_3.jpg?useland=ko

082장 ©고정희

083장 ©Yann [CC BY-ND 4.0] https://commons.wikimedia.org/wiki/File:Taj_Mahal,_Agra,_India.jpg?uselang=de

084장 Karolingische Kultur in Reichenau & St. Gallen / www.stgallplan.org/images/lasiusDrawing.jpg

085장 ©고정희

086장 ©고정희

087장 ©Johann Bakker [CC BY-ND 3.0] / https://commons.wikimedia.org/wiki/File:42127_Pieterskerk.jpg?uselang=de

088장 ©British Museum

089장 ©Sandro Botticelli

090장 ©Sailko [CC BY-ND 3.0] / https://commons.wikimedia.org/wiki/File:Villa_medici_di_belcanto,_veduta_00.JPG?uselang=de

091장 ©Ottavio Vannini / Fordham Art History, accessed 2017. 12. 17. / https://michelangelo.ace.fordham.edu/exhibits/show/michelangelosyouth/item/16

도서출판 한숲

울창한 숲도 그 시작은 한 그루 나무입니다.
아름드리나무도 그 뿌리는 작은 씨앗입니다.
문화의 숲 역시 다르지 않습니다.
한 권의 책이 지닌 가치를 소중히 여기며
조경 문화의 숲을 가꿔나가겠습니다.

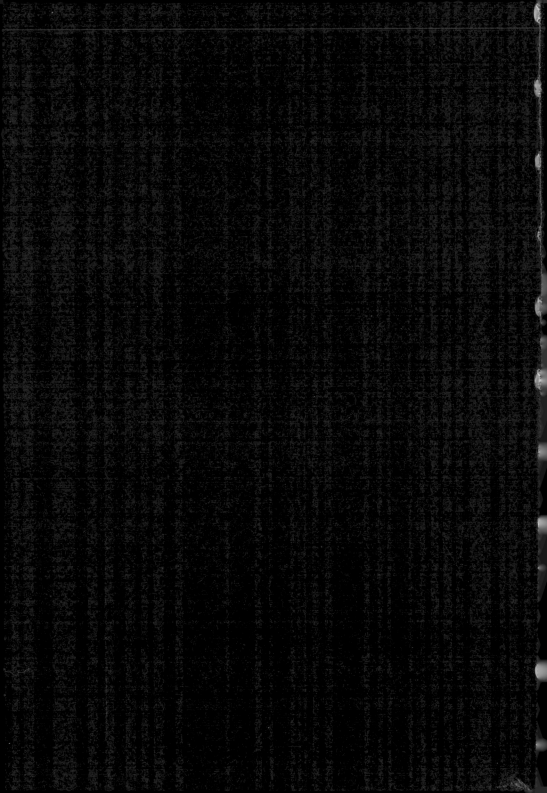